2급

교사를 위한,

발명교육의 이해와 실제

특허청·한국발명진흥회 편저

Understanding and Practice of Invention Education

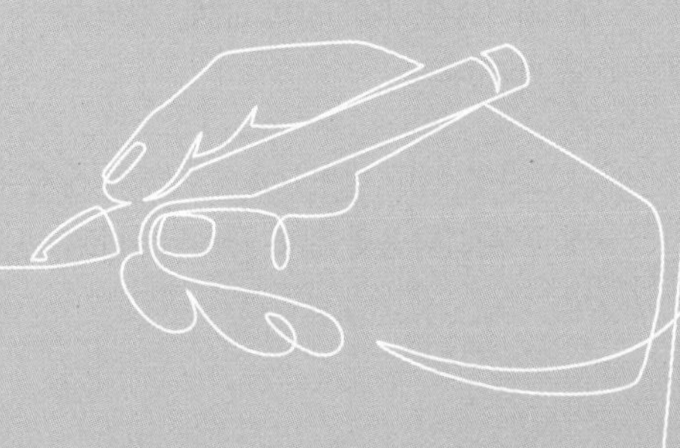

머리말

Preface

디지털 전환기적 시대에 교육이 추구해야 할 패러다임도 변하고 있다. 인간이 하던 많은 일들을 인공지능화된 기계가 대신하고 오히려 초월적인 기능까지도 수행한다. 인간만이 할 수 있는 일이 무엇일까? 창조와 혁신이 여전히 중요하지만 새로운 시대에 어떻게 교육을 펼쳐 나가야할 것인가라는 성찰과 해법은 인류의 새로운 숙제이다.

미래 교육은 혁신 학습의 방향이 미래 변화에 미리 대응할 수 있는 협력, 창의성, 소통, 비판적 사고, 문제 해결 등의 역량이 중요하다. 즉, 우리 경제가 패스트 팔로워(Fast Follower)에서 벗어나 퍼스트 무버(First Mover)로 가고 있기 때문에 새로운 성장을 위한 신산업을 만들기 위해서는 새로운 교육 담론이 필요하다.

그동안 발명교육은 산업사회와 정보사회에서 창조적 혁신과 발명적 사고를 위한 교육으로 많은 기여를 해왔다. 이제 새로운 기술의 등장과 전환기를 맞아 발명교육을 다시 진지하게 고민해야 한다.

발명 및 지식재산 교육은 2022 교육과정 개정과 더불어 학교 교육에서 나름대로 안착하고 있다. 특히 고등학교 교육과정에 '지식재산 일반' 교과가 자리를 잡고, 이를 채택하는 고등학교도 늘어나고 있다.

초·중·고등학교에서의 발명교육, 지식재산교육은 지식재산 전문가를 양성하는 교육이 아니라 발명적 사고, 지식재산 리터러시(Literacy)를 길러주는 교육이다. 따라서 가급적 보편적인 교양교육이 되어야 하고 많은 학생들에게 그 학습의 기회가 주어져야 한다. 학교 교육과정의 초등학교, 중학교, 고등학교 필수 교과목에서의 단원 중심 교육은 중요하다. 또한 발명교육센터, 발명영재교육, 방과후교실 프로그램, 자유학기 프로그램에서의 다양한 발명과 지식재산 교육 기회는 지속적으로 확대, 심화되어야 할 것이다. 이러한 교육이 가능하기 위해 가장 중요한 교육 인프라는 교사의 전문성이다. 다행히 우리나라에서 2014년부터 발명교사인증제가 시행되어, 일정한 자격을 갖추고 시험을 통과한 교사에게 2급, 1급, 마스터 교사 인증을 부여하고, 이를 통해 발명교사의 전문성을 높여 가고 있다.

이러한 발명교사 인증을 위한 기존의 발명과 지식재산 교육의 이해(2급 교재)를 '교사를 위한 발명교육의 이해와 실제'로 새롭게 출판하게 되었다.

모쪼록 이 교재가 발명교사인증제의 수험 교재, 교대 및 사대의 예비교사 교육과 대학원 과정의 발명과 지식재산 관련 강의 교재, 그리고 다양한 발명과 지식재산 관련 교사 연수 교재로 폭넓게 활용되기를 기대한다.

교사를 위한 발명교육의 이해와 실제는 '발명내용학'과 '발명교육학'으로 구분되어 있으며 각각 6개, 4개 주제로 다음과 같이 구성되었다.

발명내용학

발명교육학

이 책은 다음과 같은 체제로 집필되었다.

먼저 각 장의 도입 부분에서는 문제 제기를 통하여 학습 목표와 방향을 제시하였고, 기본적인 내용을 학습한 이후에는 다양한 읽을거리를 통하여 발명에 대한 이해를 높이고자 하였다. 이후에는 탐구 활동을 통해 학습한 내용을 적용해보고, 내용 확인 문제를 통해 정리하도록 하였으며, 토론 및 성찰을 통하여 다른 사람들과 의견을 교환할 수 있도록 구성하였다. 아울러 추가적인 정보검색을 위하여 참고 사이트와 참고 문헌은 마지막에 수록하였다. 각 장의 구성은 조금씩 차이가 있으나 대체로 이러한 형식을 바탕으로 구성되어 있다.

끝으로, 이 교재가 다양한 목적으로 활용되기를 바라며 그 과정에서 활발한 생산적인 피드백이 있기를 기대한다. 대부분의 교육이 그러하듯 완벽한 교재는 없다. 기술과 사회, 교육의 패러다임을 반영한 교재가 지속적으로 수정되고 발전하기를 희망한다. 이는 독자들의 긍정적인 시선과 애정 어린 관심으로 가능할 것이다.

이 책이 출판될 수 있도록 아낌없는 지원과 도움을 주신 특허청과 한국발명진흥회 관계자께 감사의 말씀을 전한다. 그리고 바쁜 가운데 연구와 집필에 애써주신 집필위원과 현장에서 전문적으로 내용 검토를 해주신 검토·자문위원의 노고에 감사드린다.

발명과 지식재산 교육의 성과는 우리 아이들의 미래에 꽃을 피운다. 부디 이 교재가 그 꽃을 피우는 데 중요한 교사의 지식과 사고의 전문성에 도움이 되었으면 한다.

2022년 3월

연구집필 책임자 최유현

차 례

Contents

발명내용학

발명
내용학

문제 제기

이 단원에서는 발견과 발명, 발명과 특허의 개념, 발명의 종류에 대해 알아봄으로써 발명에 대한 기본적 지식을 습득하게 된다. 더불어 역사를 비롯하여 발명이 우리 사회에 미친 영향에 대해 탐색해봄으로써 발명이 가지는 의미에 대한 이해를 돕고자 한다.

❶ 발명과 발견의 차이점은 무엇이며, 발명의 특성과 종류는 무엇인가?
❷ 발명의 중요성과 가치는 무엇인가?
❸ 세상을 바꾼 위대한 발명품에는 어떤 것들이 있는가?

Understanding and Practice of
Invention Education

Chapter

01

발명의 이해

01절 발명의 개념과 종류

① 발견과 발명 1)

사전적 의미로 발견이란 '미처 찾아내지 못하였거나 아직 알려지지 아니한 사물이나 현상, 사실 따위를 찾아내는 것'으로, 발견을 통해 이미 자연 속에서 존재한 것이 인간의 관찰에 의해 알려지게 되고 이러한 발견은 또 다른 발명으로 이어진다는 점에서 발견과 발명은 깊은 관계를 맺고 있다. 하나의 사례로 세계적인 발명품인 찍찍이 테이프(벨크로)의 발명 과정을 살펴보면 발견과 발명의 관계를 쉽게 이해할 수 있다.

사냥에서 돌아온 스위스의 메스트랄은 옷에 붙어 있는 도꼬마리 가시를 가볍게 넘겨 버리지 않고, 현미경으로 세심하게 관찰하여 어떻게 해서 도꼬마리 가시가 옷에 달라붙을 수 있는지를 발견하게 된다. 그는 옷의 섬유 조직에 도꼬마리 가시의 미세한 갈고리가 걸려 있는 현상을 발견하였고, 이 발견을 통해 새로운 발명품인 찍찍이 테이프(벨크로)를 만들게 된다.

○ 그림 1-1 찍찍이 테이프(벨크로)를 통한 발견과 발명의 관계

또 아르키메데스가 임금의 요청으로 순금 속에 들어 있는 은을 가려내고자 노력하였을 때 목욕탕 속에서 찾아낸 것은 흔히 우리가 생각하는 것처럼 왕이 제시한 문제의 해결책에 대한 단순한 아이디어가 아니라 "물질에 따라 밀도가 다르다."는 자연현상에 대한 발견이었다. 발견이란 이전부터 계속 있었던 것이지만 그것을 필요로 하는 사람들의 눈에 띄지 않았을 뿐이다. 아르키메데스를 포함하여 모든 사람들이 수없이 목욕탕에

1) 출처 : 이 부분은 최유현(2014)에서 인용함

들어갔지만 아무도 물이 넘쳐 나는 것에 대해 문제 삼지 않았다. 목욕탕 물이 넘치는 현상은 이전에도 일상적으로 반복되었으나, 아르키메데스에게 있어서 그날은 전혀 새로운 발견이었던 것이다. 그는 이 원리를 이용한 순금 측정기를 만들었고, 이로 인해 그동안 아무도 모를 것이라며 금 대신 은을 넣었던 세공업자는 들통이 나서 사형을 당하였다.

이와 같은 사례들을 바탕으로 발견은 발명의 전 단계로서 아이디어를 실현시켜 주는 새로운 해답에 대한 등대라고도 할 수 있을 것이다.

② 발명과 특허의 개념

(1) 발명의 일반적 개념

발명은 아이디어 상태, 즉 마음속에 머물러 있던 추상적인 생각들을 밖으로 끄집어내어 물품이나 방법에 적용하여 구체화시킨 상태를 말한다. 다시 말해 아이디어가 문제해결의 해답에 해당하는지를 증명해 주는 일정한 시험이나 기타의 방법으로 신뢰성을 가지게 된 상태를 말한다. 그러나 발명은 종종 아이디어를 포함한 넓은 뜻으로 통용되기도 하는데 사전적 의미로도 "그때까지 없던 기술이나 물건 따위를 새로 생각해 내거나 만들어 낸다."고 하여 '생각'을 발명의 범주에 포함시킨다(류창열, 2000).

국립국어원의 표준국어대사전에서는 발명을 "아직까지 없던 기술이나 물건을 새로 생각하여 만들어 냄"으로 정의한다. 일부 국어사전에서는 구체적 설명을 붙이기 위하여 기계·물건을 생각하거나 만들어 내는 것으로 기술하고 있지만, 광의적 의미에서 기계도 하나의 물건으로 볼 수 있기 때문에 물건으로 보는 것이 바람직하다. 더불어 '기술'을 포함하고 있는데 여기서의 의미는 "과학 이론을 실제로 적용하여 사물을 인간 생활에 유용하도록 가공하는 수단(표준국어대사전)"으로 정의한다. 국어사전과 마찬가지로 백과사전에서도 사전적 의미와 「특허법」상의 의미를 혼용하여 사용하고 있다. 그중에서 '자연계에 이미 존재하는 것을 찾아내는 것이 아님'이라는 표현을 찾을 수 있는데, 자연계에 이미 존재하고 있는 것을 찾아내는 것은 '과학'의 영역이며, 이는 '발견'이라는 용어가 타당하다. 이것이 발명과 과학을 구분할 수 있는 차이점이다.

드보어(Devore)는 "발명이란 종전에는 존재하지 않았던 무엇의 산출을 위해 시간을 두고 지식과 경험을 결합하는 창의적인 정신 과정(Creative Mental Process)이며, 발명의 결과는 일반적으로 물리적 형태(Physical Form)이나 보험과 같이 사회적 형태(Social Form) 또는 종교·학설 등과 같이 정신적 개념(Mental Concept) 등으로 나타나기도 한다."라고 하였다.

실제 일상생활에서는 혁신, 창조, 창의, 나아가서는 기술까지 구분하지 않고, 모두 발명으로 사용하고 있지만 일반적으로 발명과 혁신의 정의는 다음과 같이 구분해 볼 수 있다(류창열, 2000).

표 1-1 발명과 혁신의 의미

구분	내용
발명	• 발명: 자연법칙의 지식을 적용하여 현실적으로 구현 가능한 새로운 기술적 아이디어를 창출하는 것 • 발명품: 전화기, 자동차, 기차, 텔레비전, 휴대폰 등
혁신	• 혁신: 발명이 현실화 및 상품화됨으로써, 기존에 존재하지 않는 새로운 기술, 물건 및 서비스의 개선 또는 발전으로 귀결되는 일련의 과정 • 최초의 전화기인 벨의 전화기는 크고 무거워 두 손으로 들어야 했으며, 입에 대고 말하면 상대방이 겨우 들을 수 있었다. 지금과 같이 모양과 성능이 좋아진 것은 계속된 혁신의 결과이다.

(2) 「특허법」상 발명의 개념[2)]

우리나라의 「특허법」에서 발명은 "자연법칙을 이용한 기술적 사상의 창작으로 고도한 것"으로 정의하고 있다. 발명은 새로운 것이고, 자연의 법칙을 이용한 것이며, 창작의 내용이 기술적이고 구체적이어야 한다는 것이다. 또한, 발명은 기술적으로 보통 수준을 넘는 '고도'한 것이라야 한다. 따라서 특허권을 얻을 수 있는 발명의 기본 요건은 다음과 같다.

① 자연법칙을 이용한 것이어야 한다.
② 기술적 사상이 반영된 것이어야 한다.
③ 창작의 정도가 고도한 것이어야 한다.

이 정의에서 자연법칙은 자연계에서 발생하는 일정불변의 필연적 법칙으로서 자연계의 이치나 현상으로, 자연법칙을 이용한다는 말은 자연으로부터 직접적으로 재화를 얻거나 이것을 가공하여 보다 세련된 재화를 만들어 낸다는 의미이다 예를 들어 '물은 높은 곳에서 낮은 곳으로 흐른다'거나 '모든 물체는 중력이 작용한다' 등은 자연법칙이라 할 수 있으므로, 이를 이용한 것은 발명의 대상이 될 수 있다. 그러나 수리(數理)상의 법칙, 경제법칙, 사람의 심리상태를 이용한 심리법칙, 경기방법, 문자배열방법 등은 자연법칙이 아니므로 발명의 대상이 될 수 없다. 또한 자연물이나 천연물 그 자체는 인간의 창작에 의한 것이 아니므로 발명이 아니다. 하지만 천연물이 인간에 의하여 분리, 정제되어 자연 상태 그대로가 아니라 인간의 노력에 의하여 인간에게 유용한 형태로 가공된다면 발명으로 성립될 수 있다. 즉, 인간의 노력으로 어떤 재료, 수단을 사용하여 인간에게 유용한 결과물을 만들었다면, 그러한 방법, 그 결과물 또는 그 방법을 수행하기 위한 또는

2) 출처: 이 부분은 특허청(2020)에서 인용함

그 결과물을 얻기 위한 기계, 장치 또는 시스템에 대하여 발명이 성립될 수 있다(김용익 외, 2005).

> 「특허법」 제2조 제1호는 자연법칙을 이용한 기술적 사상의 창작으로서 고도한 것을 '발명'으로 정의하고 있으므로, 출원발명이 자연법칙 이외의 법칙, 인위적인 결정 또는 약속, 수학공식, 인간의 정신 활동에 해당하거나 이를 이용하고 있는 등 자연법칙을 이용한 것이 아닌 때에는 같은 법 제29조 제1항 본문의 '산업상 이용할 수 있는 발명'의 요건을 충족하지 못함을 이유로 그 특허 출원을 거절하여야 한다. 출원발명이 자연법칙을 이용한 것인지 여부는 청구항 전체로서 판단하여야 하므로, 청구항에 기재된 발명의 일부에 자연법칙을 이용하고 있는 부분이 있더라도 청구항 전체로서 자연법칙을 이용하고 있지 않다고 판단될 때에는 「특허법」상의 발명에 해당하지 않는다.
>
> 사건: 특허법원 2010. 8. 13. 선고 2009허9655 판결[등록무효(특)]

기술적 사상이어야 한다는 말은 어떠한 목적을 달성하기 위하여 합리적으로 이루어진 사상을 의미한다. 즉, 기술적 사상은 사람의 마음속에 존재하는 생각, 이상, 관념(Idea)으로서 기술을 바탕으로 하여 어떠한 문제해결이나 목적달성을 하기 위하여 착상된 일련의 사상으로, 구체성을 띠어야 한다. 따라서 단순히 문제의 제기나 착상, 또는 소망의 표현에 그치고 그 구체적 해결방법이 없는 것은 발명이라 할 수 없으며, 또한 해결방법이 제시되고 있지만 아주 막연한 것이거나 설명이 분명치 않은 것, 해결 수단이 제시되고 있지만 그 수단으로는 목적달성을 할 수 없다고 인정되는 것 등도 기술적 사상의 구체성이 결여된 것으로서 발명으로 성립되지 않는다. 따라서 발명의 수단, 목적 및 유용성이 제시되어 있더라도 구체성이 없어 발명의 수단에 의하여 목적 및 효과가 달성될 수 없다면 발명이 성립되지 않는다.

창작이어야 한다는 것은 발명자의 독창적인 사고(思考)에 의하여 어떠한 사실을 만들어 낸 것을 말하는 것으로서 발견이나 모방과는 다르다. 즉, 스스로 만들어 낸 것으로서 새로운 것이어야 하며 자명하지 아니한 것이어야 한다. 그리고 고도한 것이란 기술수준이 높은 것으로서 당해 기술 분야에서 통상의 지식을 가진 자가 용이하게 발명할 수 없는 정도의 것을 말한다. 이에 반하여 실용신안은 특허법상 발명의 고도함을 요구하지 아니함이 근본적인 차이점이라 할 수 있다.

(3) 특허의 개념[3)]

"지식재산"이란 인간의 창조적 활동 또는 경험 등에 의하여 창출되거나 발견된 지식・정보・기술, 사상이나 감정의 표현, 영업이나 물건의 표시, 생물의 품종이나 유전자원(遺傳資源), 그 밖에 무형적인 것으로서 재산적 가치가 실현될 수 있는 것으로(「지식재산기본법」 제3조 제1호), 특허권은 지식재산권 중 산업재산권에 속한다.

○ 표 1-2 지식재산권의 분류

지식재산권	산업재산권	특허권, 실용신안권, 디자인권, 상표권
	저작권	저작권, 저작인접권
	신지식재산권	첨단산업재산권, 산업저작권, 정보재산권, 기타

특허는 행정법상으로 특정인에 대하여 일정한 법률적 권리나 능력, 포괄적 법령 관계를 설정하는 설권적・형성적 행정행위를 의미하며, 특허법은 발명을 보호・장려하고 그 이용을 도모함으로써 기술의 발전을 촉진하여 산업발전에 이바지함을 목적으로 한다(「특허법」 제1조).

모든 발명이 다 특허의 대상이 되는 것은 아니며 특허로 등록 받기 위해서는 출원 당시에 일반인에게 알려지지 않아야 하며(신규성), 과거의 기술로부터의 발전성이 인정되어야 하며(진보성), 산업상 이용 가능성이 있어야 한다(「특허법」 제29조 특허요건).

○ 표 1-3 특허 결정 요건

거절 결정	① 자연법칙을 이용한 기술적 사상인가? ② 산업상 이용할 수 있는 것인가? ③ 새로운 발명인가? ④ 종전에 있던 발명보다 진보된 발명인가? ⑤ 특허를 받을 수 없는 발명에 해당되지는 않는가? ⑥ 명세서에 발명이 구체적으로 기재되고 청구범위는 명확한가? ⑦ 다른 사람보다 먼저 출원하였는가?	**특허 결정**

산업상 이용 가능성(「특허법」 제29조 제1항)에서 산업에 대해 국제특허분류(IPC : International Patent Classification)를 기준으로 살펴보면 농업, 임업, 수렵업, 어업, 광업, 건설업, 건축업, 제조업, 운수・통신(제조업/철도, 선박, 항공기 참조), 전기・가스・열공급 수도업, 기타로 구분되어 있다. 여기에 보험업 및 금융업과 의료업은 산업에서 제외된다. 예를 들어, 의사가 행하는 의료에 있어서 수술 방법이나 치료 방법, 진단 방법과 같은 것은 산업상 이용 가능성이 없으므로 발명으로 인정되지 않는다. 하지만 진단을 위한 도구의 발명, 약품의 발명, 인간으로부터 분리된 것을 처리하는 방법 등은 발명으로

3) 출처 : 이 부분은 특허청(2020). 지식재산권의 손쉬운 이용, 특허고객 상담 사례집에서 인용함

인정받을 수 있다. 또한, 학술적 또는 실험적으로만 이용될 수 있는 발명이나 발명개념에 해당되지 않는 발명은 산업성이 없는 발명으로 인정받을 수 없다.

> 사람의 질병을 진단, 치료, 경감하고 예방하거나 건강을 증진시키는 의약이나 의약의 조제방법 및 의약을 사용한 의료행위에 관한 발명은 산업에 이용할 수 있는 발명이라 할 수 없으므로 특허를 받을 수 없는 것이나, 다만 동물용 의약이나 치료방법 등의 발명은 산업상 이용할 수 있는 발명으로서 특허의 대상이 될 수 있는바, 출원 발명이 동물의 질병만이 아니라 사람의 질병에도 사용할 수 있는 의약이나 의료행위에 관한 발명에 해당하는 경우에도 그 특허청구범위의 기재에서 동물에만 한정하여 특허청구함을 명시하고 있다면 이는 산업상 이용할 수 있는 발명으로서 특허의 대상이 된다.
>
> 사건: 대법원 1991. 3. 12., 선고, 90후250, 판결[거절사정]

신규성(「특허법」 제29조 제1항 제1호 및 제2호)은 기존에 없던 새로운 것이어야 한다는 의미이다. 특허의 등록에 있어서 신규성은 발명이 출원할 당시에 공지·공용되지 않은 것을 의미한다. 특허를 받기 전에 이미 공지되거나 공용된 경우에는 특허를 받을 수 없다. 그러나 출원 전 공지행위를 한 자와 출원인 간에 동일성이 유지되고 그 출원 전의 공지행위가 특허 제도의 다른 목적달성에 기여할 수 있는 등 특별한 사유가 있는 경우, 공지 이후에 출원된 일정범위의 발명에 대하여는 신규성을 상실하지 아니한 것으로 인정해 주는 신규성 상실에 대한 사후적 구제 제도인 '공지예외적용'이 있다. 이러한 공지예외적용을 받으려면, 신규성 상실에 해당된 날로부터 12개월 이내에 특허 출원을 해야 하고 출원서에 공지예외주장의 취지를 표시하여야 한다. 또한, 특허 출원일로부터 30일 이내에 이를 증명할 수 있는 서류를 특허청장에게 제출하여야 한다(「특허법」 제30조 제2항, 「특허법」 시행규칙 제20조의2). 결국 신규성이라 함은 새로운 발명이 특허로 인정받을 수 있는 기간을 의미한다.

진보성(「특허법」 제29조 제2항)은 당시의 기술로 쉽게 생각해 낼 수 없는 진보된 것이어야 한다는 의미이다. 즉, 진보성이 있는 발명이란 그 발명이 속하는 기술 분야에서 통상의 지식을 가진 자가 특허 출원 시의 공지발명으로부터 용이하게 발명할 수 없는 정도의 창작의 난이도를 갖춘 발명을 말한다. 진보성의 개념에는 출원발명과 선행기술 간의 기술적 차이가 그 발명이 속하는 기술 분야에서 통상의 지식을 가진 자(당업자)에게 자명한 경우 그 출원발명은 사회에 대하여 아무런 기여를 한 바 없기 때문에 특허권을 부여하여서는 안 된다는 영미법상 계약법의 정신이 깔려 있다. 즉, 진보성은 사회에 기여할 수 있는 기술로 기존의 기술보다 개량·진보된 것이어야 한다는 의미이다.

> 발명의 진보성 유무를 판단할 때에는 선행기술의 범위와 내용, 진보성 판단의 대상이 된 발명과 선행기술의 차이, 그 발명이 속하는 기술분야에서 통상의 지식을 가진 사람(이하 '통상의 기술자'라고 한다)의 기술수준에 대하여 증거 등 기록에 나타난 자료에 기초하여 파악한 다음, 통상의 기술자가 특허 출원 당시의 기술수준에 비추어 진보성 판단의 대상이 된 발명이 선행기술과 차이가 있는데도 그러한 차이를 극복하고 선행기술로부터 쉽게 발명할 수 있는지를 살펴보아야 한다. 특허발명의 청구범위에 기재된 청구항이 복수의 구성요소로 되어 있는 경우에는 각 구성요소가 유기적으로 결합한 전체로서의 기술사상이 진보성 판단의 대상이 되는 것이지 각 구성요소가 독립하여 진보성 판단의 대상이 되는 것은 아니므로, 그 특허발명의 진보성을 판단할 때에는 청구항에 기재된 복수의 구성을 분해한 후 각각 분해된 개별 구성요소들이 공지된 것인지 여부만을 따져서는 아니 되고, 특유의 과제 해결원리에 기초하여 유기적으로 결합된 전체로서의 구성의 곤란성을 따져 보아야 하며, 이때 결합된 전체 구성으로서의 발명이 갖는 특유한 효과도 함께 고려하여야 한다.
> 위와 같은 진보성 판단 기준은 선행 또는 공지의 발명에 상위개념이 기재되어 있고 위 상위개념에 포함되는 하위개념만을 구성요소의 전부 또는 일부로 하는 특허발명의 진보성을 판단할 때에도 마찬가지로 적용되어야 한다.
>
> 사건: 대법원 2021. 4. 8., 선고, 2019후10609, 판결[등록무효(특)]

특허권 등 지식재산권은 독점배타적인 무체재산권으로 신용 창출, 소비자의 신뢰도 향상 및 기술 판매를 통한 로열티 수입 등 시장에서 독점적 지위를 확보할 수 있게 해주며, 자신의 발명 및 개별기술을 적시에 출원하여 권리화 함으로써 타인과의 분쟁을 사전 예방하고, 타인이 자신의 권리를 무단 사용 시 적극적으로 대응하여 법적 보호를 가능하게 해준다. 또한, 막대한 기술개발 투자비를 회수할 수 있는 확실한 수단이며 확보된 권리를 바탕으로 타인과 분쟁 없이 추가 응용 기술개발이 가능한 원천이 될 뿐 아니라, 특허권 등 지식재산권을 보유하고 있는 경우 특허기술사업화 자금지원, 우수발명품시작품 제작 지원을 비롯하여 각종 정부 자금 활용과 세제 지원 혜택을 받을 수 있다.

③ 발명의 종류

(1) 「특허법」에 따른 분류

다음은 「특허법」 제2조에서 정의하고 있는 용어들이다.

> **제2조 【정의】** 이 법에서 사용하는 용어의 뜻은 다음과 같다.
> 1. "발명"이란 자연법칙을 이용한 기술적 사상의 창작으로서 고도(高度)한 것을 말한다.
> 2. "특허발명"이란 특허를 받은 발명을 말한다.
> 3. "실시"란 다음 각 목의 구분에 따른 행위를 말한다.
>   가. 물건의 발명인 경우: 그 물건을 생산·사용·양도·대여 또는 수입하거나 그 물건의 양도 또는 대여의 청약(양도 또는 대여를 위한 전시를 포함한다. 이하 같다)을 하는 행위
>   나. 방법의 발명인 경우: 그 방법을 사용하는 행위 또는 그 방법의 사용을 청약하는 행위
>   다. 물건을 생산하는 방법의 발명인 경우: 나목의 행위 외에 그 방법에 의하여 생산한 물건을 사용·양도·대여 또는 수입하거나 그 물건의 양도 또는 대여의 청약을 하는 행위

「특허법」 제2조 제3호에서는 발명을 '물건의 발명', '방법의 발명' 및 '물건을 생산하는 방법의 발명'으로 구분하고 있다. '물건의 발명'이란 기계, 기구, 장치, 시설과 같은 제품에 관한 발명을 의미하며 '방법의 발명'에는 화학발명(물질·제법·용도·조성물), 의약, 농약(물질·제법·용도·조성물), 음식물, 기호품(물질·제법·용도·조성물) 등이 포함된다. '물건을 생산하는 방법의 발명'은 '방법의 발명' 외에 그 방법을 사용하여 만든 물건을 사용하거나 양도, 대여 또는 수입하는 과정에서 발생되는 발명을 의미한다.

'방법의 발명'은 방법특허라고도 하며, 다시 물건을 생산하는 '생산방법의 발명'과 물건의 생산을 수반하지 않는 '비생산방법의 발명(예 통신방법, 측정방법, 수리방법, 제어방법의 발명 등)'으로 구분된다.

(2) 새로운 발명

「특허법」에서는 '물건의 발명', '방법의 발명' 및 '물건을 생산하는 방법의 발명'만을 발명이라고 규정하고 있지만, 발명의 구분 기준에는 다양한 이론이 존재하기 때문에 발명의 구분 또한 다양하다. 발명의 구분 기준이 다양한 이유는 「특허법」에서 보호하고 있는 것이 '발명'이기는 하지만 이 발명을 '물건'과 '방법'으로 구분하는 이론적 근거는 명확하지 않기 때문이다. 최근에는 새로운 매체가 등장하고 「특허법」으로 보호받는 영역이 넓어지게

되면서 단순히 '물건'과 '방법'으로 구분하기 힘든 발명들도 나타난다. 다음은 특허로 보호받지만 전통적인 의미에서의 발명과는 다른 의미의 발명들의 예이다.

① **용도발명**: 기존에 알려진 물질이나 장치 그리고 기구의 다른 쓰임새를 발견하는 것으로, 예를 들면 기존에 해열제로 알려진 아스피린이 심장병에 효과적일 때 용도가 바뀌어 특허로 인정되는 경우를 말한다. 이는 사실상 '발견'으로 볼 수 있으나 특정 물질의 속성을 단순한 오감에 의한 발견이 아니라 그 물질의 속성의 발견과 용도의 이용 간 일정한 창작적 인과관계가 성립한다고 판단되는 경우 용도발명이 성립될 수 있다.

② **생명공학 분야 발명**: 미생물 · 동물 · 식물 · 유전공학 발명으로 세분화되는데, 이들은 직접 또는 간접적으로 자기복제를 할 수 있는 생물학적 물질을 말한다. 예를 들어 미생물을 이용한 환경정화 물질의 개발이나, 품종개량을 통한 농축산물의 생산량 증가법 등이 포함된다.

대부분의 국가들은 발명만이 특허 대상이 될 수 있다고 규정하거나 또는 특허받을 수 없는 대상에 발견을 포함시키고 있다. 이러한 상황에서 생물체, 즉 인간으로부터 분리한 단백질, 유전자, 미생물 등 자연에 존재하고 있던 생물체를 청구하는 특허 출원이 발명으로 인정되기까지는 적지 않은 진통이 있었다. 이들이 특허 대상에 편입되고 발명으로 인정되는 논리의 전개 과정을 볼 때 단어의 사전적 해석보다는 법적이고도 정책적인 해석에 의해 논리가 전개되어 왔다고도 볼 수 있다.

발명과 발견의 차이를 규명하고자 하였던 대표적인 예로는 유럽특허청의 Relaxin 사건을 들 수 있다. 이 사건은 사람의 단백질 H2-relaxin이라는 단백질을 코딩하는 DNA 서열을 청구하는 발명에 관한 것으로 유럽특허청이 이 발명에 특허를 허여한 후 이 출원은 발견에 관한 것으로 특허를 받을 수 없는 것이므로 특허가 취소되어야 한다는 이유로 이의신청이 제기되었다. 이 사건을 담당한 유럽특허청 이의신청합의체는 생물체로부터 분리된 물질을 발명이라고 보는 법적 근거를 나름대로 제시하였다. 합의체는 결정문에서 "자연에 돌아다니는 것을 단순히 찾아내는 것은 발명이 아니다. 하지만 만일 자연에서 발견된 어떤 물질이 그 환경으로부터 처음으로 분리된 것이고, 그것을 얻기 위한 방법이 기술적으로 개발된 것이라면 그 공정은 특허 가능하다. 또한, 그 물질의 구조가 규명되고 그 존재가 알려지지 아니한 새로운 것이라면 그 물질도 특허받을 수 있다."라고 판시함으로써 자연에 자유로이 존재하고 있던 물질의 단순한 '발견'과 대비하여 기술적 수단을 도입하여 분리하고 규명하는 '발명'을 구분하는 논리를 제시하였다.

자연에 존재하고 있던 생물학적 물질을 발명으로 해석하기 위해서는 다음과 같은 조건을 만족시켜야 한다.

① 기술적 해결 수단을 가져야 한다.
② 그 기술적 수단은 자연법칙을 이용하되 인간의 지적 행위가 개입된 것이어야 한다.
③ 자연 상태에서는 알 수 없었던 성질이 적절하게 규명되어야 된다.
④ 그의 기능이 제시되어야 한다.

즉, 인간이 그의 존재를 알고 있었는가 하는 사실보다는 그 물질이 자연에 존재할 때 현재 청구되고 있는 것에서 규명된 것과 같은 상태였다는 것을 알 수 있었는가를 기본적 판단 기준으로 하면서, 그 성질을 규명하는 단계에 인간의 지적 행위가 개입된 기술적 해결 수단이 기여하였는가를 따져 보는 것이 발견과 발명을 구분하여 판단하는 근본적 수단으로 자리 잡게 된 것이다.

③ **소프트웨어 발명**: 소프트웨어는 하드웨어를 통해 구체적으로 실행되는 프로그램으로 인정받는다. 이때 소프트웨어에 의한 정보처리가 하드웨어상에서 구체적으로 실현되며 인간의 정신 활동(판단 행위)이 필수 구성 요소로 포함되지 않아야 관련 발명으로 인정된다.

우리나라에서는 2014년 7월 1일부터 컴퓨터 소프트웨어 발명의 심사 기준이 개정되어 '컴퓨터 소프트웨어 관련 발명' 심사 기준으로 명칭을 변경함으로써 소프트웨어도 특허의 대상임을 부각시켰다. 그리고 발명의 성립 요건을 만족하는 컴퓨터 프로그램 청구항에 대해서도 「특허법」상 물건의 발명으로 인정하여 특허를 부여하였다. 또한 컴퓨터 프로그램과 실질적으로 동일하나 표현만 달리하는 애플리케이션, 플랫폼, 운영체제(OS) 등 컴퓨터 프로그램에 준하는 유형도 물건의 발명으로 인정하여 특허를 부여하는 등 컴퓨터 소프트웨어 관련 발명의 성립 요건을 명확히 하고 그 판단 기준을 구체적으로 제시하였다.

기존에 소프트웨어 발명으로 인정되던 것은 방법발명, 장치발명, 기록매체 발명에 한정되었으나 2014년 7월부터 컴퓨터 프로그램 발명이 신설되었으며 이를 통하여 미국, 일본, 유럽과 동일하게 컴퓨터 프로그램에 대한 특허를 인정하게 되었다.

④ **영업방법 발명(Business Method 특허)**: 영업방법(BM) 발명은 영업방법 등 사업 아이디어를 컴퓨터, 인터넷 등의 정보통신 기술을 이용하여 구현한 새로운 비즈니스 시스템 또는 방법을 말한다. 영업방법(BM) 발명이 특허 심사를 거쳐 등록되면 영업방법(BM) 특허가 된다. 영업방법(BM) 발명은 온라인형 BM과 오프라인형 BM으로 나눌 수 있다. 온라인형 BM은 인터넷 등의 정보통신 시스템을 이용한 것이 대부분이며 인터넷을 이용하지 않는 것을 오프라인형 BM이라고 한다. BM의 내용에 따라 구분을 해 보면 네트워크 판매, 사이버 쇼핑몰, 경매 방식, 역경매 방식, 투자 시스템, 전자화폐, 주문생산 방식 및 금융파생상품 등으로 나눌 수 있다. 이러한 BM 특허는 기업들 간 거래, 기업과 소비자 간 거래, 소비자와 소비자 간 거래의 형태로 나누어지기도 한다.

02절 발명과 사회

① 발명의 중요성과 가치

(1) 발명의 중요성

지식 기반 사회는 정보와 지식이 개인, 기업, 국가의 경쟁력을 좌우하는 핵심 요소이자 가치 창출의 원천이 되는 사회를 의미한다. 즉, 노동, 자원, 자본이 주된 생산 요소였던 산업 사회를 넘어 지식과 정보가 가치 창출의 핵심 요소가 되고 그와 같은 인식, 가치관, 문화가 지배하는 사회이다. 따라서 무한한 잠재력을 지닌 인간의 발명 능력은 한 개인과 그가 속한 국가에 엄청난 부를 가져다준다. 예를 들면, 마이크로소프트(Microsoft)사의 빌 게이츠(Bill Gates)는 개인용 컴퓨터 운영 프로그램을 발명하고 전 세계에 보급하였기 때문에, 그 프로그램을 사용하는 전 세계의 모든 사람들이 빌 게이츠에게 일정량의 돈을 지불하고 있다. 또한, 가상화폐의 발명으로 통화는 중앙은행이 아닌 전 세계에서 P2P 방식으로 거래되고, 거래 내용은 블록체인 기술을 통해 보호된다. 이러한 가상화폐는 디지털상에 존재하는 무형이지만, 통화로서의 가치를 지니기 때문에 일부 국가에서는 법정 화폐로 인정하기도 하였다.

이와 같이 새로운 발명 아이디어 하나가 인류 문명 발전에 크게 기여할 수도 있고, 개인과 국가의 부를 가져와 경쟁력을 갖게 해줄 수도 있는 것이다. 이처럼 지식 기반 사회에서는 창의적인 발명의 중요성이 더욱 커지고 있다.

발명은 과거 우리의 역사와 문화를 만들어 왔고 역사와 문화를 발전시켜 온 원동력으로 인식되어 왔으며, 다가오는 미래 사회를 만들어 갈 것이다. 앨빈 토플러(A. Toffler)는 "현대 사회는 새로운 아이디어를 창출하는 능력과 문제를 발견하고 해결하는 능력이 생산품이나 산출물 자체보다 훨씬 더 가치를 인정받는 사회"라고 언급함으로써 발명을 강조하고 있다. 따라서 자라나는 세대는 앞으로 다가올 미래 사회에 영향을 미칠 발명을 이해하여 발명과 관련된 사회적 의사 결정에 참여하고 나아가 발명을 실현함으로써 보다 바람직한 사회로 발전시키는 데 기여할 수 있어야 할 것이다.

⑵ 발명의 개인적 가치

발명을 통해 개개인은 창의성과 문제해결력, 자아효능감, 타인에 대한 배려심을 키울 수 있으며, 경제적 이득 또한 얻을 수 있다.

발명은 새로운 것을 만드는 창조와 더 나은 것으로 바꾸는 혁신에 기초한 활동으로, 발명을 위해 실생활 속에서 불편함을 인식하고, 이 불편함을 해결하기 위한 아이디어를 창출하는 다양한 사고 과정을 거친다. 즉, 생각의 폭을 넓혀 주고 새로운 아이디어를 찾을 수 있는 바탕을 만들어 줌으로써 한 개인의 창의성과 문제해결력을 향상시키는 것이다. 이는 발명 활동의 효과에 대한 많은 연구에서도 확인할 수 있다.[4)]

자아효능감이란 어떠한 상황에서 스스로 해낼 수 있다고 믿는 자신의 능력에 대한 기대와 신념으로, 자아효능감이 높을수록 새로운 활동을 시도할 가능성뿐 아니라 지속할 가능성이 높다. 발명을 행하는 개인은 문제를 인식하고 문제를 해결하기 위해 고민하며 그 과정에서 새로운 아이디어를 생각해 내게 된다. 이 때 당면한 문제를 해결하게 되면 이를 극복하였다는 성취감을 얻을 수 있다. 발명은 이러한 성취감을 줌으로써 자아효능감 증진에 도움을 준다.

배려란 다른 사람에 대한 관심과 걱정하는 마음으로 돕는 것으로, 사람뿐 아니라 사회, 국가, 인류도 그 대상에 포함된다. 타인에 대한 배려는 발명이 가지는 특징이라고도 할 수 있는데, 즉, 발명은 스스로 편리해지기 위한 경우도 있지만 주변의 다른 사람들이 편리하게 사용할 수 있도록 기여하고자 하는 마음으로 이루어지는 경우도 많기 때문이다. 특히 유니버설 디자인이나 노약자나 장애인 등 사회적 배려 대상자를 고려한 발명의 경우는 타인에 대한 배려가 더욱 드러난다. 또한, 많은 기업에서 지속가능한 발명의 한 형태로 폐플라스틱을 섬유, 의약품 원료, 의류 및 신발로 재활용하는 기술을 개발하여 환경 보전에 노력하는 것도 같은 맥락이라고 볼 수 있다.

경제적 이득은 발명의 가치에서 빼놓을 수 없는 것이다. 발명은 특허로 보호받고 있으며 해당 특허를 사용하기 위해서는 그에 맞는 대가가 필요하다. 특허 출원을 통해 타인의 침해를 예방할 수 있으며, 특허 등록을 함으로써 재산권을 형성하고 독점권 행사를 누릴 뿐 아니라 기술 이전 시 로열티 수익도 얻을 수 있다. 실례로 유아용 비데를 발명한 사람은 방송에서 해당 아이디어를 중소기업에 150억 원에 팔아 경제적인 이득을 취하였다. 발명이 단순히 경제적 이득만을 목적으로 하지는 않지만, 창의적인 아이디어는 경제적 이득을 가져오는 것 또한 사실이다.

---

4) 출처 : 김민기 · 김도희 · 박정우(2018), 김민웅 · 이동호 · 서송인 · 정영석 · 김태훈(2016), 허미선 · 남선혜 · 이정민(2021)의 연구에서 인용함

(3) 발명의 사회 · 국가적 가치

발명을 통해 사회는 혁신을 거듭해 왔다. 기존의 농업 또는 가내수공업 기반 사회에서 새로운 기계들이 발명되며 산업혁명의 불을 밝혔다.

이 중에서도 영국의 방적기 발명은 면공업의 발전을 가속시켰으며, 이는 다른 산업과 기술의 발전에도 큰 영향을 미쳤다. 즉, 면제품의 수요는 표백제와 염료의 수요로 이어졌고, 이는 화학공업의 발전을 도왔다. 또한, 면공업의 발달로 공장제가 성립되었으며, 이는 고용주와 노동자라는 새로운 생산관계를 맺게 하였다. 여기에 증기기관의 발명이 더해져 기계를 이용한 대량생산이 이루어졌고, 이때부터 영국의 섬유 생산량은 급등하게 되어 많은 섬유 제품들이 영국에서 유럽 대륙으로 수출되었다. 이처럼 방적기와 증기기관의 발명은 영국의 산업 양상을 크게 바꾸게 된 것이다.

그림 1-2 아크라이트의 수력 방적기[5]

증기기관의 발명은 산업혁명을 주도하였지만, 열효율이 낮다는 단점이 있었다. 이는 곧 새로운 내연기관의 필요성을 자극하였다. 가스 엔진으로 발명된 초기의 내연기관 이후, 가솔린 엔진이 발명되었고, 1886년 독일의 벤츠가 세계 최초로 가솔린 자동차로 특허를 받았다. 그리고 포드 사의 컨베이어 벨트를 활용한 조립 라인은 자동차의 대량생산과 대중화에 기여하였다.

그림 1-3 벤츠의 첫 자동차[6]

우리가 알고 있는 발명왕 에디슨은 다양한 제품을 발명하였다. 그중 가장 대표적인 것은 백열등으로, 이를 통해 발전, 송전, 배전 등 전기를 이용하는 데 필요한 시스템을 창조했다. 이와 더불어 진공관*이 발명되었고, 라디오 등에 이용되며 통신 거리의 한계를 극복하여 방송 시대를 이끌어 내었다.

> *** 진공관(Vaccum tube)**
> 진공으로 된 용기 속에 전극을 넣어 만든 것으로, 초기 라디오, 텔레비전, 컴퓨터에 사용되었으나, 트랜지스터, 집적회로 등이 발명되며 현재는 사용되지 않고 있다.

기계식 계산기를 거치며 발명되어 온 전자식 디지털 컴퓨터는 진공관, 트랜지스터, 집적회로 등 반도체의 발명에 힘입어 후에 개인용 컴퓨터로 보급되었고, 이는 곧 인터넷의 발명과 어울러져 지식정보 혁명을 일으켰다.

5) 출처 : https://upload.wikimedia.org/wikipedia/commons/a/a0/Arkwright-water-frame.jpg
6) 출처 : https://upload.wikimedia.org/wikipedia/commons/b/b8/Patent-Motorwagen_Nr.1_Benz_2.jpg

현재는 이러한 정보혁명에 이어져 빅데이터, AI, IoT 등 정보기술을 기반으로 한 초연결 시대에 접어들었다.

발명은 새로운 제품이나 기술을 만들어 냄으로써 개인과 산업체의 생산 활동에 많은 도움이 되었다. 이는 다시 개인과 산업체의 경쟁력을 증가시켜 주었고, 그에 대한 이익은 세금을 통해 국가적으로도 영향을 미쳤다. 그리고 새로운 발명은 산업의 흐름을 바꾸기도 하였다.

누군가의 발명은 그 사회를 살아가는 사람들의 생활을 편리하게 해 주었다. 그리고 발명품이 사람들의 생활 모습을 변화시켜 준 것만큼 기술의 발전에도 영향을 미치고 있다.

ㅇ 그림 1-4 **프로그램 내장방식 컴퓨터(EDVAC)**[7)]

② 세상을 바꾸는 발명

인간은 처음에 살기 위해서 물건을 발명하였다. 사냥과 방어를 위해 무기를, 추위로부터 몸을 보호하기 위해 옷을, 사나운 동물들을 피하기 위해 집을 발명한 것이다. 그리고 정착생활을 시작하고 잉여생산물과 여유가 생기면서 생존을 위해서라기보다 더욱 편리하게 살기 위해 발명을 하게 되었다. 힘든 일을 쉽게 처리할 수 있는 도구, 육지・바다・하늘을 이동할 수 있는 이동수단, 인간의 질병을 치유하고 수명을 연장하는 의약품 등 역사 속 수많은 인간의 발명품이 있었기에 지금의 편리함이 있는 것이다.

(1) 인류와 발명의 역사

인간이 발명을 시작하면서부터 인류의 역사는 매번 새롭게 쓰였다. 기원전 3,000년경 메소포타미아 시대의 벽화에서부터 21세기에 이르기까지 인간은 계속해서 탐구・발견하고 발명하였다. 이것은 인간에게 끊임없이 주변의 것들을 관찰하려는 호기심과 지식을 전파하려는 욕구가 있기 때문이다.

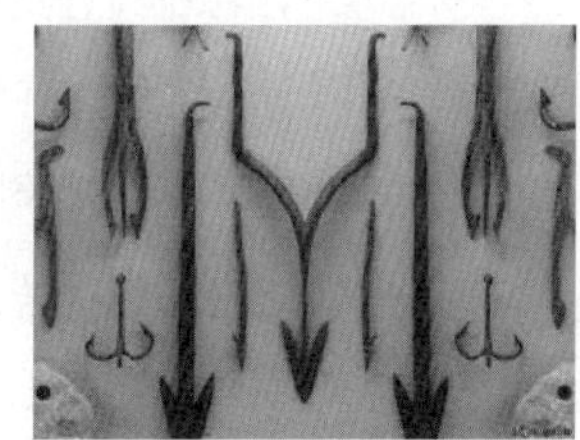

ㅇ 그림 1-5 **고대의 낚시도구**[8)]

7) 출처: https://upload.wikimedia.org/wikipedia/commons/thumb/1/17/Edvac.jpg/275px-Edvac.jpg
8) 출처: https://www.google.com/url?sa=i&url=https%3A%2F%2Ftorange.biz%2Ffx%2Fancient-fishing-tools-accessories-fragment-template-88002&psig=AOvVaw1lJ1_DBVqNQVSmmlJIPQUQ&ust=1637893807496000&source=images&cd=vfe&ved=0CAsQjRxqFwoTCOCe2ly8svQCFQAAAAAdAAAAABAb

작은 무리를 지어 살던 최초의 인간들은 식량을 구하기 위해 이곳저곳을 옮겨 다니면서 무언가 필요하다는 것을 깨달았다. 바로 도구였다. 인류 최초의 발명품들은 사냥을 위한 것으로, 돌을 깎아 만든 무기들은 사냥과 사냥한 동물의 뼈와 가죽을 잘라내는 데 사용되었다. 동물의 뼈로는 바늘을 만들어 낚시와 가죽을 꿰매 옷을 만드는 데 이용되었다.

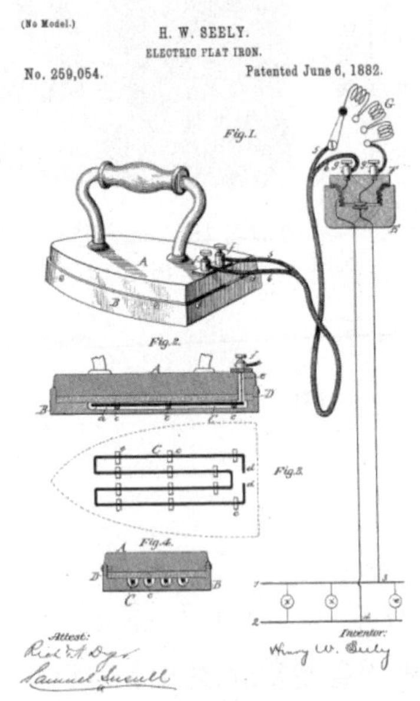

○ 그림 1-6 헨리 실리의 전기다리미 특허 도면[9]

중국인들은 4세기경 비단을 다리기 위해 오목한 금속 그릇 속에 숯불을 채워 뜨겁게 만든 다리미를 사용하였다. 이후 숯불 대신 끓는 물, 가스, 알코올을 채워 넣었으나 그 어떤 방법도 안전하지 않았다. 하지만 전기가 나오자 모든 상황이 바뀌게 되었다. 1882년 뉴욕의 헨리 실리(Henry Seely)에 의해 처음으로 다리미에 전기가 이용되기 시작하였다.

식기세척기는 그릇 닦는 게 귀찮은 주부에 의해서 발명된 것이 아니라 하녀들이 접시를 자꾸 깨뜨리는 것을 못마땅하게 여기던 한 부인이 발명해 낸 것이라고 한다. 처음엔 호텔과 레스토랑에서 주로 쓰였고 제2차 세계대전 후부터 가정에서도 쓰이기 시작하였다. 이때부터 여성들도 여가 시간이 생기고 직업을 갖기 시작하였다.

20세기 초까지는 수염을 깎으려면 이발사들이 사용하는 칼을 이용해야 했다. 1901년 킹 캠프 질레트(King Camp Gillette)는 수염 깎는 도구에 관해서 아주 기발한 생각을 해냈다. 면도를 할 때 칼 전체가 아니라 칼날만 사용한다는 데서 착안을 해 일회용 면도날을 발명한 것이다.

이렇듯 인간에게는 발명을 할 수 있는 능력이 있다. 발명품은 우리를 잘 살아갈 수 있도록 하였고, 때로는 어려운 일들을 처리할 수 있도록 돕는 역할도 하였다. 이로 인해 즐거움을 선사하기도 하였지만 반대로 나쁜 일을 가능케 하기도 하였다. 또한, 발명의 진보 덕분에 인류는 더욱 빠르게, 더 많은 지식과 정보를 다 함께 공유할 수 있게 되었다.

9) 출처 : https://patents.google.com/patent/US259054?oq=henry+seely+iron

표 1-4 인류의 주요 발명

시대	인류의 발명	시대	인류의 발명
170만년 전	주먹도끼 사용	1769	스코틀랜드의 제임스 와트가 증기기관의 특허를 받음
기원전 4000년	종이 이전의 기록매체인 파피루스 사용	1800	이탈리아의 볼타가 최초로 전지 발명
기원전 3000년	바빌로니아인이 계산을 도와주는 계수판을 발명함	1810	영국의 피터 유란드가 깡통을 이용한 식품 밀봉용기(통조림)로 특허를 받음
기원전 1000년	청동과 철로 만들어진 가위 발견	1826	프랑스의 조셉 니세포르 니엡스가 상의 정착방법(사진술) 발명
기원전 7세기	터키 지역에서 금과 은이 섞인 서양 최초의 주화 발견	1834	영국의 제이콥 퍼킨스가 얼음을 만드는 압축기 특허를 받음
기원전 3세기	아르키메데스의 나선양수기 발명	1837	미국의 새뮤얼 모스가 모스 부호를 발명
105	중국의 채륜이 제지법을 개량한 종이 발명	1879	미국의 에디슨이 필라멘트를 발명하여 전구를 오래 밝히는 데 성공함
644	페르시아에서 최초로 실용형 풍차 사용	1882	미국의 헨리 실리가 최초의 전기 다리미 발명
829	바그다드에서 천체 관측을 위한 최초의 천문대 설치	1886	미국의 조세핀 코크레인이 그릇세척기(식기세척기) 특허 등록
1086	중국의 나침반 발명	1896	이탈리아의 마르코니가 무선전신 발명
1441	조선의 장영실이 세계 최초의 우량계인 측우기 발명	1901	미국의 질레트가 양날형 안전면도기 개발
		1903	미국의 라이트 형제가 세계 최초로 동력 비행에 성공
1596	영국의 존 해링턴이 수세식 변기 발명	1926	미국의 로버트 고더드가 최초로 액체 연료 로켓 발사
1645	프랑스의 파스칼이 덧셈, 뺄셈이 가능한 기계식 수동 계산기 발명	1933	미국의 암스트롱이 FM 라디오를 발명
		1947	미국의 바딘, 브래튼, 쇼클리가 트랜지스터를 발명함
1671	독일의 라이프니츠가 사칙연산과 제곱근이 가능한 기계식 계산기 발명	1957	소련에서 최초로 인공위성(스푸트니크 1호)을 발사함
1698	영국의 세이버리가 석탄을 이용한 증기 기관을 발명	1969	인터넷의 시초인 알파넷이 개통됨
1765	프랑스의 그리보발 장군이 최초로 무기의 표준화 추진	1989	영국의 팀 버너스리가 월드 와이드 웹기술을 개발함

(2) 세상을 바꾼 발명품

현재 사용하고 있는 기술은 우리가 생각하는 것보다 훨씬 오래 전부터 발명되어 이용되어 왔다. 인류의 수많은 발명 중 인류에게 커다란 영향을 주었던 발명은 무엇이 있을까? 지금까지 인류가 번영해 오면서 만들어진 발명품들 중에서 최고의 발명품이 선정되기도 한다.

2009년 ≪월스트리트 저널≫이 뽑은 세계의 10대 발명품과 2018년 특허청이 뽑은 세계의 10대 발명품은 다음과 같다.

ㅇ표 1-5 월스트리트 저널(2009)과 특허청(2018)이 선정한 세계의 10대 발명품

순	월스트리트(2009) 저널 선정 10대 발명품	순	특허청(2018) 선정 10대 발명품
1	나침반(1086년, 중국)	1	냉장고(1922년, 스웨덴)
2	총(1250년, 중국)	2	인터넷(1969년, 미국)
3	금속활자(1329년, 한국)	3	개인용 컴퓨터(1973년, 미국)
4	금속활판(1450년, 독일)	4	세탁기(1858, 미국)
5	기계식 계산기(1671년, 독일)	5	텔레비전(1926년, 미국)
6	베이글 빵(1610년, 폴란드)	6	자동차(1886, 독일)
7	전구(1879년, 미국)	7	금속활자
8	트랜지스터(1947년, 미국)	8	안경(1250년경, 베네치아)
9	인공위성(1957년, 미국)	9	백신(1796, 영국)
10	복제양 돌리(1997년, 스코틀랜드)	10	가스레인지(1825, 영국)

≪월스트리트 저널≫과 특허청이 공통적으로 선정한 세계 10대 발명품은 금속활자이다. 금속활자는 쇠붙이를 녹인 후 주형에 부어 글을 인쇄하기 위해 만든 것으로, 현존하는 가장 오래된 금속활자는 고려 우왕 시절 청주 흥덕사에서 인쇄한 흔히 '직지'라고 부르는 '백운화상초록불조직지심체요절'이다. 후에 독일의 구텐베르크가 발명한 금속활자 인쇄기는 성경을 대중에 보급하며 종교개혁에 기여하였고, 정보와 지식의 보존 및 전파에 중요한 역할을 하며 중세에서 근대로 가는 계기를 마련하였다.

나침반은 ≪월스트리트 저널≫이 뽑은 첫 번째 발명품이다. 나침반이 없던 시대에는 해와 별자리를 관측하여 방향을 확인하였는데, 관측에 시간이 오래 소요되었고 이마저도 날씨가 좋지 않으면 확인하기가 어려웠다. 이러한 시기에 등장한 나침반은 방향을 정확하게 알 수 있도록 도와주어 일상생활뿐 아니라 군사, 지형측량, 항해에도 이용되었다. 즉, 나침반을 통해 원거리 이동이 훨씬 더 자유롭게 되었고, 이는 바다 건너 다른 나라와 경제무역을 가능하게 하였으며, 자본주의의 발전에 큰 영향을 끼쳤다.

특허청에서 선정한 첫 번째 발명품은 냉장고로, 20세기의 핵심적인 발명품 중 하나이다. 냉장고가 발명되기 전에는 얼음 등을 이용하여야지만 음식을 냉장시킬 수 있었기 때문에, 일반 가정에서 음식을 차갑게 보관하는 것은 어려운 일이었다. 1922년 스웨덴의 폰 플라텐과 문터스는 암모니아를 활용한 가스 흡수식 냉장고를 개발하였고, 1923년 AB 아틱 사가 생산 판매하였지만, 전기 냉장고에 비해 인기를 얻지는 못했다.

(3) 세상을 바꾼 발명가

발명품을 만드는 것은 사람이다. 우연에 의한 발견이든 끊임없는 연구와 탐구로든 발명을 하는 사람들이 세상을 바꾼 발명품을 만들어 낸다. 역사 전문 채널인 히스토리 채널에서는 '1,000년을 빛낸 세계의 100인'이라는 프로그램을 만들어 과거 천 년간의 위인들을 소개하고 있다. 이 위인들에는 활판 인쇄술의 발명가 구텐베르크, 천재 레오나르도 다빈치, 증기기관 발명의 제임스 와트, 최고의 발명가 토머스 에디슨, 비행기 발명가 라이트 형제, 전화기 발명가 알렉산더 그레이엄 벨 등이 등장한다. 이처럼 위대한 인물들 속에는 많은 발명가가 포함되어 있다. 세상을 바꾼 발명가들 중 기원전의 유명한 수학자이자 물리학자인 아르키메데스에서부터 혁신의 대명사 스티브 잡스까지 과거부터 현재까지 세계를 변화시킨 8명의 발명가를 알아보자.

① 아르키메데스(그리스, 기원전 287?~212)

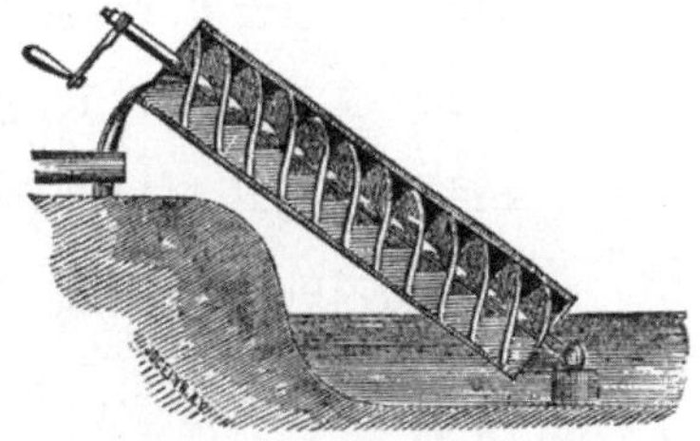

그림 1-7 아르키메데스 스크루[10)]

아르키메데스는 그리스 시라쿠사에서 천문학자 피디아스의 아들로 태어났다. 열한 살 때 문화의 중심이었던 이집트 알렉산드리아의 뮤세이온에서 수학자 코논에게 기하학을 연구하는 학문을 배우면서 수학에 흠뻑 빠지게 된다. 아르키메데스는 수학 원리를 이용해 생활에 필요한 물건을 만드는 데 비상한 재능이 있었다. 이집트 알렉산드리아 유학 시절 나선형 통로를 통해 물을 퍼 올리는 나선형 양수기, 즉 '아르키메데스의 스크루'를 발명한다. 오늘날의 나사를 발명한 셈이다. 또한, 아르키메데스는 73세 때 로마의 공격으로부터 조국을 지키기 위해 밤낮으로 투석기·기중기 등 각종 군용 기계를 발명한다. 그리고 수학과 물리학의 원리를 이용한 지레와 도르래도 만든다. 그는 이 지레와 도르래를 이용해 로마 군대와 전투함을 향해 큰 돌을 던져 로마 군대가 시라쿠사 해안 가까이에 오는 것을 막았다. 이처럼 그가 만든 각종 도구들은 시라쿠사가 로마 군대에 2년 동안 저항하는 데 큰 역할을 하였다. 로마 역사에 보면 "아르키메데스가 고안한 거대한 기중기가 어마어마하게 큰 돌을 날려 군대가 공포에 떨었다."라는 기록이 남아 있다.

② 구텐베르크(독일, 1397~1468)

구텐베르크는 서양 최초로 금속활자를 발명한 사업가이다. 그는 특유의 뚝심과 독창성으로 활판 인쇄술이라는 위대한 발명품을 완성시켰다. 인쇄 기술이 발명되기 전에는 책의 글자를 한 자 한 자 베껴야 하였기 때문에 성직자나 학자, 왕처럼 신분이

10) 출처: http://commons.wikimedia.org/wiki/File:Archimedes_screw.JPG

높은 사람만이 책을 가질 수 있었다. 1455년 그는 총 200부의 성서를 출판함으로써 인류 문명의 획기적인 전환점을 만들었다. 새로운 기술의 발명과 발견, 정치・예술 분야의 혁신, 이 모두가 이 인쇄술 덕분이었다. 그의 인쇄술은 모든 정보를 일반인들에게 풀어 놓았다.

③ 레오나르도 다빈치(이탈리아, 1452~1519)

레오나르도 다빈치는 르네상스를 대표하는 이탈리아의 위대한 예술가이면서 지구상에 가장 경이로운 천재 중 한 명으로 알려져 있다. 세계적으로 유명한 회화 작품인 <모나리자>와 <최후의 만찬>, <동방박사의 예배> 등 많은 예술 작품을 남긴 다빈치는 스푸마토 기법(공기원근법)과 원근법을 완성시켰다.

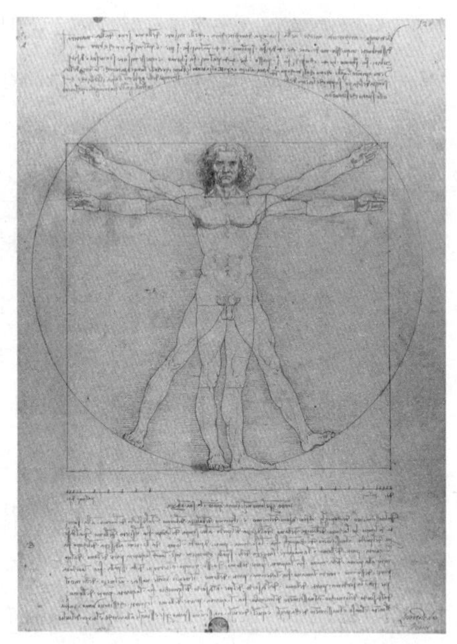

그림 1-8 레오나르도 다빈치 작품[11]

그는 호기심이 많고 창조적인 사람으로 늘 노트를 가지고 다니며 자신의 생각을 기록으로 남겼지만 이 기록을 평생 누구에게도 공개하지 않았다고 한다. 그 기록에는 미술, 물리, 인체와 같은 각종 분야의 연구 결과가 담겨 있었는데, 그 연구 결과 대부분이 수 세기를 앞선 내용들이었다. 인체 해부를 통해 얻은 결과를 그림과 함께 자세히 설명하였으며 심지어 동맥경화가 심장질환과 죽음의 원인이라는 사실도 밝혀냈다. 이것은 1628년에 영국의 의사 윌리엄 하비가 발표한 피의 순환에 관한 이론보다 약 100년 앞선 것이었다. 다빈치의 기록 중 가장 흥미로운 것은 이전까지 발명되지 않은 것들을 구상한 기록들이다. 그는 사람의 시력을 연구해 콘택트렌즈의 원리는 물론 수많은 광학기기를 고안해 냈다. 동력 비행에 성공해 대륙을 횡단한 라이트 형제보다 400년이나 앞서 하늘을 나는 비행 물체를 설계하였고, 포탄을 막기 위해 측면을 경사지게 만든 탱크와 속사포, 작렬탄, 거대한 석궁 등의 무기를 구상하기도 하였다. 이 외에도 헬리콥터, 낙하산, 자동차, 잠수복, 휴머노이드 로봇 등 당대의 관념과 지식을 뛰어넘은 다빈치의 기록은 이미 현대 인류보다 300~400년이나 앞선 것이었다.

11) 출처 : https://commons.wikimedia.org/wiki/File:Vitruvian.jpg

④ 제임스 와트(스코틀랜드, 1736~1819)

제임스 와트가 증기기관을 처음으로 발명한 것은 아니다. 하지만 제임스식 증기기관의 발명은 획기적이었으며 산업혁명의 주역으로 세계를 바꿔 놓았다.

1693년 토머스 세이버리가 증기를 압축시켜 발생한 기압차를 이용하는 양수 펌프를 개발하였다. 그리고 토머스 뉴커먼이 이를 개량하여 1712년에 실용화시켰다. 콘월의 구리 광산에서 처음 사용된 뉴커먼기관은 실린더 안의 수증기 압축과 팽창에 따라 피스톤이 왕복운동하는 방식이었다. 대기압만으로 물을 빨아올리기 때문에 대기압 기관으로도 불린다. 그러나 뉴커먼기관은 증기 압축을 위해 물이 한 번 분사될 때마다 실린더 전체가 냉각되기 때문에 열 손실이 많았고 석탄 소모량도 많았다. 1764년 글래스고 대학 수리소에서 일하던 와트는 뉴커먼기관의 수리를 부탁받고 대폭 개량에 착수하여 1769년 1월 5일, '화력기관에서 증기와 연료의 소모를 줄이는 새롭게 고안한 방법'에 관한 특허를 취득하였다. 그는 증기를 실린더 안이 아니라 실린더와 연결된 별도의 응축기에서 압축시키고, 피스톤을 대기압이 아니라 증기압력으로 움직이는 방식을 고안하였다. 그 결과 응축기만 냉각되고 실린더의 열은 보존되어 효율성이 매우 높았으며, 석탄 소모량도 뉴커먼기관에 비해 4분의 1 이하로 줄일 수 있었다. 와트는 또한 피스톤의 상하운동 모두를 동력으로 활용할 수 있게 하였다. 진정한 의미의 증기기관이 탄생한 것이다.

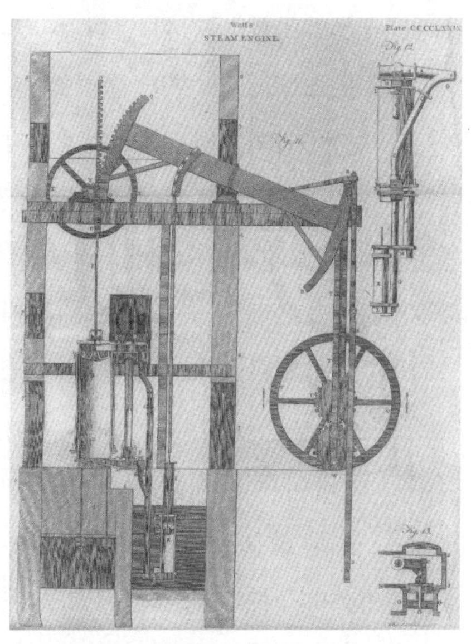

그림 1-9 제임스 와트의 증기기관[12)]

와트의 증기기관은 산업혁명 시대를 연 주역들 가운데 하나이자, 증기기관을 바탕으로 한 다양한 기술혁신과 발명의 플랫폼 구실을 하였다. 그것은 연료와 원료를 먼 거리의 생산 공장까지 대량으로 빠르게 운반할 수 있게 하였고, 공장을 자동화시켰으며 그 입지 조건을 크게 넓혀 놓았다. 또한, 수력에 의지하느라 가동이 중단되곤 하였던 공장들이 일 년 내내 돌아갈 수 있게 하였다. 대량생산과 대량운송은 규모의 경제를 낳으면서 자본의 효율적이고 집중적인 운용과 생산 체제의 혁명적 변화를 가속화시켰다. 와트의 증기기관 이전과 이후의 세계는 결코 같을 수 없다.

12) 출처 : https://upload.wikimedia.org/wikipedia/commons/7/70/WattsSteamEngine.jpeg

⑤ **토머스 에디슨(미국, 1847~1931)**

에디슨은 전구와 축음기를 발명한 천재 발명왕이다. 19세기 초에 한 기술자가 미국 정부에 특허청을 없애야 한다는 제안을 한 적이 있었다. 이제는 에디슨 때문에 더 이상 발명할 물건이 없다는 것이 그 이유였다. 에디슨은 미국 역사상 그 누구보다도 많은 1,093개의 발명 특허를 따냈다. 그중에서도 가장 놀라운 발명품이 전구이다. 전구는 독일의 하인리히 괴벨이 1854년에 에디슨보다 먼저 개발한 발명품이다. 하지만 그는 전구가 대량생산되어 잘 팔릴 것이란 사실을 예측하지 못하고 상용화하지 않는다. 이후 1879년 에디슨이 전구를 고안하여 특허를 내자 괴벨이 죽기 직전 에디슨을 상대로 소송을 걸었다는 일화가 있다. 이로 인해 전구의 발명자가 에디슨이라고 사람들에게 알려지게 되었고, 에디슨은 평생 동안의 연구 개발로 세계를 환하게 밝혀 주었다.

⑥ **라이트 형제(미국, 1867~1912 / 1871~1948)**

라이트 형제는 사람들의 비웃음을 현실로 바꾸어 놓았다. 오하이오 주에서 자전거상을 운영하던 형제는 1899년부터 하늘을 나는 글라이더를 만들며 수 천 여 번의 실험 끝에 글라이더 조종 장치를 만드는 데 성공한다. 1902년에 라이트 형제는 '플라이어'라는 이름의 세계 최초의 비행기를 만든 후 1903년 오빌 라이트가 노스캐롤라이나의 키티호크 근처의 모래사장에서 역사상 최초로 동력 비행기를 타고 하늘을 나는 데 성공하였다. 하지만 일부 발명가 외에는 라이트 형제의 비행 성공에 관심을 갖지 않았다.

그림 1-10 라이트 형제의 비행기

라이트 형제는 실망하지 않고 꾸준히 비행기를 개선해 나갔고, 마침내 1908년 프랑스에서 공식적인 비행에 성공하여 세계를 놀라게 하였다. 라이트 형제의 발명은 운송기관의 혁명일 뿐만 아니라 오랜 꿈의 실현이었다.

⑦ **알렉산더 그레이엄 벨(미국, 1847~1922)**

벨은 농아에게 발성법을 가르치는 선생님이었던 아버지의 영향을 받아 음향학을 공부하고 농아에게 발성법을 가르쳤다. 그가 전기로 소리를 전달하는 기계, 즉 전화기를 발명한 것도 농아를 돕기 위해서였다. 전기의 특성을 이용한 통신 방식을 통해 농아들에게 소리를 들려줄 수 있을 것이라고 생각한 것이다. 벨은 1876년에 전화기를 발명하였다. 그리고 전기 연구가인 엘리사 그레이 역시 같은 날 전화를 발명하고 벨과 같은 날 특허를 신청하게 되지만 벨이 좀 더 빨랐다는 이유로 특허는 벨이 가지게 된다. 처음에 사람들은 전화기를 그저 흥미로운 물건 정도로만 생각하였다. 하지만 4년 후 이 전화기는 전 세계에 25만 대가 보급되었다. 물론 이것은 시작에 불과하였고 지금은 대부분의 사람들이 전화기를 쓰고 있다.

⑧ 스티브 잡스(미국, 1955~2011)

전자공학에 깊이 빠져 있던 스티브 워즈니악과 스티브 잡스는 개인용 컴퓨터의 기능이 복잡해지는 것을 염려하여 회사에 가장 단순하다고 생각되는 이름을 붙였다. 그것이 바로 Apple이다. 둘은 개인용 컴퓨터 Apple 1, 2와 매킨토시 등을 개발하면서 회사를 키우게 된다. 그러나 잡스는 회사에서 잠시 쫓겨나게 되고 넥스트 컴퓨터를 발명한다. 이후 다시 회사로 복직한 잡스는 상황이 좋지 않은 회사를 아이맥의 발명으로 시장 퇴출 위기에서 벗어나게 한다. 기술적인 혁신보다 디자인과 패션, 마케팅에 큰 비중을 둔 것이 성공한 이유였다. 이후 아이팟 발명으로 성공을 거둔 잡스는 스마트폰과 태블릿 PC인 아이폰과 아이패드를 세상에 내놓게 된다. 이는 IT업계의 새로운 바람을 일으킨 발명으로 주목받았으며 사회를 변화시켰다.

③ 미래를 여는 발명

기술은 빠른 속도로 발전하고 있으며, 수많은 발명품들이 쏟아져 나오고 있다. 우리는 점점 더 발명의 영향을 받으며 생활하게 될 것이다. 몇 년만 있으면 운전자의 개입 없이 자동차 혼자서 일반 도로를 주행하고 있을지도 모른다. 속력과 방향을 제대로 조절하고 사고를 일으키지 않도록 하는 원거리 통제 시스템만 있다면 가능한 일이다. 적외선 스크린이 부착되어 있어 밤에도 대낮처럼 환한 상태로 운전을 할 수 있고, 앞에 장애물이 있으면 자동차의 레이더가 위험 신호를 보내 주어서 제때 브레이크를 걸 수 있게 될 것이다. 미래에는 지금보다 빠르고 안전한 여행을 가능하게 하는 많은 발명품들이 생겨날 것이다. 불치의 병을 치료할 수 있는 새로운 약이 발명되고, 집에 앉아서 모든 곳을 여행할 수 있을지 모른다.

이러한 기술의 발전과 문화의 흐름을 알아보기 위해 ≪타임지≫[13]에서는 매년 올해의 발명품을 선정하고 있다. 2021년에는 독창성 및 창의성, 이루고자 하는 희망 또는 결과, 영향력 등을 포함한 핵심 요인에 대해 각각 평가하여 최종적으로 25개 분야 총 100가지의 획기적인 발명품을 선정하였다. 이 발명품들은 코로나 19와 말라리아 백신, 소아병동 환자를 위한 정서지원 로봇, 환경친화적인 청바지 염료, 새로운 형태의 파스타 등 우리가 살아가고, 일하고, 즐기는 방식을 변화시킬 수 있다.

13) 출처 : https://time.com/collection/best-inventions-2021/

접근성(Accessibility)	
• OrCam Read : 인쇄 매체의 표면을 캡처하여 텍스트를 읽어주는 휴대용 장치 • Nike GO FlyEase : 손을 쓰지 않고도 신고 벗을 수 있는 신발	• Permobil Explorer Mini : 이동 장애가 있는 영유아(12~36개월)를 위한 전동 이동 장치 • Revolve Air : 바퀴를 접어 휴대성과 이동성을 높인 휠체어

인공 지능(Artificial Intelligence)	
• NVIDIA Omniverse : 3D 가상 협업과 물리적으로 정확한 시뮬레이션을 할 수 있는 개방형 플랫폼 • Adobe Super Resolution : 대형포스터를 현상할 수 있을 정도로 사진의 해상도를 증가시켜 주는 기능 • Caption AI : AI 기능이 탑재된 초음파 검사	• Flawless AI TrueSync : 외국어 영화를 관객의 모국어로 립싱크하여 더빙할 수 있는 시스템 • Percepto AIM : 현장 자율점검 및 모니터링 할 수 있는 시각적 데이터 관리

앱 및 소프트웨어(Apps and Software)	
• MTA Live Subway Map : 실시간으로 업데이트 해주는 지하철 노선 • Subdial : 정신건강, 가정문제, 비긴급 범죄 등 문제를 해결할 수 있도록 911 대안을 제공하는 앱	• Neeva : 광고나 개인정보 수집 없이 검색 결과를 보여주는 서비스 • ADT SoSecure : 실시간 위치 추적, SOS 대응 등 안전 지원 앱

증강 및 가상 현실(Augmented Reality and Virtual Reality)	
• Lenovo ThinkReality A3 Smart Glasses : 가상 모니터 등을 활용한 증강현실 안경 • Qualcomm Snapdragon XR2 Platform : 5G 기반 확장현실 플랫폼	• Google Maps Live View : 도보용 증강현실 길 안내 서비스

아름다움(Beauty)	
• Supergoop! Daily Dose Vitamin C + SPF 40 Serum : 비타민C 세럼과 선스크린의 이중 목적 스킨케어 • Opulus Beauty Labs Treatment System : 사용 직전 혼합하여 즉시 사용할 수 있는 스킨 케어	• L'Oréal Water Saver : 물 손실을 최소화하는 머리 감기 시스템 • Everist Waterless Haircare Concentrates : 샤워 시 물에 활성화되도록 수분을 제거한 샴푸 농축액

연결성(Connectivity)	
• Kudo Marketplace : 24시간 실시간 통역 예약 시스템 • In-telligent BuzzBell : BUZZ 또는 BELL을 통해 중요한 메시지를 구별	• Mobilus Labs mobiWAN : 웨어러블 양방향 골전도 통신 장치로 소음 환경에서 핸즈프리로 통신

가전(Consumer Electronics)

- Paper Shoot Camera : 필름카메라의 감성을 지닌 디지털 카메라
- Framework Laptop : 모듈식으로 사용자가 교체 및 수리할 수 있는 노트북
- Infinite Objects NFT Video Print : 비디오 또는 NFT(Non-fungible token)를 인쇄하듯이 영구적으로 반복
- Espresso Display : 5mm 두께의 휴대용 터치 스크린 모니터
- JLab JBuds Frames : 안경에 부착하여 사용하는 오디오
- Samsung Galaxy Z Flip3 : 콤팩트하게 접을 수 있는 스마트폰
- Syng Cell Alpha : 공간의 특성에 적응하여 특정 영역의 소리를 강조하는 공간음향 사운드 재생
- Nuratrue : 개인 청각 프로필을 구성하여 사용자 맞춤 사운드를 재생하는 이어폰
- Vecnos IQUI : 소셜 미디어에 공유 가능한 초소형 360도 카메라

디자인(Design)

- Clove Sneakers : 오래 서서 근무하는 의료 종사자를 위한 신발
- Gott-Goldberg-Vanderbei Projection : 지도 왜곡을 최소화한 양면 디스크 지도
- Lenovo ThinkBook Plus Gen 2 : 탑 커버를 통해 태블릿처럼 사용 가능한 노트북

교육(Education)

- The Learning Passport : 학습 빈곤 격차를 줄이기 위한 온·오프라인 플랫폼
- Amira and the StoryCraft : AI 교사로 읽기 능력 향상 지원
- Sphero indi : 유아에서 초등학교 저학년까지 초기 학습자를 위한 코딩 로봇

엔터테인먼트(Entertainment)

- LG C1 : TV와 게이밍 모니터의 경계를 허문 대형 OLED디스플레이
- Kiswe : 클라우드 기반 라이브 스트리밍 방송
- Roland VAD706 V-Drums Acoustic Design Electronic Drum Kit : 어쿠스틱과 전자 드럼의 융합

실험적(Experimental)

- Illusory Material : 다중 재료 3D 프린팅으로 디지털 세계에서만 존재하는 재료로 일상 제품 디자인
- Opte Precision Skincare : 피부 분석 후 주근깨 등 결점을 가려주는 피부용 잉크젯 프린터
- Boom XB-1 supersonic demonstrator : 초음속 여행기
- Synchron Stentrode : 마비를 가진 사람들을 위한 뇌-컴퓨터 인터페이스 장치

재원(Finance)

- Realm : 집의 구입부터 판매까지 수리, 해결할 것, 자산 활용 방법 등 주택 투자를 위한 데이터 제공
- Capitalize Online 401(k) Rollover Platform : 롤오버 프로세스 및 퇴직 자산 이동 처리

신체 건강(Fitness)

- Tonal : 맞춤형 개인 운동 기구
- BodyEnergy BE-A230 : 팔과 다리로 움직이는 전신 러닝머신
- VICIS Zero2 Trench : 충격에 강한 헬멧

음식과 음료(Food and Drink)

- Sfoglini Cascatelli : 소스가 잘 묻고 포크로 먹기 쉬운 새로운 파스타 형태
- Kuleana tuna : 식물로 참치의 맛과 영양을 제공하는 대체 해산물
- SAVR pak : 열역학을 활용해 채소나 테이크아웃 음식이 눅눅해지지 않도록 방지해주는 팩

가정 건강(Home Health)

- COVID-19 Home Testing Kits : 가정용 자가진단 키트
- EcoQube : 가정용 라돈 검출기
- Mila : 사용 목적에 맞는 필터 교체 공기청정기
- Abbott NeuroSphere Virtual Clinic : 원격 진료 시스템

의료(Medical Care)

- COVID-19 vaccines : 코로나 19 백신
- Mosquirix Malaria Vaccine : 생후 6주에서 17개월 사이 어린이에게 제공되는 말라리아 백신
- Linus Health DCTclock : 조기 인지 장애 감지 AI

육아(Parenting)

- Juno Bassinet : 유기농 천연재료와 여행용 상자로 구성된 이동 가능한 요람
- Elvie Stride : 이동 중에도 유축할 수 있는 저소음 핸즈프리 유축기
- Chicco Duo Hybrid : 유리와 플라스틱의 장점을 융합한 하이브리드 젖병

생산력(Productivity)

- TimeChi : 외부요인을 차단하며 집중과 휴식을 수행
- SlateSafety BioTrac Band : 작업자 안전 모니터링
- Teamflow : 커뮤니케이션과 협업을 위한 가상회의 시스템
- Ford Pro Power Onboard : 차량을 발전기로 바꾸어 7.2kw 출력 제공

로봇 공학(Robotics)

- Robin the Robot : 상호작용을 통해 어린 환자의 정서적 지원을 돕는 AI 로봇
- Relativity Space Stargate : 금속 3D 프린터로 제작하는 3D 인쇄 로켓

사회적 선행(Social Good)

- CAKE Kalk AP : 밀렵 방지를 위해 개발된 태양전지 자전거
- Crisis Contact Simulator : 위기 대응 상담을 위한 AI 챗봇
- ProxyAddress : 노숙자의 안정화를 지원하기 위한 주소 제공 서비스
- Bento : 낙인이 없는 SMS 메시지로 취약 계층의 식량 지원
- Reeddi : 그리드 구축 없이 적정 가격으로 대여를 통해 사용하는 전기

스타일(Style)

- Unspun : 3D 스캐닝을 통해 사용자 체형에 맞게 직접 커스터마이징할 수 있는 친환경 청바지
- Rothy's Driving Loafer : 플라스틱 물병으로 만들어진 남성용 드라이빙 로퍼
- Bombas Underwear : 다양한 사이즈의 착용감이 편한 남녀 언더웨어

지속가능성(Sustainability)	
• Boox : 재사용 가능한 택배 상자 • Huue : 미생물 균주를 활용하여 환경 유해성을 낮춘 청바지 염료 생산 • EcoFlow DELTA Pro : 가정용 대용량 파워스테이션	• SupPlant : AI를 활용한 작물 재배 지원 시스템 • BlueConduit : 머신러닝을 통해 지역 사회에 있는 납 및 기타 위험 물질 제거 지원 • Watershed : 기업의 탄소 중립 관리 서비스
장난감 및 게임(Toys and Games)	
• Thames & Kosmos Mega Cyborg Hand : 유압을 이용한 기계 손 장난감 • LEGO recycled brick : 재활용 플라스틱 병으로 만든 레고 • Playdate : 아날로그 휴대용 게임기	• Steam Deck : Steam 게임과 기능을 모두 이용할 수 있는 콘솔 • Story Time Chess : 어린이에게 체스를 가르칠 수 있는 게임 • Sproutel Purrble : 아이들의 안정을 도와주는 인형
수송(Transportation)	
• Lyft New E-Bike : 공유 전기 자전거 • Nuro R2 : 자율주행으로 배달하는 무인자동차 • Einride : 운전석 없이 운전자가 원격으로 제어하는 전기 트럭	• ElectReon : 전기자동차를 위한 무선 충전 도로 • Ample : 전기자동차 배터리 교체 스테이션
여행(Travel)	
• JetKids BedBox : 어린이들의 편한 여행을 위한 장치 • ENO SkyLite : 편안하고 안전한 해먹	• New Shepard : 민간인 우주 관광의 성공
건강(Wellness)	
• Lululemon Take Form Mat : 3D 쿠션을 이용하여 손과 발 위치를 표시한 요가 매트 • Emme Smart Birth Control System : 피임약 복용 추적 및 알림 시스템	• Quip Mouthwash : 구강청결제 스타터 키트

이와 같은 기술의 발전과 발명은 인류의 삶에 매우 긍정적인 영향을 준다. 그러나 환경오염과 인간성 상실 같은 부정적인 면도 있다는 것을 잊어서는 안 된다. 발명은 지구의 자연환경을 많이 바꿔 놓았다. 단적인 예로 기계톱과 불도저는 열대 밀림을 파괴시켰다. 그러나 잘못은 도구에 있는 것이 아니라 그것을 무책임하게 사용한 인간에게 있다. 발명품이 좋은지 나쁜지 판단하는 기준은 그것을 어떻게 사용하느냐에 달려 있다.

과거의 발명이 그러하였듯이 미래에 새롭게 열리게 될 발명의 길은 인간의 탐구적 호기심과 창조적 결과물로 풍요로울 것이다. 다시 말해 앞으로의 발명은 현재까지의 어떤 발명보다 생산적인 방향으로 나아갈 것이 확실하다.

발명가 / 발명품 돋보기

주름빨대의 발명(1936) – 프리드만

딸을 위한 아빠의 작은 아이디어

1960년대 일본 요코하마. "아이가 아팠기 때문에 ~ 주름빨대는 탄생하였다." 큰 인기를 모았던 통신사의 광고 문구이다. 이 광고 덕분에 아픈 아이에게 우유를 먹이기 위한 어머니의 고민으로 최초의 주름빨대가 만들어졌다는 이야기가 널리 알려지게 되었다.
하지만 주름빨대는 1930년대 미국의 프리드만이라는 사람이 발명해 특허를 내고 상품화에 성공한 것이 시작이다.
샌프란시스코에 위치한 한 음료상점에서 프리드만은 자신의 딸 쥬디스가 종이빨대로 밀크셰이크를 먹고 있는 모습을 지켜보고 있었다. 어린 쥬디스는 곧은 빨대로 음료를 먹기 위해 애를 쓰고 있었는데, 곧은 빨대를 입에 물고 움직이면 음료 위로 빨대 끝이 솟아올랐다. 이때 프리드만에게 영감이 떠올랐다.
"빨대에 주름을 넣어 구부려 컵에 걸쳐 놓을 수 있으면 좋지 않을까?"
프리드만은 평소 호기심이 많고 창의적 능력이 뛰어난 사람이었다. 그는 빨대를 집어 들고 그 안에 나사를 집어넣었다. 나사 홈을 따라가며 치실을 감아 바로 주름을 만들었다. 주름빨대가 최초로 탄생한 순간이었다. 이 주름빨대로 어린 쥬디스는 한결 수월하게 음료를 마실 수 있었다.
1937년 프리드만은 특허를 출원하였으며 1950년에는 주름빨대의 형태와 제조 방법에 대해 미국과 해외에 5개의 특허를 출원하였다.

병상의 환자에게 널리 사용되기 시작한 주름빨대

이후 프리드만은 'Flexible Straw Corporation'이라는 회사를 설립하여 주름빨대를 생산하기 시작하였다. 주름빨대의 독특한 기능성은 병원에서 인정받기 시작하였다. 당시 병원에서는 유리로 만들어진 튜브를 이용하였는데 주름빨대를 이용하면 거동이 불편한 환자들이 누워서도 음료를 마실 수 있기 때문이었다. 1969년에 프리드만의 회사는 메릴랜드 컵 제조회사에 팔렸으며, 현재 매년 50억 개의 주름빨대를 생산하고 있다.
첨단기술을 이용한 뛰어난 발명들과 비교해 주름빨대의 발명 자체는 누구나 인정하는 탁월한 발견은 아닐지도 모른다. 하지만 뛰어난 기술에도 불구하고 오랜 기간 동안 실용화되지 못하고 사라지는 발명들보다, 간단하지만 전 세계에서 널리 애용되고 있는 주름빨대의 가치가 더욱 크게 느껴지지 않는가? 어린 딸을 위하는 마음으로 만들어진 주름빨대처럼, 발명은 먼 곳에 있는 것이 아니다. 바로 내 앞에 그리고 우리 앞에 있는 것이다.

조사 및 탐구활동

어떻게 하면 걸어가지 않고 더 멀리 더 빨리 갈 수 있을까? 자전거는 기구를 이용하여 더 멀리, 더 빨리 가고자 했던 인간들에 의해 탄생하였다. 장난감 목마에서 아이디어를 얻어 탄생된 자전거는 현재의 모습이 되기까지 다양한 발명의 과정을 거쳤다.

과거와 현재의 자전거 발명의 역사를 조사하여 살펴보고, 미래의 자전거는 어떻게 변화할지 예상해 보자.

과거	14)	
현재		
미래	?	

14) 출처 : http://commons.wikimedia.org/wiki/File:Michauxjun.jpg

Test

01장 내용 확인 문제

정답 p.348

01 ______(이)란 '미처 찾아내지 못하였거나 아직 알려지지 아니한 사물이나 현상, 사실 따위를 찾아내는 것'으로 정의할 수 있다.

02 ______(이)란 '현재 존재하지 않는 어떠한 물건이나 방법을 새롭게 만들어 내는 것'으로 정의할 수 있다.

03 발명으로 인정받고 특허를 받기 위해서는 발명의 성립성, 산업상 이용 가능성, ______, ______을/를 만족시켜야 한다.

04 「특허법」에서는 발명을 '______을/를 이용한 기술적 사상의 창작으로 고도한 것'으로 정의하고 있다.

05 「특허법」상 발명의 분류에는 ______의 발명, ______의 발명, 물건을 생산하는 방법의 발명이 있다.

06 발명이 개인의 창의성 및 문제해결력, 자아효능감, 타인에 대한 배려심을 증진하고, 경제적 이득 등을 가져오는 것은 발명의 ______ 가치에 해당한다.

07 발명의 ______ 가치는 새로운 제품이나 기술을 만들어 냄으로써 개인과 산업체의 생산력과 경쟁력을 증가시켜 주었고, 산업의 흐름을 바꾸기도 하였을 뿐 아니라 그에 대한 이익으로 세금을 통해 국가적으로 영향을 미쳤다. 또한, 사회를 살아가는 사람들의 생활이 편리하도록 생활 모습을 변화시켜 주었다.

08 ______은/는 쇠붙이를 녹인 후 주형에 부어 글을 인쇄하기 위해 만든 것으로, 고려 시대 청주에서 인쇄한 '백운화상초록불조직지심체요절'이 가장 오래되었다. 후에 서양 최초로 발명된 구텐베르크의 인쇄기는 정보와 지식의 보존 및 전파에 중요한 역할을 하였다.

09 제임스 와트가 발명한 ______은/는 최초의 발명은 아니었지만, 증기와 연료의 소모를 줄이는 획기적인 방법을 통해 산업혁명 시대를 연 주역들 가운데 하나가 되었다.

토론과 성찰

발명은 인류의 문화를 발전시켜 왔으며 인간이 보다 편리한 생활을 할 수 있게 발전되어 왔다. 하지만 인류의 발명이 항상 긍정적인 영향을 미쳤던 것은 아니다. 발명의 역기능과 이를 해소할 수 있는 방안에 대하여 토론하여 보자.

문제 제기

이 단원에서는 창의성, 발명, 발명교육의 개념을 학습하고 이들의 개념이 서로 밀접한 관련이 있음을 확인한 후 창의성을 계발하기 위한 다양한 기법과 TRIZ 발명 기법의 개념과 특성에 대해 학습한다.

❶ 발명 및 발명교육과 창의성은 어떤 관계가 있는가?
❷ 창의성 계발 기법의 개념과 특성은 무엇인가?
❸ 발명 기법인 TRIZ의 개념과 특성은 무엇인가?

Understanding and Practice of Invention Education

Chapter

02

발명교육과 창의성

01 절 발명교육과 창의성

'창의성'은 교육 관련 정책 자료집이나 새로운 교육 과정이 발표될 때마다 자주 접할 수 있는 용어이다. 창의성은 교육 분야뿐만 아니라 정부나 기업에서도 매우 중요하게 다루어지고 있으며, 아이나 주부에 이르기까지 일상의 모든 부분에서 필요로 하는 항목으로 자리 잡고 있다. 이 절에서는 이러한 창의성의 개념을 확인해 보고, 발명교육과 창의성의 관계를 알아본다.

① 창의성

(1) 창의성의 개념

창의성이란 용어는 1950년 미국 심리학 협회의 회장이었던 길포드(Guilford)[15]가 창의성에 대한 기조 연설을 하면서 본격적인 논의가 이루어지기 시작하였다(정지은, 2012). 오늘날 창의성은 예술, 심리, 교육, 과학, 경영 등 사회 전 분야의 학자들이나 새롭고 독창적인 제품을 만들고자 하는 많은 기업이 자주 언급하고 있지만, 이 용어에 대한 일관적인 정의를 찾기는 어렵다. 예를 들어, 창의성을 정의할 때 산출물적인 개념으로 접근하는가 하면, 과정적인 개념으로 접근하는 등 학자에 따라 자신의 연구 관점에 맞추어 조작적으로 정의하고 있다.

창의성의 개념을 보다 구체적으로 확인해 보기 위해 국내의 여러 연구에서 제시된 창의성의 정의를 살펴보자.

표 2-1 창의성의 정의[16]

학자	연도	정의
Guilford	1950	개인이 얼마나 주목할 만한 정도의 창의적인 행동을 하는가에 따라 결정되는 창의적 개인들이 가지고 있는 특성
Stein	1953	특정한 집단에 의하여 지속적이거나 유용하거나 만족스럽다고 받아들여지는 새로운 작업의 결과를 나타내는 과정
Rogers	1954	새로움과 관련된 산출물, 개인의 독특성의 발현이자 다른 한편으로는 개인의 삶에서 산출물, 사건, 사람들, 환경으로 나타난 것

15) 길포드(Guilford) : 미국의 심리학자(1897~1987)로, 수렴적 사고와 확산적 사고의 개념을 설명한 최초의 학자이다.
16) 출처 : 김다빈(2016), 임귀자(2011), 정지은(2012) 등의 연구물에서 재구성

Mednick	1962	관련된 요소들로부터 새로운 조합을 형성하여 특정한 요구를 만족시키거나 유용하게 만드는 것
Torrance	1974	문제, 결함, 지식의 공백, 없어진 요소들, 부조화에 민감해지는 과정
임선하	1993	새로움에 이르게 하는 개인의 사고 관련 특성, 새로운 질서를 만들어 나가는 과정
Csikszentmihalyi	1996	사람의 사고, 사회 문화적 맥락 속에서의 상호작용에서 나오는 새롭고 가치 있는 아이디어나 행위
Amabile	1996	알고리즘적(algorithmic) 이기 보다는 발견적(heuristic)인 과제에 대하여 주위에서 창의적이라고(새롭거나 유용한, 적절한, 가치로운) 판단되어지는 산출물이나 응답
박병기	1998	새롭고 적절한 것을 만들거나, 생각하거나, 표현할 수 있는 가능성을 향상시킬 수 있도록 하는 인간의 동기, 태도, 능력, 기법이 지속적으로 통합되는 과정에서의 그의 전체적인 특성
Sternberg & Lubart	1999	새롭고 유용한 아이디어의 산출
Sawyer	2003	복잡하고 예측할 수 없는 상호작용에 참여하는 사회적 그룹 내에서 발생하는 과정이며, 산출물은 개인 혼자만의 역량이 아니라, 전체적인 시스템이 함께 창조하는 것
Plucker, Beghetto, Dow	2004	한 개인이나 집단이 특정한 사회적 맥락 내에서 새로우면서도 유용한 결과나 산출물을 생성해 내는 능력과 과정 간의 상호작용
조연순 외	2008	개인 또는 집단의 창의적 특성(인지적, 정의적 요소 포함)이 창의적 과정을 거쳐 사회적 맥락에 의해 새롭고 유용하다고 인정받을 수 있는 산출물을 생성하는 능력

[표 2-1]과 같이 창의성은 지난 70여년 간 여러 학자에 의해 다양하게 정의되어 왔기 때문에 이들의 모든 견해를 반영한 정의를 찾기는 쉽지 않다. 그러나 이들의 정의에서 공통으로 발견할 수 있는 몇 가지 용어가 있는데, 이를 통해 창의성의 개념을 어느 정도 확인할 수 있다. 가장 많이 제시되고 있는 용어는 '새로움'과 관련된 표현으로, 대부분의 정의에서는 '새롭고', '독창적이고', '창조', '독특성' 등이 제시되고 있다. 이는 창의성이 기존에 있지 아니한 새롭고 참신한 특징을 가지고 있다는 것을 의미하는 것이다. 창의성의 정의에서 자주 보이는 또 다른 용어는 '유용성'과 관련된 표현이 있다. 이는 '유용한', '적절한', '가치 있는', '만족시키는' 등에서 확인할 수 있다. 이와 같이 '새로움'과 '유용성'은 대부분의 정의에서 포함되는 용어이나(조연순 · 성진숙 · 이혜주, 2008), 마지막 서술부에서는 '~과정', '~산출물', '~능력' 등과 같이 창의성을 바라보는 대상에 있어 차이를 보인다.

(2) 창의성의 구성 요소

창의성에 대한 개념을 정의하는 방식이 학자마다 약간씩 차이를 보였듯이 창의성의 구성 요소를 바라보는 시각도 약간씩 차이가 있다. 예를 들어, [표 2-2]는 임혜진(2016)의 연구에서 제시된 창의성의 구성 요소에 대한 내용을 정리한 내용인데, 구성 요소를 분류하는 기준이나 구성 요소 자체가 학자에 따라 관점의 차이를 보이고 있다.

표 2-2 창의성의 구성 요인[17]

학자	연도	창의성의 구성 요소
Guilford	1959	• 민감성, 사고의 유창성, 사고의 융통성, 사고의 독창성, 정교성, 재구성 능력, 분석력, 종합력, 통찰력
Torrance	1990	• 인지적 측면 : 유창성, 융통성, 정교성, 독창성, 추상성, 제한에 대한 저항성 • 정의적 측면 : 용기, 호기심, 사고와 판단에서의 독자성, 자신이 하고 있는 일에 대한 몰두, 직관 이용, 사물을 당연한 것으로 받아들이지 않음, 직관적 태도, 모험심
임선하	2000	• 창의성 사고 관련 기능 : 민감성, 유추성, 유창성, 융통성, 독창성, 정교성, 상상력 • 창의적 사고 관련 성향 : 호기심, 탐구심, 자신감, 자발성, 정직성, 개방성, 독자성, 집중성
김홍원	2003	• 독창성, 산출능력, 가치성, 결합능력, 유용성, 상상력, 유창성, 정교성, 민감성, 개방성, 문제해결력, 관련 지식, 융통성, 모험심, 다양성, 독자성
이경화, 최병연	2006	• 창의적 능력 : 독창성, 유창성, 융통성 • 창의적 성격 : 호기심, 민감성, 과제 집착력
성은현 외	2008	• 정교성, 재방향, 신기성, 온고지신, 자유로운 사고의 개념
이경언	2010	• 인지적 특성 : 유창성, 정교성, 융통성, 독창성, 상상력 • 정의적 특성 : 호기심, 과제집착, 자기 확신성, 개방성, 동기
장인희	2011	• 창의성 구성 요소 : 남과 다름, 독창성, 비범함, 높은 수준, 사고의 깊이, 사고의 발전성, 다양성, 유창성, 번뜩임, 융통성, 신기함, 보편성, 면밀함 • 창의적 인성(성격) : 과제집착력, 자유분방, 자기중심적, 유머, 자존심, 사교성, 리더십, 활발, 표출적, 호기심, 자주성, 도전적, 자신감, 탐구심, 경청, 능동성
이종범, 정진철, 이윤조	2012	• 창의적 사고 : 유창성, 융통성, 독창성, 정교성, 상상력, 호기심 • 창의적 성향 : 과제 집착, 민감성, 성취지향, 동기

17) 출처 : 임혜진(2016, pp.14~15) 재구성

[표 2-2]에서 확인할 수 있듯이 학자마다 창의성의 구성 요소에 대해 각기 다른 기준을 제시하고 있지만, 유창성, 융통성, 정교성, 독창성 등은 여러 학자가 공통으로 제시하고 있는 구성 요소들이다. 이는 창의성의 초기 연구자인 길포드(Guilford)나 창의성 관련 검사 도구 개발자인 토랜스(Torrance)가 이런 요소들을 창의성의 구성 요소로 정의하였고, 이들 연구를 기반으로 후속 연구자들의 연구가 수행되었기 때문이다. 특히 이들 4개의 요소를 창의성의 하위 요인으로 포함하는 검사 도구가 여러 연구자에 의해 개발되었기 때문에, 이들 요소는 창의성 관련 실험 연구에서 자주 논의되고 있다. 이들 4가지 구성 요소의 정의를 살펴보면 [표 2-3]과 같다.

○ 표 2-3 창의성의 4가지 구성 요소[18)]

구성 요소	정의
유창성	• 비교적 창의적 사고 과정 중 초기 단계에 많이 요구되는 기능으로, 어떤 문제 상황에서 가능한 한 많은 아이디어를 산출해내는 능력(황휘정, 2004) • 문제해결과 관련된 다양하고 풍부한 아이디어의 양적인 능력(전경원, 2000b) • 다양한 아이디어를 많이 낼수록 가장 좋은 해결방법을 찾을 수 있는 가능성이 높아지기 때문에 창의적 사고에 있어서 유창성은 반드시 필요한 요소임
융통성	• 고정적인 사고방식에서 벗어나 여러 각도에서 다양한 해결책을 찾아내는 능력으로 사고의 틀을 바꾸는 능력(황휘정, 2004) • 문제 상황에 직면하였을 때 한 가지 방법에 집착하지 않고, 일반적으로 생각해 낼 수 있는 수준을 넘어서 새로운 아이디어를 생산해 내는 능력 • 융통성은 경직된 사고를 벗어나 유연하게 사고하는 연습을 통해 능력을 향상시킬 수 있으며 나아가 독창적인 사고를 하는 데 기초가 되는 중요한 요소임(탁수정, 2015)
독창성	• 기존의 사고에서 탈피하여 참신하고 독특한 아이디어, 해결책을 산출하는 능력으로 창의적 사고의 궁극적 목표가 됨(전경원, 2000a) • 독창성이 요구되는 이유는 문제 해결 과정 중 더 효율적인 방법을 선택할 수 있다는 단기적인 장점과 나아가 인간의 삶을 더욱 의미 있게 질적으로 고양시켜 준다는 장기적인 의미의 장점을 갖고 있기 때문임(유윤정, 2013)
정교성	• 다듬어지지 않은 아이디어들을 정교하게 다듬어서 발전시키는 능력으로 창의적 사고의 마지막 단계에서 필요함(황휘정, 2004) • 기존의 아이디어가 가치 있는 것으로 발전되기 위해 유용한 세부사항들을 첨가하여 보다 나은 수준에 이르게 하는 것

18) 출처 : 김현숙(2017, pp.10~11) 재구성

② 발명교육과 창의성의 관계

(1) 발명교육과 창의성

2017년 제정된 「발명교육의 활성화 및 지원에 관한 법률」 제2조에 따르면 발명교육의 정의는 '창의적 문제 해결 능력과 사고력을 개발하고 발명에 대한 의욕을 증진시키며 발명을 생활화하기 위한 모든 형태의 교육'으로 제시되어 있다. 발명교육을 정의하는 첫 문장이 '창의'란 용어로 시작되는 것에서 확인할 수 있듯이 발명교육과 창의성은 많은 연관을 지니고 있다. 이에 대한 이유를 보다 구체적으로 알아보기 위해 먼저 발명의 정의를 확인해 보자.

더 알아보기 발명교육의 활성화 및 지원에 관한 법률

2017년 9월 15일부터 시행된 법률로, 일명 「발명교육법」으로 불린다. 이 법률은 창의적 인재 양성을 위하여 발명교육을 국가차원에서 체계적으로 지원하고 유치원·초등학교·중학교 및 고등학교의 교육과정에 발명교육을 반영하는 것 등을 내용으로 하고 있다. 주요 내용으로 발명교육 기본계획 및 시행계획 수립·시행, 발명교육협의회의 설치·운영, 발명교육센터의 설치·운영, 발명교육개발원의 지정요건 규정 등이 제시되어 있다.

○ 표 2-4 발명의 정의[19]

연구자	연도	정의
김용익	2002	발명은 일정의 목적 달성을 위한 수단으로써 산업 발전에 효과적으로 이용 가능한 인간의 두뇌적 창작 활동의 결과물
최유현	2005	발명은 인류의 생활을 이롭게 하기 위하여 이전에 존재하지 않거나 새롭게 창조되거나 혁신된 제품, 시스템, 방법
서혜애	2006	발명은 과학과 기술의 원리와 지식에 근거하여 만들어 낸 새롭고 가치 있는 물건이나 방법으로서, 수준이 높아 사회적으로 영향을 미치며 경제적 상품성이 있는 것
엄부영 외	2010	발명은 마음속에 있던 추상적인 생각을 구체화시켜 새로운 물건이나 방법을 만들 수 있는 아이디어를 창작하는 인간의 정신적 활동
이윤조 외	2014	발명은 다양한 과학적 지식과 기술 및 아이디어를 바탕으로 응용, 구체화, 실험, 연구 등의 방법을 활용하여 새롭고 동시에 사회적으로 이로운 인지적 혹은 실제적 활동과 결과물
최유현	2014	발명은 사회적 가치의 실현 및 지식재산의 가치 창출을 위하여 존재하지 않은 물건, 방법을 창조하거나 기존의 존재하는 물건이나 방법을 개선시키는 인간의 혁신적 문제 해결 활동

[표 2-4]는 발명의 정의 중 국내 학자들의 정의만 발췌한 내용이다. 이들 정의에서 공통으로 제시되고 있는 표현이 있는데 이는 '새로움'과 '유용성' 관련 용어이다. '새로움'과 관련된 용어는 '존재하지 않는', '새로운', '창조' 등이 있으며, '유용성'과 관련된 용어는 '효과적으로 이용 가능', '이롭게', '가치 있는' 등이 있는데, 이들은 여러 학자가 창의성을 정의할 때 포함되어 있던 용어들이다. 이는 발명과 창의성이 어느 정도 일치하고 있는

19) 출처 : 이영찬(2019, p.8) 재구성

공통적인 특성이 있음을 나타낸다. 일상 생활에서도 발명을 잘하는 사람들을 창의성이 있는 사람이라 부르고 있으며, 일반인의 상식으로도 창의성이 있는 사람이 발명을 잘할 것으로 여겨지고 있다. 이와 같이 발명과 창의성은 학자들의 정의를 따르거나 일반적이고 상식적인 수준에서 고려하더라도 상호 간에 밀접한 연관성이 있다고 할 수 있다.

다음으로 발명교육과 창의성은 어떤 관계가 있는지를 확인하기 위해 발명교육의 정의를 살펴보자.

표 2-5 발명교육의 정의[20)]

연구자 및 기관	연도	정의
특허청	1995	기능교육으로 과학 교육을 통해 얻은 축적된 지식을 바탕으로 개인의 취미를 살려 새롭게 개선하고 만들어 쓰는 기쁨과 보다 생활에 편리한 것을 창출, 발명하여 실제 생활로 전환시켜 편리한 생활을 모두가 영위하는 관찰, 발견, 아이디어, 창조, 창출하여 발명하는 창의력의 신장과 창조 기능을 높여 주는 특별 활동영역의 학습
김용익	2002	확산적 사고, 상상력, 직관력 또는 순발적 사고를 기르는 교육으로 창의성 교육과 동일한 것으로 인식
정진현	2003	학생들이 학습을 통하여 발명품을 만들도록 하는 것이 아니라 발명의 꿈을 심어주고 발명에 필요한 지식과 기능 및 태도를 키워주어 미래의 훌륭한 발명 꿈나무로 자라도록 이끌어 주는 일
이용환 외	2005	발명의 광의의 개념을 적용하면서 실용적인 측면에서 필요한 상품화를 위한 특허 관련 법이나 제도 등의 영역을 일부 포함시키는 쪽으로 나아가는 것
김용익 외	2005	자연 현상에 대한 기본적인 지식과 원리를 터득하고 창의적 문제 해결 능력과 발명 능력을 향상시키기 위하여 학교의 정규 교과를 통하여 발명의 이해, 발명과 사고, 발명과 과학, 발명과 기술, 발명과 특허, 발명과 경영 등의 내용을 탐구적, 체험적, 문제 해결적 교육 방법을 통하여 실시하는 교육
이춘식	2006	자연 현상에 대한 지식과 원리를 터득하고 창의적 문제 해결 능력과 발명 능력을 향상시키기 위하여 학교 내에서 일반 학생을 대상으로 발명의 기초, 발명과 사고, 발명과 기술, 발명과 지식재산권 등의 내용을 체험적으로 실시하는 교육
최유현 외	2010	인류의 생활을 이롭게 하는 지식재산의 가치를 새롭게 창출, 보호, 활용하기 위하여 발명과 관련된 역사, 사고, 과학, 기술, 경영, 지식재산권 등의 내용을 탐구적, 체험적, 문제 해결적 교육방법을 통하여 이루어지는 학교 및 사회에서 교육
이병욱 외	2012	자연 현상에 대한 기본적인 지식과 원리를 터득하고 창의적 문제 해결 능력, 발명 능력 향상 또는 인류의 생활을 이롭게 하기 위한 지식재산의 가치를 새롭게 창출, 보호, 활용하기 위하여 학교 및 사회에서 이루어지는 교육
최유현 외	2012	초·중·고등학교 학생에게 발명의 개념, 가치 및 발명과 관련된 역사, 사고, 과학, 기술, 경영, 지식재산권 등의 내용을 탐구적, 체험적, 문제 해결적 교육 방법을 통하여 학교에서 이루어지는 교육
박기문 외	2014	발명교육은 자연 현상에 대한 기본적인 지식과 원리를 활용하는 창의적 문제 해결 능력과 발명 능력을 향상시키기 위하여 발명 및 지식재산 분야의 관련 지식과 기능, 태도를 탐구적, 체험적, 문제 해결적 교수·학습 방법으로 실시하는 교육

[표 2-5]에서 확인할 수 있듯이 대부분의 발명교육 정의에서는 '창의성', '창의적 문제 해결 능력' 등과 같이 창의성과 직접 관련이 있는 용어들이 포함되어 있다. 또한, '새롭게', '창조', '창출', '이로운' 등과 같이 창의성에 대한 학자들의 정의에서 공통으로 제시되었던 '새로움'이나 '유용성'과 관련된 용어들도 확인할 수 있다.

이상에서 살펴보았듯이, 창의성과 발명, 창의성과 발명교육의 개념 정의에서 이들 개념 간의 공통 요소를 확인할 수 있다. 최근 교육 현장에서 창의성을 강조하는 많은 교육 정책이나 창의성을 기반으로 한 다양한 프로그램이 쏟아지고 있는데, 이들 중 일부는 창의성을 인위적으로 연계하는 경우가 많다. 이에 비해 발명교육은 분명히 창의성을 기반으로 한 교육 활동으로 이를 통해 학습자의 창의성을 계발시킬 수 있는 교육 분야라 할 수 있다.

[표 2-6]은 발명교육의 총괄 목표를 제시한 연구물들로 이들 연구에서는 발명교육 활동이 창의성을 기반으로 함을 제시하거나, 발명교육을 통해 창의성과 관련된 여러 능력이나 사고를 계발시키는 것을 목표로 하고 있음을 제시하고 있다. 따라서 발명교육에 있어서도 창의성은 매우 중요한 요소라 할 수 있다.

표 2-6 발명교육의 총괄 목표 [21]

학자	연도	정의
김용익 외	2005	발명에 대한 소양이 부족한 초·중·고등학교 학생들에게 발명에 관한 교육을 통하여 자연 현상에 대한 기본적인 지식과 원리를 터득하고 창의적 문제 해결 능력과 발명 능력을 향상시킴으로써 미래사회의 행복을 보장하고, 국가사회의 발전에 공헌한다.
이윤조 외	2014	발명의 속성과 역사와 삶과의 관련성에 대한 이해를 통해 발명의 의미와 중요성을 인식하고 발명품의 예시를 통해 발명품에 내포된 과학적 원리를 이해함으로써 발명품의 효과와 기능, 평가 능력을 소양할 수 있도록 한다. 또한, 다양한 창의적 아이디어 창출 방법을 통해 길러진 창의적 사고력과 문제 해결 능력을 활용하여 아이디어가 실제 제품으로 제작·평가될 수 있도록 설계 과정과 함께 발명 특허에 따른 지식재산권 획득 과정의 수행으로 연계될 수 있도록 한다.
강종표 외	2015	실과교육과 기술교육의 토대 위에서 일상생활에서의 문제를 해결하고 개선하기 위하여 다양한 발명 사고와 기법을 익히고, 발명에 대한 아이디어를 구체화하여 간단한 물건이나 모형을 만들어봄으로써 창의력과 소질을 계발하며, 발명에 대한 자신감과 발명 활동에 자발적으로 참여하는 태도를 갖는다.

20) 출처 : 이영찬(2019, pp.10~11)
21) 출처 : 이영찬(2019, pp.13~15) 재구성

(2) 발명교육을 통한 창의성 계발

국내에서는 발명교육과 창의성의 연관성을 파악하는 많은 연구가 수행되어 왔다. 이는 국내에서 발표되는 대부분의 학술지나 학위 논문을 검색할 수 있는 한국학술정보 사이트(riss.kr)[22]에서 '발명교육 창의성' 키워드를 입력하였을 때 수많은 연구가 검색되는 것을 통해 확인할 수 있다(그림 2-1 참조).

ㅇ그림 2-1 한국학술정보 사이트에서 '발명교육 창의성' 키워드 검색 결과

이와 같이 검색된 연구물들을 살펴보면, 발명교육과 창의성을 연관 짓고 있는 여러 연구물을 확인할 수 있다. 예를 들어, [표 2-7]은 '발명교육', '창의성' 등의 키워드가 포함된 학위 논문을 검색하여 정리한 목록으로, 이들 연구의 대부분은 발명교육을 통해 창의성이 신장되었음을 보고하고 있다.

22) riss.kr에서 riss는 'Research Information Sharing Service'의 약자로, 전국 대학이 생산하고 보유하며 구독하는 학술 자원을 공동으로 이용할 수 있도록 개방된 대국민 서비스를 의미한다.

ㅇ 표 2-7 발명교육과 창의성 관련 연구물(학위 논문)

순	저자	발행 연도	제목	학위학교	학위 구분
1	김용수	2000	학교 발명교육 프로그램 개발·적용이 아동의 창의성 신장에 미치는 영향	경성대학교	석사
2	이경란	2001	창의성 신장을 위한 디자인 수업 지도방안 연구: 발명교육의 발상기법 활용을 중심으로	한국교원대학교	석사
3	허옥진	2002	발명기법 중심의 발명교육이 초등학생의 창의성 향상에 미치는 효과	서울교육대학교	석사
4	서석자	2003	발명교육이 창의성 증진에 미치는 영향에 관한 연구: 경기도 남부지역 초등학교 2학년을 중심으로	수원대학교	석사
5	김건용	2003	청소년 발명동아리 운영을 통한 창의성 향상 프로그램에 관한 연구	명지대학교	박사
6	최명희	2004	발명교육이 초등학생의 창의성과 과학적 태도에 미치는 효과	청주교육대학교	석사
7	편도경	2005	발명교육 프로그램이 초등학생의 창의성에 미치는 효과	한서대학교	석사
8	김석찬	2006	트리즈 기법의 발명교육이 초등학생의 창의성 신장에 미치는 효과	인하대학교	석사
9	허홍렬	2006	인터넷 정보를 활용한 발명교육이 초등학생의 창의성 및 발명 인식도 신장에 미치는 효과	영남대학교	석사
10	윤재중	2008	실과교과에 사용되는 도구의 발명을 통한 창의성 교육	서울교육대학교	석사
11	정복자	2008	발명교육 프로그램이 초등학교 학업우수아의 창의성에 미치는 효과	부산대학교	석사
12	김은희	2008	발명교육이 창의력 신장에 미치는 영향에 관한 연구	영남대학교	석사
13	조동현	2009	실과를 통한 발명교육이 아동의 창의성에 미치는 영향	대구교육대학교	석사
14	지현아	2009	초등학교 발명영재 교육 대상자 선발을 위한 창의성 검사 도구 개발	서울교육대학교	석사
15	김정훈	2009	발명교육을 통한 미술 수업지도안 연구: 창의적 아이디어 발상을 중심으로	공주대학교	석사
16	변순학	2010	창의성 신장을 위한 발명교육 프로그램 개발 및 적용	서울교육대학교	석사
17	김기옥	2011	발명교육에서 위키 기반의 창의적 문제해결 수업 모형 적용이 창의성에 미치는 영향	한국교원대학교	석사
18	김오범	2011	슬기로운 생활 교과 활용 발명교육 프로그램이 아동의 창의성 신장에 미치는 효과	서울교육대학교	석사
19	배지은	2011	과제기반 즉석과제를 활용한 발명수업이 초등학생의 창의성과 과학적 태도에 미치는 영향	서울교육대학교	석사
20	전영찬	2012	아이디어 발상기법 중심의 발명교육이 초등학생의 창의성에 미치는 효과: 4학년 학생을 대상으로	서울교육대학교	석사
21	최은희	2012	발명교육이 창의적 사고에 미치는 영향	명지대학교	석사

22	윤태호	2013	동화활용 발명교육 프로그램이 초등학생의 창의성에 미치는 영향	서울교육대학교	석사
23	문현정	2013	창의성 순발력 과제 수행이 초등 발명영재의 창의적 인성에 미치는 효과	부산교육대학교	석사
24	김성준	2014	스캠퍼 기법을 활용한 재활용 발명교육 프로그램이 초등학생의 창의성에 미치는 영향	서울교육대학교	석사
25	김소영	2015	RSP 모형을 적용한 초등 실과 교과에서의 발명교육 프로그램이 창의성에 미치는 효과 : '생활과 기술' 단원 중심으로	서울교육대학교	석사
26	박찬형	2015	실생활 기구 개선 발명교육프로그램이 초등학생의 창의성과 발명태도에 미치는 영향 : 스캠퍼 기법 중심으로	서울교육대학교	석사
27	이영찬	2015	3D 도면 제작 프로그램 및 3D 프린터를 활용한 발명교육 프로그램이 초등학생의 창의성에 미치는 효과	제주대학교	석사
28	김남희	2015	STEAM교육 접근에 의한 발명활동이 유아의 창의성 및 과학적 문제해결력에 미치는 영향	중앙대학교	석사
29	송창용	2015	보드게임을 활용한 발명교육 프로그램이 초등학생의 창의적 성향과 학습 태도에 미치는 효과	대구교육대학교	석사
30	이성광	2015	팀 프로젝트 중심 발명 문제해결프로그램이 창의성에 미치는 효과	인제대학교	석사
31	김성경	2015	초등학교 발명교실에서 창의적 발상기법의 적용과 효과	광주교육대학교	석사
32	김선희	2016	ASIT를 활용한 발명교육 프로그램이 초등학생들의 창의성 신장과 발명 태도에 미치는 효과	광주교육대학교	석사
33	이지윤	2016	스캠퍼 기법을 활용한 발명교육 프로그램이 초등학생의 창의성에 미치는 영향	가톨릭관동대학교	석사
34	이해동	2016	TRIZ 발명프로그램이 고등학생의 창의성 및 창의적 문제해결력 향상에 미치는 효과	숭실대학교	석사
35	김성수	2017	스캠퍼 기법을 활용한 발명품대회 수상작 분석 발명교육 프로그램이 초등학생의 창의성과 발명태도에 미치는 효과	서울교육대학교	석사
36	하승진	2017	발명 및 진로 융합교육 프로그램이 초등학생의 창의적 성향과 진로인식에 미치는 영향	청주교육대학교	석사
37	전혜림	2017	일상생활관련 발명활동이 유아의 창의성에 미치는 영향	한국교원대학교	석사
38	이근돈	2018	TRIZ 발명교육 프로그램이 초등학생의 창의성에 미치는 영향	대구교육대학교	석사
39	이기환	2018	메디치리더십이 반영된 초등 실과 '생활과 기술' 영역 발명교육 프로그램이 창의성에 미치는 효과	광주교육대학교	석사
40	오성	2018	집단 창의성을 활용한 발명교육프로그램이 초등학생의 창의성에 미치는 영향	서울교육대학교	석사
41	배무열	2018	DIY 주제 발명교육 프로그램이 초등학생의 창의성에 미치는 영향	서울교육대학교	석사

42	이아름	2018	디자인 활동을 활용한 발명교육 프로그램이 초등학생의 창의성에 미치는 영향	청주교육대학교	석사
43	박지용	2018	RSP를 활용한 조리도구 소재 발명교육이 창의성에 미치는 영향	서울교육대학교	석사
44	이민수	2018	플라스틱을 활용한 발명교육 프로그램 개발이 창의성에 미치는 효과	서울교육대학교	석사
45	김현정	2018	화장품 발명 디자인 교육에서 스캠퍼 기법 적용이 창의력 표현에 미치는 영향에 관한 연구	안양대학교	석사
46	이은정	2018	육색사고모 기법을 활용한 발명 아이디어 프로그램이 초등학생의 창의성에 미치는 효과	청주교육대학교	석사
47	오연주	2019	업사이클링을 통한 놀잇감 발명활동이 유아의 창의성 및 환경친화적 태도에 미치는 영향	중앙대학교	석사
48	조성욱	2019	발명기법을 적용한 디자인 창의성 요소: ASIT기법을 중심으로	청주대학교	석사
49	하우영	2020	발명·창의성교육으로 미래창의융합역량을 기르는 SOFT-2S모델 개발 및 적용	진주교육대학교	석사
50	윤준희	2020	창의성 증진을 위한 발명교육 시리어스 게임 개발 방법론 연구	가천대학교	박사
51	박민희	2021	창의력 발명융합인재 양성을 위한 트리즈(TRIZ)기반 RSP 교육 프로그램 연구	국민대학교	석사

이와 같이 발명교육 관련 연구가 많이 발표됨에 따라 효과를 검증한 실험 연구 역시 늘어났으며, 이에 발명교육의 효과를 메타 분석[23]한 연구 결과도 발표되었다.

권혁수와 이동국(2014)의 연구에서는 2001년 1월부터 2014년 4월까지 발명교육과 창의성에 대한 학위 논문 및 학술지를 대상으로 창의성을 종속 변인으로 하는 17편의 연구를 메타 분석하였으며, 그 결과 전체 효과 크기는 0.652로 확인하였다.

Kwon, Lee, Lee(2016)의 연구에서는 2002년부터 2015년까지 발명, TRIZ, 혁신을 주제로 국내에서 초, 중등학교급에서 학생들을 대상으로 발행된 논문 37편을 메타 분석하였으며, 그 결과 종속 변인이 창의성인 효과 크기는 0.743으로 확인하였다.

김민웅 외(2016)의 연구에서도 국내 초, 중등학생을 대상으로 한 발명교육의 효과를 확인하기 위해 발명, 발명교육을 키워드로 검색한 49편의 논문을 분석하였다. 이들의 연구에서는 창의성, 창의적 성향, 창의적 인성 등을 창의 요인으로 구분하였는데, 창의 요인의 효과 크기는 0.626으로 확인하였다.

허미선, 남선혜, 이정민(2021)의 연구에서는 초등 발명교육의 효과성을 분석하기 위해 45편의 연구를 분석하였으며, 이 연구의 결과 종속 변인이 창의성인 효과 크기는 0.41로

23) 메타 분석(Meta Analysis): 특정 연구주제에 대하여 이루어진 여러 연구 결과를 하나로 통합하여 요약할 목적으로 개별 연구의 결과를 수집하여 통계적으로 재분석하는 방법

확인하였다.

이상에서 살펴보았듯이 여러 연구자에 의해 수행된 발명교육 관련 메타 분석 연구에서 창의성과 관련된 종속 변인의 효과 크기를 확인하였으며, 이들이 확인한 효과 크기를 Cohen(1988)이 제시한 해석 기준(표 2-8 참조)에 따라 해석하면 발명교육에서 창의성에 대한 효과 크기는 중간 정도의 효과 크기였다. 이러한 결과를 통해 발명교육을 통해 창의성이 계발되었다는 사실을 메타 분석이라는 종합적이고 체계적인 연구 방법을 통해서도 확인할 수 있다.

○ 표 2-8 Cohen(1988)의 해석 기준

작은 효과크기	중간 효과크기	큰 효과크기
≤.20	0.20 ~ 0.80	≥.80

02절 여러 가지 창의성 계발 기법

1절에서 서술한 바와 같이 발명과 창의성은 깊은 관련이 있으며, 발명교육을 통해 창의성이 계발되는 효과를 확인할 수 있었다. 2절에서는 창의성 계발 기법에 대해 소개한다. 이들 기법은 발명교육 분야뿐만 아니라 창의성 계발을 목적으로 하고 있는 다른 교육 분야에서도 널리 활용되는 기법이다. 이 기법들은 발명교육 활동 중 다양하게 활용할 수 있으므로, 기본 원리와 진행 방법을 잘 확인하여 여러분의 발명 수업에 적용해 보도록 한다.

① 확산적 사고 기법

확산적 사고 기법은 다양한 방법과 시각으로 새롭고 독특한 아이디어(가능성과 대안)를 많이 생성하기 위한 사고 기법이다. 확산적 사고 기법에는 브레인스토밍, 브레인라이팅, 스캠퍼(SCAMPER), 강제결합법, 마인드맵(Mind Map) 등이 있다.

(1) 브레인스토밍

브레인스토밍이란 '뇌에 폭풍을 일으키는 방법'이란 뜻으로, 오스번(Osborn)이 자신이 근무하고 있던 광고 회사에서 보다 창의적인 아이디어를 개발하기 위해 만든 기법이다(안영수, 2015). 광고 회사의 경우 짧은 시간 내에 소비자에게 해당 제품에 대한 강한 인상을 남기는 광고를 개발해야 하기 때문에, 참신하고 기발한 아이디어를 많이 필요로 하여 이 기법을 개발하게 되었다. 이 기법은 짧은 시간에 많은 아이디어를 생성하는 것을 목적으로 자유로운 토론을 통해 창의적인 아이디어를 이끌어 내는 집단적 아이디어 발상 기법이다.

브레인스토밍을 적용할 때 다음과 같은 4가지 원칙을 준수해야 한다.

- 비판 금지: 다른 사람들이 제시한 아이디어에 대해 절대로 평가하거나 비판하지 말아야 한다.
- 자유분방: 떠오르는 아이디어가 아무리 이상하거나 엉뚱하다 하더라도 이를 표현하도록 유도해야 한다.

- 양산: 아이디어의 질보다는 양을 우선시한다. 즉, 아이디어의 양이 산출될 수 있도록 한다.
- 결합과 개선: 다른 사람들이 제안한 아이디어를 바탕으로 이를 개선, 확장, 결합 등을 통해 새로운 아이디어로 발상할 수 있다.

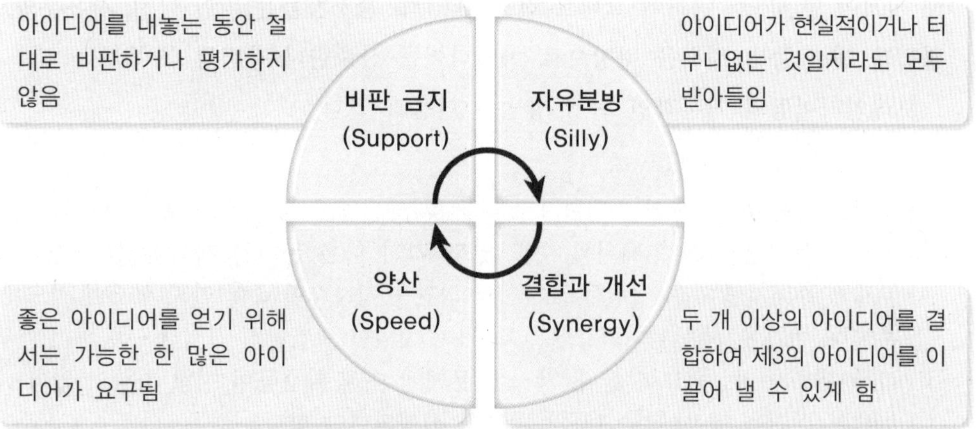
아이디어를 내놓는 동안 절대로 비판하거나 평가하지 않음
비판 금지
(Support)
자유분방
(Silly)
아이디어가 현실적이거나 터무니없는 것일지라도 모두 받아들임
좋은 아이디어를 얻기 위해서는 가능한 한 많은 아이디어가 요구됨
양산
(Speed)
결합과 개선
(Synergy)
두 개 이상의 아이디어를 결합하여 제3의 아이디어를 이끌어 낼 수 있게 함

ㅇ그림 2-2 브레인스토밍의 기본 원칙

브레인스토밍의 기본적인 진행 방법은 다음과 같다(안영수, 2015).

- 집단의 크기는 5~12명 정도가 이상적이다. 브레인스토밍의 구성원이 너무 많으면 여러 아이디어를 모두 수용하기 어렵기 때문에 13명 미만으로 구성한다.
- 리더와 기록원을 선발한다. 기록된 내용은 모든 집단 구성원이 볼 수 있도록 칠판이나 큰 종이에 적는다. 구성원들은 기록된 내용을 보고 이것에 자극을 받아 새로운 아이디어를 생각해 낼 수 있다.
- 브레인스토밍을 시작하기 전에 리더가 문제를 정의한다. 문제의 정의는 매우 중요한데, 이는 문제의 정의가 명확해야 구성원들이 해결하고자 하는 문제를 이해하고 이에 대한 아이디어를 낼 수 있기 때문이다.
- 리더와 구성원은 앞서 제시한 4가지 원칙을 준수해 가며 제시된 문제의 해결에 대한 많은 아이디어를 낼 수 있도록 한다.
- 충분한 양의 아이디어가 제안되었으면 잠시 휴식을 취한 후에 이들 아이디어에 대해 평가한다. 이 단계에서는 추출된 많은 아이디어들을 먼저 주제별로 평가하여 좀 더 타당성과 실현 가능성이 있는 아이디어를 선택한다. 이후 선택된 아이디어를 보다 정교하고 현실에 맞는 형태로 수정 보완하는 과정을 거친다.

(2) 브레인라이팅

브레인라이팅 기법은 오스번(Osborn)이 고안한 브레인스토밍 기법과 유사한 기법이지만 의견을 제시할 때 직접 말하지 않고 용지를 사용한다는 점에서 차이가 있다. 이 기법은 회의 참가자들이 내성적이어서 자신의 의견을 적극적으로 표현하지 못하는 경우에 활용할 수 있다. 이 기법은 브레인스토밍과 유사한 기법이므로, 브레인스토밍을 적용할 때 지켜야 할 4가지 원칙이 그대로 적용된다. 즉, 참가자들은 비판 금지, 자유분방, 양산, 결합과 개선 등의 원칙을 바탕으로 아이디어를 산출한다(강민정, 2008).

브레인라이팅의 기본적인 진행 방법은 다음과 같다[24].

- 전체 집단을 6명 정도의 소집단으로 나눈 후 해결해야 할 문제를 제시한다. 각 소집단에게는 동일한 문제가 제시될 수도 있고, 각기 다른 문제가 제시될 수도 있다.
- 문제가 주어지면 각 구성원들은 자신의 의견을 직사각형 종이 카드 4~5매 정도에 기록한다. 여기에서 하나의 카드에는 한 가지 개념만을 간단히 작성하도록 하며 개념에 따라 분류가 가능하도록 한다. 제시된 문제에 대해 학생들이 전혀 지식이 없어 대안 모색이 어려울 경우에는 교사의 설명이 선행되어야 한다.
- 카드 작성에 필요한 시간을 충분히 준 후, 각 소집단 내에서 카드를 수집하여 비슷한 개념에 따라 의견 카드를 분류한다. 카드에 기록된 각자의 의견을 설명하는 과정을 거쳐 다른 사람이 제시한 아이디어와 비교하면서 집단의 의견을 수렴하고 분류한다. 즉각적인 분류가 어려운 카드는 기타 그룹에 두었다가 어느 정도 분류가 완료되었을 때 이를 다시 고려해 보거나 별도의 그룹으로 분류한다.
- 수집되어 분류된 카드는 핀보드나 전지에 범주화하여 부착한다. 이후 카드 그룹을 묶어 상위 개념을 도출하며 제시된 문제에 대해 포괄적으로 접근하도록 한다. 이와 같이 문제의 해결에 대한 집단의 의견을 수렴하여 합의된 최종 아이디어를 선정하고 이를 발표하여 평가한다.

앞에서 제시한 브레인라이팅 기법은 아이디어를 카드에 작성한 후 이를 범주화하여 평가해보는 과정으로 진행되었다. 이러한 범주화 과정을 생략하면 좀 더 빠른 속도로 브레인라이팅 기법을 적용할 수 있는데, 그 방법은 다음과 같다(강민정, 2008).

- 먼저 대집단을 4~5명으로 구성되는 소집단으로 나눈다.
- 나누어진 소집단에는 개인에게 주어진 용지에 제시된 문제를 해결할 수 있는 3가지 아이디어를 쓰게 한 후 이 용지를 다음 사람에게 넘긴다.
- 용지를 받은 사람은 다른 사람의 아이디어 아래에 자신의 아이디어를 3개 작성한다.

24) 출처: 송창석, 2001(고은희, 2002, 재인용)

• 다른 사람이 작성한 아이디어는 새로운 아이디어일 수도 있고 이전 사람이 작성한 내용에서 자극받은 것일 수도 있다. 또한, 이전 아이디어를 조합하거나 추가하여 새로운 아이디어로 작성하는 것도 가능하다.

브레인라이팅 기법(예시)

과제 : 자전거를 산악 지형에서 이용할 때의 문제점을 알아보고 해결책을 제시해 보자.

1. **준비물** : 메모지

2. **방법**

① 모둠원에게 메모지 3장을 나누어 주고 아이디어를 기록한다.

	메모지 1	메모지 2	메모지 3
모둠원 1	자전거의 휠과 림이 튼튼한 것으로 교체	자전거 안장에 완충장치를 충분히 할 것	오르막길도 잘 다닐 수 있도록 할 것

② 모둠별로 아이디어를 모아 A4 용지에 기록한다.

과제 : 자전거를 산악 지형에서 이용할 때의 문제점을 알아보고 해결책을 제시해 보자.			
	메모지 1	메모지 2	메모지 3
1	자전거의 휠과 림이 튼튼한 것으로 교체	자전거 안장에 완충장치를 충분히 할 것	오르막길도 잘 다닐 수 있도록 할 것
2			
3			

3. **결과 정리**

브레인라이팅 기법으로 모은 아이디어 중 가장 좋은 아이디어 1가지를 선정해 보자.

(3) 스캠퍼(SCAMPER)

스캠퍼는 브레인스토밍을 창시한 오스번(Osborn)에게서 기원하였다. 그는 아이디어를 자극할 수 있는 질문 유형을 약 75가지 정도로 정리하였고, 이를 다시 9개의 체크리스트로 분류하였다. 밥 에벌(Bob Eberle)은 이 체크리스트를 7가지 질문으로 기억하기 좋게 체계화하고 재조직하였는데, 이 일곱 가지 질문의 핵심 단어들의 첫 글자를 모아 'SCAMPER'로 이 기법의 이름을 지었다(변정은, 2015). 이 기법을 활용할 때에는 철자의 순서대로 하거나 순서 없이 사용할 수 있고, 한 번에 한 가지 질문을 또는 여러 질문을 동시에 제시할 수도 있다. 이 기법에서 각 철자의 의미 및 질문에 대한 예시는 다음과 같다.

더 알아보기

인터넷이나 발명교육 센터 등에서 자주 접할 수 있는 발명 10계명이 바로 스캠퍼(SCAMPER)에 해당한다.

1. 빼기 : 제거하기(E)
2. 더하기 : 조합하기(C)
3. 크게 하거나 작게 하기 : 확대, 축소(M)
4. 남의 아이디어 빌리기 : 적용하기(A)
5. 모양 바꾸기 : 수정(M)
6. 용도 바꾸기 : 대체하기(S), 다른 용도로 사용하기(P)
7. 반대로 생각하기 : 재배치하기(R)
8. 불가능한 발명 피하기 : 해당 없음
9. 재료 바꾸기 : 대체하기(S)
10. 폐품 활용하기 : 다른 용도로 사용하기(P)

ㅇ표 2-9 SCAMPER

구분	의미	예시
S	대체하기(Substitute)	다른 성분? 다른 재료? 다른 과정?
C	조합하기(Combine)	합치면? 아이디어를 조합하면?
A	적용하기(Adapt)	목적이나 조건에 맞도록 하면?
M	수정, 확대, 축소하기(Modify, Magnify, Minify)	수정하면? 확대하면? 축소하면?
P	다른 용도로 사용하기(Put to other use)	다른 용도는?
E	제거하기(Eliminate)	없애면? 줄이면? 제거하면?
R	재배치하기(Rearrange)	거꾸로 하면? 순서를 바꾸면?

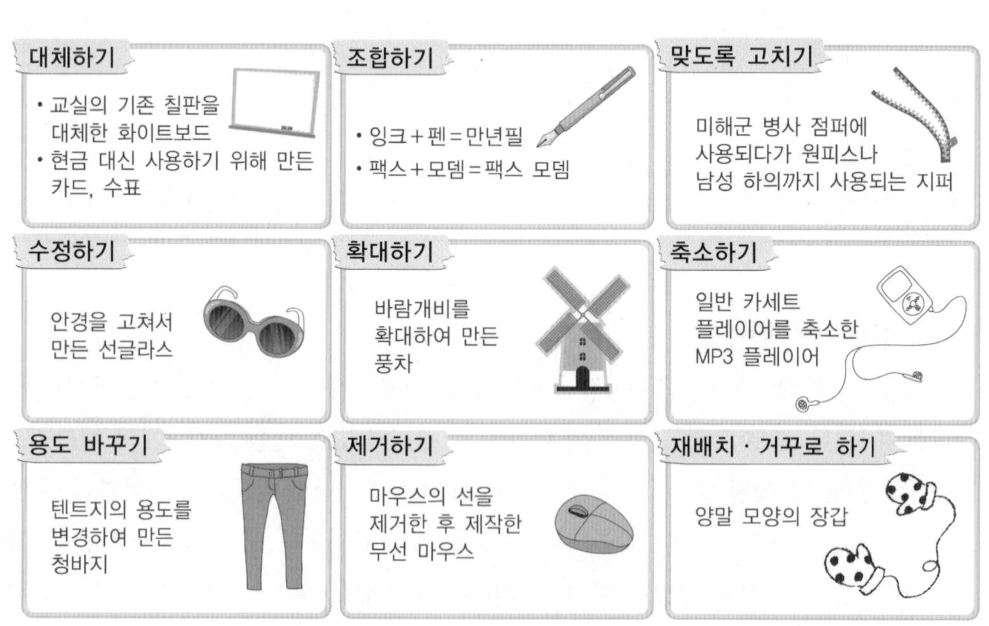

대체하기
• 교실의 기존 칠판을 대체한 화이트보드
• 현금 대신 사용하기 위해 만든 카드, 수표
조합하기
• 잉크 + 펜 = 만년필
• 팩스 + 모뎀 = 팩스 모뎀
맞도록 고치기
미해군 병사 점퍼에 사용되다가 원피스나 남성 하의까지 사용되는 지퍼
수정하기
안경을 고쳐서 만든 선글라스
확대하기
바람개비를 확대하여 만든 풍차
축소하기
일반 카세트 플레이어를 축소한 MP3 플레이어
용도 바꾸기
텐트지의 용도를 변경하여 만든 청바지
제거하기
마우스의 선을 제거한 후 제작한 무선 마우스
재배치 · 거꾸로 하기
양말 모양의 장갑

ㅇ그림 2-3 스캠퍼 적용의 예

(4) 강제 결합법 [25]

강제 결합법은 영국의 작가인 찰스 화이팅(Charles Whiting)이 개발한 사고 기법으로, 서로 관련이 없는 두 가지 이상의 물건이나 아이디어를 억지로 연결시켜서 새로운 아이디어를 산출하는 기법이다. 이 기법은 고정된 사고의 틀에서 벗어날 수 있게 새로운 시각으로 기존 사물이나 아이디어를 생각해 볼 수 있는 기회를 제공한다. 이 기법은 기존 사고방식으로는 더 이상 아이디어가 떠오르지 않을 때 유용하게 쓰일 수 있다.

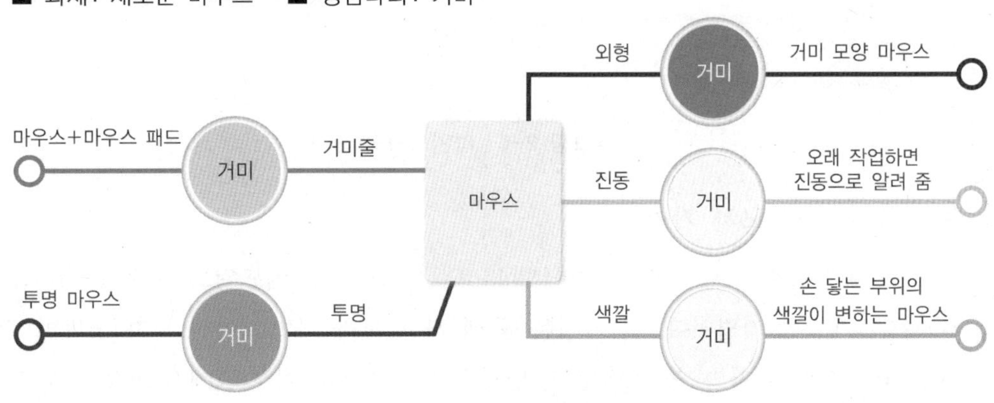

ㅇ그림 2-4 강제 결합법의 예시

(5) 마인드맵 [26]

마인드맵은 '생각의 지도'란 뜻으로 영국의 토니 부잔(Tony Buzan)이 개발한 기법이다. 이 기법은 자신의 생각을 마치 그림을 그리듯이 이미지화 하여 사고력, 창의력, 기억력을 높인다는 두뇌 개발 기법이다. 이 기법은 마음속에 넘쳐 나는 사고력과 상상력, 읽고 생각하고 분석하고 기억하는 모든 정보를 자신만의 독특한 이미지와 핵심 단어, 색상 및 상징적 부호 등으로 자유롭게 표현하여 주제어를 더욱 확장해 나가는 발상법이다.

- 주제어(주제 이미지)를 종이 중앙에 적는다.
- 주제어(주제 이미지)로부터 시작하여 자유롭게 가지를 뻗어 나간다.
- 주제어와 관련된 핵심 단어(중간 요소)를 주 가지선을 그린 다음 그 위에 적는다.
- 주 가지의 핵심 단어와 연관되어 떠오르는 내용(작은 요소)을 부 가지선을 그리고 그 위에 적는다.
- 같은 방법으로 계속 반복한다.
- 강조를 위한 색채, 그림, 이미지, 기호 등을 쓸 수 있다.

25) 출처: https://terms.naver.com/entry.naver?docId=5774421&cid=43667&categoryId=43667에서 재구성
26) 출처: https://terms.naver.com/entry.naver?docId=67812&cid=43667&categoryId=43667에서 재구성

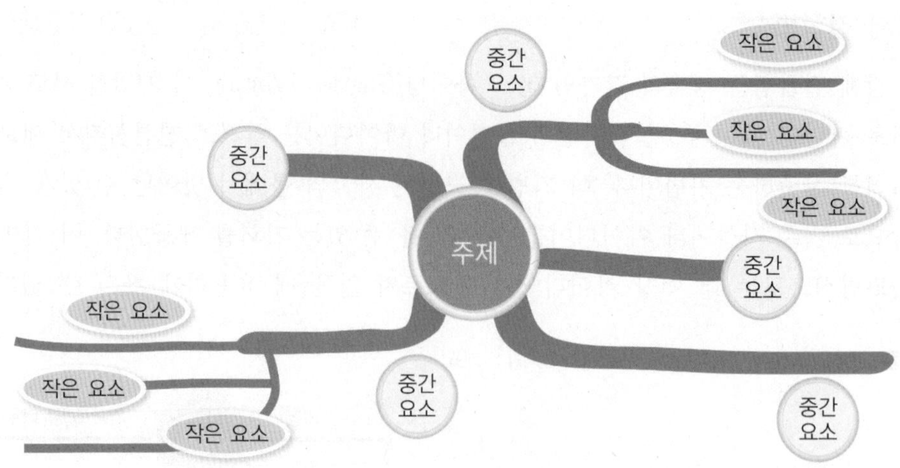

ㅇ그림 2-5 마인드맵의 예시

⑹ 여섯 색깔 생각 모자 기법[27)]

여섯 색깔 생각 모자 기법은 몰타(Malta)의 심리학자인 에드워드 드 보노(Edward de Bono)가 개발한 기법이다. 이 기법은 '육색 사고 모자 기법', '여섯 모자 생각법', '여섯 색깔 생각의 모자 기법' 등 여러 가지 명칭으로도 불린다. 이 기법에서 여섯 가지 색깔은 중립적, 감정적, 부정적, 낙관적, 창의적, 이성적 등의 생각을 의미하는 것으로, 여섯 가지 색깔의 모자를 차례대로 바꾸어 쓰면서 모자의 색깔이 의미하는 생각을 해 보는 기법이다. 이 기법은 한 모자에 한 가지 생각을 하도록 규정하였기 때문에, 서로 다른 입장에서 동시에 논의하는 것을 방지할 수 있으며 다양한 관점에서의 생각을 유도하는 장점이 있다.

ㅇ표 2-10 여섯 색깔 생각 모자 기법

색깔	상징	사고 유형	내용
흰색	순수함	중립적, 객관적 ⇨ 사실적 사고	사실, 수치, 정보
파란색	차가움, 냉정함	이성적 ⇨ 사고에 대한 사고	생각하는 순서를 조직, 다른 모자들의 사용을 통제·조절 종합적인 생각
초록색	풀, 채소, 풍요로움	생산적, 창조적 ⇨ 창조적 사고	새로운 생각, 재미있는 생각, 아이디어 제안
빨간색	피, 정열, 분노, 사랑	감정적, 직관적 ⇨ 감정적 사고 ⇨ 직관적 사고	감정, 느낌, 직관, 육감, 예감
노란색	햇빛, 밝음	낙관적, 긍정적 ⇨ 논리적 사고	좋은 점, 긍정적 판단, 가능성
검정색	어두움, 암울, 진지	비관적, 비판적 ⇨ 논리적 부정	나쁜 점, 부정적 판단, 불가능성

27) 출처 : https://terms.naver.com/entry.naver?docId=937485&cid=43667&categoryId=43667에서 재구성

② 수렴적 사고 기법

수렴적 사고 기법이란 생성해 낸 아이디어(대안)들을 따져 보고 비교·분류하여 최선의 것을 효과적으로 선택, 개발하기 위한 사고 기법이다. 수렴적 사고 기법에는 PMI, 평가 행렬법, 쌍비교 분석법 등이 있다.

(1) PMI(Plus Minus Interesting)

확산적 사고 기법을 통해 제안된 아이디어의 좋은 점이나 좋아하는 이유(P), 아이디어의 나쁜 점이나 싫어하는 이유(M), 그리고 흥미롭게 생각되는 점(I)을 따져 본 후 그 아이디어를 평가하는 기법이다. PMI의 장점은 제안된 아이디어의 여러 가지 측면을 살펴볼 수 있으며, 처음에는 좋지 못한 의견처럼 보이는 아이디어가 사실은 아주 좋은 의견일 경우 이를 제외시키지 않는다는 것이다. 또한, 감정에 의한 판단보다는 아이디어의 장단점에 근거를 두고 판단할 수 있으며 기존 아이디어에서 새로운 아이디어를 도출해 낼 수 있다.

더 알아보기

PMI 기법과 유사한 기법으로 'ALU 기법'이 있다. 여기에서 ALU는 Advantage, Limitation, Unique qualities를 의미하며 아이디어의 강점이나 유리한 점, 제한점이나 개선이 필요한 점, 독특한 특성을 살펴보는 사고 기법이다. 주로 하나의 아이디어를 자세히 살펴 그 아이디어를 더 개선시키거나 발전시켜 보고 싶을 때 사용한다.

○ 표 2-11 PMI

구분	내용
P(Plus)	아이디어의 좋은 점, 아이디어가 좋은 이유
M(Minus)	아이디어의 나쁜 점, 아이디어가 나쁜 이유
I(Interesting)	다른 아이디어와 비교해서 흥미로운 점

(2) 평가 행렬법(Evaluation Matrix)

평가 행렬법은 미리 정해 놓은 기준에 따라 제안된 아이디어들을 체계적으로 평가하는 기법이다. 평가하려는 아이디어들은 세로축에 나열하고 평가 기준은 가로축에 적은 후 평가기준표를 만들어 각 기준을 기초로 모든 아이디어를 판정한다.

평가행렬표(예시)

1. 행렬표를 준비한다.

아이디어나 준거의 순서 없이 아이디어는 왼쪽에, 준거는 윗부분에 나열한다.

평가 준거 / 아이디어	비용	가능성	자원	시간
1				
2				
3				
4				

2. 행렬표를 완성한다.

① 평정척도에 따라 점수를 부여한다.
② 평정척도 예: 15점 / 수~가 / −1, 0, +1

3. 결과를 해석한다.

① 행렬표의 결과는 아이디어의 강점과 약점을 확인하는 데에만 이용한다.
② 어떤 준거에서는 점수가 낮은데 어떤 준거에서는 높은 점수로 평가되었다면 그 아이디어를 다듬어 발전시킬 방도를 연구하고 궁리해 봐야 한다.

ㅇ그림 2-6 평가행렬표의 예시

(3) 쌍비교 분석법(PCA : Paired Comparison Analysis)

쌍비교 분석법은 여러 가지 산출된 아이디어를 한 쌍씩 비교·평가하여 좋은 것 또는 중요한 것의 우선 순위를 결정하는 기법이다. 이 기법은 몇 개 대안들의 우선 순위를 매길 때 적절하게 사용할 수 있다. 예를 들어, 몇 가지 문제 진술들 가운데서 어느 것을 먼저 다룰 것인지를 결정할 때, 또는 해결 대안들 가운데서 어느 것을 먼저 고려하여 분석하고 발전시킬 것인지를 결정할 때 적합하다. 쌍비교 분석법의 진행 순서는 다음과 같다.

- 먼저 쌍비교 분석법의 진행순서표에 아이디어나 기준들을 나열한다.
- 아이디어들을 하나씩 다른 모든 아이디어들과 차례로 쌍을 만들어 서로 비교한다. 이때 더 중요한(좋은) 아이디어가 다른 것에 비해 어느 정도로 중요한가에 따라 조금 중요하면 1점, 중요하면 2점, 매우 중요하면 3점을 부여한다. 점수를 기록하는 방법은, 가령 A와 B를 비교해 볼 때 A가 B보다 매우 중요하다고 여겨지면 'A3'라고 상자 안에 써 넣는다.
- 모든 비교가 끝나면 각 아이디어별로 총점을 계산한다.
- 마지막으로 총점에 따라 중요성의 순서를 정한다.

○ 표 2-12 쌍비교 분석법의 예시

	A	B	C	D	E	F	합계
A		A2	A1	A2	E1	F1	A = 5
B			C1	B1	E2	F2	B = 1
C				C1	E2	F1	C = 2
D					E2	F1	D = 0
E						E3	E = 10
F							F = 5

E의 아이디어가 가장 좋은 것으로 평가되었다.

03절 TRIZ 발명 기법[28)]

2절에서는 창의성 계발 기법을 확인해 보았는데, 서술한 바와 같이 이들 기법은 창의성 계발을 목적으로 하고 있는 다른 여러 분야에서 널리 활용되는 기법들이었다. 즉, 2절에서 살펴보았던 기법들은 발명이나 발명교육 분야에서만 특화된 기법이 아닌 창의성 계발을 목적으로 하는 기법이었다. 하지만 이러한 기법들은 창의적으로 문제를 해결하기 위한 아이디어를 효과적으로 사고할 수 있도록 도울 뿐 창의적 문제해결안을 산출해 내기 위한 구체적인 방법을 제시해 주는 것은 아니다(이근돈, 2018). 3절에서는 창의적 문제해결안을 구체적으로 제시하는 기법에 대해 학습하는데 이 기법이 바로 TRIZ 기법이다. 이 기법은 발명에 특화된 기법으로, 발명교육에서도 이를 이용한 다양한 사례가 발표되고 있다. 이 기법의 기본 원리를 확인하여 여러분의 발명 수업에 적용해 보도록 한다.

① TRIZ의 기본 개념

(1) TRIZ의 배경

TRIZ는 알트슐러(Altshuller)가 그의 동료 및 제자들과 함께 만든 기법이다. 여기서 TRIZ란 단어는 '문제를 발명적(창의적)으로 해결하기 위한 이론'이라는 의미의 러시아어인 '이론(teoriya)', '해결(resheniya)', '발명(izobretatelskikh)', '문제(zadatch)'의 첫 글자를 영어식으로 조합하여 만들었다[29)]. 알트슐러는 구소련 해군의 특허심의관으로 근무하고 있는 동안 수십만 건의 특허를 분석하는 과정에서 "개별적인 발명의 밑바탕에는 일정한 패턴이 있다"는 것을 발견하였다. 그가 발견한 내용은 다음과 같다.

28) 출처 : 본 절의 내용은 전영록(2011)의 서적 내용을 참조하여 작성하였음
29) TRIZ의 영어식 표현은 '발명 문제의 해결 이론(theory of solving inventive problem)'이다.

표 2-13 알트슐러가 발견한 내용

번호	항목	내용
1	혁신적 문제의 정의	• 특허 사례는 혁신적 문제의 해결안이다. • 혁신적 문제에는 1개 이상의 모순이 반드시 포함되어 있다. • 해결안에는 미지의 방법이나 수단이 포함된다.
2	혁신의 의미와 혁신도 등급	• 혁신적 문제의 해결안은 문제가 포함하고 있는 모순을 타협하지 않고 해결하는 것이다. • 혁신적 문제의 해결안의 혁신도 수준은 독창성의 수준에 따라 5가지로 분류할 수 있다. • 여기에서 4수준 이하의 문제가 TRIZ로 해결가능하며, 전체 문제의 97~99%가 이에 해당한다.
3	혁신적 문제의 발생 패턴	• 혁신적 문제는 여러 분야에서 발생하며 본질적으로 동일한 모순을 포함하고 있는 경우가 많다. • 본질적으로 동일한 해결안이 독립적으로 반복 활용되는 경우가 많다.
4	기술시스템 진화 패턴	• 기술시스템은 S자형 곡선이론에 따라 진화한다. • 기술시스템 진화패턴은 여러 관점으로 파악할 수 있다.

알트슐러가 발견한 내용 중 두 번째는 "문제 해결의 혁신 수준은 독창성의 수준에 따라 5가지 수준으로 분류할 수 있다"로 요약할 수 있다. 그는 혁신의 수준을 개인적인 지식으로 해결할 수 있는 1수준으로부터 과학적 법칙의 발견에 대응하는 5수준으로 구분하였는데, 각 수준의 내용은 다음과 같다.

표 2-14 알트슐러가 제시한 5가지 혁신 수준

수준		내용
1수준	명백하거나 틀에 박힌 해결 방안	수준 1의 발명은 발명의 32%를 차지한다. 이 수준은 발명이라기보다는 기존 방법을 약간 확장하거나 기존 시스템을 개선한 것이다. 예를 들어, 단열을 향상시키기 위해 벽의 두께를 두껍게 하는 것은 1수준에 해당하는 발명이다. 이들 해결 방안은 좋은 설계이지만 모순을 파악하고 해결하지는 않는다.
2수준	시스템 내의 비본질적인 작은 발명	수준 2의 발명은 발명의 45%를 차지한다. 이 수준은 시스템이 갖고 있는 고유 모순을 감소시켜 기존 시스템을 개선하는 것으로 일정 수준의 타협을 요구한다. 수준2의 발명은 대부분 수백 번의 시행착오를 통해 개발되며 한 분야의 기술 지식을 요구한다. 또한, 기존 시스템의 변경이 있으며, 모순의 일부를 개선하는 새로운 품질 특성이 추가된다. 운전자의 체형에 따라 운전을 편하게 할 수 있도록 조정 가능한 스티어링 컬럼(핸들과 연결된 부분)을 사용하는 것이 수준 2의 발명이다.
3수준	기술체계 내의 본질적인 발명	수준 3의 발명은 기존 시스템을 획기적으로 개선하는 것으로 발명의 18%를 차지한다. 이 수준은 기존 시스템이 갖고 있던 발명 모순을 완전히 새로운 요소의 도입으로 해결한다. 이 유형의 해결책은 수백 개의 아이디어들을 시험하여 산출한다. 자동차의 수동 변속기를 자동 변속기로 교체하는 것이 수준 3의 발명이다.

4수준	기술체계 밖의 발명	수준 4의 발명은 기술이 아닌 과학에서 해결방안을 찾는 것으로 이와 같은 유형의 새로운 발견은 발명의 약 4%를 차지한다. 이 수준의 해결책을 위해서는 대개 수 만 번의 랜덤 시행(무작위적인 시행)을 요구한다. 수준 4의 발명은 대개 기술의 정상적인 패러다임 밖에 있으며, 근본적인 기능에 대해서 완전히 다른 원리를 사용한다. 이 수준의 발명에서는 사실상 알려져 있지 않았던 물리적 효과와 현상을 사용한다. 열기억소재(형상기억금속)를 사용한 열쇠고리가 수준 4의 대표적인 예이다.
5수준	발견	수준 5의 발명은 동시대의 과학지식의 한계 밖에 존재하는 발명으로 발명의 1% 이하이다. 이와 같은 발견은 수 만개의 아이디어를 조사하기 위해 일생을 바치는 것을 요구한다. 이런 유형의 해결방안은 새로운 현상을 발견하고 이를 발명 문제에 적용할 때 개발된다. 레이저나 트랜지스터가 수준 5의 예에 해당하며, 이들은 새로운 시스템과 산업을 생성한다.

더 알아보기 트랜지스터

트랜지스터는 전류나 전압의 흐름을 조절하여 증폭하거나 스위치 역할을 하는 반도체 소자이다. 외부 회로와 연결할 수 있는 최소 3개 단자를 가지며 반도체 재료로 구성되어 있다. 트랜지스터는 전자공학 분야에서 혁명을 가져왔으며 이를 통해 소형화되고 가격이 낮아진 라디오, 계산기, 컴퓨터 등이 개발되었다.

(2) TRIZ의 기본 요소

앞서 TRIZ의 배경 이해를 위해 알트슐러가 발견한 내용과 혁신의 수준에 대해 살펴보았다. 이러한 배경 이외에도 TRIZ의 기본 개념을 파악하기 위해서는 모순, 이상성, 자원 외의 여러 요소에 대한 이해가 필요하다. 이들 각 요소를 제대로 이해하기 위해서는 TRIZ 전문 교육을 이수하거나 TRIZ 전문 서적을 심도 있게 학습해야 한다. 본서에서는 이 요소들 중 일부를 선택하여 그 개념만 간단히 소개한다.

① 자원

발명 문제를 잘 해결하기 위해서는 자원을 효과적으로 활용해야 한다. 문제해결에 활용할 수 있는 자원은 매우 다양하다. 예를 들어, 자원에는 물질 자원, 에너지 자원, 공간 자원, 시간 자원, 정보 및 지식 자원, 기능 자원 등이 있다. 발명 문제 해결에는 고가이고, 사용하기 어렵고, 희귀한 자원보다는 저가이며, 능숙하게 사용할 수 있는 자원을 활용할 수 있도록 자원에 대한 체계적인 조사가 필요하다.

② 이상성: 이상성의 정의는 다음과 같다.

$$\text{이상성} = \frac{\sum \text{이득}}{\sum \text{비용} + \sum \text{손해}}$$

○ 그림 2-7 이상성의 정의

여기에서 이득의 합(Σ이득)은 시스템 유용 기능의 가치 합이며 비용의 합(Σ비용)은 시스템의 실행에 드는 비용의 합을 의미한다. 손해의 합(Σ손해)은 유해 기능에 의해 발생하는 손해들의 합을 의미한다. 앞의 정의에서 그 계산 값이 클수록 이상성이 높다. 이상성이 높아지는 경우는 이득의 증가, 비용의 감소, 손해의 감소, 이득이 비용과 손해의 합보다 더 많이 증가할 경우 등이다. 이상성이 무한대인 해를 이상 최종해(IFR : Ideal Final Result)라 하는데, IFR은 재료나 에너지를 전혀 사용하지 않으며, 보전이 전혀 필요 없고, 고장이 발생하지 않으면서 요구 기능을 수행하는 시스템이다.

③ 모순

모순은 두 가지 판단이나 상태가 양립하지 못하고 서로 배척하는 상태를 의미한다. 혁신적인 문제는 1개 이상의 모순을 포함하고 있는데, 이 모순을 제거하는 것이 문제 해결의 핵심이다. 모순은 기술적 모순(Technical Contradiction)과 물리적 모순(Physical Contradiction)으로 구분할 수 있다.

㉠ 기술적 모순 : 기술적 모순은 시스템의 어떤 기술 속성을 좋게 하려면 다른 기술 속성이 나빠지는 모순을 의미한다. 용기를 튼튼하게 만들면 용기의 무게가 무거워지는데, 튼튼한 용기를 가볍게 만들어야 할 경우 모순이 생긴다. 이러한 모순을 기술적 모순이라 한다. 알트슐러는 기술적 모순이 발생할 수 있는 39개의 기술 속성을 모순표로 구성하였는데, 이러한 모순표를 이용하여 문제의 해결책을 찾는 것이 TRIZ 기법을 활용하는 사례이다.

㉡ 물리적 모순 : 물체가 동일한 시간과 공간에서 상호 배타적인 물리적 상태에 있어야 하는 모순을 의미한다. 예를 들어, 자동차가 높은 연비를 가지려면 자동차의 중량이 가벼워야 하지만, 주행의 안정성을 위해서는 자동차의 중량이 무거워야 한다. 이와 같이 중량이 가벼워야 하고 동시에 무거워야 하는 경우가 물리적 모순이다. 물리적 모순은 “기능 F1을 수행하기 위해서 해당 요소가 성질 P를 가져야 하지만 F2를 수행하기 위해서는 -P 또는 P와 반대되는 성질을 가져야 한다”로 표현할 수 있다.

② 모순 문제의 해결

알트슐러는 앞에서 서술한 기술적 모순과 물리적 모순을 제거하는 것이 문제 해결의 핵심으로 보았다. 결국 이러한 모순을 제거하여 문제를 해결하면 새로운 발명이 되는 것이다. 알트슐러가 제시한 기술적 모순과 물리적 모순을 제거하는 방법은 다음과 같다.

(1) 기술적 모순의 해결

기술적 모순은 기술 속성 간의 모순을 의미한다. 알트슐러는 많은 특허를 분석하여 39개의 기술 속성 간에 1,250개 유형의 기술적 모순이 있음을 파악하였다. 기술 속성은 공학 설계의 관점에서 설계 변수(Design Parameter)[30]와 동일한 것으로, 모순표는 39개의 설계 변수 간의 모순을 없애기 위해 적용할 수 있는 발명 원리를 나타낸 표이다.

[표 2-15]는 39개의 설계 변수를 나타낸다. 예를 들어, 1번 '이동하는 물체의 무게'는 움직이는 물체 무게의 크기가 설계 변수로, 설계자는 무게를 증가시키거나 감소시키는 방법으로 설계 변수를 정한다. 공학 설계에서 고려할 수 있는 모든 설계 변수는 이들 39개 중 하나로 분류할 수 있다.

표 2-15 39개의 설계 변수

연번	설계 변수	연번	설계 변수
1	움직이는 물체의 무게(Weight of moving object)	21	동력(Power)
2	고정된 물체의 무게(Weight of nonmoving object)	22	에너지의 낭비(Waste of energy)
3	움직이는 물체의 길이(Length of moving object)	23	물질의 낭비(Waste of substance)
4	고정된 물체의 길이(Length of nonmoving object)	24	정보의 손실(Loss of information)
5	움직이는 물체의 면적(Area of moving object)	25	시간의 낭비(Waste of time)
6	고정된 물체의 면적(Area of nonmoving object)	26	물질의 양(Amount of substance)
7	움직이는 물체의 부피(Volume of moving object)	27	신뢰성(Reliability)
8	고정된 물체의 부피(Volume of nonmoving object)	28	측정의 정확성(Accuracy of measurement)

30) 설계 변수(Design Parameter) : 교재에 따라서 설계 변수를 설계 파라미터, 공학 파라미터, 공학 변수 등과 같이 다양한 명칭으로 사용되고 있다.

9	속도(Speed)	29	제조의 정확성(Accuracy of manufacturing)
10	힘(Force)	30	물체에 작용하는 유해한 요인(Harmful factors acting on object)
11	압력(Pressure)	31	유해한 부작용(Harmful side effects)
12	모양(Shape)	32	제조 용이성(Manufacturability)
13	물체의 안정성(Stability of object)	33	사용 편의성(Convenience of use)
14	강도(Strength)	34	수리 가능성(Repairability)
15	움직이는 물체의 내구력(Durability of moving object)	35	적응성(Adaptability)
16	고정된 물체의 내구력(Durability of nonmoving object)	36	장치의 복잡성(Complexity of device)
17	온도(Temperature)	37	조절의 복잡성(Complexity of control)
18	밝기(Brightness)	38	자동화의 정도(Level of automation)
19	움직이는 물체가 소모한 에너지(Energy spent by moving object)	39	생산성(Productivity)
20	고정된 물체가 소모한 에너지(Energy spent by nonmoving object)		

모순 행렬표는 39개의 설계 변수 간의 모순을 해결하는 발명 원리의 번호를 제시하는 39×39 행렬표이다. 모순행렬표의 세로축(행 축)은 개선하려는 특성을 나타내는 설계 변수를, 가로축(열 축)은 악화되는 특성을 나타내는 설계 변수를 나타낸다. 이 두 축이 만나는 부분에서 모순을 해결하는 발명 원리를 찾을 수 있다. 여기서 발명 원리는 알트슐러가 개발한 '40가지 발명 원리'로 TRIZ를 소개할 때 이들 40가지 원리가 자주 소개되고 있다(표 2-16 참조).

앞서 살펴보았던 기술적 모순은 39개 설계 변수 간에 나타나는 모순이다. 예를 들어, '움직이는 물체의 무게 증가(1)'와 '에너지 낭비 감소(22)'는 기술적 모순 상태이다. 즉, 움직이는 물체의 무게를 증가시키면 에너지 낭비도 동시에 증가하는 기술적 모순 상태가 된다. 이러한 모순을 해결하기 위해 사용할 수 있는 발명 원리를 39×39 행렬표에서 찾으면 발명 원리 6, 2, 34, 19를 확인할 수 있다. 이들 번호에서 제시된 발명 원리를 이용하여 모순을 극복하는 아이디어를 얻는 것이 바로 TRIZ를 이용하여 발명 아이디어를 얻는 방법이다. 39×39 행렬표의 내용은 너무 많기 때문에 본서에서는 [그림 2-8]과 같이 일부만 소개하였다[31].

31) 39×39 행렬표의 전체 내용은 인터넷에서 '모순 행렬표', 'TRIZ 모순 테이블' 등으로 검색하여 확인할 수 있다.

○ 표 2-16 TRIZ의 40가지 원리

순	원리	순	원리	순	원리	순	원리
1	분할 (segmentation)	11	사전 보호 조치 (cushion in advance)	21	급히 통과 (rushing through)	31	다공질 재료 (use of porous material)
2	추출 (extraction)	12	같은 높이에서 움직이기 (equipotentiality)	22	해로운 요소의 이용 (convert harm into benefit)	32	색 변화 (changing of color)
3	국지적 속성 (local quality)	13	거꾸로 하기 (do it in reverse)	23	피드백 (feedback)	33	동질성 (homogeneity)
4	비대칭 (asymmetry)	14	곡선화, 구형화 (spheroidality, increase curvature)	24	중간매개물 (mediator)	34	폐기 및 재생 (rejecting and regenerating parts)
5	통합 (merging, consolidation)	15	역동성 (dynamicity)	25	셀프서비스 (self-service)	35	속성 변화 (transformation of properties)
6	범용성 (universality, multifunction)	16	지나치거나 부족하게 (partial or excessive action)	26	복제 (copying)	36	상전이 (phase transition)
7	포개기 (nesting)	17	차원 바꾸기 (transition to a new dimension)	27	일회용품 (cheep disposable)	37	열팽창 (thermal expansion)
8	무게 상쇄 (counterweight)	18	기계적 진동 (mechanical vibration)	28	비기계식으로 (replacement of a mechanical system)	38	산화 가속 (accelerated oxidation)
9	사전 반대 조치 (prior counter-action)	19	주기적 진동 (periodic action)	29	공압/수압/유압 (pneumatic or hydraulic construction)	39	비활성 환경 (inert environment)
10	사전 조치 (prior action)	20	유익한 작용의 지속 (continuity of a useful action)	30	유연한 막 또는 얇은 필름 (flexible membranes or thin film)	40	복합재료 (composite materials)

개선하려는 특성 \ 악화되는 특성	1. 이동하는 물체의 무게	2. 정지한 물체의 무게	…	38. 자동화의 수준	39. 용량/생산성
1. 이동하는 물체의 무게		–	…	26, 35, 18, 19	35, 3, 24, 37
2. 정지한 물체의 무게	–		…	2, 26, 35	1, 18, 15, 35
⋮	⋮	⋮	⋮	⋮	⋮
38. 자동화의 수준	28, 26, 18, 35	28, 26, 34, 10	…		5, 12, 35, 26
39. 용량/ 생산성	35, 26, 24, 37	38, 27, 15, 3	…	5, 12, 35, 26	

← 안에 있는 숫자는 40가지의 발명 원리를 나타냄
1. 분할
2. 추출
⋮
39. 비활성 환경
40. 복합 재료

그림 2-8 39×39 모순 행렬표의 예시

(2) 물리적 모순의 해결

앞서 물리적 모순은 물체가 동일한 시간과 공간에서 상호 배타적인 물리적 상태에 있어야 하는 모순을 의미한다고 정의하였다. 쉽게, 물리적 모순은 동일한 설계 변수가 동일한 시간과 공간에서 있는 상태를 말하는데, 이는 모순표에서 동일한 설계 변수가 교차하는 부분에서 물리적 모순이 발생하는 상황을 나타낸다. 물리적 모순은 물리적으로 불가능한 현상이므로 발명 원리가 존재하지 않으며, 이에 모순표에서도 빈칸으로 남아 있다.

예를 들어, 프레젠테이션에서 사용하는 지시봉은 길어야 하지만 길이가 길면 휴대하기 불편하다. 즉, 개선할 특성도 길이이며 동시에 악화되는 특성도 길이로, 지시봉은 길어야 하지만 동시에 길지 않아야 하는 상황이다. 이러한 모순이 물리적 모순으로 이 모순은 분리의 원리를 적용하여 해결할 수 있다. 분리의 원리에는 공간의 분리, 시간의 분리, 부분과 전체의 분리 등이 있다.

① 공간의 분리

공간의 분리는 "물체의 한 부분이 성질 P를 가지는 반면 다른 부분은 반대 성질 -P를 가진다"는 것으로 나타낼 수 있다. 공간의 분리를 적용하려면 먼저 모순이 일어나는 영역을 파악해야 한다.

예시

음료수 캔을 운반하거나 쌓아 두기 위해서는 어느 정도의 강도가 있어야 한다. 그러나 사용자가 음료를 마실 때에는 캔이 강도를 가질 필요가 없다. 이는 캔을 잡고 마실 때는 단단한 캔이 필요하지 않기 때문이다. 따라서 캔의 상부의 강도를 높이고, 본체 부분은 알루미늄 박판 상태로 만들어 문제를 해결하였는데, 이는 캔의 상부와 본체의 공간을 분리한 사례이다.

② 시간의 분리

시간의 분리는 "일정 기간에는 성질 P를 가지고, 다른 기간에는 반대의 성질 -P를 가지는 것"과 같이 나타낼 수 있다. 시간의 분리를 적용하려면 모순의 시간에 대한 성질을 파악해야 한다. 유용 활동(수행해야 하는 시간)과 유해 활동(제거해야 하는 시간)에서 충돌이 있으면, 두 활동이 발생하는 시간을 확인하는 것이다. 이 두 시간을 완전히 분리한다면 물리적 모순을 해결할 수 있다.

예시

빌딩을 세우기 위해 기초 공사에서 말뚝을 사용한다. 이 말뚝이 잘 박히게 하려면 말뚝의 끝이 뾰족해야 하지만 뾰족한 말뚝은 지지력이 떨어진다. 말뚝의 지지력을 향상하기 위해서는 말뚝의 끝이 뭉뚝해야 하지만 뭉뚝한 말뚝은 잘 박힐 수 없다. 이러한 문제 상황은 시간을 분리하면 해결될 수 있다. 즉, 말뚝이 박히는 동안은 끝이 뾰족하게 하고 말뚝이 박힌 후에는 말뚝 끝의 폭약을 폭발시켜 끝부분을 확장시킨다.

③ 부분과 전체의 분리

부분과 전체의 분리 원리는 "개개 구성 요소가 성질 P를 가지고 전체는 -P의 성질을 갖도록 하여 문제를 해결한다"와 같이 나타낼 수 있다. 이 원리는 구성 요소들이 모여 전체로 하나가 되는 경우에 적용할 수 있다.

예시

자전거 페달을 밟았을 때의 동력을 뒷바퀴에 전달하려면 벨트나 기어를 사용해야 한다. 이 때 벨트는 유연성이 있어 페달과 뒷바퀴가 멀리 떨어져 있어도 동력을 전달할 수 있지만 미끄럼이 발생하여 완전한 힘을 전달할 수 없다. 기어를 사용하면 동력은 완전하게 전달될 수 있지만, 유연성이 없어 페달과 뒷바퀴가 가까워야 하는 문제가 있다. 이와 같이 자전거의 동력 전달을 위해서는 벨트의 유연성과 기어의 경직성이 동시에 있어야 하는 물리적 모순 상태에 있다. 이 모순의 해결을 위해 부분과 전체의 분리 방법을 사용할 수 있다. 이 방법으로 개발된 부품이 체인이다. 즉, 체인의 각 개별적인 링은 단단하지만, 체인 전체는 유연성을 갖고 있어 벨트의 유연성과 기어의 경직성을 동시에 갖추어 이 문제를 해결한 것이다.

③ TRIZ 40가지 발명 원리

알트슐러는 그가 연구를 종료한 1980년대 중반까지 약 40여 년 간에 걸쳐 TRIZ에 대한 연구를 주도하였다. 이후에도 그의 동료나 제자들에 의해 TRIZ에 대한 연구는 지속되어 오늘날에 이르게 되었다. TRIZ의 개념이나 이론은 다소 복잡하고 난해한 측면이 있다. 이 때문에 일반적으로 학교

더 알아보기

TRIZ 40가지 발명 원리는 기술적 모순을 해결할 때 사용된다. 앞에서 기술적 모순이 발생할 수 있는 39개의 기술 속성 모순표를 살펴보았는데, 이 모순표의 가로축과 세로축의 교차점에 해당하는 부분에 이들 발명 원리가 제시되어 있다. 제시된 발명 원리를 이용하여 모순을 해결하는 것이 TRIZ 기법을 이용하여 발명에 대한 문제를 해결한 사례이다.

현장에 TRIZ를 소개할 때에는 알트슐러가 제시한 발명 원리 40가지를 소개하는 경우가 많다. 이들 발명 원리는 앞에서 살펴본 기술적 모순을 해결하는 데 사용되고 있다. 40개 발명 원리의 내용을 살펴보면 다음과 같다.

표 2-17 TRIZ의 40가지 발명 원리[32)]

종류	내용	사례
1. 분할	하나를 여러 개로 나눔	굴삭기 작업손, 조립식 가구, 커튼을 분리한 블라인드, 쪼개어 파는 수박, 연결하여 연장 가능한 가정용 호스
2. 추출	필요한 것만 뽑아내어 사용하거나 필요 없는 것만 뽑아내어 제거함	냉각기를 에어컨에서 분리, 원유에서 경유와 휘발유 추출, 전투력이 높은 병사들만 선별한 특공대, 용접 헬멧
3. 국지적 속성, 국지적 품질	전체 중 일부만 변형시키거나 개조하여 전체 기능은 손상하지 않으면서 유용한 기능을 추가하거나 전체의 기능을 보강함	목장갑의 고무 부분, 빼빼로, 아파트 문의 감시 렌즈, 객차별로 냉난방 온도를 달리하는 지하철, 지우개 달린 연필, 칸막이 찬합, 비누통 달린 빨래판
4. 비대칭	대칭을 비대칭으로 바꾸거나 비대칭의 정도를 증가시킴	기능성 베개, 신발 바닥 강도 차이, 아랫면은 평평하고 윗면은 볼록한 비행기 날개, 레미콘 믹서, 타이어의 바깥쪽이 더 강함
5. 통합, 병합	동일하거나 유사한 것을 하나로 만듦	여러 색깔 볼펜, 슬리퍼 걸레, 원시와 근시를 동시에 교정해주는 다초점 렌즈, 나무 뗏목
6. 범용성, 다용도	한 시스템이 여러 기능을 수행하도록 함	소파용 침대, 스마트폰의 다양한 기능, 복합기, 맥가이버 칼, 시장 바구니겸 핸드백
7. 포개기	하나의 물체를 다른 물체 속에 넣음	코펠, 카트, 종이컵, 삼각대 다리, 비행기 바퀴, 마트료시카 인형, 고가 사다리, 줌 렌즈, 접이식 우산, 스프링
8. 무게 상쇄, 공중부양, 균형추	양력·부력·자기장 등을 이용해 중력의 반대 방향으로 물건을 들어올림	손잡이가 위로 뜨는 국자, 광고용 풍선 플래카드, 자기부상열차, 천칭 저울, 애드벌룬, 시소
9. 사전반대조치	피할 수 없는 유해한 작용을 최소화하기 위해 미리 반대방향으로 조치를 취함	미리 굽혀져 나오는 마분지(마르면 평평해짐), 수용액 이용 PH 중화, 주사를 놓기 전 엉덩이를 때려 고통 감소, 페인트를 칠하지 않을 부위에 미리 테이프 붙이기, 건축 현장 낙하물 방지 그물
10. 사전조치	어차피 하게 될 유용한 작용을 미리 실행하거나 나중에 편하게 시행이 가능하도록 미리 조치함	절취선, 봉합 살균된 주사기, 커터칼날, 풀칠된 우표나 봉투
11. 사전 보호 조치, 사전 예방 조치	부족한 기능을 보완하거나 미리 예방하는 조치	낙하산의 보조 낙하산, 긁힘 방지 타이어, 도난 방지 바코드, 예방접종, 에어백, 안전벨트, 급커브의 폐타이어

32) 출처: 김희필(2007), 신은섭(2015), 윤주혁(2016) 등의 연구에서 재구성

12. 같은 높이에서 움직이기, 굴리기, 높이 맞추기	들어서 옮길 필요 없이 굴려서 이동시키거나 잘 굴러갈 수 있도록 높이를 맞춤	파나마 운하, 사람이 오르기 쉽도록 차 높이가 내려오는 저상버스, 배 수리 도크
13. 거꾸로 하기, 거꾸로 역발상	대상물을 변화시키지 말고 외부환경을 변화시키거나 물체의 위와 아래를 뒤집어 봄	러닝머신, 양면 프라이팬, 거꾸로 용기, 음식이 사람을 찾아가는 회전 초밥, 물이 움직이는 수영장
14. 곡선화, 구형화, 타원체	직선을 곡선으로, 각진 것을 둥글게, 직선운동을 회전운동으로 바꿈	구름다리, 불도저(직선운동을 회전운동으로), 운동장 트랙, 동그란 맨홀 뚜껑, 선형의 톱을 회전형 둥근톱으로 바꿈, 운동장 트랙, 볼펜의 볼, 돔구장
15. 역동성, 자유도 증가, 유연한 구조	움직일 수 없는 것을 움직이도록 만듦	굽혀지는 빨대, 지하철 차량 연결, 휘어지는 모니터, 접을 수 있는 키보드, 유니버설 조인트, 내시경, 안경테
16. 초과나 부족	원하는 효과를 완벽하게 달성하는 것이 어렵다면 지나치게 하거나 부족하게 함	폭발 위험에 대비해 가득 채우지 않는 가스탱크, 얼음물 얼릴 때 80%만 넣음, 이미지 압축 기술, 풍선의 그림
17. 차원 바꾸기, 차원 변경	1차원을 2차원으로, 2차원을 3차원으로 바꿈	아파트, 고층빌딩, 3D 영화, 태양을 향해 기울어진 태양 집광판, 집적 회로
18. 기계적 진동	물체를 진동시킴	진동 드릴, 전동 칫솔, 초음파 진동 세척기, 유압해머
19. 주기적 진동	연속적으로 일어나는 작용을 주기적으로 함	스프링클러, 등대, 구급차의 사이렌 소리, 주기적인 세무조사, 광고용 회전 스크린
20. 유익한 작용의 지속	유용한 작용을 쉬지 않고 지속함	회전문, 컨베이어 시스템, 스프가 눌어붙지 않도록 계속 저어줌, 프린트 잉크 무한공급장치, 연속 공급 용지
21. 급히 통과, 고속처리	위험하고 유해한 영향을 벗어나려 빠르게 진행시킴	고속으로 우유를 고온에 살균 처리, 흰머리를 순식간에 뽑음, 순간 냉동
22. 해로운 요소의 이용, 전화위복	해로운 인자를 유용한 인자로 활용하거나 해로운 작용을 다른 해로운 요소를 이용해 소멸시킴	발효식품, 맞불로 산불 진화, 맹독을 이용한 불치병 치료, 열 병합 난방
23. 피드백	외부의 변화요인에 따라 변화하였다가 변화요인이 없어지면 원상태로 돌아감	자동 온도 조절 장치, 연료탱크 뜨개 장치, 자동차 계기판의 경고등, 강의 평가 피드백
24. 중간 매개물, 매개체	동작을 전달하거나 실행하기 위해 중간 매개체를 사용함	화학 반응 촉매, 종이컵 플라스틱 커버, 엔진의 직선운동을 회전 운동으로 바꾸어 주는 크랭크와 기어, 협상중개인, 주물사
25. 셀프 서비스	물체가 스스로 수행 및 보충하게 함	센서 수도꼭지, 자동 주차 시스템, 자동문, 자동세차
26. 복제, 대체	복잡하고 비싼 원본 대신 간단하고 저렴한 복제본을 사용함	화상 회의와 동영상 강의, 시뮬레이션 가상실험, 미니어처, 허수아비

27. 일회용품	값비싼 물체를 한 번 사용하고 버리는 값싼 물체로 바꿈	기저귀, 일회용 주사기, 일회용 렌즈, 종이컵, 일용직 근무자
28. 비기계식으로, 기계시스템의 대체	기계 시스템을 감각시스템(시각, 청각, 미각, 후각)으로 전환함	음향울타리, 자기부상열차, 타이어 마모 한계선, 가스 누출을 알리기 위해 마늘 썩는 냄새를 섞은 LP가스, 센서 부착 자동문, 자성을 이용한 쓰레기 분리 장치
29. 공압, 수압, 유압	물체의 고체 부분을 기체나 액체로 바꾸고 팽창시킴	에어백, 유압을 이용한 개폐식 차단기, 공기를 넣은 운동화 바닥, 물침대, 열기구
30. 유연한 막 또는 얇은 필름	단단한 구조물 대신에 유연한 막이나 얇은 필름 사용함	코팅막을 입힌 프라이팬 바닥, 내용물 확인을 위한 투명 보관 용기, 콘택트렌즈, 비닐하우스, 차 선팅, 약 캡슐
31. 다공질 재료	미세한 구멍을 가진 물질을 사용함	구멍 뚫린 벽돌, 고어텍스 운동복, 극세사 걸레, 파리채, 빨리 녹는 커피, 스티로폼
32. 색 변화, 색상 변경, 변색	물체나 주변의 색을 변경함	선글라스의 렌즈, 색을 달리한 전선 피복, 리트머스 시험지, 형광 팔찌, 투명한 붕대, 빛바랜 청바지
33. 동질성	상호작용하는 물체는 동일 또는 유사 물질 사용함	철근과 열팽창이 같은 콘크리트 사용, 다이아몬드는 다이아몬드로 가공, 수혈, 생리 식염수
34. 폐기 및 재생, 폐기 및 복구	다 쓴 것은 버리거나 복구함	몸 안에서 녹아 없어지는 캡슐, 다 마신 음료수병을 양념통으로 사용, 자동차의 축전지와 발전기, 썩는 비닐 봉투, 환경 친화적 제품
35. 속성 변화, 모수 변화	밀도·농도·물리적 상태·온도·부피 등을 변화시킴	액화시켜 보관하는 가스, 전자책, 건오징어, 건포도, 시럽이 들어있는 초콜릿이나 사탕을 만들 때 시럽을 얼린 후 액체 초콜릿에 담금, 산소나 질소 수송 시 액체 상태로 운반, 레이저 포인터, 액체 비누
36. 상전이	액체가 기체로 변하거나 기체가 액체로 변화될 때 생기는 부피의 변화 혹은 발열 흡열 반응을 이용함	물을 뿌려 온도를 높이는 이글루, 더운 여름 온도를 내리기 위해 마당에 물을 뿌림, 물의 팽창 이용 바위 깨기, 냉각수, 냉장고 냉매, 찜질용 팩
37. 열팽창	온도변화에 의한 물질의 팽창과 수축을 이용함	연료를 연소시켜 증기의 팽창을 활용한 증기기관, 바이메탈 원리 이용한 깜박이 등, 자동 온도 조절기, 수은 온도계
38. 산화 가속, 산화제	일반 공기는 산화공기로, 산화공기는 산소로, 산소는 오존으로 바꾸어 사용함	어항의 물을 갈지 않고도 산소 농도를 높여주는 산소 공급 장치, 오존 이용 살균, 산소 용접기
39. 비활성 환경	정상적 환경을 불활성 환경(매우 안정적인 상태)으로 바꿈	음식물의 장기간 보관을 위한 진공 포장, 백열등의 필라멘트 산화 방지용 아르곤 가스, 바나나 운반 시 질소 충전
40. 복합재료	동질성 재료를 복합재료로 바꿈	모래·자갈·시멘트를 섞은 콘크리트, 각종 합금, 비행기 동체를 복합재료로 제작

이상에서 살펴본 40개의 발명 원리를 발명교육에서 다루기에는 그 종류가 너무 많으며, 이들 중 일부는 학생들의 수준에 맞지 않는다는 단점이 있다. 이러한 이유로 TRIZ를 학교 현장에 적용한 연구자들은 40개 중 일부를 선택한 후 이를 학생의 수준에 맞추어 발명교육에서 활용하고 있다. [표 2-18]은 신민수(2019)의 연구에서 제시된 표로, 선행 연구에서 TRIZ의 40개 발명 원리 중 실제 초·중등 교육 현장에서 적용한 것을 표시하고 있다. 이 표는 40개의 발명 원리 중 학생들의 수준에 맞는 발명 원리를 적용해 본 사례이므로, 발명 수업에서 40개 발명 원리를 적용하고 싶다면 이들을 우선하여 적용할 수 있을 것이다.

○ 표 2-18 TRIZ의 40가지 발명 원리 중 초·중등 학교급에서 적용된 사례

종류	김용익 (2005)	문대영 (2006)	김희필 (2007)	이정균 (2010)	윤주혁 (2016)	신민수 (2019)
1. 분할	●	●	●	●	●	●
2. 추출	●			●	●	●
3. 국지적 속성	●	●	●	●	●	●
4. 비대칭		●				
5. 통합	●	●	●	●	●	●
6. 범용성		●	●	●	●	●
7. 포개기	●	●		●		●
8. 무게 상쇄			●			
11. 사전 보호 조치					●	
13. 거꾸로 하기		●			●	
24. 중간 매개물	●	●				
27. 일회용품		●	●	●	●	●
30. 유연한 막		●				
32. 색 변화		●		●	●	●
33. 동질성		●				
34. 폐기 및 재생		●				
40. 복합재료		●				

탐구 활동

1. 가정이나 학교에서 사용하는 쓰레기 분리수거함을 개선할 수 있는 방법에 대하여 스캠퍼를 적용하여 아이디어를 내어 보자.

스캠퍼	아이디어	스캠퍼	아이디어
대체하기		용도 바꾸기	
조립하기		제거하기	
고치기		재배치하기	
수정, 확대, 축소하기			

2. 다음의 예시를 참고하여 강제 결합법을 이용한 새로운 발명 아이디어를 발상하여 보자.

[예시] 자전거 + 침대 = 침대가 달린 자전거

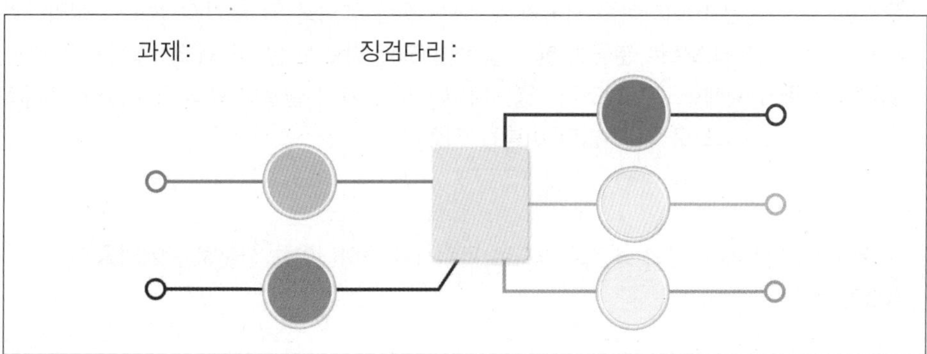

3. 미래에 발명될 새로운 필기도구에 대한 발명 아이디어를 브레인라이팅 기법으로 3가지를 발상하여 보자.

구성원 \ 아이디어	아이디어 A	아이디어 B	아이디어 C

Test

02장 내용 확인 문제

정답 p.348

01 창의성의 구성 요소 중 ________은/는 어떤 문제 상황에서 가능한 한 많은 아이디어를 산출해내는 능력이며, ________은/는 기존의 사고에서 탈피하여 참신하고 독특한 아이디어, 해결책을 산출하는 능력을 말한다.

02 2017년 제정된 '발명교육의 활성화 및 지원에 관한 법률' 제2조에 따르면 발명교육의 정의는 '________와/과 ________을/를 개발하고 발명에 대한 의욕을 증진시키며 발명을 생활화하기 위한 모든 형태의 교육'으로 제시되어 있다.

03 브레인스토밍의 기본 원칙에는 비판 금지, 자유분방, ________, 양산 등이 있다.

04 오스번(Osborn)은 아이디어를 자극할 수 있는 질문 유형을 약 75가지 정도로 정리하였고, 이를 다시 9개의 체크리스트로 분류하였다. 밥 에벌(Bob Eberle)은 이 체크리스트를 7가지 질문으로 기억하기 좋게 체계화하고 재조직하였는데, 이 일곱 가지 질문의 핵심 단어들의 첫 글자를 모아 ________(으)로 이 기법의 이름을 지었다.

05 관련이 없는 두 개 이상의 물건을 억지로 관련시켜 아이디어를 산출하는 기법을 ________(이)라 한다.

06 ________은/는 여러 가지 산출된 아이디어, 또는 문제해결을 위한 조건이나 기준 등을 한 쌍씩 비교 · 평가하여 좋은 것 또는 중요한 것의 우선순위를 결정하는 기법이다.

07 TRIZ 기법을 적용하기 위해서는 모순의 종류를 파악해야 한다. 용기를 튼튼하게 만들면 용기의 무게가 무거워지는데, 튼튼한 용기를 가볍게 만들어야 할 경우 모순이 생긴다. 이러한 모순을 ________(이)라 한다.

08 TRIZ에서 물리적 모순은 분리의 원리를 적용하여 해결할 수 있다. 분리의 원리에는 ________의 분리, ________의 분리, ________의 분리 등이 있다.

Brain Stretching

칼라배스(Color Bath)[33]

중국인들은 붉은색을 유난히 좋아한다. 아마 그들의 눈에는 그 어떤 색보다 붉은색을 가진 물건들이 눈에 먼저 들어올 것이다. 이 점에 착안하여 나온 기법이 '칼라 배스(color bath)' 이다. 색(color)과 목욕탕(bath)을 결합한 단어이다. 목욕탕은 아르키메데스의 '유레카'를 의미하며, '색깔을 발견하다.' 정도의 의미로 이해해도 좋다.
요약하면, 하루를 시작하면서 나만의 색깔을 정한 후 그 색깔을 가진 사물을 찾아 메모해 보는 활동을 통해 민감한 눈을 갖도록 하는 창의력 스트레칭 방법이다.

1. 자연에서 빨간색을 가진 물건들을 10개 이상 상상해서 적어 보자.

2. 자신만의 색깔을 정해 하루 종일 관찰하여 그 색깔을 가진 물건을 찾아 적어 보자.

3. 위 단어들 중에서 2개의 단어를 결합해 기존에 없던 새로운 물건들을 상상해 보고, 그 용도를 기록해 보자.

4. 이 활동을 통하여 어떤 점이 변화되었는지 토론해 보자.

33) 출처: 이 내용은 최유현 외(2014)의 연구에 포함된 내용이며 원 저작자의 허락을 받아 사용하였음

문제 제기

이 단원에서는 발명에서 아이디어 설계의 중요성과 설계의 과정을 이해하고 실제 아이디어를 시각화하는 기법을 익힌다. 더불어 특허 도면을 통하여 발명 아이디어를 어떻게 제시해야 하는지를 익혀 실제 특허 도면을 작성해 보도록 한다.

❶ 발명에서 디자인 행위는 왜 중요한가?
❷ 디자인 프로세스는 어떤 절차로 진행되는가?
❸ 발명 아이디어를 어떻게 시각적으로 표현할 수 있는가?
❹ 발명 아이디어를 특허 도면으로 어떻게 나타내야 하는가?

Understanding and Practice of
Invention Education

Chapter

03

발명과 설계

제1절 발명 디자인

제2절 발명 아이디어의 시각화 방법

제3절 특허 도면으로 배우는 발명 디자인

01 절 발명 디자인

① 발명 디자인의 개념

「특허법」의 보호를 받을 수 있는 발명은 「특허법」 제2조 제1호에 따라, "자연법칙을 이용한 기술적 사상의 창작으로서 고도한 것"이어야 한다. 여기서 '기술적 사상(思想)'이란 사람의 마음속에 존재하는 생각, 이상, 관념(Idea)으로서 기술을 바탕으로 하여 어떠한 문제해결이나 목적달성을 하기 위하여 착상된 일련의 사상을 말한다.

기술적 사상은 구체성을 띠어야 하며, 단순히 문제의 제기나 착상, 또는 소망의 표현에 그치고 그 구체적 해결방법이 없는 것은 발명이라 할 수 없다. 또한 해결방법이 제시되고 있지만 아주 막연한 것이거나 설명이 분명치 않은 것, 해결 수단이 제시되고 있지만 그 수단으로는 목적달성을 할 수 없다고 인정되는 것 등은 기술적 사상의 구체성이 결여된 것으로서 발명으로 성립되지 않는다(특허청 고객 상담 사례집, 2020).

즉, 사람의 아이디어가 추상적인 생각에 그치지 않고 시각적으로 표현되어 설명되어야 한다는 것을 전제하고 있는데 착상된 일련의 사상과 그 과정을 '디자인'이라고 정의할 수 있다.

본래 디자인(design)이라는 말은 고대 라틴어 '데시그나레(designare)'라는 단어에서 유래하였다. 데시그나레는 '그려서 표현하다.'를 뜻하며, '설계하다, 꾸미다, 계획하다, 의도하다'의 의미를 포함한다. 따라서 디자인이란 주어진 목적을 조형적으로 실체화하는 것이라고 정의할 수 있으며, 아름다움과 기능의 조화를 이루기 위한 계획적인 기술을 말한다.

산업혁명 이후에는 '제품에 그림 요소를 집어넣는 정도'로 해석되었으나, 19세기부터 기계·기술의 발달에 따른 생산 체제와 기능주의라는 근대적 사상에 영향을 받아 디자인을 머릿속에만 존재하는 생각이 아니라, 실체가 있는 인간의 의식적인 노력으로 보기 시작하였다. 디자인은 각기 다른 분야에서 다양한 의미로 해석·응용되고 있으나 실질적으로 만져지는 물건을 창조하는 행위나 그 행위의 결과를 말하기도 한다(위키백과). 따라서 발명을 통해 이루어지는 창조적 아이디어를 시각적으로 표현하는 행위를 '디자인'으로 볼 수 있으며, 발명 디자인은 발명품을 인간이 사용하고 싶은 욕구를 충족시킬 수 있도록 심미적 아름다움과 기능적인 사용의 편리성을 조화롭게 고려하여 디자인하는 것을 말하는 것으로 정의할 수 있다(김태훈 외, 2020).

아이디어

1956년 인쇄소 직원이 이룩한 칼의 혁명 '오카다 요시오'

"내가 인쇄소에서 사용하는 칼도 저 우표처럼 톡톡 떼어 낼 수 있다면 얼마나 좋을까."

"초콜릿과 유리 파편에서 아이디어를 얻어"

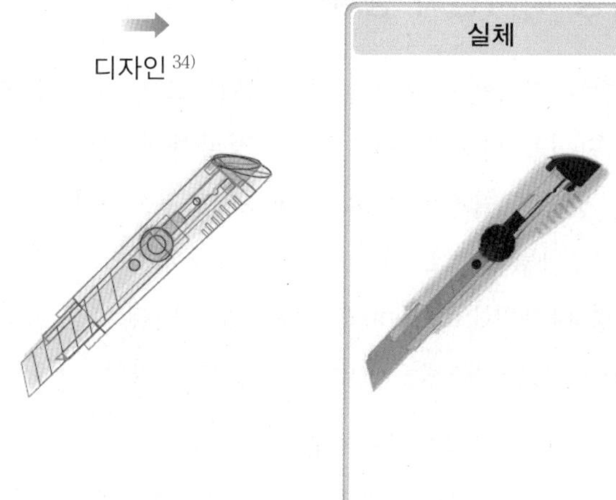

○ 그림 3-1 커터칼로 살펴본 디자인 개념

Tip / 「디자인보호법」에서 디자인이란?

「디자인 보호법」에서의 디자인이란 '물품의 형상, 모양, 색채 또는 이들을 결합한 것으로서 시각을 통하여 미감(美感)을 일으키게 하는 것'으로 규정하고 있다(디자인보호법 제2조 1호). 우리나라에서는 1970년대에 들어서야 디자인이라는 용어가 보편화되기 시작했는데, 디자인(Design)은 한자로 '도안(圖案), 의장(意匠)'이라는 말로 사용되며 '물품에 외관상 아름다운 감각을 주기 위해 그 형태, 색채, 맵시 또는 이들의 결합을 연구하고 응용한 장식적인 고안'이라 정의한다.

1. 「디자인 보호법」에서 디자인
   물품의 모양·형상·색채 또는 이들을 결합한 것으로서 시각을 통하여 미감을 일으키게 하는 것이다. 여기서 물품에는 물품의 부분 및 글자체가 포함된다(디자인보호법 제2조 1호).
2. 「산업디자인진흥법」에서 산업 디자인
   제품 및 서비스 등의 미적·기능적·경제적 가치를 최적화함으로써 생산자와 소비자의 물질적·심리적 욕구를 충족시키기 위한 창작 및 개선 행위(창작·개선을 위한 기술 개발 행위를 포함한다)와 그 결과물을 말하며, 제품 디자인·포장 디자인·환경 디자인·시각 디자인·서비스 디자인 등을 포함한다(법률 제12928호, 2014. 12. 30. 일부개정).

34) 출처: 김태훈 외(2020)

② 발명 디자인의 종류

발명 디자인의 종류는 네 종류로 크게 나눌 수 있는데, 첫째, 우리 생활에 필요한 정보와 지식을 넓히고 보다 신속·정확하게 전달하기 위한 시각 디자인(Visual Design), 둘째, 생활의 발전에 필요한 제품·도구를 보다 다량으로, 완전하게 생산하기 위한 제품 디자인(Product Design), 셋째, 생활에 필요한 환경 및 공간을 보다 적합하게 하기 위한 환경 디자인(Environment Design), 넷째, 4차 산업혁명과 관련된 디지털 디자인(Digital Design) 등 새로운 개념의 디자인이 있다.

○ 표 3-1 발명 디자인의 종류

시간 디자인	광고 디자인	사람들의 관심을 끌기 위한 디자인 행위로 다양한 매체를 활용한다.
	편집 디자인	글과 사진, 일러스트레이션 등 여러 가지 정보를 지면에 구성한다.
	포장 디자인	상품을 안전하게 보호하고, 상품에 대해 효과적으로 정보를 전달한다.
	CI, BI 디자인	단체나 기업의 정체성을 통일된 이미지로 시각화하는 분야이다.
	캐릭터 디자인	인물의 외견이나 지역 및 단체의 상징적 이미지를 디자인한다.
제품 디자인	생활용품 디자인	일상생활에 필요한 모든 종류의 물건을 디자인하는 분야
	전자 제품 디자인	청소기, 냉장고, 노트북, TV 등 가전제품 및 통신 기기 디자인
	산업 기기 디자인	산업 현장 및 DIY와 관련된 각종 공구와 산업 기기 디자인
	운송 기기 디자인	이동을 목적으로 하는 자동차, 배, 비행기 등 교통수단 디자인
	3D 프린팅 디자인	3D 도면을 활용해 3차원 물체를 만드는 디자인 기술 분야
환경 디자인	실내 디자인	건축물 안 실내 공간의 가구 배치, 동선 계획 등을 고려하는 디자인
	전시 디자인	각종 박람회, 전시장의 공간을 기획하고 구성하며 디자인하는 분야
	도시 환경 디자인	도시 공간 내 모든 구조물 및 생태 환경까지 계획하는 디자인
디지털 디자인과 새로운 디자인	영상 디자인	우리가 사용하는 웹, 앱, TV 등 영상 매체를 통한 디자인
	VR 콘텐츠 디자인	가상의 세계를 3D 그래픽으로 실제와 같이 느끼게 하는 디자인
	게임 그래픽 디자인	게임 기획, 캐릭터, 배경 원화 등 게임과 관련된 모든 디자인
	유니버설 디자인	모두를 위한 디자인으로 장애인 등 소외 계층을 배려한 디자인
	지속가능한 디자인	그린 디자인(Green Design)이라고도 하며 재활용, 친환경 에코 디자인
	사용자 경험 디자인	그래픽 요소를 통해 사람과 기계의 상호 작용이 가능하게 하는 디자인
	서비스 디자인	상품뿐 아니라 서비스가 전달되는 모든 과정을 계획하는 디자인

③ 디자인에 포함되어야 할 요소와 성립 조건

아이디어의 표현으로서 디자인은 실제 제품으로 완성되기 위한 문제해결 과정으로 볼 수 있으며, 아래와 같은 요소를 고려해야 한다. 즉, 발명 디자인을 통해 발명품의 용도, 재료와 가공기술, 기능 그리고 형태 등에 대한 구체적인 대안을 표현하도록 하는 것이 중요하다.

○ 표 3-2 디자인의 포함 요소

구분	고려 요소
용도	• 어디에 사용할 것인가? • 어떤 목적으로 활용될 것인가?
재료와 가공기술	• 용도에 가장 적합한 재료는 무엇인가? • 실제 제작은 가능한가?
기능	• 본래 목적에 부합하는가? • 요구사항에 맞게 작동하는가?
형태	• 기능과 형태가 조화로운가? • 전체와 부분이 조화로운가? • 미관이 보기 좋은가?

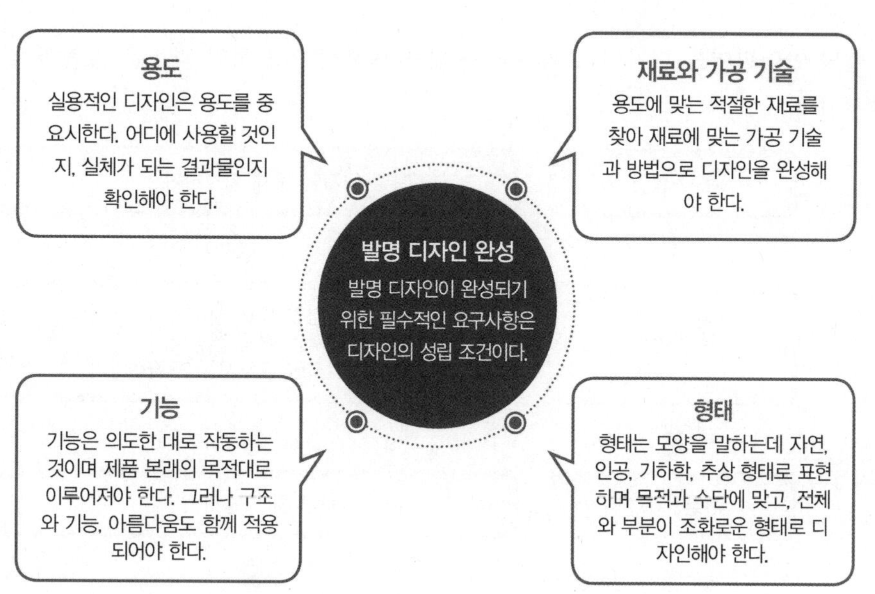

○ 그림 3-2 발명 디자인의 성립 조건[35)]

35) 출처: 김태훈 외(2020)

④ 좋은 디자인의 조건

최근 기업은 제품 홍보 과정에서 세계적인 디자인상을 받은 제품이라고 적극적으로 광고하고 있다. 수상 작품의 공통적인 디자인 특성을 바탕으로 좋은 디자인의 조건을 정리하면 다음과 같다.

○ 표 3-3 좋은 디자인의 조건

구분	고려 요소
합목적성	제품이나 환경이 추구하는 목적에 맞게 기능이나 구조가 적절하게 설계되어야 한다.
기능성	어떤 제품이나 환경에 요구되는 기능을 충분히 발휘할 수 있도록 디자인되어 편리함을 주어야 한다.
심미성	외관이 시대적 · 대중적으로 공감을 얻을 수 있는 아름다움을 갖추어야 한다.
생산성	기술적으로 구현이 가능하며, 최소한의 공정으로 생산될 수 있어야 한다.
독창성	다른 제품과 차별화된 특성을 통해 경쟁력을 가질 수 있게 디자인되어야 한다.
경제성	동일한 기능을 충족시킬 수 있다면 제작 비용과 판매 가격, 시장성을 고려할 때 경제적이어야 한다.

⑤ 발명 디자인 과정

발명 아이디어를 디자인의 과정을 통해 표현하는 일반적인 과정은 다음과 같은 단계로 구성된다.

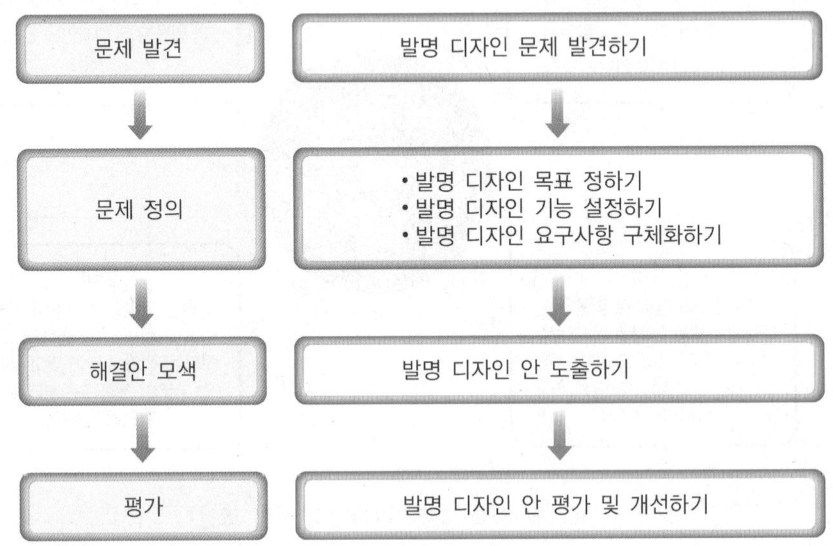

○ 그림 3-3 발명 디자인 과정

① **발명 디자인 문제의 발견**: 제품의 외형, 생각, 재료, 질감 등을 고려하여 발명 디자인 문제를 발견한다.

② **발명 디자인 목표 정하기**: 디자인을 통해 제품이 달성해야 할 목표를 정하고 명료화한다.

③ **발명 디자인 기능 설정하기**: 제품이 수행해야 할 세부적인 기능과 이를 달성시키기 위한 방법을 설정한다.

④ **발명 디자인 요구사항 구체화하기**: 목표 달성을 위한 다양한 요구사항을 체계적으로 정리하고, 이를 목록화하여 구체적인 명세서로 작성한다.

⑤ **발명 디자인 안 도출하기**: 디자인 문제를 해결할 다양한 아이디어를 제시한다.

⑥ **발명 디자인 안 평가 및 개선하기**: 아이디어의 대안을 평가하여 선택하고, 보다 나은 아이디어로 발전시키기 위해 수정 및 보완한다.

02절 발명 아이디어의 시각화 방법

① 시각화

건축가가 넓은 대지 위에 아직 세우지 않은 건축물을 눈으로 직접 보듯이 상상하며 설계를 하거나, 과학자가 생명의 구조인 나선형 DNA 염색체 구조를 머릿속에서 떠올릴 때 시각적인 사고가 일어난다. 이와 같이 특정한 목적을 두고 마음의 눈으로 구체적인 이미지를 미리 보게 되는 것을 시각적 사고(Visual Thinking)라 하고, 상상과 표현을 통하여 생각·아이디어·개념·이미지 등을 하나의 구체적인 것으로 발전시키는 과정을 시각화(Visualizing) 과정이라고 한다.

시각화의 과정은 다음 그림과 같이 머리, 손, 눈 그리고 이미지의 각 상호작용을 통해 이루어진다.

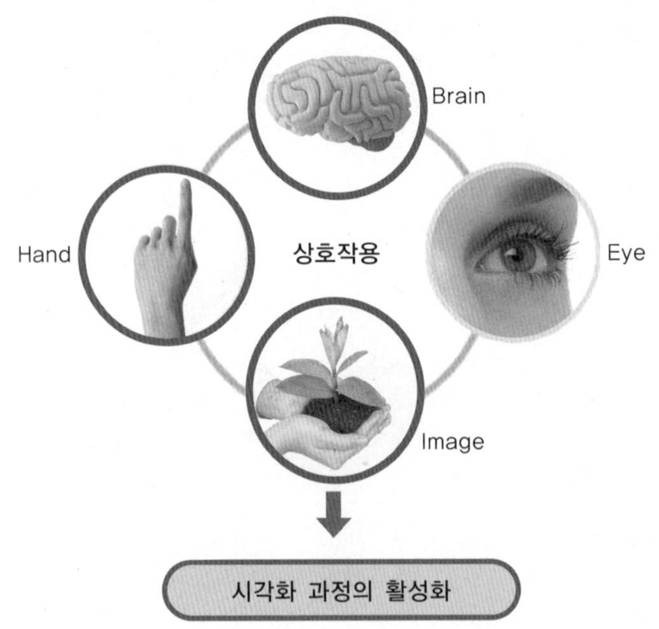

◦그림 3-4 시각화 과정의 활성화

머릿속에서 떠오르는 불확실한 아이디어를 포착하고, 이를 손으로 그리면서 다시 눈으로 확인하며, 다시 사고하는 시각화 과정을 통해 상상과 지각의 활동이 활성화된다. 대표적인 시각화 활동이 아이디어 스케치이다.

아이디어 스케치를 통하여 이미지를 포착, 발전, 평가할 수 있다. 이미지의 포착은 순간적으로 떠오르는 불확실한 아이디어의 이미지를 고정하고, 정확도를 높이는 과정이다. 이미지의 발전은 여러 스케치를 통해 합리적인 방향으로 아이디어를 수정하고 발전시키는 것을 의미한다. 이미지의 평가는 스케치가 제도의 단계로 넘어가 최종적 제품을 설계하기 위한 최적의 디자인으로 판단될 수 있어야 한다는 것을 의미한다.

○ 그림 3-5 **아이디어 스케치의 과정**

② 디자인 과정에서 시각화 행위

발명 아이디어를 디자인하는 과정에서 주로 마인드맵과 같은 인지맵(Cognitive Map)이나 스케치 행위를 가장 많이 활용한다. 특히 아이디어를 생성하는 과정부터는 스케치를 주로 활용하며, 아이디어가 더욱 구체화될수록 입체적으로 표현하며, 최종적으로는 컴퓨터를 활용하여 실물과 같은 수준의 3차원 이미지를 생성한다.

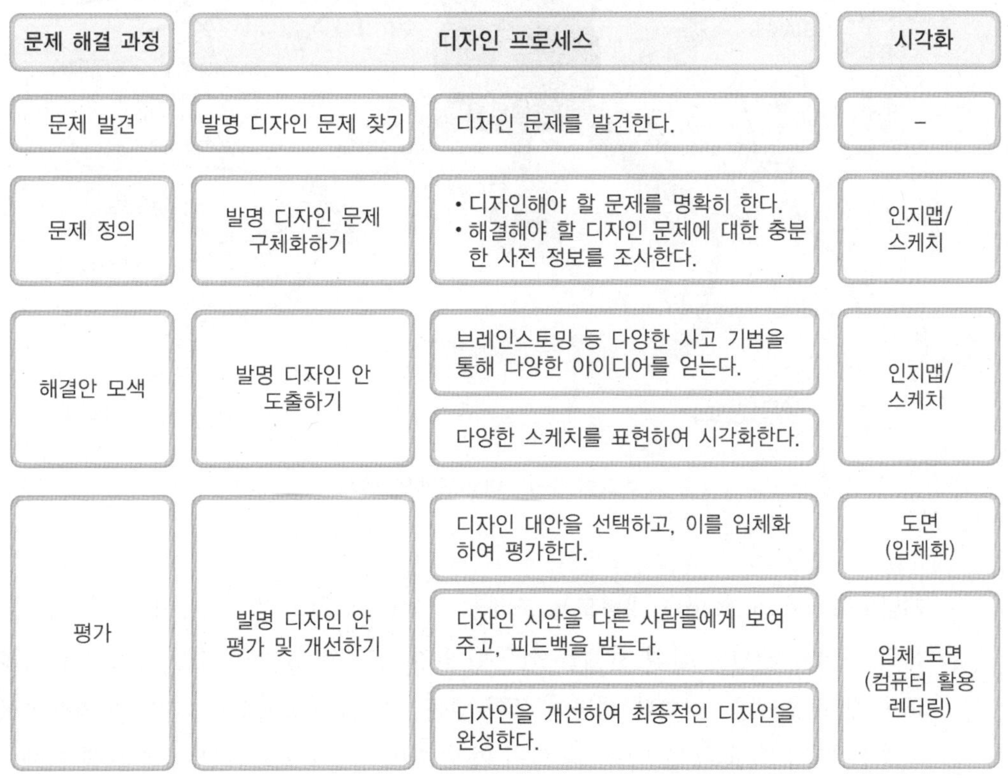

문제 해결 과정	디자인 프로세스		시각화
문제 발견	발명 디자인 문제 찾기	디자인 문제를 발견한다.	-
문제 정의	발명 디자인 문제 구체화하기	• 디자인해야 할 문제를 명확히 한다. • 해결해야 할 디자인 문제에 대한 충분한 사전 정보를 조사한다.	인지맵/스케치
해결안 모색	발명 디자인 안 도출하기	브레인스토밍 등 다양한 사고 기법을 통해 다양한 아이디어를 얻는다.	인지맵/스케치
		다양한 스케치를 표현하여 시각화한다.	
평가	발명 디자인 안 평가 및 개선하기	디자인 대안을 선택하고, 이를 입체화하여 평가한다.	도면(입체화)
		디자인 시안을 다른 사람들에게 보여주고, 피드백을 받는다.	입체 도면(컴퓨터 활용 렌더링)
		디자인을 개선하여 최종적인 디자인을 완성한다.	

○ 그림 3-6 **디자인 과정에서의 시각화**

③ 시각화의 종류

(1) 인지맵을 활용한 시각화

인지맵의 대표적인 종류에는 마인드맵과 개념도 등이 있다.

① **마인드맵(Mind Map)**: 마인드맵은 토니 부잔(Tony Buzan, 1971)이 고안해 낸 방법으로 생각이나 사고를 문자와 시각적 요소를 활용하여 한눈에 알아볼 수 있으면서 쉽게 이해할 수 있는 지도(map)형식으로 노트화하여 사고를 보다 체계적으로 정리하기 위한 방법이다. 중앙에 중심 단어를 쓰고 이로부터 사방으로 뻗어 나가며, 다양한 이미지와 색상, 숫자, 리듬 등을 활용할 수 있다.

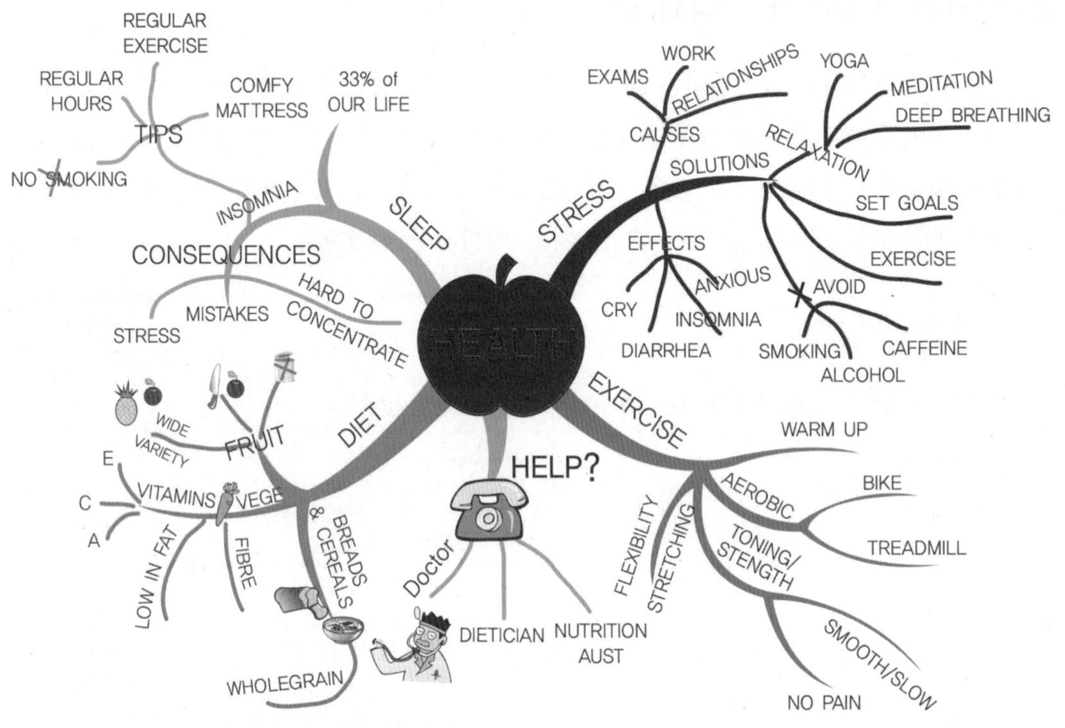

○ 그림 3-7 마인드맵의 예시

② **개념도(Concept Map)**: 개념도는 조세프 노박(Joseph D. Novak, 1984)이 소개한 것으로 개념과 개념들 간의 관계를 선으로 연결하고 선 위에 개념들 사이의 관계를 쓰도록 한 것을 말한다. 이때 개념이 쓰여 있는 타원을 노드(Node), 개념을 연결한 선을 링크(Link)라고 한다. 마인드맵과 달리 가장 일반적이고 포괄적인 개념을 맨 위에 두고 구체적인 개념을 아래에 위치하도록 하는 위계적인 방법을 사용하는 것이 특징이다.

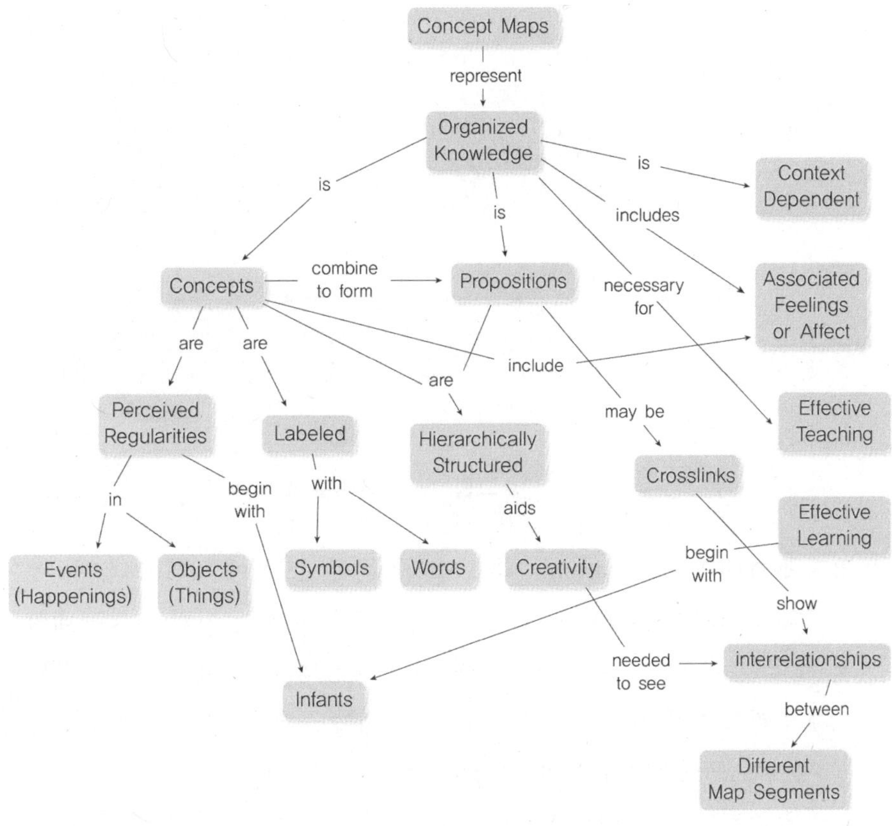

○ 그림 3-8 개념도의 예시

(2) 스케치의 종류

아이디어 스케치는 섬네일 스케치(Thumb-nail Sketch), 러프 스케치(Rough Sketch), 스타일 스케치(Style Sketch) 등 자유롭게 표현할 수 있으나 디자이너의 아이디어가 충분히 표현되어야 한다.

① **섬네일 스케치(Thumbnail Sketch)**: 섬네일 스케치란 자기 아이디어를 처음으로 시각화하는 첫 단계로서 통상 실제 크기의 1/4 크기로 거칠게, 작게 드로잉하는 것을 말한다. 따라서 섬네일 스케치는 많으면 많을수록 좋다. 전체적인 구조를 중심으로 그려 나가는 것이 효과적이다. 짧은 시간 동안 많은 가능성을 보여 주는 것이 섬네일 스케치의 핵심이다.

디자인 방향이 결정된 상태라 하더라도 이 과정에서 그 방향이 더욱 숙성되거나 변화될 수도 있다. 떠오르는 모든 가능성을 쏟아 내야 한다. 남을 의식하지 않고 자유롭게 상상하고 자유롭게 스케치하고, 언제 어디에서나 어떤 방법으로든 닥치는 대로 상상의 세계를 기록해야 한다. 많은 디자이너들이 손바닥 크기의 작은 수첩을 품고 다니는 것도 이러한 이유 때문이다.

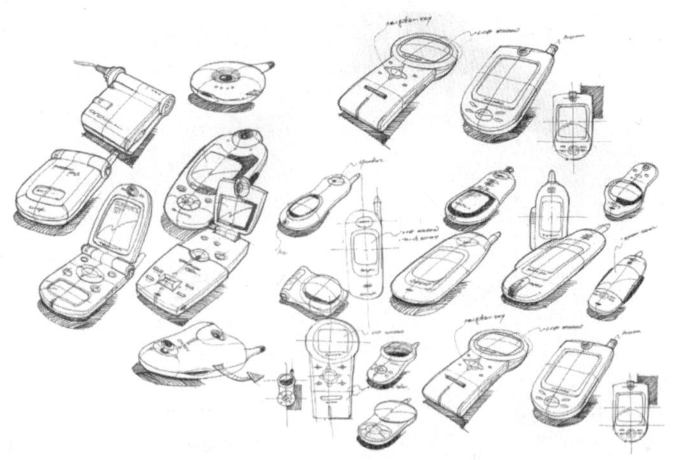

○ 그림 3-9 섬네일 스케치

② **러프 스케치(Rough Sketch)**: 러프 스케치는 투시도법에 의해 그려지는 것이 보통이며, 아이디어 스케치 중에서 일반적으로 가장 많이 쓰이는 기법이다. 섬네일 스케치에서 몇 개의 안을 선정하여 개발하고자 하는 제품의 구성 요소를 유기적으로 조합하는 단계를 러프 스케치라고 말한다. 러프 스케치는 구체적인 아이디어 결정의 전 단계로서 제3자에게 프레젠테이션 할 수 있을 정도의 스케치이다.

러프 스케치란 스케치 과정에서 가능성이 엿보이는 것들을 몇 가지 추려 내어 선에 의한 표현, 간단한 그림자, 재질 표현을 병용해서 모양새를 갖춰 나가는 단계이다. 따라서 러프 스케치 단계에서 골라낸 것들을 디자인적 경우의 수를 늘려 가며 적용해 본다. 의도한 방향에 알맞은 이미지를 살려 나가면서 각각의 요소 부분은 서로 잘 조화되는지 등을 점검하면서 여러 스케치들 중에서 가능성 있는 것을 최소로 줄여 나간다.

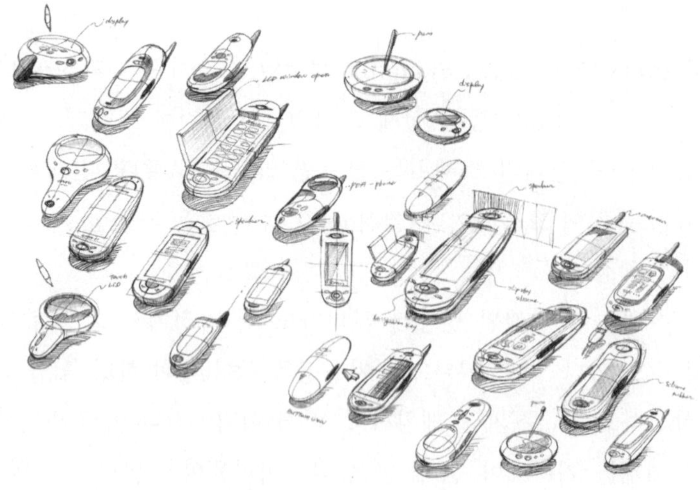

○ 그림 3-10 러프 스케치

③ **스타일 스케치(Style Sketch)**: 스타일 스케치는 투시적 또는 투영적으로 표현하며, 스케치 중에서는 가장 정밀한 스케치이다. 목적에 따라 전체 및 부분에 대한 형태, 재질, 패턴의 색채 등이 정확한 스케치가 요구되어 비례의 정확성과 투시, 작도에 의한 외형의 변화 과정이 적절한 색채 처리에 의해서 구체화되는 것이다.

스타일 스케치는 스케치 중에서 가장 구체적이고 정밀도 있는 표현 방법으로 주로 형상의 결합 등 조형에 대하여 정밀한 디자인을 할 때 사용한다. 특히 형상의 소재·조립 상태·기능·표면처리, 색상, 후가공 기법 등 정확한 스케치의 투시 투상도로 아이디어를 구체적으로 표현하여야 한다.

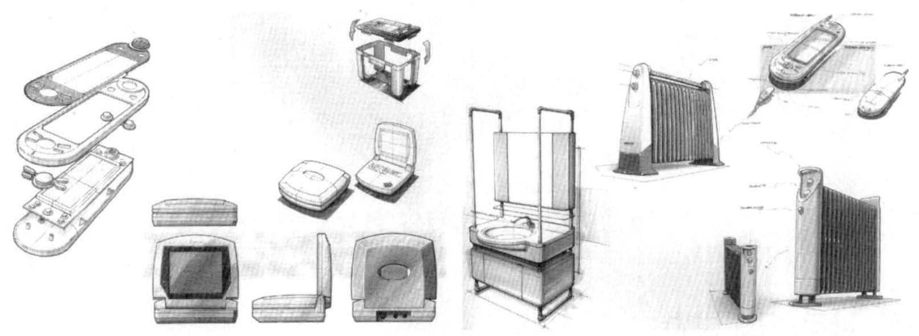

o 그림 3-11 스타일 스케치

④ 도면 그리기(제도)

어떤 물체의 형상을 그림으로 표현할 때에는 모두가 이해할 수 있도록 그리는 것이 중요하다. 이때 약속에 따라 그림을 그리면 말이나 글로 표현하지 않아도 그 약속을 이해하고 있는 사람이라면 누구든지 그림의 뜻을 알 수 있다. 따라서 그림에 물체의 형상이나 크기, 재료, 가공 정밀도 등 제품의 기능을 다할 수 있는 요소들을 모두 포함하고 있어야 한다. 이와 같이 일정한 규칙에 의해 물체를 그려 내는 행위를 '제도(Drawing)'라고 한다.

'제도'는 물체의 형상·크기·가공 정밀도·재질·수량 등 물체의 공작과 관련된 모든 정보를 선과 문자·기호를 이용하여 설계자의 의도대로 정확하고 간결하게 일정한 규칙에 따라 도면에 그리는 것이다. 우리나라에서의 제도의 규격은 한국산업규격(KS: Korean Industrial Standards)으로 정해져 있다.

물체의 형상을 표현하는 방법을 투상법이라 한다. 투상법은 물체의 가로 , 세로, 높이를 알 수 있도록 입체로 나타내는 방법과 물체에 광선을 비추어 물체와 평행한 가상의 면에 찍혀 나오는 그림자로 물체의 형상을 나타내는 방법이 있다. 입체로 나타내는 방법에는 등각투상법과 사투상법이 있고, 그림자로 나타내는 방법에는 정투상법이 있다.

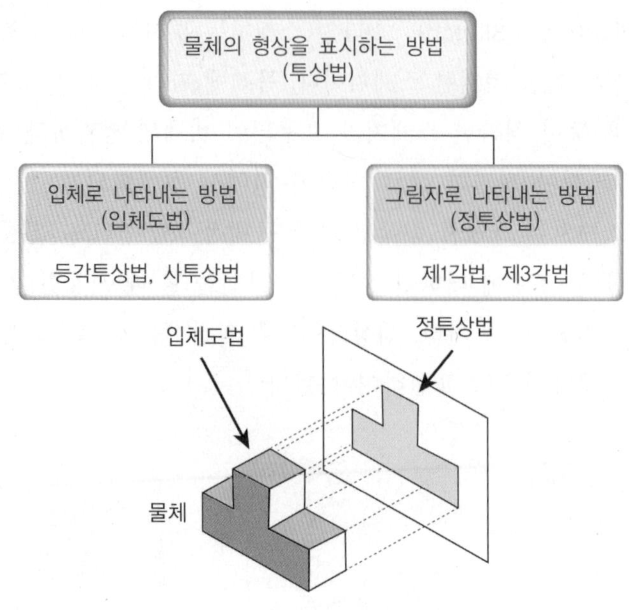

ㅇ 그림 3-12 물체의 형상을 표현하는 방법

(1) 입체로 나타내는 방법

① **등각투상법**: 등각투상법은 물체의 가로, 세로, 높이를 하나의 투상도에 나타내어 물체의 형상을 알 수 있도록 하는 방법으로 [그림 3-13]과 같이 물체 앞면의 두 모서리가 수평선에서 양쪽으로 30°씩 같은 각도로 기울어지도록 하여 나타내는 방법이다.

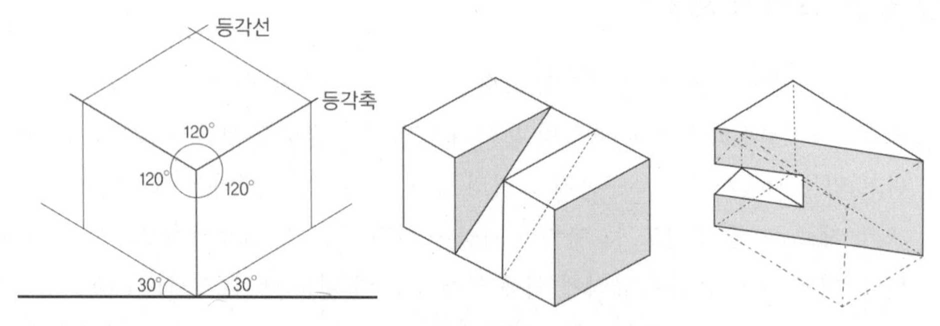

ㅇ 그림 3-13 등각투상도의 원리와 예시

② **사투상법**: 사투상법은 등각투상법과 같이 물체의 가로, 세로, 높이를 하나의 투상도에 나타내어 물체의 형상을 알 수 있도록 하는 방법으로 [그림 3-14]와 같이 물체 앞면의 한 모서리는 수평선과 나란하게 그리고 다른 한 모서리는 수평선과 45° 각도로 기울어지도록 하여 나타내는 방법이다.

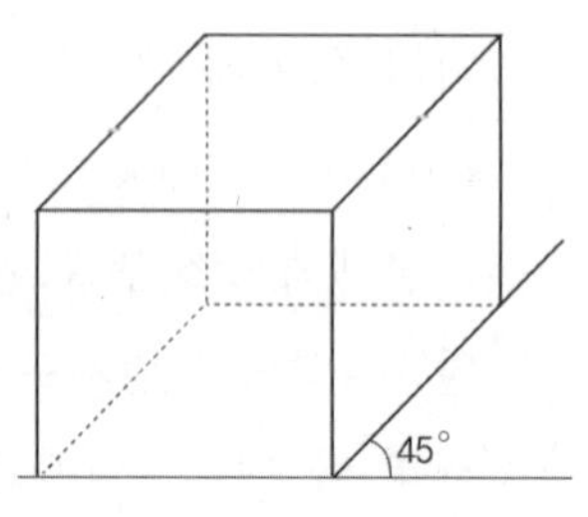

ㅇ 그림 3-14 사투상도

(2) 그림자로 나타내는 방법

물체의 형상에 관한 정보를 전달하는 방법으로 가장 발달되고 많이 이용되고 있는 방법이 정투상법이다.

정투상법은 [그림 3-15]와 같이 수평면(horizontal plane), 수직면(vertical plane), 측면(side plane)이 각각 직각으로 교차하면서 구성된 공간에 물체를 놓고 세 방향에서 각각의 물체에 광선을 비추어 광선과 직각인 투상면에 그림자가 찍혀 나오도록 하는 방법이다. 여기서 그림자는 물체의 크기와 같은 크기로 나타나는 것으로 한다. 정투상법에는 제1각법과 제3각법이 있다.

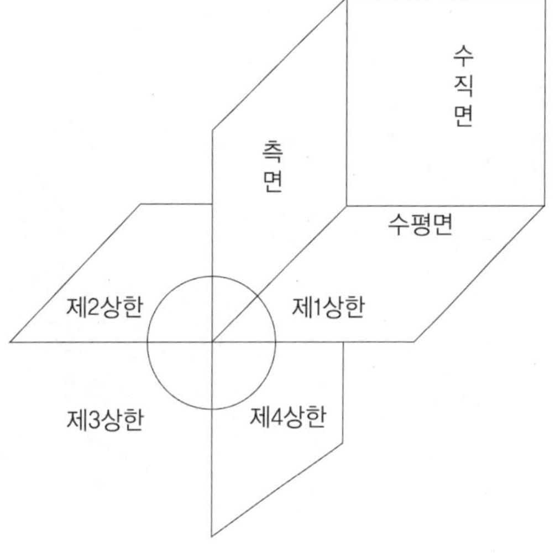

그림 3-15 정투상면

① **제1각법**: 제1각법은 [그림 3-15]에서 물체를 제1상한에 놓고 투상하는 방법으로 물체 뒤에 있는 투상면에 투상도가 그려지는 방법이다. 즉, [그림 3-16]과 같이 '시선 – 물체 – 투상면'의 관계를 가지는 것이다. 제1각법의 투상도 배치는 [그림 3-17]과 같이 투명한 상자 공간에 물체를 두고 투상하였을 때 물체의 뒤에 있는 투상면에 투상도가 그려지도록 한다. 그 다음 [그림 3-18]과 같이 정면도를 기준으로 펼쳤을 때 정면도 아래에 평면도, 정면도 왼쪽에 우측면도, 정면도 오른쪽에 좌측면도가 배치되는 것이다.

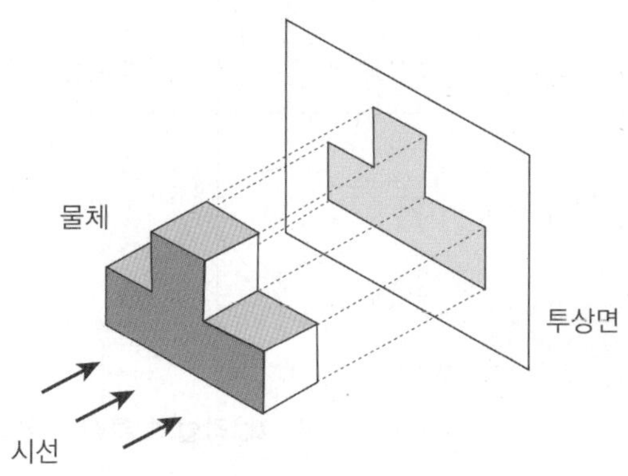

그림 3-16 제1각법의 물체와 시선, 투상면의 위치 관계

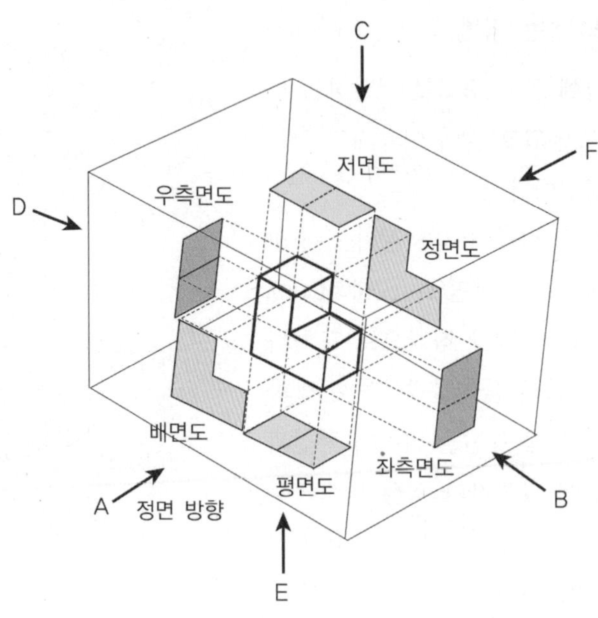

○ 그림 3-17 투명 상자 공간에 물체를 두고 제1각법으로 투상하였을 때 투상도

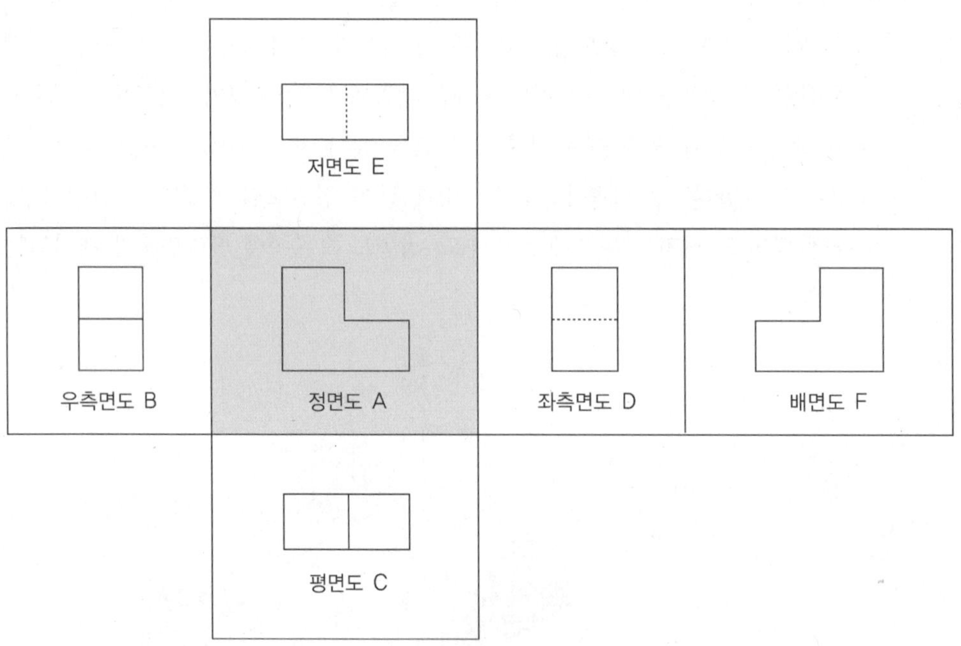

○ 그림 3-18 제1각법의 투상도 위치

② **제3각법**: 제3각법은 [그림 3-15]에서 물체를 제3상한에 놓고 투상하는 방법으로 물체를 보는 시선과 물체 사이에 있는 투상면에 투상도가 그려지는 방법이다. 즉, [그림 3-19]와 같이 '시선 – 투상면 – 물체'의 관계를 가지는 것이다. 제3각법의 투상도 배치는 [그림 3-20]과 같이 투명한 상자 공간에 물체를 두고 투상하였을 때 물체의 앞에 있는

투상면에 투상도가 그려지도록 한 후 [그림 3-21]과 같이 정면도를 기준으로 펼쳤을 때 정면도 위에 평면도, 정면도 오른쪽에 우측면도, 정면도 왼쪽에 좌측면도가 배치되는 것이다. 기계제도 통칙에서 투상법은 제3각법으로 나타내는 것을 원칙으로 하고 있으나 제1각법으로도 나타낼 수 있다. 이때는 투상법의 기호를 표제란에 표시하는 것을 원칙으로 한다.

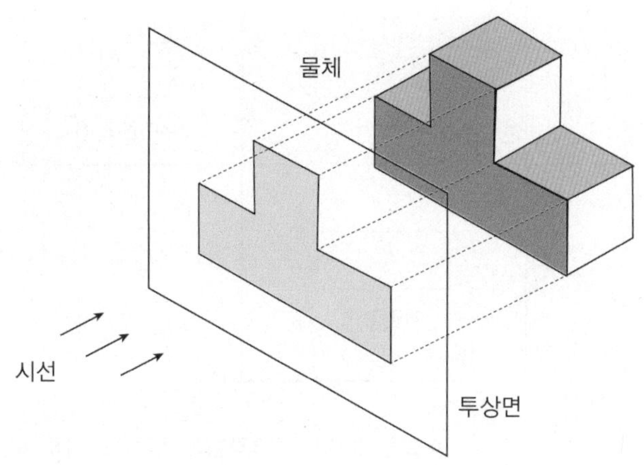

ㅇ그림 3-19 제3각법의 물체와 시선, 투상면의 위치 관계

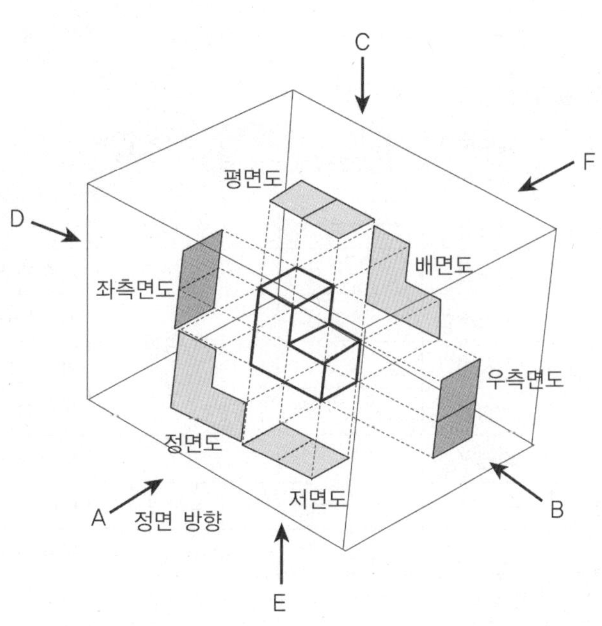

ㅇ그림 3-20 투명 상자 공간에 물체를 두고 제3각법으로 투상하였을 때 투상도

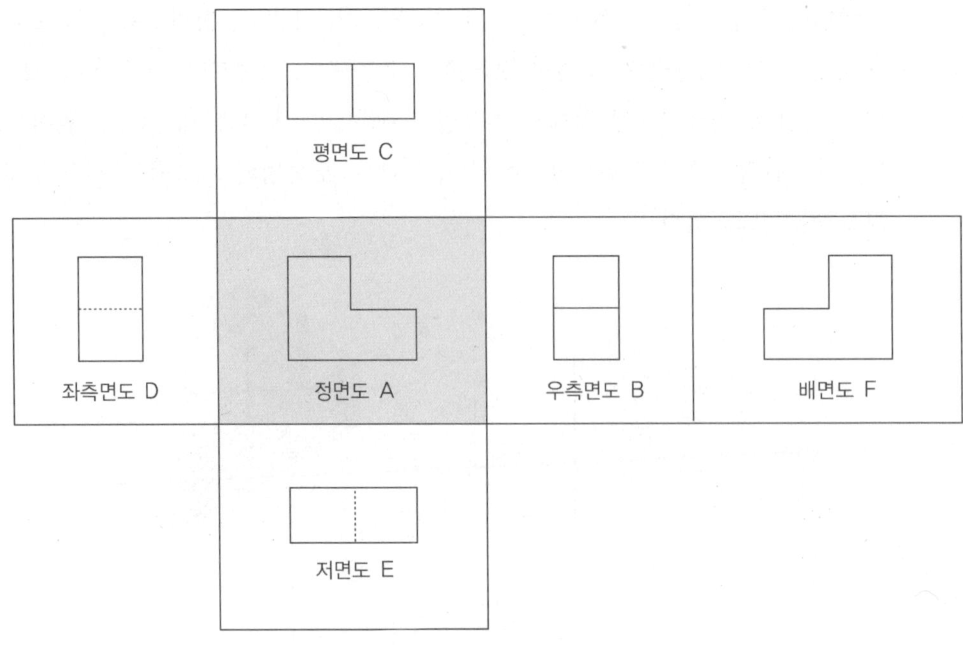

○ 그림 3-21 제3각법의 투상도 위치

스케치는 정해진 형식이 없고 자유롭게 선을 그릴 수 있다. 하지만 제도는 선의 용도에 따라 모양과 굵기를 다르게 해야 한다. 구체적인 선의 종류와 굵기를 나타내면 다음과 같다.

○ 표 3-4 선의 종류와 용도

선의 종류		용도에 따른 명칭	선의 모양	굵기[mm]	용도
실선	굵은 실선	외형선		0.4~0.8	물체의 외형을 표시하는 선
	가는 실선	치수선		0.3 이하	치수 기입을 위한 선
		치수보조선			치수선을 긋기 위한 보조선
		지시선			가공 방법 등을 나타내기 위한 선
		해칭선			가상의 단면을 나타내는 선
		파단선			부분 단면의 경계선
파선	파선	숨은 선		굵은 실선의 1/2	보이지 않는 부분의 외형선
쇄선	일점쇄선	중심선		0.3 이하	물체의 중심을 나타내는 선
		열처리선		0.4~0.8	표면의 열처리를 나타내는 선
	이점쇄선	가상선		0.3 이하	• 인접한 물체의 외형선(참고선) • 가동 물체의 이동 위치선

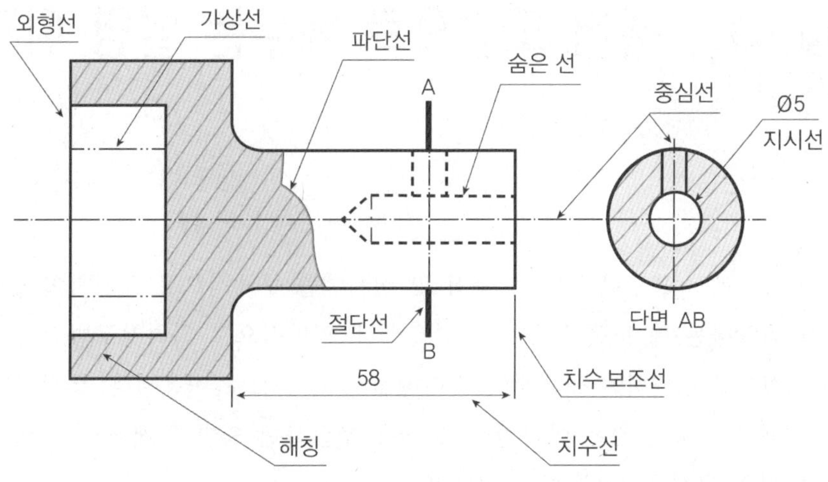

○ 그림 3-22 도면에 나타난 선의 종류

03절 특허 도면으로 배우는 발명 디자인

특허 출원에서 도면은 발명의 특징 및 실시예를 구체적으로 표시하여 발명의 기술적 특징을 파악하는 데 도움을 주는 서면으로서, 일반적으로 특허청구범위에 기술된 발명을 구체적으로 설명하는 보조수단(권리해설서 기능)으로 이용된다. 특허에 반드시 도면이 첨부되어야 하는 것은 아니지만, 도면을 포함하게 되면 구체적으로 설명할 수 있게 되어 발명의 구성을 보다 쉽게 이해할 수 있다.

일반적인 도면 작성 방법은 KS제도통칙에 따라야 하지만, 특허를 위한 도면은 「특허법 시행규칙」의 도면 작성 방법을 따라야 한다. 「특허법」에 명시된 도면 작성법을 요약 정리하면 다음과 같다.

「특허법」에 명시된 도면 작성법 요약

1. 제도법에 따라 평면도와 입면도를 흑백으로 그린다(필요한 경우 단면도와 사시도를 사용할 수 있음).
2. '도면'에 사용되는 부호는 아라비아숫자 등을 사용하고, 다른 선과 명확히 구별할 수 있도록 인출선을 그어야 한다.
3. 선의 굵기는 실선은 0.4mm 이상(인출선의 경우에는 0.2mm 이상), 점선 및 쇄선은 0.2mm 이상으로 표시한다.
4. '도면' 내용 중 특정 부분의 절단면을 도시할 경우에는 하나의 쇄선으로 절단 부분을 표시하고, 그 하나의 쇄선의 양단에 부호를 붙이며, 화살표로써 절단면을 도시한 방향을 표시한다.
5. 절단면에서는 평행 사선을 긋고 그 절단면 중 다른 부분을 표시하는 절단면에는 방향을 달리하는 평행 사선을 긋되, 그것으로 구분이 되지 아니할 때에는 간격이 다른 평행 사선을 긋는다.
6. 요철(凹凸)을 표시할 경우에는 절단 양면 또는 사시도를 그리고, 음영을 나타낼 필요가 있을 때에는 0.2mm 이상의 실선으로 선명하게 표시한다.
7. '도면'에 관한 설명은 '도면' 내용 난에 적을 수 없으며, 명세서에 적는다.
8. '도면'은 가로로 하나의 '도면'만을 배치할 수 있으며, 식별 항목을 제외한 '도면' 내용의 크기는 가로 165mm×세로 222mm를 초과할 수 없고, '도면' 내용 주위에 테두리선을 사용할 수 없다.
9. '도면' 내용의 각 요소는 다른 비율을 사용하는 것이 그 '도면' 내용을 이해하기 위하여 꼭 필요한 경우 외에는 '도면' 내용 중의 다른 요소와 같은 비율로 도시한다.
10. 2장 이상의 용지를 사용하여 하나의 '도면'을 작성하는 경우에는 이들을 하나로 합쳤을 때 '도면' 중의 일부분이라도 서로 겹치지 않고 완전한 '도면'을 구성할 수 있도록 작성한다.

※ 「특허법 시행규칙」 제21조 제2항의 [별지 제17호 서식] 참고

특허명세서의 활용

명세서 및 도면은 출원인(특허권자), 심사관 및 제3자에게 각각 권리해설서, 심사의 대상, 기술문헌으로서의 역할을 수행하므로 특허제도에서 매우 중요한 부분을 차지한다. 특히 도면은 명세서의 보조수단으로 발명의 실체를 파악하고 이해하는 데 도움을 주는 실시예로서 기능한다.[36)]

그 외에 도면번호를 부여할 때에는 부품에 번호를 붙이도록 하고, 연속되는 번호를 사용하지 않는 것이 좋다. 또한, 가능한 한 아라비아 숫자를 활용하는 것이 바람직하다. 만약 순서도를 그린다면, S자를 붙여 일반 도면부호와 구별되게 한다. 많은 부품이 포함된 도면일 경우에는 같은 종류는 묶어서 번호를 매기는 것이 좋다.

실제 특허에 등록된 아래의 도면을 살펴보면, 도면의 주요 부위를 표시하고 부호를 설명하고 있다. 특히 주요 부위는 숫자로 사용하고 있다.

일반적으로 도면에 번호를 부여할 때에는 (1) 부품의 이름에 집착하지 말고, (2) 가능한 한 숫자를 사용하며, (3) 동종의 구성 요소끼리 그룹으로 묶어서 사용하는 것이 좋다.

기타 자세한 사항은 특허청 홈페이지 [책자/통계] → [민원서식]에서 서식번호 제14호 특허 출원서의 작성 예제를 참고한다.

도면의 주요 부위에 대한 부호의 설명

10 : 몸체	11 : 고정대	12 : 커버	20 : 바퀴
21 : 차축	26 : 베벨기어	30, 30′ : 동력전달부	31 : 제1구동축
32 : 제2구동축	33 : 풀리	34 : 벨트	40 : 동력발생부
41 : 고무줄	42 : 와인더	43 : 고리	50 : 경사대
51 : 경사판	52 : 안착홈	53 : 지지대	

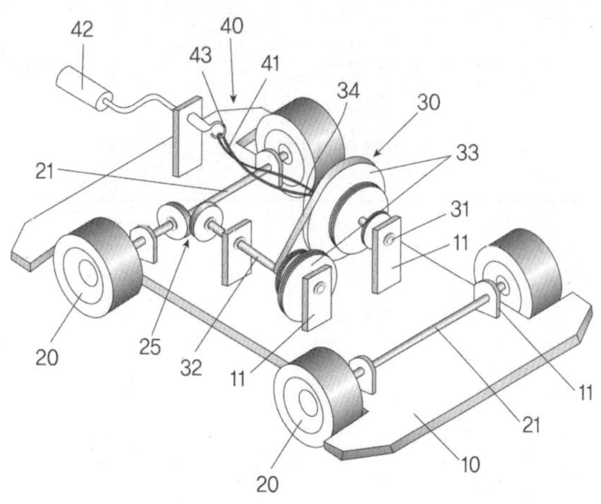

ㅇ그림 3-23 교육용 자동차 키트의 도면 예시[특허등록번호 : 1009750110000(2010. 08. 03.)]

36) 출처 : ncs.go.kr, 특허엔지니어링

발명 디자인 돋보기

디자인 소송의 핵심은 도면의 실선

삼성전자와 애플의 휴대전화 디자인 특허 소송은 전 세계의 주목을 받아 진행되었다. 특허 소송의 핵심은 두 제품의 형상, 즉 디자인이 유사하다는 데서 출발하였다.

이러한 경우 두 제품의 디자인 침해 여부는 어떻게 판별하는가? 이 물음에 답하기 위해서는 디자인 특허의 핵심이 도면, 사진 또는 그림이라는 사실에서 출발해야 한다.

디자인 특허의 침해 여부를 판단하는 기준은 '일반인이 특정한 물품을 보고 디자인 특허가 담긴 물품과 쉽게 혼동할 수 있는지 여부'이다. 즉, 보호받아야 할 디자인 특허 부분이 다른 제품의 것과 뚜렷하게 구분되도록 하는 것이 중요하다.

이를 위해 디자인 도면에서 중요하게 판단하는 것이 '실선'이다.

실선은 물품의 외형선으로 나타내기 때문에 '청구하는 보호 범위'로 성립된다. 반대로 점선은 보호 범위에서 벗어난 물품의 한 가지 구상을 표시하는 데 사용된다. 따라서 디자인의 경우 '도면의 실선' 부분의 표시가 매우 중요하다. 이때 실선이 많을수록 보호 범위는 줄어들게 되고, 실선이 적을수록 보호 범위가 넓어진다고 볼 수 있다.

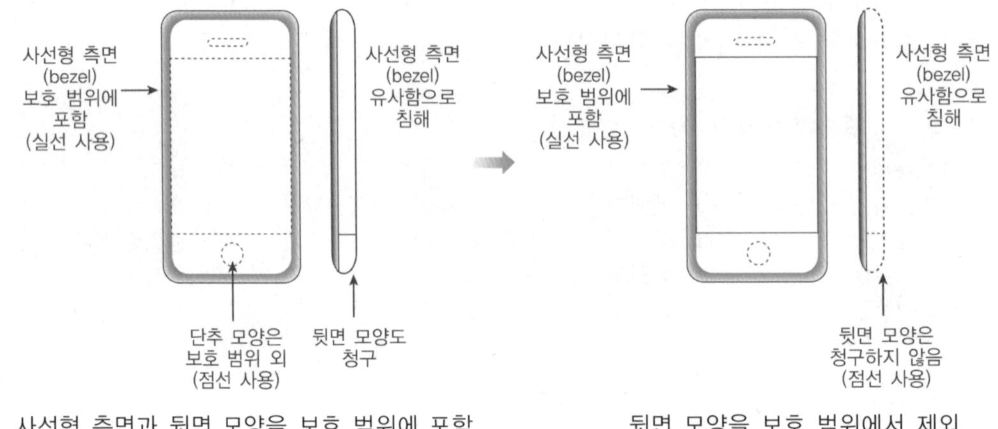

• 아이폰의 디자인 특허 변화 •

문제해결 활동

생활 주변의 문제를 소재로 하여 발명 아이디어를 구상하고 이를 스케치나 도면으로 나타내 보자.

조사 활동

한국디자인진흥원 <우수디자인(GD) 상품선정, 대한민국디자인전람회> 사이트(https://award.kidp.or.kr)에 접속하여 역대 수상작들의 발명 디자인을 살펴보자. 그중 2020년도 Gold Prize를 수상한 ○○회사의 접이식 스마트폰의 발명 디자인을 살펴보고, 해당 제품의 지식재산권을 찾아보자.

2020년도 Gold Prize 수상작:
https://award.kidp.or.kr/Exhibit/index_gd_view.do?idx_exhibit=6823

특허	실용신안	디자인	상표

Test

03장 내용 확인 문제

정답 p.348

01 디자인의 어원인 데시그나레의 의미는 [   ]이다.

02 디자인에 포함되어야 할 요소는 용도, 재료와 가공기술, [   ], [   ]이다.

03 좋은 디자인의 조건은 합목적성, [   ], 심미성, 생산성, [   ], 경제성이다.

04 스케치를 통해 아이디어는 [   ], 발전, 평가의 단계로 진행하게 된다.

05 발명 디자인 해결 방안을 탐색하기 위한 방법으로 인지맵을 활용한 시각화의 종류에는 마인드맵과 [   ]이/가 있다.

06 스케치를 활용한 시각화 방법 가운데 [   ]은/는 투시도법으로 그리는 것이 보통이며, 구체적인 아이디어 결정 전의 단계에서 제3자에게 설명할 수 있는 정도의 스케치를 말한다.

07 물체의 형상을 그림으로 표현하는 방법을 [   ](이)라 한다.

08 입체적으로 물체를 표현하는 투상법에는 [   ]와/과 사투상법이 있다.

09 물체의 그림자로 물체의 형상을 표현하는 방법을 [   ](이)라 한다.

10 정투상법에서 제3각법은 중앙에 정면도를 배치하고 오른쪽에 [   ], 위에 [   ]을/를 그려야 한다.

토론과 성찰

다음의 글을 읽고 향후 발명 설계 활동의 변화에 대해 토론해 보자.

일부 개발도상국에서는 주민들이 생활을 위한 물을 길어 오기 위해 무거운 물통을 머리에 이고 다녀야 했습니다. 이는 목과 허리에 심각한 무리를 주거나 아이들의 성장을 방해하기도 했습니다. 이러한 문제를 해결하기 위한 상품으로 '아프리카 하마 물통(Hippo Roller)'이라는 제품이 개발되었습니다. 최대 90L까지의 물을 담을 수 있으며 물통을 손쉽게 굴려서 이동시키는 방식의 제품입니다.

일반적인 제품은 '구상 → 설계 → 재료 준비 → 시제품 생산 → 테스트 → 판매'의 과정을 거친다. 그러나 3D프린팅은 '제품 구상 → 설계 → 완제품 생산'의 과정을 거친다. 이 과정에서 설계의 반복적 수정이 쉽고, 재료의 낭비가 줄어드는 등의 효과를 가져온다. 이와 같이 저개발 국가나 개발도상국의 주민들이 생활에 필요한 물을 멀리서 길어 와야 하는 문제 상황에 있다고 할 때 이를 해결하기 위한 요구 사항을 3D프린팅 개념을 적용하여 제시해 보자.

문제 제기

우리 주변에는 발명의 대상이 될 수 있는 문제들이 있지만 익숙함 때문에 인식하지 못하고 넘어가는 경우가 많다. 이 단원에서는 발명 문제를 찾는 기법을 통해 발명 문제를 찾는 능력을 기르고, 발명문제 해결과정을 학습한 이후 실제 생활 속에서 경험하는 발명 문제를 해결할 수 있는 능력을 기르도록 한다. 또한 학생을 대상으로 발명교육을 실천하는 상황에서 교사의 역할에는 어떠한 것들이 있는지 알아보고자 한다.

❶ 일상생활의 불편한 점과 문제점이 무엇인지를 찾을 수 있는 방법은 무엇인가?
❷ 발명교육에서 문제 상황은 어떠한 특징을 가지는가?
❸ 발명 문제를 해결하기 위한 효율적인 해결 절차는 무엇인가?
❹ 발명 문제해결 과정에서 교사는 어떠한 역할을 해야 하는가?

Understanding and Practice of
Invention Education

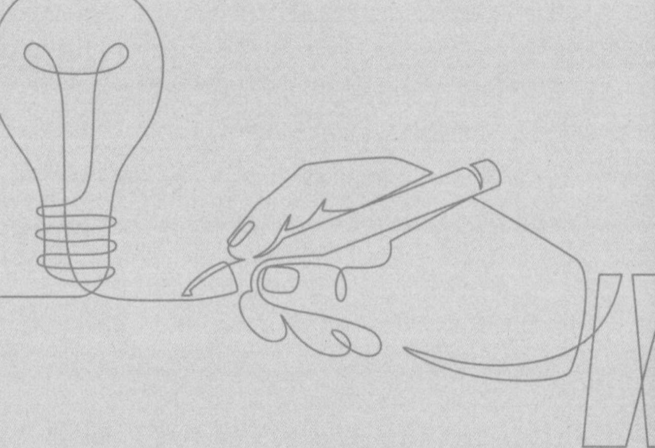

Chapter

04

발명 문제해결 과정

01절 발명 문제의 시작

① 발명 문제의 개념

문제란 사전적 정의를 빌리면 "해답을 요구하는 물음. 논쟁, 논의, 연구 따위의 대상이 되는 것(예를 들어, 환경 오염 문제). 해결하기 어렵거나 난처한 대상, 또는 그런 일. 귀찮은 일이나 말썽. 어떤 사물과 관련되는 일"로 정의된다(국립국어원, 2021).

문제에 대한 조작적 정의를 살펴보면, 흔히 '초기 상태(현재 상태, Initial State)'와 '목표 상태(Desired Goal State)' 사이에 장애가 있어 거리(간격, 괴리)가 있는 것으로 정의한다. 이때 초기 상태는 현재 있는 상태를 말하고, 목표 상태는 그렇게 되어야 한다고 바라는 상태를 가리킨다(김영채, 1999, p.160).

그림 4-1 문제의 개념

Ernst와 Newll(1969)은 "문제는 초기의 상태, 목표 상태, 조작인 및 조작인 제한의 4가지로 구성되어 있다."라고 하였다.

① 초기 상태: 문제에 대하여 주어진 정보
② 목표 상태: 최후의 목표 장면에 대한 정보
③ 조작인(조작자, 조작 행위): 어떤 상태를 다른 상태로 변화시키기 위하여 수행시킬 수 있는 작용 또는 이동 행위(해결 방법)
④ 조작인의 제한: 조작인의 적용을 구속하고 지배하는 규칙

이 구성에 따르면 문제해결은 초기의 상태를 목표 상태로 변화시키기 위해 작용하는 방법이며, 이 과정에서 변화를 구속하고 제한하는 요인이 발생한다는 것을 알 수 있다. 발명에서 다루는 문제 역시 이 정의와 크게 다르지 않다. 발명 문제는 일상에서 시작되고 범위 또한 생활 전반에 걸쳐 있기 때문에 그렇다.

Tip 발명 문제의 어려움은 그것이 문제라는 것을 인식하지 못하는 것에 있다. 일상의 익숙함으로 인해 불편함을 잘 느끼지 못하게 되면 문제로 인식하지 못하게 된다.

특히 발명하면, 기술과 과학 영역이 쉽게 떠오른다. 기술은 "과학 이론을 실제로 적용하여 사물을 인간 생활에 유용하도록 가공하는 수단"을 말하며, 과학은 "보편적인 진리나 법칙의 발견을 목적으로 한 체계적인 지식"을 말한다(국립국어원, 2021). 「특허법」에서도 발명은 "자연법칙을 이용한 기술적 사상의 창작으로서 고도한 것"이라고 규정하고 있다. 즉, 발명의 정의 규정에서 '자연법칙을 이용한 기술적 사상의 창작'에 더하여 그 기술적 사상이 '고도한 것'을 요구하고 있는 것이다.

기술적 사상에 기초하여 발명을 살펴보면 기술적 문제에 대한 탐구로부터 시작해 볼 수 있다. 일상생활에서 발생하는 여러 가지 문제들 중 기술적 문제는 해결하려는 목표나 결론이고, 목표를 성취할 수 없을 때 경험하는 갈등 유형이며, 목표 달성을 위한 대안이나 새로운 방법을 모색하는 행위이다(DeLuca, 1991). 이처럼 기술적 문제는 사고에 기반을 둔 행위와 관계가 있어 일반적인 문제와 구별한다(Johnson, 1987).

이러한 기술적 문제는 발명(Invention), 설계(Design), 고장 해결(Troubleshooting), 절차(Procedures)와 같은 네 개의 개념적 틀로 이루어져 있다(Custer, 1995). 또 기술적 문제는 구조화 정도에 따라서 구분되기도 하며(Hatch, 1988), 정적이거나 동적인 문제로 구분되기도 한다(Waetjen, 1989). 따라서 기술적 문제는 발명을 포함하는 보다 큰 의미라고 할 수 있으며 다양한 형태로 제시되는 특징을 가진다.

대표적인 예는 문제를 해결하는 데 있어서 필요한 정보의 유무에 따른 차이이다. 문제해결에 필요한 정보가 모두 주어지는 경우가 있을 수 있는데 이때의 문제를 '잘 정의된 문제(Well Defined Problem) 또는 구조화가 잘 된 문제(Well Structured Problem)'라고 한다. 반면, 필요한 정보가 적게 주어지거나 제대로 주어지지 않는 경우를 '제대로 정의가 안 된 문제(Ill Defined Problem) 또는 비구조화 문제(Ill Structured Problem)'라고 한다.

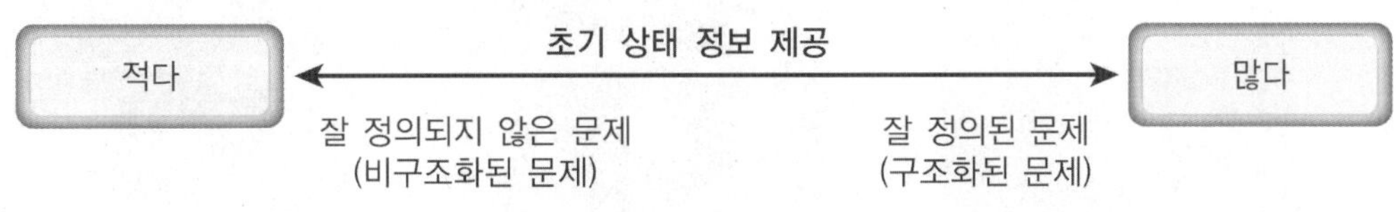

◦ 그림 4-2 초기 상태에 따른 문제의 종류

우리가 일상생활에서 접하는 기술적인 문제들은 구조화가 잘 되어 있지 않은 경우가 대부분이다. 구조화가 잘 안 된 상태의 문제는 결과보다는 과정을 중시하기 때문에 확산적 사고가 가능하게 되어 실과(기술・가정) 교과 교육에서 이를 적용한다면 학생들의 문제 해결력, 창의력, 의사 결정 능력, 논리력 등의 고등 사고 능력을 길러줄 수 있다(최유현, 1997, p.251).

이와 같이 기술적인 문제는 일반적인 문제에서 볼 수 있는 절차, 결여, 곤혹, 부조화 등의 특징뿐만 아니라 다양한 해결책, 사고와 조작적 기능을 요하는 행위, 인간의 필요에 직접적 관련이 있는 다양한 맥락에 따른 학문적인 특징 등을 지니고 있음을 확인할 수 있다.

발명 문제는 앞서 살펴본 기술적인 문제와 크게 다르지 않다. 다만 발명 문제라고 명확히 구분지어서 이야기 할 수 있는 부분은 문제 해결의 과정에서 나타나게 되는 문제 해결방법 혹은 산출물이 기존에 없던 것들이 된다는 점이다. 의도적으로 새로운 제품을 만들어서 문제를 해결할 수도, 기존의 방법을 이용해서 문제를 해결할 수도 있다. 이때 기존의 방법을 이용해서 문제를 해결하게 된다면 발명 문제라고 정의되기 보다는 고장 해결에 가깝다. 즉, 발명 문제는 새로운 해결방법이나 산출물을 만들어 내기 위한 것으로 볼 수 있다. 다만 생활 속에서는 발명 문제로 제시되는 것이 아니라 그 결과에 있어서 발명이 이루어질 수도, 고장해결이 이루어질 수도 있기 때문에 문제의 시작이 명확하게 구분되지는 않는다.

> **Tip** 발명 문제라고 해서 꼭 물리적인 산출물을 만들어 낼 필요는 없다. 문제를 해결하기 위한 새로운 방법도 발명에 해당한다.

간단한 예는 우유팩에서 찾을 수 있다. 우유팩을 뜯다가 입구가 잘 뜯어지지 않아서 반대편으로 우유팩을 뜯어본 경험은 누구나 있을 것이다. 이는 고장 해결로 볼 수 있다. 하지만 우유팩의 입구가 잘 뜯어지지 않는다는 점에서 우유팩에 마개를 달아서 우유를 따를 수 있도록 만든 것은 발명이다. 같은 문제에서 출발하게 되지만 그 결과물로 나타나는 것은 이처럼 차이가 있을 수 있다. 달리 이야기 하면 모든 문제는 발명 문제해결로 제시될 수 있는 가능성을 가지고 있다는 것이다.

○그림 4-3 문제에 따른 다양한 해결 방안

교육의 상황에서 발명 문제는 이러한 문제의 가능성을 이용하게 된다. 발명이 아닌 간단한 방법으로 문제가 해결될 수도 있으나 발명교육의 상황에서는 의도적으로 발명이 이루어지는 것을 기대한다. 따라서 이때 사용되는 문제는 일상생활 속의 문제이기는 하지만 그 과정 속에서 새로운 방법이나 산출물을 만들어 내는 것을 추구하는 형태로 제시된다. 필요에 따라서는 의도적으로 문제 상황을 가공하여 주제를 명확히 하거나 의도적으로 주제를 감추어 학생들이 문제를 스스로 정의하게끔 만들 수도 있다.

② 발명 문제 확인 방법

(1) 관찰을 통한 발명 문제 확인

훌륭한 발명 아이디어를 찾는 첫 단계는 관찰이라고 할 수 있다. 인류는 아주 오래전부터 하늘을 자유롭게 날아다니는 새를 관찰하며 하늘을 나는 꿈을 키워 왔다. 그 결과 오늘날에는 새보다 빠른 속도로 날아가는 비행기를 만들고, 지구 밖 우주 세계까지 그 꿈을 펼치고 있다. 관찰은 누구나 할 수 있고 관찰을 통해 문제를 발견하는 것은 그리 어려운 것이 아니다. 사물과 사건을 자세히 살펴보고 생각해 보는 습관을 갖는다면 생각보다 쉽게 문제를 발견할 수 있다. 관찰은 생활 속의 불편한 점을 찾아내고, 문제를 확인하는 데 중요한 역할을 한다.

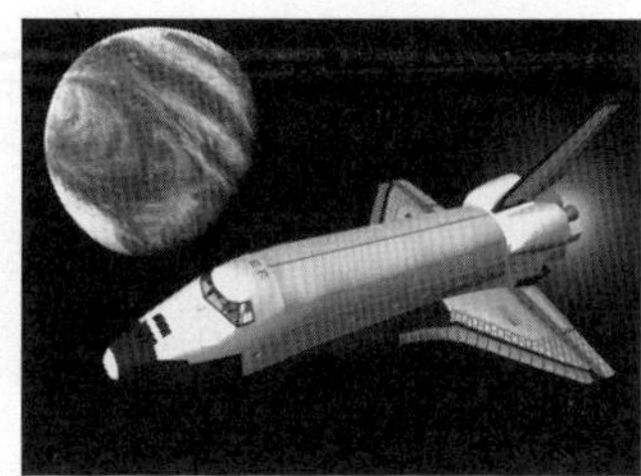

○ 그림 4-4 관찰을 통한 발명의 예

발명품 가운데 관찰을 통해 문제를 확인한 대표적 사례를 살펴보면 다음과 같다.

첫 번째 사례 : 열의 이동에 관한 세심한 관찰이 냉동법을 낳다.

식품을 장기간 보존하는 방법에는 건조, 염장, 훈제 등 여러 가지 다양한 방법이 있지만 오늘날의 냉장・냉동 기술이 등장함에 따라서 보존 방법의 대혁신을 가져왔다.

인위적인 냉동 기술은 1748년 영국 글래스고 대학의 윌리엄 컬런이 에틸에테르를 반(半)진공 상태에서 기화시켜 냉동에 성공하면서 시작되었다. 그의 개발은 열의 이동에

○ 그림 4-5 냉동법의 발명

대한 세심한 관찰에서 비롯되었다. 그는 물을 냉각시키려면 땀이 마르면서 피부의 열을 빼앗듯이 열을 빼앗아야 한다고 생각하고, 액체가 기체로 바뀌는 과정에서 주변의 열을 빼앗는 성질을 찾아내는 데 골몰했다. 가장 빨리 잘 마르는 물질을 찾던 중, 그는 알코올과 비슷한 에테르에 눈을 돌렸고, 반진공 상태에서 이 에테르를 빠른 시간 내에 기화시키는 데 성공했다. 이는 곧 물의 냉동 성공으로 이어졌다.

두 번째 사례 : 떨어진 사과를 본 두 사람

관찰은 문제를 해결하는 방법을 찾는 것에만 국한되지 않는다. 관찰은 문제가 발생한 상황을 인식하거나 그 원인을 파악하는 데 중요한 수단이다.

그림 4-6 동일한 현상의 관찰에 대한 서로 다른 결론

여기에 두 사람이 있다. 한 명은 농부이고, 또 다른 한 명은 뉴턴이다. 이 두 사람은 농장에서 떨어진 사과를 보게 된다. 다들 짐작하겠지만 농부와 뉴턴은 떨어진 사과를 보고 둘 다 생각에 잠긴다. '왜 사과가 떨어졌을까?' 두 사람은 비슷한 고민에 빠지지만 방향은 전혀 다르다. 농부의 생각은 떨어진 사과가 떨어지지 않기를 바라는 마음으로 '병충해를 입었을까?', '바람이 세게 불어서일까?', '누군가가 고의로 떨어뜨렸을까' 등등의 고민을 하였겠지만 뉴턴은 수확과는 상관없이 '왜 사과는 아래로 떨어질까?'에 관심을 두었다. 이처럼 관찰은 문제를 인식하는 단계에서 문제의 원인을 찾는 데도 중요하지만 관찰의 목적이나 방향을 설정하는 것도 매우 중요하다고 할 수 있다.

세 번째 사례 : 호박벌 집의 관찰이 종이를 발명하게 하다.

종이가 발명되기 이전에도 문자를 기록하는 방법은 있었다. 넓은 잎사귀에 글을 적거나 양피 가죽, 대나무, 얇은 널빤지를 이용해 기록을 남겼다. 그러나 이것들은 구하기 힘들거나 운반하기 어려운 단점을 가지고 있었다. 이 때문에 많은 사람들은 새로운 '쓸 것'이 빨리 나타나기를 고대하고 있었다. 중국의 학자 채륜도 이들 중 한 명이었다.

그림 4-7 호박벌의 관찰을 통한 종이의 발명

'좀 더 가볍고 글쓰기에 좋은 것은 없을까?' 하고, 채륜은 정원을 거닐며 깊은 생각에 잠겨 있었다. 그런데 그때,

어디선가 벌의 날갯짓 소리가 들려와 그의 사색을 방해했다. "옳아! 너희들이 집을 짓느라고 그리 요란한 게로구나." 그는 호박벌이 집을 짓는 광경을 유심히 살펴보며 생각에 잠겼다. '입에서 액체를 내어 나무껍질을 반죽하는군. 얇고 흰색이라 글씨를 써도 좋겠는걸!' 그는 호박벌이 집을 짓는 광경을 보고 힌트를 얻어 종이를 발명하기에 이르렀다. 결국 호박벌이 채륜의 스승이었던 셈이었다(왕연중, 1994 재인용).

네 번째 사례 : 우연히 날아든 올빼미의 눈에서 홍채 연구 출발

눈의 홍채는 뇌의 연장으로서 수십만 가닥의 신경말단과 모세혈관 및 섬유 조직을 가지고 있다. 홍채 분석에 근거하여 홍채학은 헝가리에서 태어난 이그낫츠 본 펙제리(Ignatz Von Peczely)라고 하는 어린 소년의 흥미로운 관찰에서 비롯되었다.

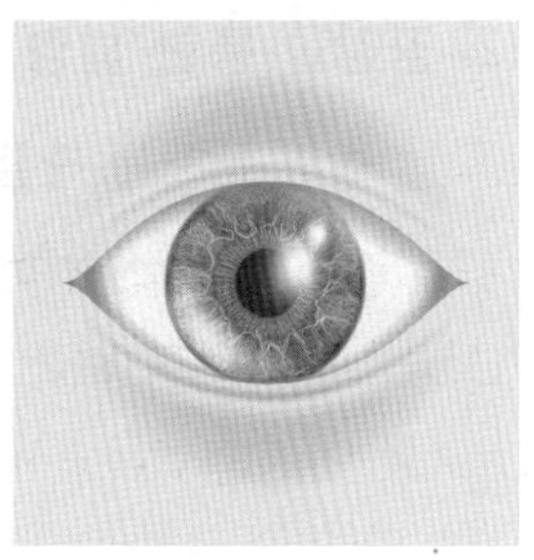

ㅇ그림 4-8 올빼미에서 찾은 홍채의 비밀

"11세 때의 어느 날, 나는 우연히 정원으로 날아든 올빼미를 잡으려고 하였다. 그때 올빼미는 사력을 다해 나에게 대항하고자 발톱으로 내 손을 찔렀으며, 내가 손을 빼내려고 하면 할수록 더욱 세차게 내 손을 발톱으로 움켜쥐어 살 속으로 발톱이 들어가게 되었다. 올빼미의 발톱을 빼내기 위해서는 올빼미의 다리를 부러뜨리는 것 외에는 별다른 방법이 없었는데, 나는 힘이 센 소년이었기에 그 일을 감행하였다.

우리는 싸우는 동안 서로의 눈을 째려보았는데, 내가 올빼미의 다리를 두 동강이로 부러뜨리는 순간에 나는 올빼미의 눈에서 어두운 줄무늬가 나타나는 것을 발견하고 매우 놀랐다. 나는 올빼미가 불쌍하게 생각되어 집안으로 데리고 들어와 붕대로 다리를 감고 치료가 될 수 있도록 돌보아 주었다. 후에 올빼미는 나와 친구가 되어 식탁에서 내가 주는 음식을 먹고 정원에서 함께 놀았으며, 치료가 끝나 놓아 준 후에도 나는 이와 같은 일을 오랜 기간 동안 계속하게 되었다.

그해 가을에 올빼미는 멀리 겨울을 보내기 위하여 날아갔으나 그 다음해 봄에 다시 돌아왔으며, 그때에는 전보다 더 순하게 길들여진 모습을 볼 수 있었다. 어느 날 나는 내 손등에 앉아 있는 그 올빼미의 눈에서 다리가 부러지던 날 보았던 어두운 줄무늬를 다시 보게 되었다. 그러나 그 눈의 줄무늬는 전보다 더 넓어지고 흰 줄로 둘러싸여 있었다."

이처럼 인류는 자연현상을 관찰하고 그 특징과 원리를 모방하며 새로운 발명 아이디어를 생각해 내고 발전시켜 왔다. 오리발 모양을 모방한 잠수부의 물갈퀴, 문어의 빨판 모양을 모방한 흡착기, 고래의 모양을 모방한 잠수함, 도꼬마리를 본 딴 벨크로 등이 이러한 예에 해당한다. 이 밖에도 무수히 많은 발명이 자연에서 아이디어를 얻어 발명된 것이다. 이는 지구가 생긴 이래로 기나긴 시간 동안 자연이 수많은 문제 상황을 겪고 이를 해결하는 과정에서 스스로 진화하여 문제를 해결하였기 때문일 것이다.

(2) 공감을 통한 발명 문제 확인

발명 문제는 관찰에서 시작되기도 하지만 누군가의 불편함이나 문제점에 공감하는 과정에서부터 시작하기도 한다. 자신의 주위 문제에서 발명이 시작되는 것이 일반적이기는 하지만 더 많은 발명 문제를 확인하기 위해서는 자신의 주변에 있는 사람들이나 문제를 가지고 있는 사람들에게 공감하는 과정이 필요하다.

첫 번째 사례 : 시각장애인용 점자 시계 "Dot Watch"

'닷(Dot)'의 창업자인 김주윤 대표는 교회에서 시각장애인이 두꺼운 점자 성경을 보고 있는 상황을 발견하게 되면서, 자신이 배웠던 것을 토대로 시각장애인을 도울 수 있는 방법이 없을까 고민하였다. 물론 기존에 시각장애인을 위한 스마트 기기들은 존재했지만 너무나 비싸서 접근성이 떨어진다는 단점이 있었다. 문제를 해결하는 과정에서 김 대표는 시각장애인 협회를 찾아갔고 글을 정말 읽어보고 싶다는 한 시각장애인을 만나게 된다. 김 대표는 그가 글을 읽을 수 있도록 저렴한 디바이스를 만들어서 도움을 주고 싶다는 생각을 했고, 점자 스마트 워치를 개발하게 된다. 이 스마트 워치는 전화가 오면 진동과 함께 발신자의 이름이 점자로 표시되기도 한다. 또한 받은 메시지는 바로 점자로 번역되어 사용자에게 전달되기도 하는 등 시각장애인의 불편함을 해소해 주고 있다.

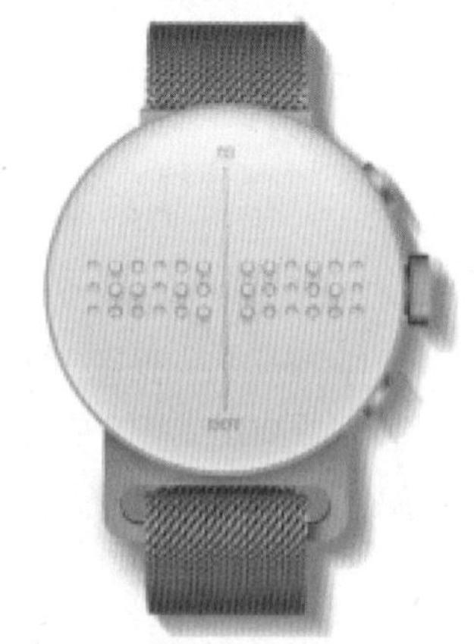

○ 그림 4-9 시각장애인을 위한 점자 시계[37]

두 번째 사례 : 태양광 충전기로 교육을 이끈 "Solar Cow"

발명 문제의 확인이 아무 배경도 없는 상황에서 시작되는 것만은 아니다. 때로는 기존의 기술을 바탕으로 새로운 문제를 발견하고 그 문제를 해결하게 되기도 한다. 그 대표적인 예는 요크(Yolk)사의 솔라카우(Solar Cow)에서 찾아볼 수 있다.

37) 출처 : http://dotwatchshop.com/product/detail.html?product_no=11&cate_no=1&display_group=2

당초 요크사는 태양광으로 휴대폰을 충전시킬 수 있는 '솔라 페이퍼'를 개발하였다. 솔라 페이퍼의 개발 과정은 '사람들이 일상생활 속에서 어떻게 잘 가지고 다니면서 태양광 충전을 할 수 있을까?'에서 시작되었다. 하지만 이 기술은 공감과정을 거쳐 새롭게 태어나게 된다.

요크사의 대표는 아프리카에 관한 다큐멘터리를 보던 중 아이들이 소를 키우느라 학교에 가지 못하는 모습을 보게 된다. 이 아이들이 소 키우기에서 벗어나 교육을 받을 수 있는 방법에 대하여 고민하던 중 기존에 가지고 있던 솔라 페이퍼 기술을 이용하여 '솔라카우(Solar Cow)'를 만들게 된다.

솔라카우는 학교에 설치되어 있는 소 모양 충전장치로, 학생들이 우유병 모양 충전기를 들고 학교에 오면 태양광 발전판으로 생성된 전기로 충전할 수 있게 만든 것이다. 뿐만 아니라 아이들이 공부를 할 수 있는 여건을 마련해 주기 위해서 일부러 늦게 충전되도록 해서 아이들이 더 오래 학교에서 공부할 수 있도록 만들었고 지속가능한 활용이 필요했기 때문에 A/S를 쉽게 할 수 있도록 개발하였다. 결국 학생들의 수업 참여율이 증가하였으며, 생활에 중요한 전기를 본인의 활동을 통해서 얻을 수 있다는 점 때문에 학생들의 자존감이 증대되기도 하였다.

요크사의 솔라카우는 개발도상국이나 아프리카에 보급되고 있으며 2019 뉴욕타임즈 100대 발명품에 선정되기도 하였다.

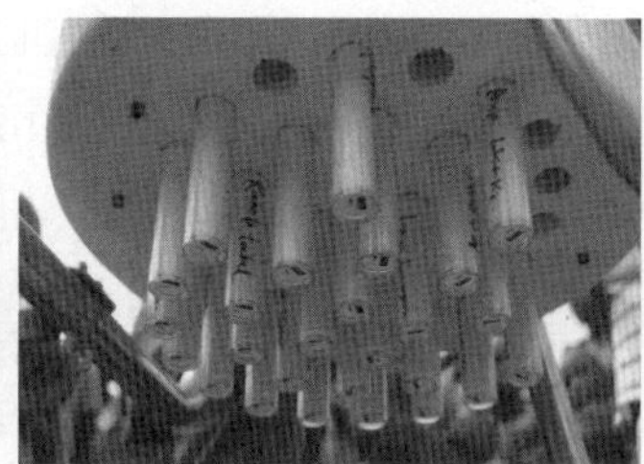
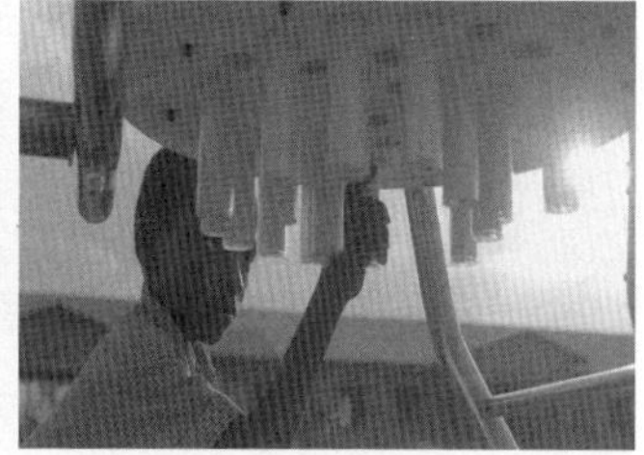

○ 그림 4-10 학생들에게 교육의 기회를 제공하는 솔라카우(Solar Cow)

이처럼 기존에 어떠한 기술을 가지고 있다고 하더라도 그 기술을 활용할 방향을 결정함에 있어 누구에게 공감하는지에 따라 전혀 다른 결과물이 도출되기도 한다. 발명 문제를 확인하기 위한 정답은 없지만 관찰이나 공감과 같이 세상을 바라보는 다양한 방법을 통해서 우리는 발명 문제를 확인할 수 있으며 보다 나은 삶을 위한 한걸음을 내딛을 수 있다.

Tip 발명 문제가 관찰이나 공감과 같이 특정한 노력을 기울여야만 찾아지는 것은 아니다. 일상생활 속에서 자신이 특별히 인식하지 않은 순간에도 새로운 아이디어 연결로의 기회가 주어지는 경우가 많다. 중요한 것은 그러한 순간이 되었을 때 그것을 발명으로 연결시키는 것이다. 발명교육에서는 특정한 상황에서 발명을 할 수 있는 능력을 기르는 것뿐만 아니라 언제 어느 상황에서도 발명과 연결지어 생각할 수 있는 능력을 기르는 데 교육적 목적이 있다.

③ 문제를 확인하는 사고 기법

일상생활에서 문제가 발생했을 때 그 문제를 인식하는 것은 그리 어렵지 않다. 왜냐하면 이미 자신이 생각한 방향과 어긋나 있는 현실을 겪고 있기 때문에 그것이 문제라고 어렵지 않게 생각할 수 있다.

그렇다면 물건이나 방법에 있어서 어떻게 문제를 찾을 수 있을까? 지금 자신이 위치하고 있는 곳의 벽을 보라. 벽에 어떤 문제가 있어 보이는가? 일반인이 보기에 멀쩡한 벽이라면 아무 문제가 없다고 생각하여 문제점이 쉽게 눈에 보이지도, 머릿속에 떠오르지도 않을 것이다. 그러나 평소 벽과 깊은 연관을 맺고 사는 사람이라면 벽에 대한 문제점의 몇 가지를 알고 있을 것이다. 이는 모든 사물이나 방법에 있어서도 마찬가지이다. 물건을 사용하면서 겪게 되는 반복적인 불편함은 그것을 많이 사용해 본 사람일수록 쉽게 파악할 수 있다. 어떤 물건의 문제점이나 불편한 점이 있는지를 확인하는 방법은 실제로 체험을 해보는 것이다. 여기서 중요한 것은 어떤 관점으로 현상을 바라보는가이다.

현상을 바라보는 관점에 중심을 두고 좀 더 쉽고 효율적으로 문제를 확인하는 방법을 알아보자. 이러한 방법들을 아는 것은 문제를 제대로 풀기 위한 첫 단계에서 문제를 정확하게 확인하는 것이며 창의적인 문제해결의 단서를 제공하는 것이다.

(1) 특성 요인도 기법(Fishbone Diagram)

특성 요인도 기법은 도쿄 대학의 카오루 이시카와(Kaoru Ishikawa) 교수에 의해 개발된 사고 기법이다. 문제를 인식하는 것과 함께 문제의 원인이 되는 모든 요인들을 그려보면서 나열하는 데 그 목적이 있다. 특성 요인도 기법은 문제의 원인을 생각해 보기 위한 기법으로 물고기 뼈 모양 그림으로 나타낸다. 머리 부분에는 문제를, 가시 부분에는 원인을 써 가면서 문제를 정의한다. 특성 요인도가 문제를 확인하는 데 좋은 이유는 다음과 같다.

- 의사 결정에 앞서 문제의 모든 면을 세밀하게 조사하도록 돕는다.
- 원인들 사이의 관련성과 관련됨의 중요성을 볼 수 있다.
- 문제에 초점을 두고, 논리적 절차를 통해 창의적 프로세스를 시작하도록 돕는다.
- 지엽적인 부분에 초점을 두는 것을 막고 전체를 볼 수 있도록 한다.
- 문제의 범위를 감소시키고, 복잡한 문제를 해결하는 방법을 제공한다.

① 종이의 오른쪽 면에 원을 그리고 그 안에 문제를 써라.

② 문제에서 직선을 왼쪽으로 긋는다. 이것이 '물고기 등뼈(backbone)'이다.

③ 물고기 등뼈로부터 45도의 각도를 이루는 큰 뼈(backbone)를 그려라.

④ 각 큰 뼈 끝에 주원인을 브레인스토밍하여 배열하라.

⑤ 부원인이 필요하다면 중간 뼈, 잔 뼈 등으로 추가적인 뼈를 그려라.

⑥ 물고기의 꼬리 부분에 더 복잡한 원인을 적고 덜 복잡한 원인은 물고기의 머리 부분에 적는다.

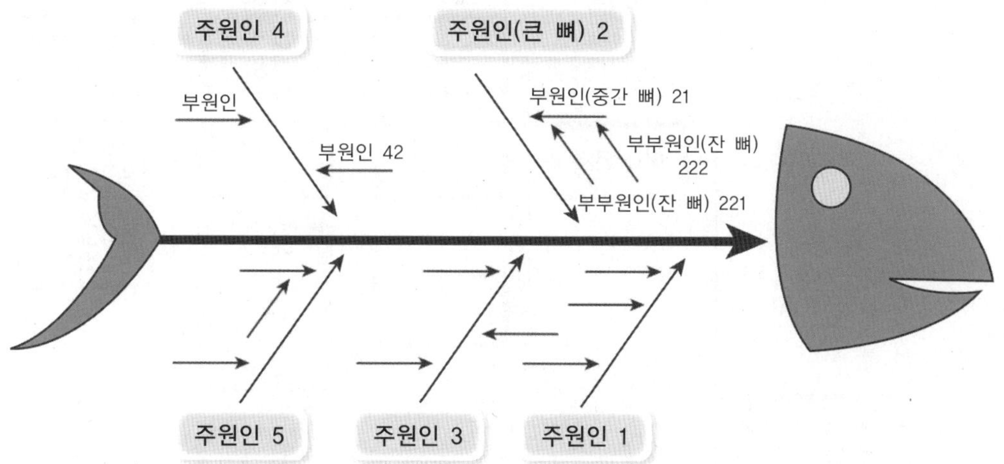

ㅇ그림 4-11 특성 요인도 작성법 및 특성 요인도

(2) 와이-와이 기법(Why-Why Method)

Why-Why 기법은 특성 요인도의 방법에 변화를 준 기법이다. 그렇기 때문에 문제의 원인을 분석하는 데 사용하는 체계적인 방법이라는 점은 특성 요인도와 같다. 이 기법은 왼쪽에서부터 오른쪽으로 옮겨 가면서 문제를 진술해 나간다. Why-Why 기법은 나무를 왼쪽으로 돌려놓은 형태를 띠고 있는데, 왼쪽에서 오른쪽으로 마치 나무를 그리듯이 완성해 나가면 된다. 이어 각 가지들에서 오른쪽으로 또 다른 가지들을 만들어 나가면 된다. 하나에서 출발해서 가지를 완성해 나갈 때마다 "왜?"라는 질문에 대한 답을 해 가면서 확장시켜 나가면 된다.

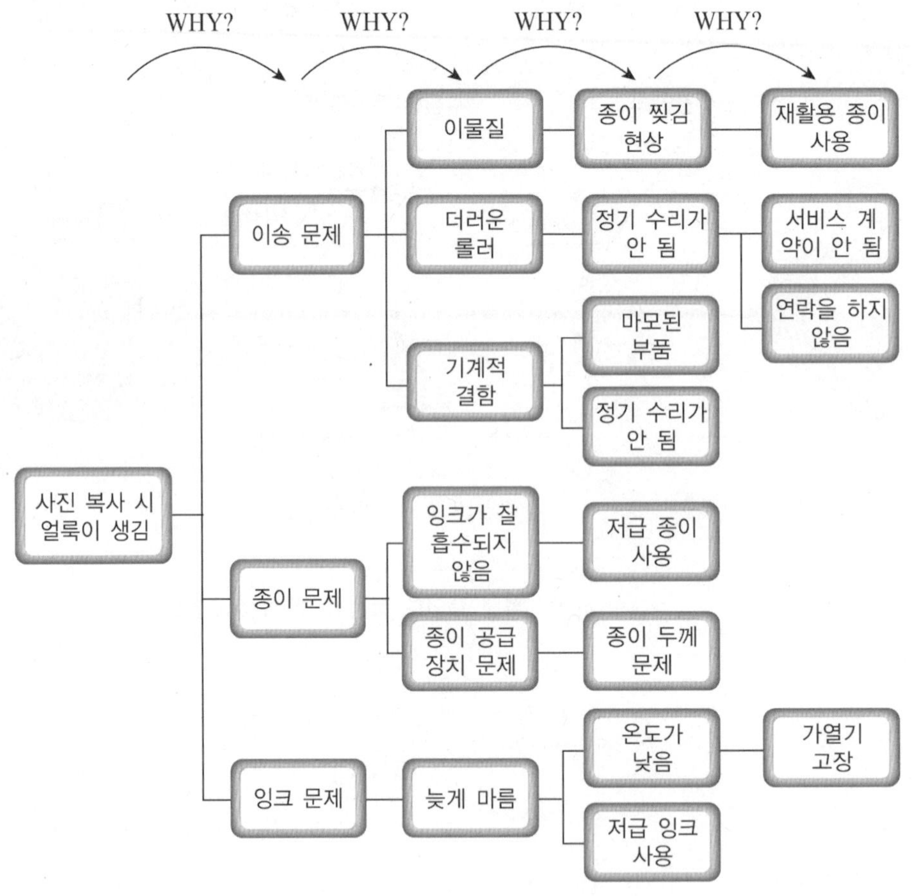

ㅇ그림 4-12 Why-Why 기법의 예시[38]

38) 출처: http://syque.com/improvement/WHY-WHY%20Diagram.htm

④ 발명노트 활용

발명에 있어서 발명노트*를 활용하여 떠오르는 발명 아이디어를 기록하고 간단한 그림으로 표현하는 습관을 갖는 것은 매우 중요하다.

> *** 발명 노트**
> 자신의 아이디어를 글이나 그림 등 다양한 방법을 이용하여 기록한 자료. 종이에 기록할 수도 있으나 스마트폰 애플리케이션, 온라인 게시판 등 다양한 형태로 기록이 가능하다. 다만 언제 어디서나 아이디어가 떠오를 때 쉽게 접근할 수 있는 형태가 노트의 활용성 측면에서 중요하다.

(1) 발명노트의 유용성

최근 발명에 대한 관심이 증대되면서 특허와 같은 연구 결과뿐만 아니라 그 과정의 기록이 담겨 있는 발명노트까지도 주목받고 있다.

발명노트는 기술 이전, 독창적 지식의 보관 및 전수, 특허권 등 발명의 결과에 대한 법률적 권리의 획득에 있어서 중요한 역할을 담당하기 때문에 그 관심은 점차 증가하고 있다. 정부에서도 발명노트와 일맥상통하는 연구노트의 중요성을 인식, '국가연구 개발사업 연구노트 관리지침'을 제정하여 2008년 1월 1일부터 시행하고 있으며 2010년 9월에는 대통령령에 의하여 국가 R&D에 참여하는 연구자는 연구노트를 의무적으로 작성하도록 하는 등 다양한 방법으로 연구노트 작성 문화를 확산시키고 있다.

Tip 처음 발명노트를 작성할 때 어떤 내용들을 작성해야하는지 잘 모르겠다면 발명노트 서식을 활용해서 작성해 볼 수 있다. 아이디어를 기록할 수 있는 공책들이 시판되고 있으며 특허청 발명교육포털사이트(발명교육콘텐츠 〉 교수자료 및 발간콘텐츠 〉 발명교육자료)에서도 발명노트의 서식을 제공하고 있다.

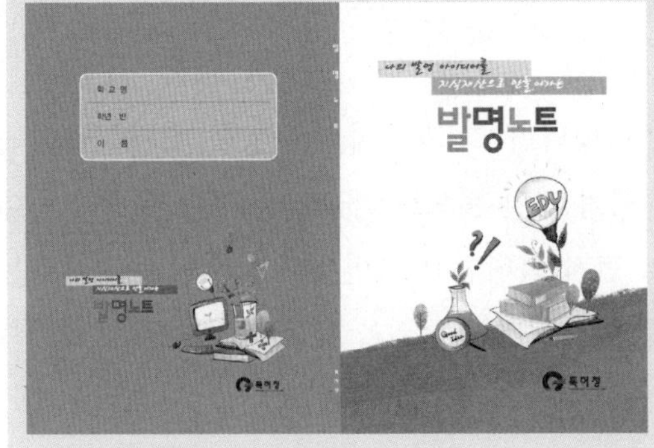

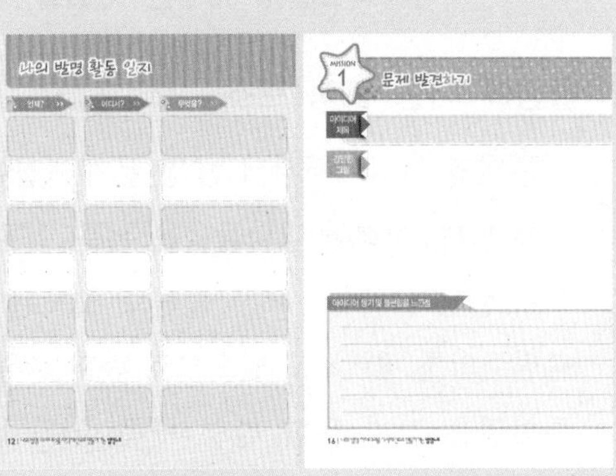

출처 ▶ https://www.ip-edu.net/contents/data/bbs/1/12153

∘그림 4-13 연구결과물 보호와 활용을 위한 연구노트 작성 전략

(2) 발명에 대한 법적 보호

문제의 확인에서부터 발명 문제해결이 진행되면 그 과정에서 다양한 결과물들이 발생하게 된다. 이러한 결과물들은 논문, 특허, 영업 비밀 등으로 각각의 권리를 확보하는 데 있어서 발명노트가 중요한 증거로 활용된다. 먼저 특허법적 측면에서 보자면 우리나라는 선출원주의를 채택하고 있으므로 먼저 출원한 발명자가 특허권을 갖는데, 「특허법」 제103조에 특허권을 갖지 못한 발명자 등이 통상실시권을 가질 수 있는 요건을 기재하고 있다.

> **제103조 【선사용에 의한 통상실시권】** 특허 출원 시에 그 특허 출원된 발명의 내용을 알지 못하고 그 발명을 하거나 그 발명을 한 사람으로부터 알게 되어 국내에서 그 발명의 실시사업을 하거나 이를 준비하고 있는 자는 그 실시하거나 준비하고 있는 발명 및 사업 목적의 범위에서 그 특허 출원된 발명의 특허권에 대하여 통상실시권을 가진다.

이때 통상실시권을 갖고자 하는 자는 특허 출원 시에 발명을 하였다는 사실 등을 입증해야 하는데 발명노트는 이 입증 자료로 사용되고 있다.

미국 특허법은 먼저 출원한 발명자에게 특허권을 부여하는 우리나라와 달리, 2013년 3월 이전까지는 최초의 발명자에게 특허권을 부여하는 선발명주의를 채택하였었다(현재는 우리나라와 같이 선출원주의 채택). 선발명주의의 경우 발명일이 언제인가를 판단하는 것이 중요한데, 판례를 통해 이를 판단하는 주요 요소로 '착상, 구현, 노력'이라는 개념을 형성하여 미국「특허법」제102조(2013년 이전 법)에 언급되어 있었다.

발명의 착상 시기나 구현 시기 및 정도, 그리고 노력을 지속하였는가 등을 증명할 수 있는 것이 발명노트이다. 발명노트는 아이디어의 착상이나 연구의 진행, 연구의 완료를 지속적으로 기록하고 이러한 내용들이 제3자에 의해 증명되어 있는 문서이기 때문에 좋은 증거로 활용될 수 있다.

2013년 미국이 선발명주의에서 선출원주의로 특허 제도를 바꾸었기 때문에 미국에서는 더 이상 발명노트가 법적 효력이 없어지는 것이 아닌가 하는 우려가 있다. 그러나 2013년 특허법이 개정되면서 특허도용 심판(Derivation Proceeding) 제도가 새롭게 신설되었다. 이는 실제 발명자의 특허권을 보호해주기 위한 것으로 본인이 동일한 내용을 먼저 발명했으나 먼저 출원하지 못한 발명자가 자신의 선출원 권리를 되찾기 위하여 신청하는 제도이다. 이때 신청자의 발명을 다른 사람이 도용했다고 인정할 만한 특정 근거가 필요한데 이 과정에서 발명노트는 큰 효력을 발휘할 수 있다.

지식재산의 중요성이 강조되며 최근에는 특허 분쟁이 빈번하게 일어나고 있다. 이 속에서 누가 발명자인가를 다투는 것은 중요한 쟁점이 될 것이고 발명노트는 여전히 법적으로 중요한 가치를 지닌다고 할 수 있다. 또한 법령이 시대에 따라서 지속적으로 변화되는 만큼 발명노트의 가치가 선발명주의 때와 달라졌다고 하더라도 미래에 지속될 것이라는 것을 확신하기 어렵기 때문에 자신의 아이디어를 보호하기 위해서 최대한의 노력을 기울일 필요가 있다.

사례

굴드의 사례

컬럼비아 대학에서 박사 과정에 재학 중이던 굴드는 눈에 보이지 않는 레이저를 눈에 보이도록 만들기 위해서는 빛을 증폭시키는 것이 훨씬 효과적일 것이라는 아이디어가 떠올랐다. 1957년 어느 토요일 밤, 굴드는 이를 '레이저의 가능성에 대한 대강의 계산'이라는 제목으로 노트에 기록하였다. 굴드는 연구를 계속하여 1959년에 드디어 장치를 완성하고 이에 대한 특허를 출원하려고 하였는데 그때는 이미 다른 연구자가 레이저에 대한 특허권을 취득한 상태였다. 이에 굴드는 선발명에 대한 20년간의 특허 분쟁 후 1977년에서야 레이저에 대한 특허권을 얻을 수 있었다. 굴드의 연구노트에는 증인 서명이 있고 발명의 착상 부분과 지속적으로 연구를 하여 장치가 완성된 점, 레이저라는 용어가 만들어진 점 등이 기록되어 있었다. 그리고 이러한 기록들은 특허권을 연구자에게 가져오는 데 큰 공헌을 하였다.

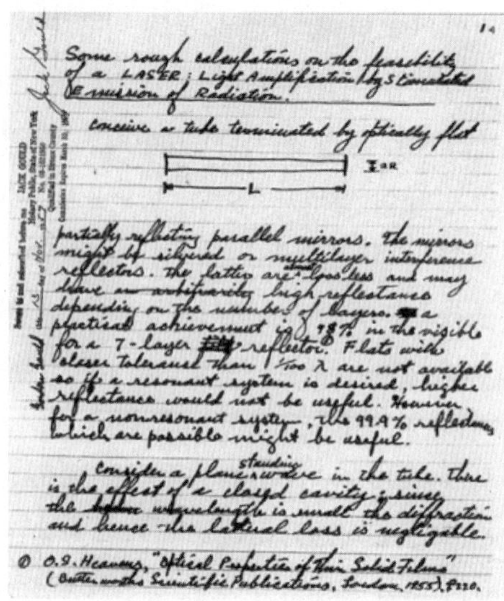
Some rough calculations on the feasibility of a LASER: Light Amplification by Stimulated Emission of Radiation.

Conceive a tube terminated by optically flat

L

partially reflecting parallel mirrors. The mirrors might be silvered or multilayer interference reflectors. The latter are almost lossless and may have an arbitrarily high reflectance depending on the number of layers. A practical achievement is 98% in the visible for a 7-layer reflector. Flats with closer tolerance than 1/100 λ are not available so if a resonant system is desired, higher reflectance would not be useful. However for a nonresonant system, the 99.9% reflectances which are possible might be useful.

Consider a plane standing wave in the tube. There is the effect of a closed cavity; since the wavelength is small the diffraction and hence the lateral loss is negligible.

① O.S. Heavens, "Optical Properties of Thin Solid Films" (Butterworths Scientific Publications, London, 1955), p.220.

○ 그림 4-14 굴드의 연구노트

(3) 학생에게 있어서 발명노트의 유용성

선발명주의와 선출원주의는 학생들의 발명노트 활용과는 다소 거리가 있는 문제들이다. 학생들에게 발명노트를 작성하도록 지도함에 있어서 선발명주의나 특허 출원의 증빙을 위하여 사용한다고 이야기하는 것은 학생들의 공감을 얻어내기 어렵다. 따라서 왜 학생들이 자신들의 아이디어를 노트에 기록해야 하는지 타당한 근거를 제시해 주는 것이 필요하다.

학생들의 발명노트 활용이 유용한 이유는 다음과 같다.

첫째, 아이디어의 고정 역할

발명노트의 역할 중 가장 중요한 역할은 자신이 떠올린 아이디어를 고정시켜둘 수 있다는 점이다. 많은 사람들이 일상생활 속에서 번뜩이는 아이디어를 떠올리지만 대부분은 그 아이디어를 기록해두지 않기 때문에 조금 지나서 자신의 아이디어를 잊어버리게 된다. 아이디어를 잊지 않는다고 하더라고 발명노트에 기록해 두지 않는다면 초기에 생각했던 아이디어는 머릿속에서 계속해서 변해가면서 시간이 지나며 처음에 어떠한 형태를 떠올렸는지 확인하기 어렵게 되기도 한다. 때로는 새로운 제품들을 보고

'예전에 내가 생각했던 아이디어인데'라고 후회하게 되기도 한다.

떠오른 아이디어를 발명노트에 작성해 두면 그 자체로 아이디어를 고정시켜두며 언제든지 다시 확인할 수 있게 만들어준다. 필요에 따라서는 그 아이디어에 대하여 많은 사람들에게 피드백을 받을 때 유용하게 사용되기도 한다.

둘째, 실현 불가능한 아이디어의 유예

실현 불가능한 아이디어의 유예는 학생들이 당장 만들거나 구현할 수는 없는 아이디어이지만 기록해두고 언젠가 여건이 되면 실현해볼 수 있도록 남겨두는 역할을 의미한다.

실현 불가능한 아이디어의 유예에 대한 대표적인 예는 레오나르도 다빈치의 스케치에서 찾아볼 수 있다. 레오나르도 다빈치의 스케치들에 나오는 발명품들은 모두 구현되었던 것은 아니지만 아이디어를 기록해 둠으로써 추후 개선이 이루어지거나 구현이 가능한 상황이 되었을 때 만들어 볼 수 있는 여지를 남겨둔 것이다.

그림 4-15 다빈치의 스케치

학생들의 아이디어는 대부분 당장 만들기에 어려운 것들이 많다. 그렇다고 하더라도 학생들에게 '그것은 만들 수 없으니 다른 아이디어를 떠올려봐'라고 이야기 할 수는 없다. '정말 좋은 아이디어이지만 당장 그것을 만들기에는 어려움이 있으니 기록해두고 나중에 여건이 되면 구현해보자'와 같이 지도하는 것이 더욱 타당하다. 이를 위해서는 학생들이 발명노트를 활용할 필요가 있다.

셋째, 포트폴리오로서의 역할

학생들에게 있어서 발명 노트는 그 자체로 포트폴리오가 된다. 어떠한 아이디어를 떠올렸는지, 어떠한 사고과정을 거쳤는지, 구현 과정 혹은 아이디어 개선 과정에서 겪은 문제점이나 문제 해결 방향 등이 기록되면서 자신의 활동 전반을 기록해두게 된다. 이는 좋은 평가도구로 활용될 수 있을 뿐만 아니라 학생들의 진로 선택 과정에서 자신의 장점을 드러낼 수 있는 좋은 도구가 되기도 한다.

(4) 발명노트의 작성 방법

다양한 발명활동을 하고 난 후 발명활동을 체계적으로 기록할 수 있는 좋은 방법 중에 하나가 바로 발명노트를 활용하는 것이다. 발명노트에 기록할 11가지 활동 유형을 학생들에게 안내하고 꾸준히 기록할 수 있도록 지도해 보자. 발명노트 활동 유형은 [표 4-1]과 같다.

○ 표 4-1 발명노트 활용 유형 11가지

1. 발명 스크랩하기	여러 가지 신문이나 책 또는 인터넷 기사 중에서 발명과 관련된 내용을 오려 붙여 정리하고 자신의 생각이나 느낌을 적어 보는 활동
2. 발명 만화 그리기	발명 아이디어를 생각하게 된 동기나 과정, 그리고 실제 발명으로 실행한 과정을 만화로 그려 보는 활동
3. 발명 마인드맵 그리기	발명 아이디어를 생각하게 된 동기나 목적, 그리고 구체적으로 개선하고자 하는 내용(구조, 기능, 동작 등)을 다양한 색깔의 필기구를 이용하여 나타내는 활동
4. 발명 문제 만들기	평소에 생각하였거나 느꼈던 물건들의 불편한 점을 정리, 발명 문제로 만들어 다른 사람들에게 물어 보는 활동
5. 발명 캐릭터 만들기	평소에 좋아하는 사람, 동물 또는 인형 등의 모습을 다양한 색깔의 필기구나 그래픽 소프트웨어를 이용하여 그려 보는 활동
6. 발명품 개선해 보기	발명품 전시회나 대회에 출품된 작품들을 살펴보고, 자신의 생각이나 느낀 점을 정리해 보는 활동
7. 발명품의 발달 과정 분석해 보기	우리가 사용하고 있는 제품들의 예전 모습과 기능, 현재, 그리고 미래에 새롭게 추가되어야 할 기능과 모습을 적어 보거나 그림으로 그려 보는 활동
8. 발명 뉴스 기록하기	각종 방송 뉴스에서 보도되는 여러 가지 안전과 관련된 사고 뉴스 역시 새로운 발명이 필요하다는 요구이므로 보고 들은 뉴스의 내용을 정리하여 새로운 발명 아이디어로 제시해 보는 활동
9. 발명 아이디어 기록하기	일상적인 생활을 하면서 느꼈던 불편한 점을 개선하기 위한 생각이나 아이디어를 적어 보는 활동
10. 발명 이야기 써 보기	직접 실행에 옮긴 발명 아이디어의 제작 동기, 작품 제작 과정 및 작품을 완성하고 난 후의 소감이나 느낀 점을 다른 사람에게 이야기하듯이 써 보는 활동
11. 발명과 독후감 쓰기	발명과 관련된 위인전, 공상 과학소설, 과학 일반서적을 읽어 보고, 자신의 느낀 점을 적어 보는 활동

02절 발명교육에서의 문제 상황

일상 속의 문제를 그대로 가져와서 발명교육에 활용할 수 있다면 실제 발명이 이루어질 수 있기 때문에 가장 좋은 교육 방법이 될 수 있다. 하지만 발명교육이라고 할 때 교사가 한 명의 학생만을 대상으로 교육하는 것은 아니기 때문에 학생이 떠올리는 모든 아이디어들에 대해서 대응하기에는 쉽지 않다. 따라서 여기에서는 다양한 발명교육 상황에서 어떠한 문제 상황을 바탕으로 발명교육을 진행하는 것이 더 효과적일 수 있는지에 대해서 알아보고자 한다.

① 교육의 장면에서 발명 문제

교육의 장면에서 발명 문제 상황을 알아보기 위해서는 발명교육이 어떠한 장면에서 이루어지는 것인가에 대하여 먼저 탐구해 볼 필요가 있다.

가장 먼저 교육과정상에 발명교육과 관련되어 있는 내용이 포함되어 있기 때문에 정규 교육과정 시간에 실과나 기술, 과학교과와 연계되어 발명교육이 이루어지는 상황을 생각해 볼 수 있다. 이 상황에서는 모든 학생들을 대상으로 발명교육이 이루어져야 하는 상황이다. 이때 모든 학생이라 함은 서로 다른 배경과 관심을 가지고 있으며 가지고 있는 기능이나 성취도가 다른 학생들이다. 일반적으로 생각했을 때 모든 학생들에게 개별화된 교육이 이루어질 수 있는 환경이 갖추어지고 교사가 학생들에게 개별화된 지도를 할 수 있다면 큰 문제 없이 가장 좋은 발명교육을 할 수 있다. 하지만 정규 교육과정의 경우에는 시간의 제약, 자원의 제약 등으로 인하여 개별화된 지도가 쉽지 않다. 이 경우에는 구조화된 문제를 가지고 많은 정보를 제공하면서 학생들이 성공적인 경험을 가질 수 있도록 만드는데 집중하는 경우가 많다. 앞서 밝힌 바와 같이 발명교육에 있어서는 구조화된 문제보다는 비구조화된 문제가 더 적합하다. 여기서 교사의 전문성이 발휘될 필요가 있다. 구조화 정도를 얼마나 조절해야 학생들에게 적합한 발명교육을 할 수 있는가는 교실의 상황에 따라 다를 수밖에 없다. 한 반 학생이 8명뿐인 상황이라면 비구조화된 문제로 학생들이 탐구하는 과정에서 교사가 지원을 해 줄 수 있겠지만 한 반 인원이 30명이라면 정해

> **Tip** 2022 개정교육과정에서는 초등학교에서부터 선택과목이 등장하게 된다. 발명교육은 정규 교육과정에 일부 포함되어 있지만 독립적으로 내용표준을 갖추고 있기 때문에 하나의 교과로 선택되어 교육되어지기 적합하다.

진 시간 안에서 교사가 모든 학생들에게 지원을 해 줄 수는 없다. 따라서 시간과 환경, 자원의 제약을 고려하여 문제의 구조화 정도를 조절하는 역량이 교사에게 요구된다. 이때 문제의 구조화 정도를 조절할 수 있는 가장 좋은 방법은 문제 상황을 제시하는 방법에 있다. 교사가 의도적으로 산출물이 제약될 수밖에 없는 문제 상황을 제시한다면 학생들은 스스로 의도하지는 않았으나 거의 동일한 산출물을 제작할 수밖에 없는 상황에 놓이게 될 것이다. 만약 문제 상황 자체가 다양한 해석이 가능하거나 다양한 산출물로 해결이 가능한 상황이라면 구조화 정도가 느슨해서 학생들의 활동 다양성이 더 확장될 수 있다.

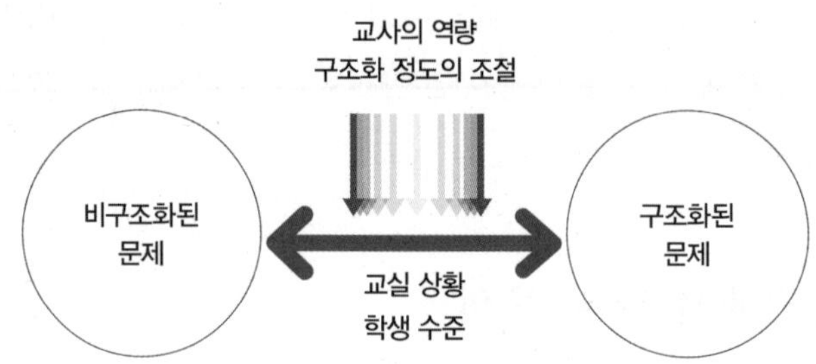

○ 그림 4-16 **문제의 구조화 정도 조절에 필요한 교사의 역량**

두 번째로는 학교에서 이루어지는 동아리 활동에서의 발명 교육상황이다.

동아리 활동에서의 발명교육은 짧은 시간에 이루어지는 정규 교육과정과는 달리 다소 긴 호흡으로 발명교육을 할 수 있다. 필요에 따라서는 한 학기, 한 학년 동안 하나의 문제를 가지고 운영을 할 수 있기 때문에 학생들이 직접 문제를 탐색하는 과정을 거치는 등 학습에 있어서의 모든 자율권을 학생들에게 이양할 수 있다. 다만 처음 발명교육을 접하는 학생들의 경우에는 문제를 찾고 해결 방안을 탐색해 나가는 과정을 어려워 할 수 있기 때문에 학생의 수준에 맞추어서 중간 정도로 구조화 되어 있는 문제를 제시하거나 주제를 제한함으로써 학교에서 준비할 수 있는 재료나 도구를 이용하거나 교사가 충분히 지원할 수 있는 상황 내에서 문제를 해결하도록 하는 것이 바람직할 것이다.

세 번째로는 발명 대회를 준비하는 학생을 대상으로 하는 발명교육이다.

꼭 발명 대회를 준비하지는 않는다고 하더라도 교사와 매우 소수의 학생이 팀을 이루어 문제를 해결해 나가는 상황이라고 할 수 있다. 이러한 경우에는 비구조화된 문제 혹은 문제 상황부터 학생들이 탐색해 나갈 수 있도록 지도하는 것이 타당하다. 이때 학생의 아이디어가 어떻게 만들어질지 알 수 없기 때문에 교사의 능력을 벗어나는 도움이 필요한 경우, 예를 들면 용접을 해야하거나, 일반적으로는 제작하기 힘든 가공이 필요한 경우, 매우 전문적인 지식이 필요한 경우와 같이 전문가를 필요로 하는 상황도 발생한다. 교사는 이러한 상황에서 전문가와 학생을 연결시키는 고리로서의 역할을 하게 된다.

② 발명 문제 상황의 재구조화 방안

앞서 다양한 교육 상황에서 어떻게 문제 상황의 구조화 정도가 조절되어야 하는지에 대해서 알아보았다. 하지만 이와 함께 중요한 부분은 학생들에게 전달되는 문제 상황이 의미 있는 것이어야 한다는 점이다. 학생 스스로가 느끼는 문제 상황이 아니라면 교사는 학생들이 흥미를 느낄 수 있고 몰입할 수 있는 문제 상황을 제시해야 한다. 흔히 가장 쉽게 실수하는 것이 학생들에게 '아프리카 물 부족 문제를 해결할 수 있는 창의적인 아이디어를 떠올려 보자.'라고 이야기하는 것이다. 아프리카 물 부족 문제는 중요한 문제이기는 하지만 학생들에게는 깊게 와닿지 않는 문제이기도 하다. 집에서 수도를 틀면 마실 수 있는 깨끗한 물이 나오고 필요에 따라서 얼마든지 배달시켜 마실 수 있는 상황에 살고 있는 아이들에게 아프리카의 물 부족 문제는 직접적으로 느껴지지 않기 때문이다. 때로는 학생들이 '수돗물을 마시면 되는데요.', '먼 거리에 물이 있으면 차 타고 가서 물 가져오면 되는데요.'와 같이 아프리카의 상황을 이해하지 못하고 문제 상황 자체에 흥미를 가지지 못할 수도 있다.

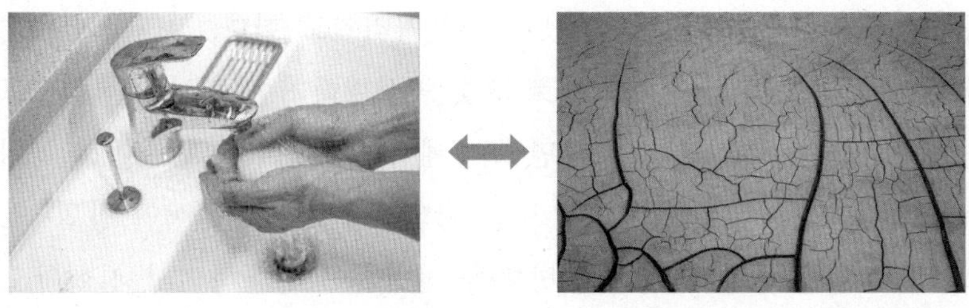

그림 4-17 학생의 실제 상황과 문제 상황 간의 괴리감

이러한 경우에는 학생들이 직접 느낄 수 있는 형태로 상황을 가공해서 문제를 제시할 필요가 있다. 예를 들면 아프리카의 물 부족 문제를 해결하는 것이 진짜 문제이지만 수업 중 교사가 제시하는 문제는 '지진이나 자연재해로 인하여 수도와 전기 공급이 끊기고 교통망이 마비되어서 물을 얻을 수 없는 상황'과 같은 가공된 상황이다. 실제 문제 상황은 아니라고 하더라도 학생들에게 충분히 일어날 수 있는 상황을 가공해서 제시함으로써 학생들이 몰입할 수 있도록 만드는 것이 교사의 역할이다. 진짜 문제를 학생들에게 적합한 형태로 어떻게 가공해서 제시할 수 있는가는 교사의 역량에 달린 문제이다.

이러한 역량을 기르기 위해서는 다양한 문제 상황을 교사가 직접 경험해 볼 필요가 있으며 영상 매체들을 통해서 간접 경험을 해 보는 등 교사에게 다양한 경험이 필요하다.

03절 발명 문제해결 과정

발명 문제를 해결하는 과정은 일상에서의 문제를 해결하는 것과 크게 다르지 않다. 일반적으로 사람들은 어떤 문제가 자신 앞에 닥치면 그 문제가 어떻게 해서 일어났는지, 정확히 문제가 무엇인지를 판단하고, 왜 그 문제가 일어났는지 원인을 살펴보며, 해결 방법을 찾고자 열심히 고민할 것이다. 이때 보통은 해결 방법을 찾기 위해서 비슷한 해결 사례를 참고하거나 문제 자체에서 해결하려고 노력하기도 하고 인터넷을 기웃거리기도 한다. 그러다가 해결 방법이 떠오르거나 힌트를 얻게 되면 본격적으로 그것을 실행하기 위해서 열심히 노력한다. 그런데 해결 방법이 여러 가지가 발견된다면 그중에서 우선순위를 정하여 실행하게 된다. 여건이 허락되는 한에서 쉬워 보이거나 또는 합리적이거나 효율적인 방법을 먼저 선택하게 된다. 그리고 문제 상황에 적합한 방법을 선택하여 실행하면서 시행착오를 겪게 된다. 그 다음에는 문제가 해결되든지, 때로는 생각한 것과 다르게 일이 진행되기도 한다.

○ 그림 4-18 문제의 해결 방안 탐색

이렇듯 문제를 해결하면서 겪게 되는 여러 가지 과정을 거쳐 문제가 해결되기도 하고 그렇지 않을 수도 있다. 문제가 해결되지 않았다면 또 다시 과정을 돌이켜 무엇이 잘됐는지 잘못됐는지를 반성하게 되고 다시 문제해결 과정이라는 일련의 과정을 반복하기도 한다. 이후 또 비슷한 문제가 발생하면 이전에 실행했던 방법을 따르거나 그보다 더 나은 방법을 추구하게 된다.

이와 같이 문제를 해결하는 과정은 발명 문제해결 과정과 다르지 않다. 구체적으로 각 과정에서 무엇을 어떻게 해야 하는지를 살펴보자.

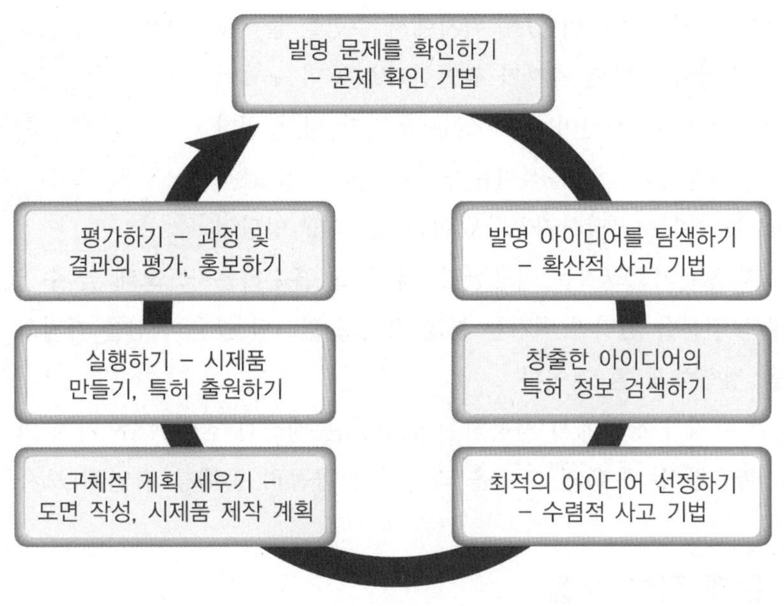

○그림 4-19 **발명 문제해결 과정**

① 발명 문제 확인

문제를 해결하기 위한 첫 단계는 문제 확인 단계이다. "첫 단추를 잘 꿰어야 한다."는 말이 있듯이 어떤 일의 처음 시작이 중요하다는 것은 익히 알고 있을 것이다. 의사가 환자의 병을 치료하는 단계에서 처음 진료는 당연히 해야 하지만 다른 치료 과정에 비해서 신중하게 꼼꼼히 살펴보아야 한다. 실생활에서 발명은 가까이 있지만 보통은 멀리 있어 보인다. 왜냐하면 이미 생활에서 쓰는 도구나 용품들은 누군가에 의해 발견되거나 발명되어 개선된 것들이기 때문이다. 예를 들어 형광등의 문제는 어두운 공간을 밝히고 있는 한 아무런 문제점이 보이지 않는다. 사람들은 보통 제품의 기능이 손상되거나 했을 때 처음 제품을 구매했을 때와 비교해 비로소 불편하다거나 문제점을 발견하게 되어 이를 해결하려고 관심을 기울인다.

그렇다 보니 불편한 점이나 문제점은 각별한 관심을 가지지 않는 한, 눈에 잘 띄시도 느끼지도 못한다. 그래서 어떤 사물이나 방법을 개선하고자 한다면 그것을 몸소 체험하고 체험하는 과정에서 무엇이 불편한지를 살펴보아야 한다. 이것이 문제 확인의 첫 단추이다. 그러나 역지사지의 방식으로 직접 경험해 보지 않고도 관점이나 처지를 달리하여 유추하기도 한다. 단언하건대, 지금 주변에 있는 모든 물건이나 방법은 단점을 가지지 않은 것이 없다. '인간이 느끼는 만족의 샘'은 늘 부족하다고 느껴 항상 채워지지 않은 상태로 있기 때문이다.

예를 들어, 지금 자신이 있는 위치에서 주변을 둘러보자. 의자에 앉아 있다면 의자가 편안한가? 좀 더 구체적으로 질문해 보자. 자신이 앉아 있는 의자가 내가 원하는 대로 작동하는가? 잘 움직이는가? 혹은 너무 잘 움직이는가? 높낮이는 적당한가? 등받이는 편한가? 엉덩이가 아프지 않은가? 크기는 적당한가? 땀은 잘 흡수하는가? 오래 쓸 수 있는가? 등등 무수히 많은 질문을 던지면 의자는 분명 장점도 있지만 많은 단점을 가지고 있는 물건이라는 것을 경험하게 될 것이다.

Tip 사람마다 동일한 현상을 보고 느끼는 문제점은 다를 수 있다. 교육의 장면에서 학생들이 서로 다른 문제를 인식했을 때 하나의 문제로만 한정 지을 필요는 없다. 교사의 역량이 충분하다면 학생들이 느끼는 각자의 문제점을 해결해 볼 수 있는 기회를 부여할 수 있다.

이처럼 우리가 생활에서 사용하는 물건들은 개선할 점이 한두 가지 아니다. 그러므로 앞에서 학습한 문제 확인 기법을 적용하여 꼼꼼히 문제를 확인해 보자.

② 발명 문제 정보 수집

문제를 확인하였다면 정확히 문제를 일으키는 원인이 무엇인지 구체적으로 진술하여야 한다. 만약 선풍기가 작동하지 않는다면, 선풍기가 작동하지 않는다는 것이 문제 상황이자 문제다. 그러나 문제에 관한 정보를 수집한다는 것은 다른 차원으로 진술할 것을 요구한다. 전원은 꼽혀 있는지, 선풍기를 작동시키는 버튼은 눌러져 있는지 등등 선풍기가 돌아가지 않는 이유를 유추해야 한다. 즉, 그 문제 자체, 혹은 환경적인 요소 등 그 문제와 관련된 이모저모를 확인해야 한다. 문제의 원인이 정확히 무엇인지를 인식하고 나서 그와 관련된 해결 방법을 찾아 나서야 한다는 것이다. 그래서 인터넷에 검색어를 집어넣을 때도 가장 문제의 원인이 되는 핵심 단어들을 선정하여 검색하는 것이 효과적이다.

예전에 한창 인간의 힘으로 우주시대를 열어 보고자 선진국들이 우주탐사에 발 벗고 나섰을 때의 일이다. 달에서 여러 가지 활동을 수행하는 달 탐험 자동차가 밤에도 활동할 수 있도록 전구를 달고자 하였다. 그러나 미리 시험해 본 결과 달에서는 심한 일교차로 인하여 전구의 유리가 깨진다는 것을 알게 되었다. 개발자들은 유리를 대체할 물질을 찾아보기로 하고, 유리의 온도를 조절하는 방법도 연구하였다. 그러나 완벽한 해결책을 찾을 수 없었다.

이 문제는 밤에 자동차를 타고 달을 탐험하기 위해 불을 밝히고 싶은데 극심한 일교차로 인하여 필라멘트를 보호하는 유리가 깨져 버린다는 것이었다. 즉, 유리가 깨져 버린다는 것을 문제로 삼았고, 유리가 깨지지 않게 하는 데 초점을 맞추고 연구를 하였기 때문에 그 해결책을 쉽게 찾을 수 없었다. 그러던 중 어느 연구자가 문제를 보는 시각을 달리하였다. 그는 필라멘트를 감싸고 있는 전구의 유리에 관심을 둔 것이 아니라 전구를 밝히고 싶은 근본적인 문제를 해결하고자 했던 것이다. 그래서 그는 전구의 유리가 왜 존재하는지를 생각했다. 이제까지 전구는 텅스텐이 산화되어 타 버리는 현상을 막고자 아르곤 가스를 채운 유리 용기가 필요했던 것이다. 달에는 지구와 달리 산소가 없다. 그러니까 전구의 유리는 달에서는 필요하지 않았던 것이다. 따라서 달 탐험 자동차의 전구를 밝히려는 문제는 간단히 전구의 유리를 제거하는 것으로 해결할 수 있었다고 한다. 이처럼 문제 상황에서 문제 혹은 문제의 원인, 주변 환경 등을 제대로 고려하여 문제의 정보를 수집하는 것이 바람직하다고 할 수 있다.

③ 발명 아이디어 창출

문제의 확인과 문제에 대한 정보 수집이 끝나면 이제 찾아낸 문제점을 해결할 수 있는 방법을 생각해야 한다. 해결 방법을 찾는 데 브레인스토밍이나 마인드맵을 활용해도 좋다. 발명 문제를 해결하기 위한 아이디어를 창출하기 위해서는 다양하고 창의적인 해결 방안을 모색해야 한다. 문제점을 완전히 해결할 수 있으면 바람직하겠지만 조금이라도 해결할 수 있는 방법들을 생각해 보자. 문제를 해결할 아이디어는 문득 떠오를 수도 있지만 대부분은 기존의 방법들을 응용하고 결합하여 새로운 아이디어를 창출한다. 이 과정에서는 양과 질을 모두 고려하는 것이 좋다. 아이디어를 창출할 때는 확산적 사고 기법들을 활용하여 문제의 해결 방법을 탐색하여 본다.

> **Tip** 사고 기법들은 아이디어 창출에 도움을 준다. 하지만 사고 기법을 사용하지 않는다고 잘못된 발명문제해결 과정인 것은 아니다. 기법의 사용 없이도 다양한 아이디어를 창출한다면 그 자체로도 의미 있는 일이다.

④ 발명 아이디어 특허 정보 검색

문제를 확인하였다면 해결 방법을 찾아야 한다. 해결 방법을 찾는 데 있어서 자신에게 닥친 문제 상황이 아주 특수한 경우는 드물다. 보통의 경우에는 비슷한 문제를 다른 사람들도 겪기 때문에 그 해결 방법이 이미 공개되거나 그러한 문제점을 누군가가 해결했을지도 모른다. 그러기에 자신이 기막힌 해결 방법을 생각하였을지라도 해결 방법을 찾을 때 그 문제와 관련된 정보를 찾는 것은 현명한 일일 것이다.

실제로 자신이 발명을 하려고 한다면 아이디어를 창출하기에 앞서 특허 정보를 검색해 보는 것이 효율적일 수 있다. 그러나 학생을 지도하는 입장에서 교사는 발명교육을 통하여 도달하고자 정한 목표가 발명을 잘하게 하는 것일 수도 있지만, 발명활동을 통하여 얻을 수 있는 창의성 · 호기심 · 끈기 등의 습관 및 성격을 길러주는 것일 수도 있다. 그러기에 실제로 학생을 지도하고자 한다면 문제를 확인하고 그 원인을 인식한 학생에게 스스로 해결 방법을 찾도록 고민하게 하는 과정이 필요하다. 그 과정에서 학생의 창의성이 길러질 수 있는 것이다. 그러므로 교육 현장에서 학생을 지도할 때는 발명 문제를 확인하고 뒤에 이어지는 아이디어 창출 후 정보를 수집하면 더욱 발명교육의 목표를 달성하는 데 적합할 것이다. 즉, 발명활동과 발명교육은 약간의 차이가 있을 수 있다는 것이다.

발명에 관한 정보를 찾는 데 도움이 되는 몇 개의 인터넷 사이트를 소개하면 다음과 같다.

특허정보넷 키프리스(http://www.kipris.or.kr)
통합 검색으로 출원된 특허, 실용신안, 디자인, 상표, 국제특허 등을 한번에 검색하고 해당 항목에 대해서 공개한 정보를 열람하거나 출력할 수 있는 서비스를 제공한다. 검색을 할 때 연산자를 사용하면 보다 빠르고 정확하게 검색할 수 있다. 검색연산자란 인터넷 검색으로 찾고자 하는 낱말의 앞이나 낱말의 사이에 특정한 부호를 붙여 검색하면 원하는 결과를 더욱더 빠르고 정확하게 얻을 수 있는데 그 특정한 기호를 말한다. 비단 이곳 사이트에서만 검색연산자가 통하는 것이 아니다. 포털 사이트에서도 각각 검색연산자가 존재하므로 이를 잘 활용하면 좀 더 효율적으로 원하는 정보를 얻을 수 있다.

브루넬(https://brunel.ai)
특허 분야의 단순/복잡 업무를 도와주는 인공지능으로 특허와 AI를 결합시켜 특허 검색 및 특허 조사 분석 서비스를 제공한다. 기존의 복잡한 키워드 검색식 대신 AI를 이용하여 자연어 검색이 가능하며 유사한 아이디어 순으로 검색 결과를 제공한다는 특징을 가진다.

국립중앙과학관(http://www.science.go.kr)
전국의 초·중·고생들이 발명한 다양한 발명품에 대한 자료가 정리되어 있으며 검색을 통해 관련 자료를 쉽게 찾을 수 있다.

국가지식재산교육포털(http://www.ipacademy.net)
전 국민에게 발명 및 지식재산의 중요성을 인식시키고, 기업체, 연구소 연구원, 초·중·고 학생, 발명교사, 대학생, 개인에 이르기까지 지식재산 전 분야의 다양한 콘텐츠와 온라인 교육과정을 무료로 서비스하고 있다.

대한민국학생발명전시회(http://www.kosie.net)
발명진흥회에서 운영하는 대한민국학생발명전시회에서 역대 수상작들의 기발한 아이디어를 자세하게 공개하고 있다.

네이버 학술정보(http://academic.naver.com)
포털 사이트 네이버는 각종 논문, 연구, 통계, 특허, 국가기록물 등 다양한 전문 정보 검색 서비스를 제공하고 있다.

한국디자인진흥원 designDB(http://www.designdb.com)
우리나라 디자인 산업의 경쟁력 향상을 위해 개설된 디자인 전문 포털 사이트로서, 디자인 트렌드, 양질의 디자인 콘텐츠, 온라인 사업 환경 디자이너 커뮤니티, 방대한 양의 이미지 데이터베이스를 제공하고 있다. 특히 자료창고를 이용하면 아이디어가 톡톡 튀는 여러 가지 디자인을 확인할 수 있다.

미국특허청(http://www.uspto.gov)
한국의 특허청과 마찬가지로 미국의 특허에 관한 여러 가지 서비스를 제공하고 있다.

⑤ 발명 아이디어 평가

주어진 사물이나 상황에서 문제점을 찾고 그 문제를 일으키는 원인이 무엇인지 알아봤으며, 문제를 해결하기 위한 여러 가지 해결 방법도 생각하였다. 문제를 해결할 수 있는 모든 해결 방법을 반영하여 발명하기는 어렵기 때문에 이제 문제점을 해결하기 위해 생각해 낸 방법들 중 가장 적합한 해결 방법을 선택해야 한다. 적합한 아이디어를 어떻게 선정해야 할까? 여러 가지 방법들 중에서 최적의 아이디어를 선정하기 위해서는 문제 상황을 떠올려 어떤 아이디어가 적합한지를 생각해야 한다. 즉, 자신의 아이디어를 합리적으로 평가하려면 적합한 기준에 따라 평가해야 한다. 그리고 평가하여 선정하는 과정에서도 아이디어와 아이디어를 결합하거나 수정할 수 있다.

이렇게 다양한 해결 방법들 중 최적의 아이디어를 선정하는 방법은 수렴적 사고 기법을 활용하면 좋다. 특히 많은 수렴적 사고 기법들 중에서는 '평가행렬법'을 권장한다. 평가행렬법은 여러 대안들을 여러 기준에 따라 평가하고, 그 결과에 따라 대안들을 고르는 것이다. 구체적인 방법은 횡렬에는 대안들을 열거하고, 종렬에는 평가의 기준을 열거한 후 기준에 따른 대안의 평가 단계를 정한다. 예컨대, 아주 좋음은 3, 대체로 좋음은 2, 조금 좋음은 1, 좋지 않음은 0으로 정한다. 그리하여 횡렬의 대안들을 종렬의 기준들로 평가하고, 각 대안들이 어떤 기준에서 강하고 약한지를 확인한다(허경조, 2003). 평가행렬법은 필요하면서도 적합한 기준을 정하여 기준에 따라 다양한 아이디어들을 하나씩 평가하는 것이기 때문에 감정에 치우지치 않게 해 준다. 기준은 포괄적인 개념보다는 구체적일수록 더욱 실질적인 아이디어 평가를 할 수 있다.

○ 표 4-2 평가행렬법

기준 / 나의 아이디어	기준1	기준2	기준3	기준4
①				
②				
③				
④				

⑥ 발명 아이디어 실행

가장 적합한 해결 방법을 선정하였다면 이제 문제점을 해결하기 위해서 구체적으로 어떻게 해야 할지 생각해 봐야 한다. 그리고 선정된 발명 아이디어를 구체적으로 실행에 옮기기 위해서 좀 더 꼼꼼하게 살펴야 한다. 선정된 아이디어를 표현하기 위해서는 가장 먼저 구상한 모양과 구조를 간단히 스케치의 형태로 나타내야 한다. 그 다음에 자신이나 다른 사람에게 아이디어를 설명하고 고안한 대로 제작하기 위해 도면으로 표현해야 한다. 도면은 실제 특허를 등록할 때에도 필요하다. 도면을 그려 봄으로써 자신의 생각을 표현하고 단점을 보완할 수 있고, 발명품이 구체적으로 어떻게 작동이 되는지를 생각하는 데 도움을 준다. 그러므로 문제를 해결한 상태를 도면으로 그려 보자. 또한, 문제해결 순서를 정하고 실행에 옮기면 또 다른 문제점이 보이기도 하고 생각처럼 쉽게 되지 않을 수 있기 때문에 실행 과정에서 발생하는 예상하지 못했던 점들을 보완하면서 문제를 해결해야 한다.

Tip 스케치만 그려서 시제품을 만들면 제작 과정에서 시행착오를 많이 겪게 된다. 도면을 그리고 시제품을 만들면 제작 과정에서의 시행착오는 줄어들지만 도면을 그리는 방법에 대한 학습 시간이 많이 소요된다는 단점이 있다.
아이디어의 복잡성이 낮은 초등학생 수준에서는 스케치를 토대로, 복잡한 아이디어가 등장하게 되는 중학생 이상에서는 도면을 그린 이후에 시제품을 제작하는 것이 좋다.
도면은 손으로 그릴 수도 있지만 Thinkercad와 같은 프로그램으로도 그려볼 수 있다.

시제품은 구할 수 있는 쉬운 조형 재료를 선택하여 제작할 수 있다. 이때 등각투상도나 사투상도를 바탕으로 정확한 치수를 알 수 있게 그린 제3각법을 이용하여야 한다. 구체적인 작업 순서는 다음과 같다.

① **작업 준비하기**: 재료표, 공정표 등을 작성한다.

② **마름질**: 재료의 표면에 금을 긋거나 모눈종이에 부품을 그려 재료에 붙인 다음 자른다.
   ㉠ 아크릴 절단용 칼: 아크릴판이나 얇은 플라스틱판을 직선으로 절단한다.
   ㉡ 실톱: 플라스틱판을 원이나 곡선 모양으로 절단하거나, 봉재를 절단한다.
   ㉢ 드릴: 재료에 구멍을 뚫을 때 쓰인다. 핸드 드릴, 전기 드릴 등
   ㉣ 줄: 부품의 표면을 매끄럽게 다듬질할 때 쓰인다.

③ **가공하기**: 송곳이나 드릴로 필요한 크기의 구멍을 뚫고, 줄이나 사포로 거친 부분을 다듬는다.

④ **조립하기**: 접착제나 볼트와 너트, 나사못 등으로 부품을 조립한다.

⑤ **검사하기**: 부품의 치수, 운동 물체의 작동 상태, 다듬질 상태 등을 검사한다.

시제품을 만드는 과정으로 새로운 문제점을 확인하거나 보다 나은 개선점을 찾을 수 있기 때문에 시제품의 제작과정은 매우 중요한 단계이기는 하지만 시제품을 만들 수 있는 능력이 부족하다고 하더라도 발명을 하는 과정에 큰 문제가 되지는 않는다. 최근에는 3D 프린터나 레이저 커팅기를 활용하여 시제품을 만들기도 한다. 보다 빠르게 시제품을 만들 수 있을 뿐만 아니라 다양한 물리적 도구의 활용 능력이 부족하다고 하더라도 컴퓨터를 이용한 모델링으로 부족한 도구적 기능을 채울 수 있기 때문이다. 특히 최근에 이루어지는 발명들은 혼자서 모든 과정을 다 해결하기 보다는 다양한 사람들이 모여서 하나의 문제를 해결하는 경우가 많기 때문에 시제품 제작에 어려움을 겪는다면 외부 제작 업체를 이용하거나 타인의 도움을 받는 것도 무방하다. 다만 이 경우에도 실제 제작과정에 참여하면서 아이디어가 가지는 문제점을 확인하고 개선해 나가야 한다.

⑦ 과정 및 결과 평가

사람들은 어떤 경험을 하게 되면 반성을 하고 또 다른 계획을 세워 실천하며 실천한 것에 대하여 또 다시 반성을 한다. 발명도 마찬가지로 발명 과정이나 결과에 대해 되돌아보기, 즉 발명 평가를 하여야 한다. 도면으로 표현하거나 더 나아가 시제품을 제작했을 때 처음 문제 상황을 잘 해결하였는지를 살펴볼 수 있다. 또한, 문제점을 해결함으로써 또 다른 문제점이나 불편한 점이 생기는 것도 확인할 수도 있다.

발명 평가는 장점이 무엇인지, 단점은 무엇인지, 과정상 오류는 없는지 등을 꼼꼼하게 평가하여야 한다. 이러한 평가는 자신의 아이디어를 보충하거나 수정할 수 있게 하여 더 나은 발명을 위해서 꼭 필요한 활동이다.

04절 발명 문제해결 과정에서 교사의 역할

발명 문제는 누구나 경험할 수 있는 상황이다. 하지만 일상적인 발명 문제 상황이 아닌 교육의 상황에서 발명 문제를 경험하고 해결하는 것은 오롯이 개인의 역량에 달렸다고 하기 보다는 교사의 의도와 목적이 담겨져 있는 의도적인 활동이라 할 수 있다. 따라서 교육의 장면에서 경험하게 되는 발명 문제해결 과정은 그 자체로 일반적인 상황과는 차이가 있을 수밖에 없다. 대표적인 차이는 교사의 역할이다. 일상 속에서는 발명 문제 상황이 생겼을 때 도움을 받을 수 있는 사람이 없거나 한정적이지만 학생들은 발명 문제 상황 속에서 교사의 도움을 받을 수 있다. 그리고 교사는 학생들에게 충분한 지원을 해줌으로써 학생들이 부족한 부분을 채우고 스스로 문제를 해결해 나갈 수 있도록 만들어야 한다. 이를 위해서 교사에게는 다양한 역할이 요구된다. 일반적으로 교사에게 요구되는 역할들뿐만 아니라 발명 문제해결 과정이라는 특수한 상황에서 수행하게 되는 역할들도 존재한다.

① 탐구 조력자로서의 역할

탐구 조력자로서의 역할은 학생들이 문제를 탐색할 때 도움을 주는 역할이다. 이러한 역할은 다양한 형태로 나타나지만 대표적인 예는 발문이라고 할 수 있다.

> *저는 학생들에게 할 질문들을 사전에 생각합니다. 발문의 질을 높이는 것인데요. 발명이라는 것이 학생들이 직접 재미를 느끼고 스스로 해야 하는 점, 그리고 만들어진 것을 재구성하는 것이 아닌 새로운 것들을 구상하고 만들어내야 한다는 점에서 발문을 어떻게 할까 고민하고 있습니다.*
>
> – 한 발명 교사의 인터뷰 중에서

> *제가 의도한 게 있다면 그런 쪽으로 좀 유도를 많이 하죠. 질문을 통해서 '불편하겠지? 이런 상황에서는 어떤 점이 힘들까?' 이런 식으로 학생들이 대답을 하게끔 만들어냅니다. 저 같은 경우에는 '선생님, 저 아무 생각이 안 나요. 아무것도 모르겠어요.' 이게 저를 당황하게 했던 거라서 학생에게 가서 하나씩 구체적으로 꼬집으면서 얘기를 하는 거죠. 더 세세하게 질문을 쪼개서…….*
>
> – 한 발명 교사의 인터뷰 중에서

발문은 일반적인 교육 상황에서도 중요한 도구이지만 발명 문제 상황에서는 특히나 중요한 역할을 한다. 교사의 발문에 따라서 학생들이 문제를 해결하는 방향이 바뀔 수 있기 때문이다. 의도적으로 하나의 방향으로 이끌기 위한 발문을 할 수도 있고 기존에 학생들이 가지고 있던 편견을 깨거나 방향성을 깨기 위한 발문을 할 수도 있다. 상황 자체가 너무도 다양하기 때문에 어떠한 방법으로 하는 것이 옳은 발문인가에 대한 명확한 정의를 내리기는 어렵지만 교사가 학생의 발명 문제해결 상황에 개입할 수 있는 가장 적극적인 도구가 발문이라는 점은 기억해야 한다.

발문이 교사가 적극적으로 개입할 수 있는 도구라면 반대로 교사가 개입하지 않는 것은 학생들에게 기회를 제공하는 역할을 하는 도구이다.

> *생각할 수 있는 시간을 줘야 합니다. 구조화된 과정에서 끝은 같지만 그 중간에 생각할 시간을 주고, 학생들이 스스로 만들게 하는 그게 있다면 그 수업은 좋다고 봅니다. 끝은 같지만 중간에 따라하는 거랑 중간에 뭐라도 조금 학생들이 생각할 수 있게, 뭐 이렇게 실수도 해 봐야하고…….*
>
> \- 한 발명 교사의 인터뷰 중에서

학생이 문제를 빠른 시간에 해결하지 못하고 있다고 해서 그 학생이 발명 문제를 해결하고 있지 못한 것은 아니다. 학생마다 결과물을 만들어내는 데 차이가 있기 때문에 때로는 기다려주는 것이 필요하다. 제한된 시간 안에 수업을 끝내기 위해서 학생의 활동에 적극적으로 개입하는 것은 불필요할 뿐만 아니라 학생의 적극적인 학습 활동을 해치는 일이기도 하다.

이처럼 수업 시간에 특정 도구를 활용해서 탐구를 돕는 방법이 탐구 조력자로서 발명 교사의 역할이라고 할 수 있는 대표적인 활동들이지만 실제 교육 상황에서는 수업 외에서의 역할들도 매우 중요하다.

> *제가 발명기법에 대해 알려주고 발명품을 구상해 와라 하면 어느 정도 일주일의 시간을 줬다면 저희반 아이들은 정말 그때그때 와서 '이거 어때요?' '이 발명품은 괜찮은 것 같아요?' 하면서 자주 물어봐요. 일상적으로 계속 상호작용을 하죠.*
>
> \- 한 발명 교사의 인터뷰 중에서

발명 문제해결 과정은 정해져 있는 시간 속에서만 이루어지는 것이 아니며 특히 발명 아이디어는 시간적 제약을 떠나서 떠오르게 된다. 학생들은 그러한 아이디어에 대하여 적극적으로 피드백을 받고 싶어 하기 때문에 수업이 아닌 상황에서도 교사와 상호작용하기를 원한다. 하지만 이런 상황에서 지금은 발명수업시간이 아니니 수업시간에 이야기하자라고 이야기를 끊어버리게 된다면 학생은 탐구의 의욕을 잃을 수 있다. 탐구 조력자로서의 역할을 수행한다는 것은 발명 문제가 시작되고 완전히 끝나는 순간까지 조력을 한다는 의미이며 이는 정규 교육과정을 벗어나는 경우도 포함한다. 이러한 탐구 조력 과정은 장기적으로 학생이 발명 문제에 집중하거나 지속적으로 발명에 관심을 가지는 데 큰 역할을 하게 된다.

> *저희 반이어서 그런지는 몰라도 자주 상호작용하죠. 지금 다른 반인데 지금 학년이 올라갔는데도 학년이 다른 저에게 자주 찾아 와요.*
>
> – 한 발명 교사의 인터뷰 중에서

발명교육을 하는 목적을 생각해 보았을 때 학생이 지속적으로 발명에 관심을 가지도록 만들었다는 것은 매우 성공적인 교육을 했다는 것을 의미한다. 이처럼 탐구 조력자로서의 역할은 수업에 해당하는 시간뿐만 아니라 학생들의 삶 속에서 그들의 탐구 과정을 조력해 줄 수 있는 역할을 의미하는 것이다.

Tip / 탐구 조력자의 역할 수행을 위하여 교사에게 필요한 것은?

교사가 탐구 조력자의 역할을 수행하기 위해서는 학생에 비해서 압도적으로 많은 경험들이 필요하다. 학생들이 경험해보지 못한 상황들을 토대로 도움을 주거나 새로운 관점을 제공해줘야 하기 때문이다. 다양한 발명품을 찾아 볼 뿐만 아니라 일상생활 속에서도 다양한 물건이나 방법들에 관심을 가질 필요가 있다. 특히 다방면의 지식을 융합시킬 수 있는 역량은 탐구 조력자로서 역할을 수행하는 데 매우 중요한 능력이다.

② 도구 활용 전문가로서의 역할[39)]

발명의 과정에서 시제품을 만들게 되면 물리적인 도구를 다루게 된다. 우리 주변에서 흔히 쓰는 가위나 풀에서 시작해서 드릴이나 전동 톱, 아크릴 절곡기, 3D 프린터나 레이저 커팅기와 같이 새롭게 활용되고 있는 도구들을 사용하게 되기도 한다. 학생들이 다룰 수 있는 도구는 한정되어 있기 때문에 시제품을 제작하기 위한 재료들의 특징에 따라서 그것을 가공하기 위한 도구들에 대한 교육도 필요하다. 하지만 학생들이 만들고자 하는 것이 모두 다를 수 있기 때문에 교사는 일반적으로 학생들이 만들게 되는 발명품들의 시제품을 제작하는 과정에 필요한 도구의 사용 방법을 숙지할 필요가 있다. 이에 관한 예를 살펴보면 다음과 같다.

39) 윤주혁(2014, pp.77~78)

예시

○○초등학교 3모둠 학생들이 식판에 부착할 철망을 적절한 크기와 형태로 자르기 위해 니퍼로 절단 작업을 시도하였다.

P교사 : (A학생에게 다가오며) 힘을 좀 더 줘봐. 옳지! 할 수 있어. 힘!

A학생 : (얼굴이 붉어질 만큼 온 힘을 다해서 니퍼를 쥔 손아귀에 힘을 준다.)

P교사 : (위아래로 손을 꺾는 동작을 하면서) 그럴 때는 이렇게 위 아래, 위 아래, 위, 옳지!

A학생 : (니퍼를 위아래로 흔들면서 힘을 준다.)

P교사 : 점점 흔들어! 옳지. 그렇지. 그렇지.

…… (중략) ……

P교사 : (사각 철망을 하진이에게 주며) 자, 해봐. 하진이. 끝을 잡아야 돼.

B학생 : (손으로 니퍼를 깊숙하게 잡는다.)

P교사 : 잠깐만. 자, 봐봐. 요 앞쪽을 잡지 말고 끝을 잡아서 여기 끝부분을 잡아서 힘을 다해서 '탁' 하면 끊어져. 자, 해봐.

B학생 : (선생님이 알려준 대로 니퍼 손잡이의 끝부분을 잡고 사각 철망 자르기를 시도한다.)

P교사 : 오른손! 오른손! 오른손! 잡아. 옳지. 힘 줘봐. 옳지.

B학생 : ('딱' 하는 소리와 함께 철망 절단에 성공한다.)

A학생, B학생 : (놀라면서) 와아!

P교사 : 옳지! 됐잖아.

출처 ▶ 윤주혁(2021, p.77)

이 교사와 학생의 활동 속에서 알 수 있듯이 교사는 학생들에게 도구의 사용 방법에 대해서 안내하고 학생들이 도구를 이용하여 재료를 가공할 수 있도록 돕는다. 일반적으로 니퍼를 사용하는 과정에서 성인의 경우에는 충분한 힘으로 재료를 절단할 수 있지만 학생들의 경우에는 힘이 부족하기 때문에 니퍼의 특징을 가장 잘 살릴 수 있는 제1종 지레의 원리를 활용할 수 있도록 니퍼 손잡이의 끝부분을 잡도록 지도할 필요가 있는 것이다.

물론 이러한 도구의 활용 방법에 대한 지도뿐만 아니라 학생들이 문제를 해결하지 못할 때 대신 해결해 주는 전문가로서의 역할을 수행하기도 한다.

예시

○○학교 3모둠에서 남학생인 A학생과 B학생이 철망 절단 작업으로 힘들어 하고 있는 상황에서 P교사가 옆에서 지켜본다.

P교사 : (A학생 옆으로 가서) 이거 하나만 자르면 되는 거야? 이거 하나만?

B학생 : (손에 들고 있던 니퍼를 교사에게 건넨다.)

P교사 : (철망을 벌어진 니퍼 칼날 사이에 넣고 니퍼 손잡이를 손아귀로 강하게 누른다.)

A학생, B학생 : (교사의 손을 주시한다.)

P교사 : ('딱' 하는 소리와 함께 철망을 자른다.)

A학생, B학생 : (놀란 표정으로) 오!

교사가 도구 전문가로서의 역할을 수행한다는 것은 도구의 사용방법에 대한 숙지뿐만 아니라 그 도구를 활용함에 있어서 학생들에게 생길 수 있는 문제를 해결해 줄 수 있는 역량을 갖춘다는 의미이다. 하지만 때로는 교사의 해당 도구 활용 능력만으로도 문제가 해결되지 않는 경우가 있다. 앞선 사례의 연장선상에서 너무 두꺼운 철망을 자르는 과정에서 교사가 니퍼를 활용해도 절단이 되지 않는 상황이 발생하게 된다. 이때 교사는 학교에 구비되어 있던 절단기를 가지고 와서 철망을 잘라주게 된다.

물론 교사가 모든 도구를 활용할 수 있는 역량을 갖추는 것은 불가능하다. 하지만 최대한 많은 도구를 활용할 수 있다면 학생들은 발명 시제품을 만드는 과정에서 도구에 의한 문제 상황을 경험하지 않고 원하는 방향으로 시제품을 제작할 수 있다. 결국 이러한 도구 활용 능력을 익히는 것은 교사가 일상생활 속에서 경험하게 되거나 연수를 통하여 다양한 도구를 접해보는 방법 등을 통하여 길러주어야 한다.

Tip / 도구 활용 전문가의 역할 수행에서 빠트리지 말아야 하는 것은?

도구의 사용은 시제품 제작에 필수적인 요소이다. 하지만 많은 교사들이 학생들의 도구 활용을 꺼려하는 이유는 안전상의 문제이다. 안전 문제가 생기지 않도록 도구 사용을 배제하는 것은 바람직한 교육 방법이 아니다. 안전하게 도구를 활용할 수 있는 방법을 교육하고 교사의 지도 아래 학생이 안전하게 도구를 사용하는 경험을 가지도록 만드는 것이 중요하다. 교사의 지도에도 불구하고 학생들의 부주의로 인하여 사고가 생길 것을 대비하여 부모와의 연계, 지역 의료기관과의 연계도 사전에 준비해둬야 할 부분이다.

③ 중개자로서의 역할

중개자로서의 교사의 역할은 교사의 도움으로도 문제를 해결할 수 없는 상황이거나 보다 전문적인 지식이 필요한 상황에서 필요한 부분이다. 문제해결 과정에서 다른 사람들의 도움이 필요할 때 주변에 충분한 능력을 가진 교사를 섭외하거나 전문적인 지식을 갖춘 전문가와 학생을 연결시켜줌으로써 학생이 실질적인 도움을 받을 수 있도록 도와주는 역할이다. 시제품의 제작과정에서 외부 제작 전문가에게 의뢰하는 것도 중개자로서 교사가 해야 하는 역할이다.

오랜 시간 발명교육을 담당해온 교사들은 이러한 중개자로서의 역할을 수행하는 데 필요한 인적 네트워크를 구축하고 있다. 하지만 이러한 인적 네트워크는 단순히 학습을 통해서만 이루어질 수 있는 것이 아니다. 기존에 발명교육을 담당해오던 교사들이 가지고 있던 네트워크들이 새롭게 발명교육에 참여하는 교사들에게 자연스럽게 전달되는 경우가 많으며 대학원 교육과정에서 새롭게 만나게 되는 전문가들, 연수를 통하여 만나게 되는 전문가들을 통해서 구축되기도 한다. 때로는 필요에 따라 직접 전문가들을 찾아가서 부탁하는 노력들이 필요하다. 교사들에게 있어서 중개자로서의 역할이 가장 수행하기 어려운 역할이 될지도 모른다. 하지만 성공적인 발명교육을 위해서 교사가 갖추어야 할 역량 중 필수적인 역량이라고 할 수 있다.

Tip 중개자로서의 역할 수행에서 주의할 점은?

중개자로서 역할을 수행함에 있어 주의할 점은 학생의 도움 요청이 있기 전에 먼저 나서서 중개자로서의 역할을 수행하면 안 된다는 것이다. 학생들이 문제를 해결하는 과정에서 교사의 도움으로도 문제 해결이 되지 않을 때 학생들은 부모의 도움을 받거나 스스로 전문가를 찾아볼 수 있다. 교사가 먼저 전문가를 소개해준다면 시간적인 절약은 가능하지만 학생이 다양한 시도를 해 볼 수 있는 경험은 사라지게 된다. 학생의 요청이 있을 경우, 그리고 더 이상 학생 스스로 문제를 해결할 수 없다고 판단되는 경우에만 중개자로서의 역할을 수행하는 것이 바람직하다.

아이디어 발상 돋보기

창의적 문제해결 이론 TRIZ와 IDEAL-TRIZ

트리즈를 학교교육 현장에도 적용하기 위해서 많은 사람들이 연구하였고 그 결과 이정균(2010, p.51)은 학생들이 쉽게 트리즈를 적용할 수 있는 IDEAL-TRIZ를 개발하였다. IDEAL-TRIZ는 앞서 학습한 일반적인 발명 문제해결 과정(IDEAL)을 따르면서 문제를 해결하는 도중 가능한 해결책을 탐색할 때, 트리즈에서 제시한 발명 원리 40가지와 ASIT(TRIZ를 모체로 한 사고 기법) 이론에서 뽑아낸 8가지 사고 기법으로 발명 문제를 해결하는 이론이다.

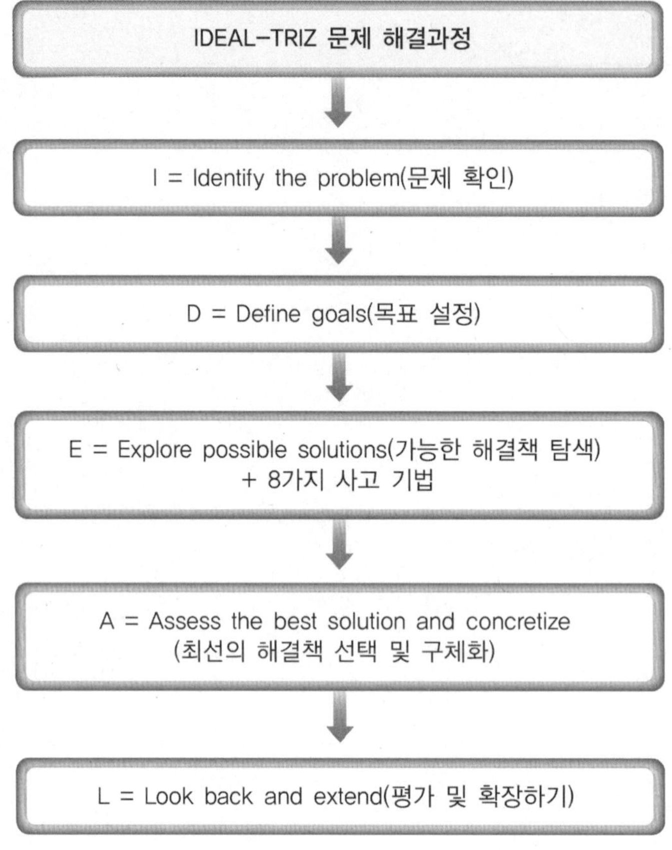
IDEAL-TRIZ 문제 해결과정
I = Identify the problem(문제 확인)
D = Define goals(목표 설정)
E = Explore possible solutions(가능한 해결책 탐색)
+ 8가지 사고 기법
A = Assess the best solution and concretize
(최선의 해결책 선택 및 구체화)
L = Look back and extend(평가 및 확장하기)

IDEAL-TRIZ의 구체적인 과정을 살펴보면 문제를 확인하고 이 문제를 해결한 최종 상태를 목표로 설정한 후, 8가지 사고 기법을 활용하여 가능한 해결책을 탐색한다. 그리고 여러 가지 해결 방법들 중에서 최선의 해결책을 탐색하고 구체화한 후에 발명에 대한 평가를 하는 과정으로 이루어져 있다.

IDEAL-TRIZ에서 제시하고 있는 8가지 사고 기법(용도 변경, 병합, 분할, 제거, 대체, 국부적 특성, 포개기, 색상 변화)은 발명 문제해결에 쉽게 적용할 수 있는 장점을 가지고 있다.

용도 변경

한 가지 물체로 여러 가지 다른 기능을 할 수 있도록 하는 기법이다. 각종 음료수는 식사와 함께 준비할 경우가 많으므로 병따개와 포크를 결합하는 것으로 포크의 활용도를 높였다.

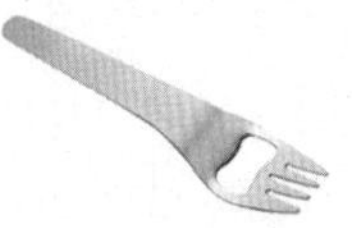
• 병따개 포크 •

병합

공간이나 시간적으로 따로 있어야 하는 것을 합체함으로써 효과적인 기능 및 작업을 쉽게 할 수 있게 하는 기법이다. 노트북은 그 자체로 모니터, 키보드, 마우스, 본체를 모두 합한 것이다.

• 데스크톱 ⇨ 노트북 •

분할

물체를 독립된 부분으로 나누어서 분해와 조립을 쉽게 할 수 있도록 하는 기법이다. 무선주전자는 물을 끓일 때만 전원이 필요하므로 전원부와 주전자를 분리시켰다.

• 무선주전자 •

제거

물체에서 방해되는 부분이나 특성을 제거하여 필요한 부분만 사용할 수 있도록 하는 기법이다. 즉, 보통의 물건에서 사용하는 환경에 따라 특정한 부분을 제거한 것이다. 다리 없는 의자는 보통의 의자에서 다리를 없앴고, 천장형 선풍기는 보호철망을 제거했다.

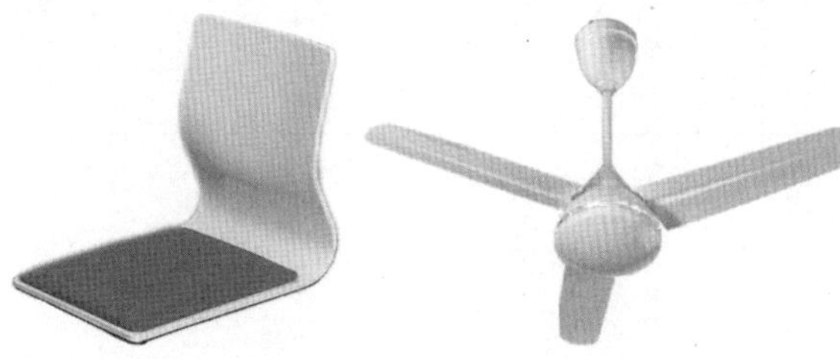
• 다리가 없는 의자 • • 천장형 선풍기 •

대체

물건의 품질은 약간 손해를 보지만 값이 비싼 물건을 값이 싼 물건으로 대체하는 기법이다. 음식점에서 어떤 음식을 파는지 알리고자 할 때 실제 음식을 진열한다면 얼마 지나지 않아 변질되어 버려야 할 것이다. 견본 음식은 말 그대로 견본일 뿐이므로 실제로 먹을 수 있지 않아도 되는 것이다.

국부적 특성

물체의 각 부분들의 특성을 다르게 하여 유용한 다른 기능을 할 수 있도록 하는 기법이다. 그림의 카드를 보면 왼쪽의 카드는 모든 모서리가 같은 모양을 하고 있지만 오른쪽 카드는 한쪽 모서리가 잘려있다. 어떤 점이 편리할까?

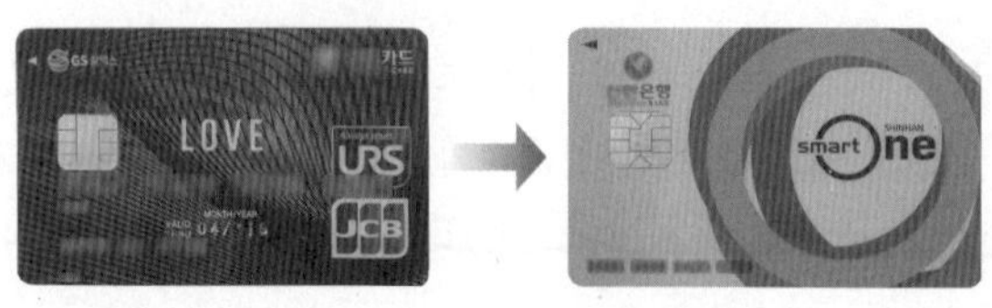

포개기

사물을 다른 것 안에 넣어서 빈 공간을 이용하거나 부피를 줄일 수 있는 기법이다. 코펠은 크기를 조금씩 다르게 하여 서로 포갤 수 있게 하였다. 그렇게 함으로써 부피를 획기적으로 줄일 수 있다.

색상 변화

사물의 부분이나 전체를 다른 색상으로 바꾸어 용도에 맞게 개선하는 기법이다. 화장실 변기의 사용 여부를 글씨와 색깔을 이용하여 표시하면 더욱더 쉽게 어떠한 상황인지를 알 수 있다.

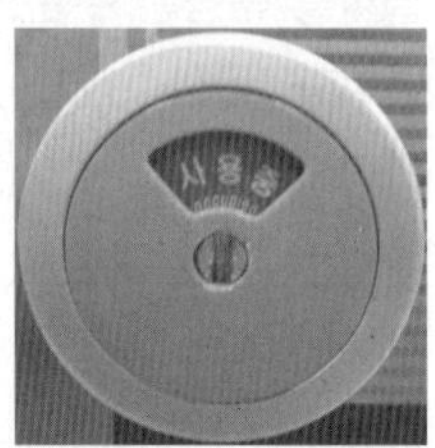

• 색상 변화에 따른 화장실 사용 여부 확인 •

문제해결 활동

아래의 사진은 몇몇 기업의 휴대전화 모델들이다. 이 휴대전화들의 불편한 점이나 개선할 점을 확인하여 아래에 제시된 문제해결 과정에 따라 새로운 발명을 해 보자.

1. 발명 문제 분석하기
   (발명 대상을 선정하고 이에 따른 원인 또는 문제점을 특성 요인도 형태에 모두 적어 보시오.)

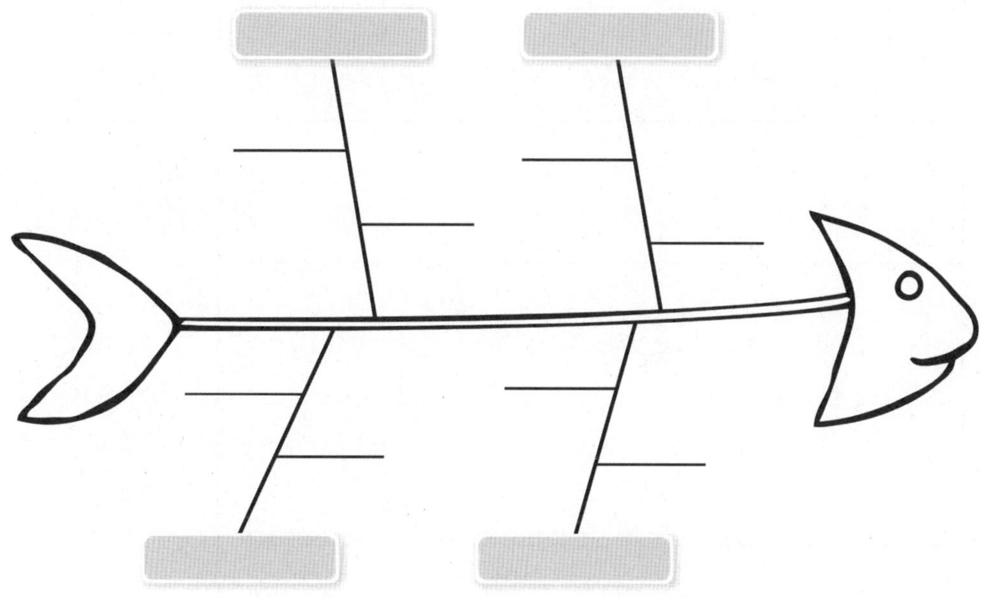

2. 발명 문제 수렴하기

(특성 요인도에 나열한 원인 또는 문제점을 나열하고 이를 유사한 내용 간에 범주화하여 문제를 분석해 보시오.)

No	원인 또는 문제점
1	
2	
3	
4	
5	
6	
7	
8	
9	
10	

범주화
A.
B.
C.
D.

3. 발명 아이디어 탐색하기(1): 브레인스토밍 또는 브레인라이팅
(발명 문제 범주화의 내용별로 브레인스토밍 또는 브레인라이팅을 실시하여 나오는 발명 아이디어를 1개 이상씩 나열해 보시오.)

발명 문제 범주화	발명 문제해결을 위한 아이디어
A.	
B.	
C.	
D.	

4. 발명 아이디어 탐색하기(2): 스캠퍼(SCAMPER)

항목	발명 아이디어 사례
대치하기(S)	
결합하기(C)	
적용하기(A)	
수정－확대－축소하기(M)	
다른 용도로 사용하기(P)	
제거하기(E)	
재배치하기(R)	

5. 특허 정보 검색하기 : 자신의 아이디어를 특허정보넷(KIPRIS)과 전 세계의 특허 정보 검색이 가능한 WIPS ON을 사용, 특허 정보를 검색해 보고 그 결과를 각각 적어 보자.

아이디어	키워드 및 검색 결과		분석 결과 유사율	아이디어 평가 대상 여부
	특허정보넷(KIPRIS)	WIPS ON		
A			□ 전체 일치 □ 부분 일치 □ 불일치 □ 판단 보류	□ 예 □ 아니오
B			□ 전체 일치 □ 부분 일치 □ 불일치 □ 판단 보류	□ 예 □ 아니오
C			□ 전체 일치 □ 부분 일치 □ 불일치 □ 판단 보류	□ 예 □ 아니오
D			□ 전체 일치 □ 부분 일치 □ 불일치 □ 판단 보류	□ 예 □ 아니오

6. 발명 아이디어 평가하기: ALU에 기반을 둔 평가행렬표
(발명 아이디어 평가하기는 4가지 방법과 각각의 양식을 제시하고 있으니, 이 중에서 1가지를 선택하여 발명 아이디어를 평가하고 최종적으로 아이디어를 선정해 보시오.)

평가 준거 \ 아이디어		아이디어 A	아이디어 B	아이디어 C	아이디어 D	비고
	A (장점)					
	L (제한점)					
	U (독특한 특성)					
	A (장점)					
	L (제한점)					
	U (독특한 특성)					
	A (장점)					
	L (제한점)					
	U (독특한 특성)					
	A (장점)					
	L (제한점)					
	U (독특한 특성)					
최종 선정된 아이디어						

7. 최종 아이디어 구체화하기: 특허 도면

아이디어 명칭	

8. 발명 아이디어 설명서

아이디어 명칭	
아이디어 개요	
아이디어 독창성	
아이디어 유용성	

9. 포트폴리오 자기 평가하기

발명에서 창업 활동	참여도			유용성		
	상	중	하	상	중	하
발명 문제 분석하기						
발명 아이디어 탐색하기						
특허 정보 검색하기						
발명 아이디어 평가하기						
최종 아이디어 구체화하기						
발명 설명서 작성하기						
[소감] 가장 유용하였던 활동						
가장 미흡하였던 활동						
향후 수정·보완할 활동						

Test

04장 내용 확인 문제

정답 p.348

01 발명 문제는 일반적인 문제와 유사하며 특히 [ ] 와/과 공통점을 많이 가지고 있다.

02 기술적 문제는 [ ], 설계, 고장 해결, 절차 등 네 개의 개념적 틀로 구성되어 있다.

03 문제를 확인하는 사고 기법은 [ ] 기법과 [ ] 기법 등이 있다.

04 특성 요인도 기법을 [ ] 뼈 다이어그램이라고도 한다.

05 발명 문제를 해결하는 과정은 [ ] – [ ] – [ ] – 발명 아이디어 [ ] – 발명 아이디어 [ ] – 발명 아이디어 [ ] – [ ] 평가의 과정을 거친다.

06 국가가 무료로 제공하는 특허 정보 검색 서비스의 주소는 [ ] 이다.

07 전 국민에게 발명 및 지식재산의 중요성을 인식시키고, 지식재산 전 분야의 다양한 콘텐츠와 온라인 교육을 무료로 서비스하는 포털은 www.[ ].net이다.

08 특허 분야의 단순/복잡 업무를 도와주는 인공지능으로 AI를 이용하여 자연어 검색이 가능한 서비스는 [ ] 이다.

09 발명 아이디어를 실행하는 데 있어 작업 준비하기에는 [ ] 와/과 [ ] 등의 작성이 포함된다.

10 [ ] (이)란 발명 아이디어 중 최적의 아이디어를 선정하기 위하여 여러 기준에 따라 평가하는 기법이다.

11 발명 아이디어 실행은 '작업 준비하기 – [ ] – 가공하기 – 조립하기 – [ ]'의 순서로 진행된다.

12 교사는 발명 문제해결 과정에서 다양한 역할을 하게 된다. 그중 학생들이 도구를 이용하여 발명 시제품을 만들 때 도움을 줄 수 있는 역할은 [ ] 로서의 역할이다.

토론과 성찰

다음 발명품을 PMI기법을 활용하여 아이디어를 평가해 보고 개선 사항을 말해 보자.

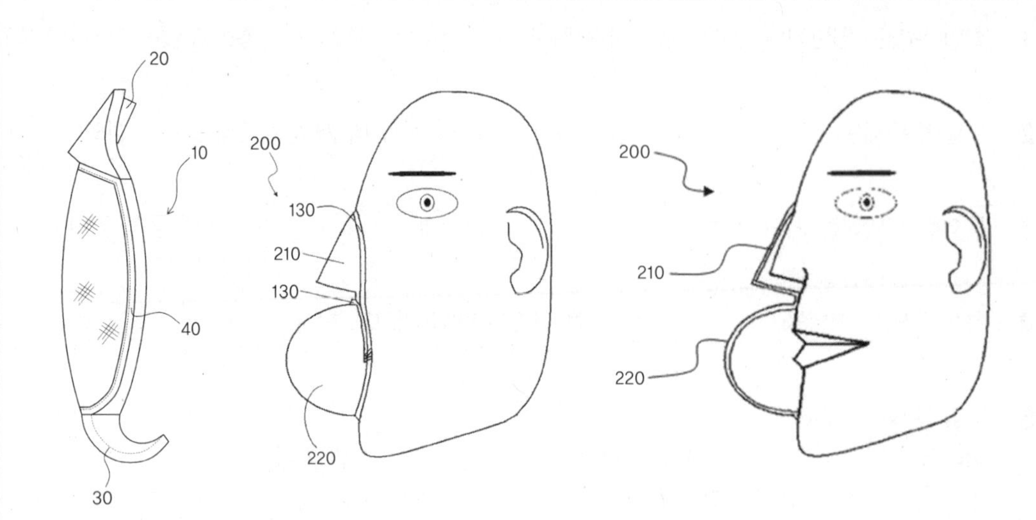

착용이 용이한 안면마스크. 등록번호 1017957950000(2017. 11. 02.)

구분	내용
Plus	
Minus	
Interesting	

문제 제기

이 단원에서는 지식재산권의 종류와 특징을 이해하고 발명을 보호하는 지식재산권의 사례를 탐구해 본다. 또한, 전자 출원을 할 수 있는 능력을 함양하여 발명 아이디어를 보호할 수 있는 능력을 기르고 지식재산권 보호의 의미에 대해 정확히 이해하고자 한다.

❶ 다양한 창작물을 보호하는 지식재산권의 종류와 특징은 무엇인가?
❷ 발명 아이디어를 보호하기 위한 전자 출원에 있어 필요한 것과 과정은 무엇인가?
❸ 지식재산권 보호의 의미와 이를 위한 제도는 무엇인가?

Understanding and Practice of
Invention Education

Chapter

05

발명과 특허 출원

01절 지식재산의 이해

① 지식재산의 개념

글로벌 사회가 지식재산 기반 사회로 급속히 변화되면서, 노동력 중심의 유체재산보다 창의력 중심의 무체재산이 더욱 가치가 높아지고 있다. 각 국가나 기업은 이러한 변화를 반영해 중요한 핵심 자원인 지식재산 창출 인재뿐만 아니라, 이를 보호하고 활용하려는 인재를 양성하기 위한 노력에 심혈을 기울이고 있다.

과거 인재라 함은 '단순히 실무적 지식기술을 갖추거나 뛰어난 자'를 의미했다면, 현재는 '기존의 지식기술을 뛰어넘어 새로운 문제를 해결할 수 있는 능력을 갖춘 자'를 의미한다. 이러한 점에서 창의적 아이디어를 발산하는 것을 넘어, 이를 개인 또는 조직의 아이디어를 지식재산권으로 권리화하고 미래에 있을지 모르는 상황(분쟁)에 대비하여 효과적이고 안정적으로 그 지식재산을 보호하려는 전략적 역량을 갖춘 인재가 요구된다(박기문, 2013).

우리나라는 지식재산의 창출·보호 및 활용을 촉진하고 그 기반을 조성하며 우리 사회에서 지식재산의 가치가 최대한 발휘될 수 있도록 함으로써 국가의 경제·사회 및 문화 등의 발전과 국민의 삶의 질 향상에 이바지하는 것을 목적으로, 2011년에 「지식재산기본법」을 제정하여 시행하고 있다. 이 법에 따른 지식재산에 관한 용어를 살펴보면, 다음과 같다.

표 5-1 「지식재산기본법」에 따른 지식재산 관련 용어

지식재산	인간의 창조적 활동 또는 경험 등에 의하여 창출되거나 발견된 지식·정보·기술, 사상이나 감정의 표현, 영업이나 물건의 표시, 생물의 품종이나 유전 자원, 그 밖에 무형적인 것으로서 재산적 가치가 실현될 수 있는 것을 말한다.
신지식재산	경제·사회 또는 문화의 변화나 과학기술의 발전에 따라 새로운 분야에서 출현하는 지식재산을 말한다.
지식재산권	법령 또는 조약 등에 따라 인정되거나 보호되는 지식재산에 관한 권리를 말한다.

② 지식재산권의 특징

인간의 창작 활동에 의한 지적 창작물에 부여하는 권리를 지식재산권으로 볼 수 있으며, 이러한 권리는 산업재산권, 저작권, 신지식재산권으로 구분할 수 있다.

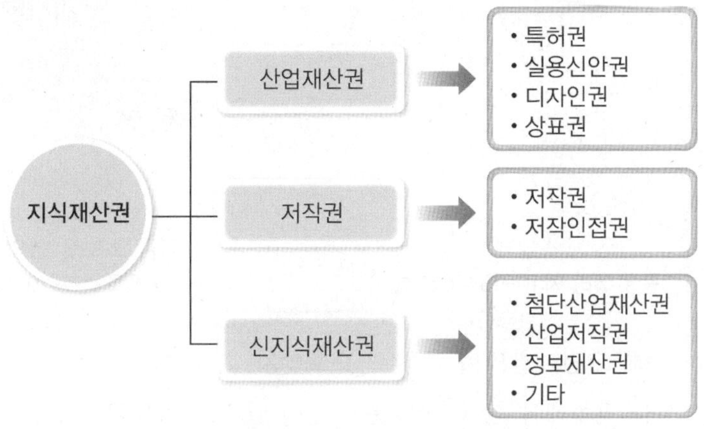

○ 그림 5-1 **지식재산권의 분류**

(1) 산업재산권

산업재산권이란 특허권, 실용신안권, 디자인권, 상표권을 총칭하며, 산업 발전에 기여하는 창작물을 보호하는 권리를 말한다.

① 특허권

특허는 일정한 요건을 충족시키는 다양한 발명에 대해 독점권을 부여하는 제도이다. 특허 제도의 목적은 발명가로부터 기술 공개를 유도하고 이를 이용해 산업을 발전시키고 사회적인 부를 창출할 수 있게 하기 위해서이다.

㉠ 발명의 정의 : 일반적으로 통용되는 발명은 사전적인 의미로 '불편한 문제점을 해결할 수 있는 새로운 물건이나 방법'을 의미한다. 특허법에서 정의하는 발명은 사전적인 의미의 발명과는 차이가 있다. 특허법에서의 발명은 "자연법칙을 이용한 기술적 사상(Idea)의 창작으로서, 고도한 것"을 의미하며, 이를 통해 발명 아이디어를 발명품으로 제작하지 않아도 특허로 보호받을 수 있음을 알 수 있다.

㉡ 발명의 종류 : 발명은 크게 물건발명과 방법발명으로 구분할 수 있다. 물건발명은 기구, 기계, 장치, 의약 등이 해당되고 방법발명은 물건의 사용방법, 물건의 제조방법, 통신방법 등이 해당한다. 이러한 물건발명, 방법발명 이외에 이미 알려진 물질을 다른 용도로 이용하는 용도발명, 상위개념에 포함되는 하위개념을 선택적으로 이용하는 선택발명 등이 있으나 이들 발명 역시 물건발명과 방법발명 중 어느 하나에 속한다고 볼 수 있다.

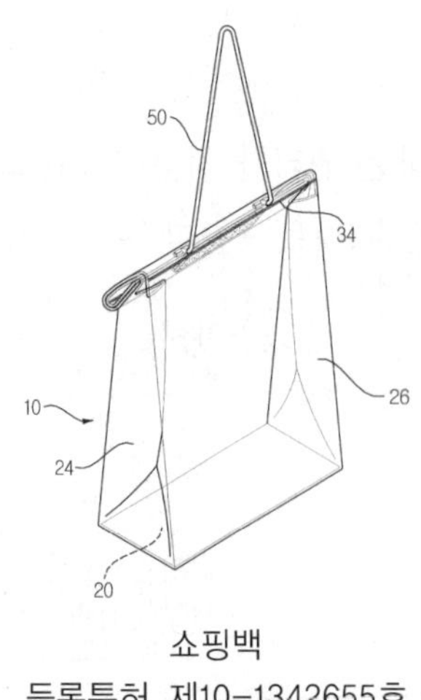

쇼핑백
등록특허 제10-1342655호

튀김 소보로 빵의 제조 방법
등록특허 제10-1104547호

㉢ 특허 등록 요건 : 발명이 특허로 보호받기 위해서는 산업상 이용 가능성, 신규성, 진보성을 만족해야 한다. 산업은 인간이 발명을 이용해서 실용적인 결과를 만들어 내는 모든 기술영역을 의미한다. 따라서 무한동력, 타임머신 등과 같이 자연법칙을 위배해서 산업에서 이용할 수 없는 발명은 특허로 보호 받을 수 없다. 뿐만 아니라 국제주의를 택하고 있는 특허법상 국내외에서 이미 알려진 발명과 동일한 발명을 출원할 경우 신규성의 문제로 특허로 보호받을 수 없다.

② **실용신안권**

일반적으로 실용신안은 특허보다 기술적 수준이 한 단계 아래인 물품인 개량발명을 보호하는 것으로 인식되고 있다. 실용신안 제도의 목적은 "고안을 보호 · 장려하고 그 이용을 도모함으로써 기술의 발전을 촉진하여 산업발전에 이바지하는 것이다." 고안은 "자연법칙을 이용한 기술적 사상의 창작"으로 특허에서 이야기하는 발명과의 가장 큰 차이점은 고도성이다. 고도성이 높은 대발명을 특허로 보호하고 고도성이 낮은 소발명을 실용신안으로 보호하지만 특허청에 등록된 특허를 살펴보면 많은 발명들이 개량발명인 것을 확인할 수 있다. 이는 개량발명이어도 특허등록 요건을 만족한다면 실용신안이 아닌 특허로 출원 가능하다는 것을 보여준다. 이러한 실용신안은 물건발명만 보호하기 때문에 반드시 도면을 요구하고 있다. 따라서 방법발명을 실용신안으로 출원할 경우 절차상 문제가 발생하게 된다. 실용신안을 출원할 때는 물건발명과 방법발명을 명확히 구분해서 출원할 필요가 있다.

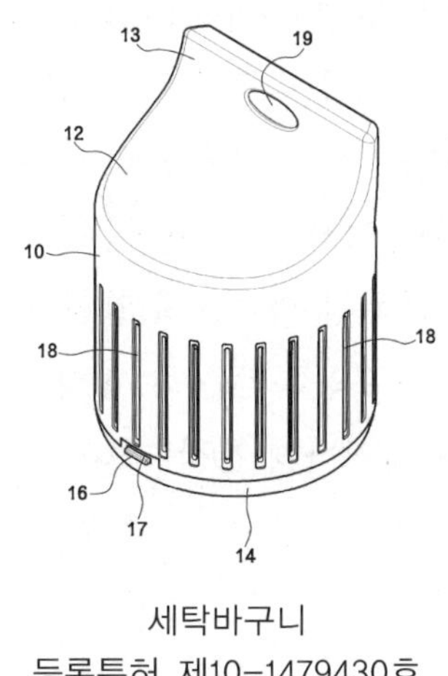

세탁바구니
등록특허 제10-1479430호

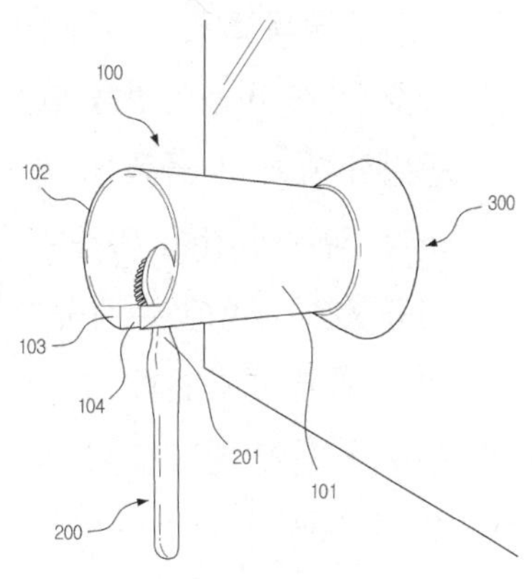

칫솔 거치가 가능한 양치 전용컵
등록 실용신안 제20-0452614호

③ 디자인권

디자인은 물품의 외형을 통해 느낄 수 있는 미적 감각을 보호하는 제도이다. 디자인 제도의 목적은 디자인의 보호와 이용을 도모함으로써 디자인의 창작을 장려하여 산업발전에 이바지하는 것이다. 디자인은 전자제품, 자동차, 가구 등 공업적인 방법을 통해 생산할 수 있는 다양한 제품에 적용되며 무형의 재산으로서 가치를 창출한다.

Tip / 디자인일부심사등록

디자인은 특허, 상표와 달리 타인이 쉽게 모방할 수 있는 특징이 있어 권리를 신속하게 확보할 수 있도록 디자인일부심사등록 제도를 두고 있다. 디자인일부심사등록 제도는 디자인 유행이 빠르게 바뀌는 일부 물품에 한해서 디자인의 성립요건, 등록요건의 일부만 심사하여 신속하게 권리를 확보할 수 있게 해주는 제도이다.

㉠ 디자인의 정의 : 디자인은 물품의 형상 · 모양 · 색채 또는 이들을 결합한 것으로서 시각을 통하여 미감을 일으키게 하는 것을 의미한다.

㉡ 디자인 요건 : 디자인이 성립되기 위해서는 물품성, 형태성, 시각성, 심미성을 만족해야 한다. 디자인은 육안으로 식별 가능하고 독립적으로 거래가 가능한 물품을 대상으로 하고 형상 · 모양 · 색체가 구현될 수 있도록 일정한 형태를 지녀야 한다. 따라서 기체, 액체, 가루 등과 같이 형태를 지니지 않은 것들은 디자인이 성립될 수 없다. 그리고 물품이 미적으로 가공이 되어 있어 심미성을 일으킬 수 있어야 하는데, 심미성은 사람의 주관에 따라 매우 다르게 느껴질 수 있는 부분이어서 실무상 판단 기준이 모호한 부분이기도 하다. 그렇기 때문에 심미성의 경우 미적 요소의 유무가 문제가 될 뿐 수준은 크게 문제가 되지 않는다.

㉢ 디자인 등록 요건: 디자인이 디자인등록을 받기 위해서는 공업상 이용가능성, 신규성, 창작 비용이성을 만족시켜야 한다. 공업상 이용가능성이란 재료를 가공해서 동일한 형태의 물품을 지속적으로 양산할 수 있는 것을 의미한다. 따라서 그림, 조각, 사진과 같이 일품제작의 성격을 지닌 저작물은 디자인으로 보호할 수 없다. 신규성은 기존에 존재하지 않는 것으로 불특정 다수에게 알려진 디자인 또는 이미 출원된 디자인과 유사할 경우 디자인으로 등록받을 수 없다. 창작 비용이성은 누구나 쉽게 창작할 수 없는 디자인으로 용이하게 창작 가능한 디자인은 보호받을 수 없다.

④ **상표권**

상표는 자기의 상품과 타인의 상품을 식별하기 위하여 사용하는 표장(기호, 문자, 도형, 소리, 냄새, 입체적 형상, 홀로그램·동작 또는 색채 등)으로서 그 구성이나 표현 방식에 상관없이 상품의 출처를 나타내기 위하여 사용하는 모든 표시를 의미한다. 이러한 상표의 정의를 만족하는 상표는 크게 전형상표와 비전형상표로 구분할 수 있다. 전형상표는 기호, 문자, 도형을 이용한 전통적인 상표이고 비전형상표는 소리, 냄새, 입체적 형상, 홀로그램, 동작, 색체, 위치 등 새로운 유형의 상표이다.

> **Tip / 상표 등록 요건**
> 상표를 특허청에 등록 받기 위해서는 식별력이라는 요건을 충족시켜야 한다. 따라서 타인의 상표와 동일하거나 유사해서 식별력이 없는 경우 등록받을 수 없다.

○ 표 5-2 드럼통 방식 오븐의 산업재산권 사례와 존속 기간

제품	특허권·실용신안권	디자인권	상표권
	350 300 352 150 110 330 340 112 100 115		통도리
드럼통 방식 오븐의 지식재산권	통도리 오븐의 기능을 보호하는 특허권(실용신안권)	통도리 오븐의 외형을 보호하는 디자인권	통도리 오븐의 표장을 보호하는 상표권
존속 기간	출원일로부터 20년(실용신안 10년)	출원일로부터 20년	설정등록일로부터 10년(10년마다 갱신 가능, 반영구적 관리)

(2) 저작권

Tip 저작물의 종류

저작물은 인간의 사상 또는 감정을 표현한 창작물을 의미한다. 저작물에는 어문, 음악, 연극, 미술, 건축물, 사진, 영상, 컴퓨터 프로그램 저작물 등이 있다.

저작권이란 학문과 예술의 영역에 있는 저작물에 대해 저작자가 가지는 권리를 말한다. 즉, 저작권은 문학, 학술, 또는 예술의 범위에 속하는 창작물에 대하여 그 창작자에게 일정 기간 동안 자신의 창작물을 독점으로 사용하도록 하되, 권한이 없는 타인이 무단으로 복제・공연・전시・배포하거나 2차적 저작물을 작성하는 행위를 금지한다. 「저작권법」은 저작물을 창작한 저작자의 권리(저작권)와 이에 인접하는 권리(저작인접권)를 보호하고 저작물의 공정한 이용을 도모함으로써 문화 및 관련 산업의 발전에 이바지하는 것을 목적으로 한다. 이에 따른 저작권의 보호 기간은 아래와 같다.

① **저작권 보호 기간**

㉠ 원칙: 저작자의 생존 기간 및 사망 후 70년

※ 저작권 보호 기간 연장(50년 ⇨ 70년)은 2013년 7월 1일부터 시행

㉡ 무명 또는 이명저작물, 업무상 저작물, 영상저작물: 공표된 때로부터 70년

㉢ 공동저작물: 맨 마지막으로 사망한 저작자의 사망 후 70년

② **보호 기간의 기산**: 보호 기간은 저작자가 사망하거나 저작물을 공표한 해의 다음 해 1월 1일부터 기산함

(3) 신지식재산권

최근 과학기술의 발달과 사회 여건의 변화에 따라 새롭게 등장하는 지적 창작물로서 종래의 지식재산권만으로는 보호에 한계가 있는 경제적 가치를 지니는 것을 보호하기 위해 마련한 제도이다. 대표적인 신지식재산에는 반도체, 식물 신품종, 데이터베이스, 캐릭터 등이 있으며 이를 보호하기 위해 「반도체 집적회로의 배치 설계에 관한 법률」, 「식물신품종 보호법」 등이 새롭게 제정되었다. 최근에는 인공지능 기술이 발달하면서 인공지능이 창작한 발명, 저작물, 디자인 등의 신지식재산을 보호할 수 있는 제도가 없어 이에 대한 연구가 활발히 진행되고 있다.

표 5-3 신지식재산권의 분류

구분	첨단산업재산권	산업저작권	정보재산권	기타
내용	반도체 설계, 생명공학 기술	컴퓨터 프로그램, 소프트웨어	데이터베이스, 영업비밀, 뉴미디어	프랜차이징, 지리적 표시, 인터넷도메인 네임, 캐릭터, 비전형 상표 등

이러한 신지식재산 중에서는 새로운 법을 만들지 않고 종래에 존재하는 저작권과 산업재산권을 함께 이용해서 보호하는 것들도 있다. 예를 들면 캐릭터의 경우 과거에는 저작권으로 보호했으나 제조기술이 발달하면서 상품화가 가능해져 물품으로 생산되다 보니 저작권만으로는 캐릭터 산업을 모두 보호할 수 없는 한계가 발생했다. 따라서 이러한 문제를 해결하기 위해 디자인권과 입체 상표권을 추가로 이용해서 캐릭터를 보호하는 전략을 활용하고 있다. 데이터베이스의 경우는 저작권 내에서 편집 저작물로 보호하고 있다. 이처럼 신지식재산을 자세히 들여다보면 기존의 지식재산권으로 보호하고 있는 것들이 많이 있다는 것을 알 수 있다.

③ 지식재산권의 가치

지식 기반 사회에서 지식재산은 전 세계적으로 경제 성장, 기업의 전략, 정부의 정책을 세우는 데 중요한 결정 요인으로 부각되고 있다. 이러한 지식재산을 통한 기술의 독점적 권리를 확보하기 위하여 각국은 지식재산권을 강화하고 있다. 이러한 점에서 지식재산권의 필요성을 4가지로 요약할 수 있다.

첫째, 시장에서 독점적 지위 확보이다.

특허 등 지식재산권은 독점 배타적인 권리로, 창작자의 권리를 보호함으로써 신용 창출, 소비자의 신뢰도 향상 및 기술 판매를 통한 로열티 수입이 가능하다는 점이다.

둘째, 특허 분쟁의 예방 및 권리 보호이다.

창작자는 발명 및 개발 기술을 적당한 때에 출원하고 권리를 확보함으로써 타인과의 분쟁을 사전 예방하며, 타인이 자신의 권리를 무단 사용할 때는 법적 보호가 가능하여 적극적으로 대응할 수 있다.

셋째, R&D 투자비 회수 및 향후 추가 기술 개발의 원천이다.

막대한 기술 개발 투자비를 회수할 수 있는 확실한 수단이며 확보된 권리를 바탕으로 타인과 분쟁 없이 추가 응용 기술 개발이 가능하다.

넷째, 정부의 각종 정책 자금 및 세제 지원 혜택이다.

특허권 등 지식재산권을 보유하고 있는 경우, 특허기술사업화 자금 지원이나 우수발명품 시작품 제작 지원 등의 각종 정부 자금 활용과 세제 지원 혜택을 받을 수 있다.

02절 특허 출원의 이해

① 특허 출원 과정의 이해

특허는 많은 시간과 비용을 들여서 발명한 것을 허락 없이 사용하는 사람으로부터 정신적·물질적 피해를 받지 않기 위한 법적인 권리 보호 장치이다. 따라서 새로운 것을 만들게 되면 우선 특허청에 특허를 출원하고, 특허 심사를 통해 발명으로 인정을 받아 등록을 마침으로써 독점적인 권리를 확보하는 것이 필수적이다. 특허 출원이란 발명에 대하여 특허를 받을 수 있는 권리를 가진 자가 국가에 대하여 발명의 공개를 조건으로 특허권의 부여를 요구하는 의사 표시 행위이다.

특허 출원은 정확하고 신속한 절차가 요구되기 때문에 「특허법」이 정한 일정한 형식 및 절차에 따른다. 누구든지 자신의 발명 아이디어를 특허로 출원하여 그에 대한 권리를 가질 수 있다. 특허를 얻기 위해서는 우선 개선이 필요한 제품의 발명 아이디어를 발상하여 그 아이디어가 이미 특허로 출원되어 있는지 검색해 보는 조사를 진행할 필요가 있다.

일반적으로 출원에서 권리를 획득하기까지의 과정은 복잡하고 까다롭기 때문에 변리사를 통해 진행하는 것이 좋다. 하지만, 학생 또는 조건에 해당하는 경우에는 1년에 1건에 한해 무료 변리를 받을 수 있는 제도*가 마련되어 있다.

특허 등록 요건은 크게 다음 3가지로 분류할 수 있으며, 만일 이 특허 등록 요건을 충족하지 않고 출원할 경우에는 특허청으로부터 거절 결정 통보를 받게 된다.

> *** 공익변리**
> 초·중·고·대학생, 기초생활수급자, 국가유공자, 장애인의 경우 특허와 실용신안에 대해서는 1인당 1년에 1건에 한해서 공익변리를 이용할 수 있다.

신규성 공지기술과 동일하지 않은 새로운 발명일 것
진보성 공지기술로부터 용이하게 발명할 수 없는 발명일 것
산업상 이용 가능성 산업 발전에 이바지하는 데 있음에 비추어 당연한 요건

이러한 특허 등록 요건 이외에도 우리나라 「특허법」에는 기본 원칙들이 있다. 한국을 비롯한 대다수가 시행하고 있는 것으로 동일한 발명(고안)에 대하여 누구에게 특허(실용실안)를 줄 것인가를 판단하는 기준이 선출원주의이다. 그 다음으로는 1국 1특허의 원칙에 따라 각국의 특허는 서로 독립적으로 효력이 발생하므로 특허권 등을 획득하고자 하는 나라에 출원을 하여 그 나라에서 특허권 등을 취득하여야만 해당 국가에서 독점 배타적 권리를 확보할 수 있는 속지주의가 있다.

② 특허정보넷을 활용한 선행기술 조사

특허정보넷 키프리스(KIPRIS)는 특허청이 보유한 국내외 지식재산권 관련 정보를 누구나 무료로 검색 및 열람할 수 있는 지식재산권 정보 검색 서비스이다. 데이터 제공의 범위는 특허·실용실안(1948년 이후 자료), 디자인(1948년 이후 자료), 상표(1950년 이후 자료), 심판(1956년 이후 자료), KPA*(1979년 이후 자료)이다. 검색 메뉴를 지속적으로 개편하여 사용자 인터페이스를 강화하고, 검색 메뉴에서 통합 검색 기능을 제공한다.

> * KPA(Korean Patent Abstracts, 한국특허영문초록)
> 한국특허공보 요약서에 대한 영문 번역자료로서 국내 특허기술 보호 강화 및 글로벌 지식재산권 분쟁 사전 예방을 목적으로 특허청에서 매월 발간함

특허정보넷은 데이터 신뢰성이 우수하며, 국내외 문헌에 대한 상세한 정보를 제공하고 있고, 스마트폰을 이용한 모바일 서비스(m.kipris.or.kr)도 시행하고 있다.

(1) 통합 검색

특허정보넷 홈페이지 메인 화면에서 통합 검색용 창을 제공한다. 따라서 통합 검색용 창에 키워드를 넣고 검색하는 경우 특허 실용, 디자인, 상표, 해외 특허들이 일괄적으로 검색된다. 또한 통합 검색 이후에 나타나는 화면에서 결과 내 검색 기능을 실행한다.

통합 검색의 경우 국내외의 특허·디자인·상표 등 모든 문헌들을 검색하므로, 검색식이 복잡해지면 검색 엔진의 검색 속도가 매우 느려지는 단점이 있다. 따라서 통합 검색보다는 항목별 검색을 이용하는 것이 더 바람직하다.

(2) 항목별 검색

검색 필드를 이용하여 관련 특허 문헌들을 검색하는 경우에 사용한다. 국내 특허 실용 및 해외 특허 실용을 따로 구분하여 검색할 수 있도록 되어 있다. 항목별 검색을 위해서는 SEARCH에서 '특허실용신안'을 선택 후 항목별 검색(스마트 검색)을 클릭하면 된다.

○ 그림 5-2 키프리스 항목별 검색

(3) 해외 특허 검색

특허정보넷(KIPRIS)의 검색 필드를 이용하여 해외 특허를 검색할 수 있다. 따라서 외국 특허청에 접속하지 않더라도, 미국, 유럽, 일본 및 중국 등의 특허들을 검색할 수 있다. 해외 특허 문헌마다 번호 표기 방법이 다르고 특허정보넷(KIPRIS)에 입력하는 방법도 다르므로, 사전에 확인 후 입력해야 오류가 발생하는 것을 방지할 수 있다.

(4) 키워드를 활용한 특허 정보 조사

원하는 특허 문헌을 검색하고자 하는 경우, 다양한 방법을 사용할 수 있지만, 일반적으로 키워드를 사용하여 특허 문헌을 조사하는 방법이 사용된다. 키워드는 문장이나 문단에서 핵심이 되는 단어 또는 어구를 의미한다. 특허 문헌의 검색은 해당 특허 기술을 잘 나타내는 핵심적 기술 용어 또는 어구를 찾는 것을 의미하므로, 키워드를 적절히 선정함으로써 원하는 특허 문헌을 찾을 수 있다.

③ 특허 출원

발명을 한 자가 특허를 받고자 할 경우 법령에 정한 서식에 의한 출원서, 발명의 설명, 청구 범위를 적은 명세서, 필요한 도면, 요약서 및 기타 법령에 정한 첨부 서류가 있는 경우 그 서류(위임장 등)를 첨부하여 특허청 출원과에 제출한다. 특허 출원의 일반적인 절차는 아래와 같으며, 특허 출원의 방법은 오프라인에서 서류를 통한 서면 출원과 온라인을 통한 전자 출원이 있다.

Tip / 출원과 등록

특허심사 과정은 출원인과 심사관의 의사교환을 통해 상호보완하는 과정이다. 단순히 패스(Pass)와 페일(Fail)의 과정이 아니기 때문에 보정이라는 단계를 거치게 된다. 또한, 특허거절결정을 받은 경우 특허심판원에 불복심판을 청구할 수 있다. 더 나아가 특허심판원의 결정을 받아들일 수 없는 경우 특허법원에 심결(심판원 결정) 취소 소송을 제기할 수 있다.

문제의 인식 ⇨ 해결 방안 모색 ⇨ 선행기술 자료 검색 ⇨ 아이디어의 구체화 ⇨ 사전 등록 절차(특허고객번호 부여 신청 ⇨ 인증서 등록 ⇨ 인증서 로그인) ⇨ 출원서, 요약서, 명세서 등 각종 서식 작성 ⇨ 출원서 등 특허청에 제출 ⇨ 수수료 납부 ⇨ 출원번호 통지서 수령

(1) 서면 출원

① **선행기술 자료 검색**: 먼저 자신의 발명과 같은 발명이 먼저 출원·등록되었는지 확인하여야 한다. 이의 확인을 위해서는 특허정보넷(KIPRIS) 등을 통하여 선행기술을 확인할 수 있다.

② **출원서 작성 및 제출**: 출원 서류, 즉 요약서, 명세서, 청구 범위, 도면 등은 그 발명이 속하는 기술 분야에서 통상의 지식을 가진 자가 기술의 내용을 용이하게 시행할 수 있을 정도로 충실하게 기재하여 '특허고객번호 부여 신청서(처음 출원하는 자)'와 함께 특허청에 제출하면 된다.

③ **수수료 납부**: 우편 접수를 하는 경우는 수수료를 통상환(우편환)으로 교환하여 출원 서류에 첨부하여 납부하면 된다. 방문 접수나 온라인 출원의 경우는 접수증의 접수번호를 특허청 영수증 용지에 기재하여 접수한 다음날까지 납부하여야 한다.

④ **출원번호 통지**: 접수일로부터 약 10~15일 이내에 우편으로 출원번호를 통지한다. 이 출원번호는 출원 등록 절차가 종료될 때까지 보관하여야 한다.

⑤ **심사 청구 및 심사**: 출원인의 심사 청구 후 심사관은 심사를 통해 등록 여부를 결정하며, 거절이유 발견 시 출원인에게 의견 제출 통지서를 보낸다.

(2) 전자 출원

전자 출원 절차를 진행하고자 하는 경우 먼저 특허로(https://www.patent.go.kr/)에 접속해서 특허고객등록 메뉴를 이용해 특허고객번호를 신청한다. 특허고객번호는 12자리의 숫자로 구성되며 주민등록번호처럼 개인을 식별할 수 있는 정보이다. 특허를 출원할 때는 반드시 특허고객번호를 작성해야 출원할 수 있다. 그리고 특허를 전자 출원하기 전에 미리 개인 공인인증서를 특허로에 접속해서 등록해야 한다. 공인인증서를 등록하는 이유는 전자 출원할 때 이를 이용해서 서명을 하기 때문이다.

○ 그림 5-3 전자 출원을 위한 '특허로(http://www.patent.go.kr)' 사이트

미성년자의 경우 단독으로 전자 출원을 할 수 없기 때문에 반드시 법정대리인이 미성년자의 명세서와 출원서를 대리해서 제출해야 한다. 미성년자는 특허고객번호를 신청할 때 법정대리인의 특허고객번호와 법정대리인과의 관계를 증명할 수 있는 주민등록등본 1부를 신청서에 첨부해야 한다. 그리고 전자 출원을 할 경우에는 미성년자의 특허고객번호와 법정대리인의 특허고객번호 두 개가 필요하다. 공인인증서의 경우는 미성년자는 필요 없고 법정대리인의 공인증서만 있으면 된다. 전자 출원한 이후 심사 진행 사항, 특허 관리 등을 확인할 때는 법정대리인이 특허로에 접속하면 확인이 가능하다.

○ 그림 5-4 특허고객번호 발급 사이트

(STEP 1) 사용자 등록(특허고객번호 부여 신청)
(STEP2) 인증서 사용 등록
(STEP3) 문서 작성 SW 설치(K-Editor)
(STEP4) 명세서 / 서식 작성
(STEP5) 온라인 제출
(STEP6) 제출 결과 조회

(3) 명세서

특허출원서는 발명의 설명, 청구범위, 도면 및 요약서를 첨부하는데, 발명의 설명과 청구범위를 합쳐서 '명세서'라고 한다. 명세서란 특허를 받고자 하는 발명의 기술적 내용을 문장을 통하여 명확하고 상세하게 기재한 서면을 말한다. 특허 출원의 내용을 공중에 공개하여 기술 발전에 이바지하는 '기술 문헌'의 역할을 수행함과 동시에, 특허 출원이 등록된 이후 특허 청구범위에 기재된 사항에 의해 특허권의 권리 범위를 판단하며 이때 명세서에 기재된 내용을 참고하고 '권리 문서'로서의 역할을 수행한다.

> **Tip / 전자출원 소프트웨어(SW)**
> 전자출원을 위해서 이용하는 소프트웨어는 통합명세서작성기와 통합서식작성기가 있다. 통합명세서작성기는 특허명세서를 작성할 때 이용하고 통합서식작성기는 출원서를 작성할 때 이용한다.

명세서의 작성에 있어서는 그 발명이 속하는 기술 분야에서 통상의 지식을 가진 자가 그 발명을 실시할 수 있을 정도로 기술적 내용이 명확하고 충분히 기재되어야 함과 동시에 출원인이 특허를 받으려고 하는 권리가 어떠한 범위인지를 제3자가 명확히 파악할 수 있을 정도로 기재되어야 한다. 여기서 '실시할 수 있을 정도로 명확하고 충분한 기재'라 함은 그 발명의 내용을 명확하게 이해하고 이를 재현할 수 있는 정도로 필요한 사항이 기재됨을 의미하는 것이다.

아무리 훌륭한 발명이라고 하여도 발명의 설명을 통해 목적, 구성 및 효과가 명확하고 간결하게 표현되지 않는다면 제3자는 발명의 내용을 제대로 파악할 수 없어 정확히 이해할 수 없게 된다. 그 결과 특허 심사관이 발명을 제대로 평가할 수 없어 특허 요건이 결여된 발명으로 오인하여 거절될 수 있다.

그리고 발명의 설명을 충분히 작성했어도 청구범위가 특허로 보호될 만큼 완성에 이르지 못한 경우 역시 미완성 발명으로 거절이 될 수 있다. 반대로 특허 청구범위는 충분히 완성했으나 발명의 설명이 청구범위에 대해 충분히 설명하지 못하는 경우는 발명은 성립했지만 내용이 부족한 기재불비 요건에 해당되어 거절될 수 있다.

명세서는 특허 출원이 공개된 경우, 제3자가 이용할 수 있는 '기술 문헌' 기능을 하게 된다. 이는 특허 출원된 내용에 대한 제3자의 중복 투자를 방지함과 더불어 「특허법」이 발명을 통해 산업 발전에 이바지함을 목적으로 하고 있기 때문이다. 또한, 명세서는 특허 출원이 등록된 이후, 명세서의 기재 내용인 특허 청구 범위에 의해 특허권의 보호 대상과 범위가 특정됨에 따라 '권리서'로서 기능한다.

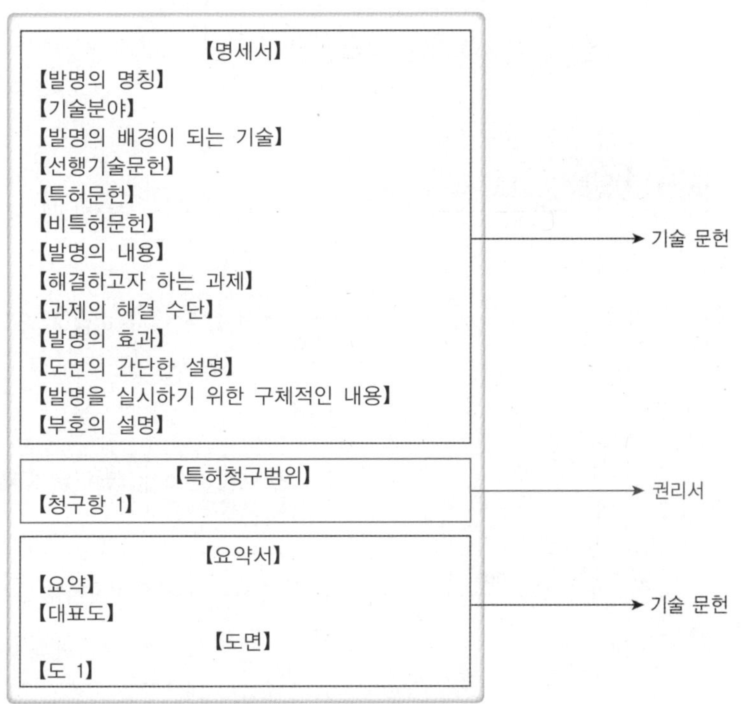

○ 그림 5-5 특허 명세서의 구성

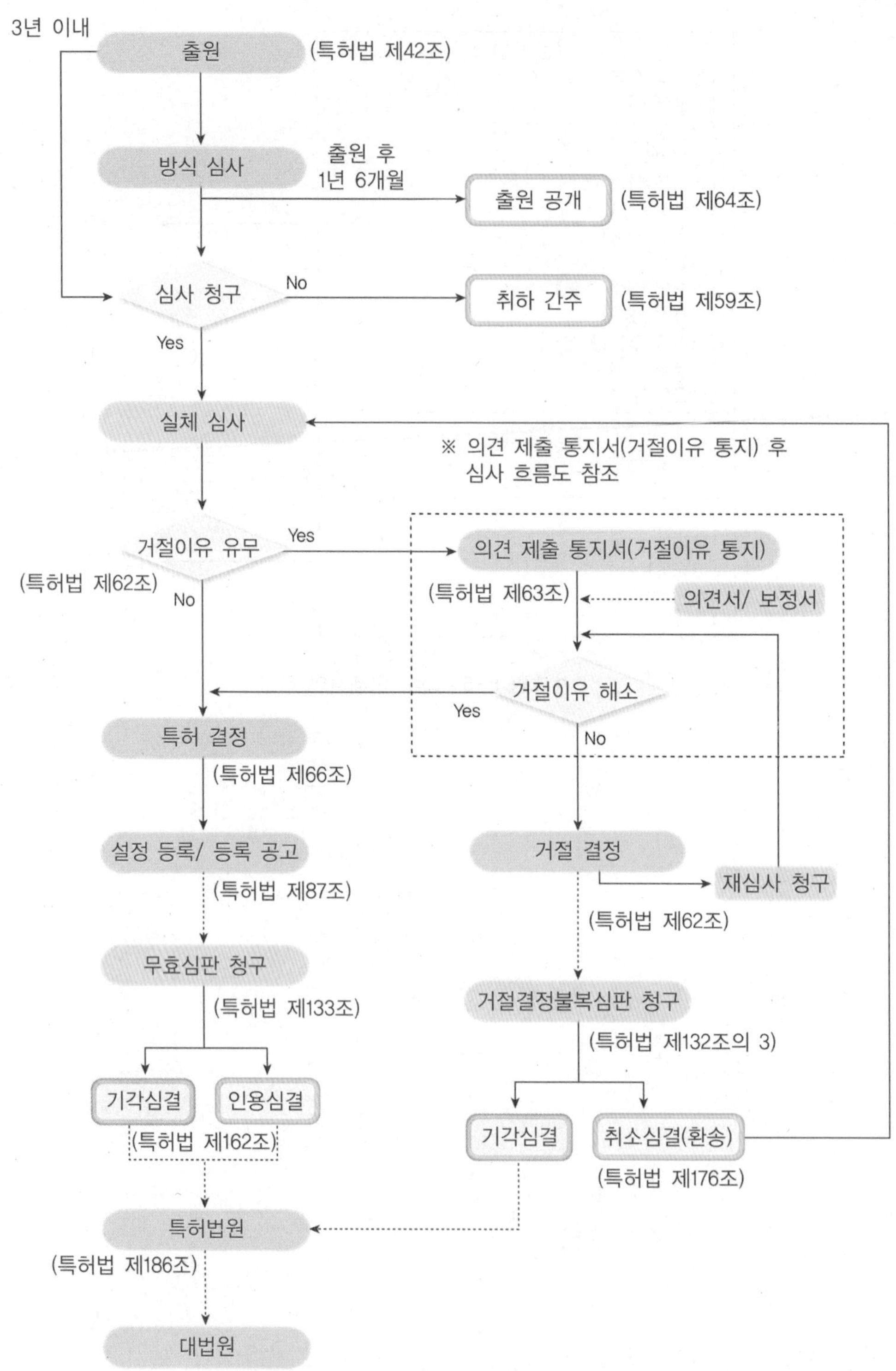

ㅇ그림 5-6 특허 출원 후, 심사 흐름도

03절 지식재산권 보호

① 지식재산 보호의 의미

지식재산이란 저작권과 산업재산권(특허 · 실용신안 · 디자인 · 상표) 등을 총칭하는 말로, 지식재산 보호를 위해 저작권법, 특허법 등의 관련 법률과 특허청 등의 담당 기관이 있다. 지식재산 보호는 크게 두 가지의 의미를 지닌다. 첫째는 새로운 아이디어를 창작한 창작자의 권리를 저작권, 특허권, 디자인권 등으로 보호하는 것이고, 두 번째는 이렇게 권리화된 지식재산권의 보호를 강화시키는 것이다.

전자와 관련된 사례로 특허 제도는 발명을 보호, 장려하고 그 이용을 도모함으로써 기술의 발전을 촉진하여 산업 발전에 이바지함을 목적으로 한다. 즉, 특허 제도는 발명자에게 특허권이라는 독점적이고 배타적인 재산권을 부여하여 보호하는 한편, 해당 발명을 공개함으로써 그 발명의 이용을 통하여 산업 발전에 기여하고자 한다. 바야흐로 21세기는 특허 전쟁의 시대이다. 특허 분쟁이란, 특허 출원에 대한 특허청 심사관의 심사 결과를 놓고 벌어지는 다툼이라고 할 수 있다. 지금 이 순간에도 시시각각 새로운 기술이 개발될 때마다 원천 특허 확보를 위한 소리 없는 전쟁이 전개되고 있으며, 자사의 이익을 위해서라면 특허 분쟁도 서슴지 않는다.

특허 침해 소송은 특허 기술의 도용 등으로 특허권이 제3자에 의하여 침해당할 경우, 특허권자가 그 제3자에게 더 이상의 특허 침해를 못하게 하거나, 침해로부터 입은 손해를 배상받도록 해 주는 최종적인 법적 보호 수단이다.

현재 우리나라는 지식재산 보호를 위해 특허청 소관의 기타 공공기관으로 '한국지식재산보호원(KOIPA)'이 2009년 2월 설립돼 운영 중에 있다. 한국지식재산보호원은 국내외 지식재산권 보호 기반 조성 및 유관 기관과의 전략적 협력 네트워크를 구축하여 국내 산업 발전과 지식재산 분야의 국제 경쟁력 강화를 꾀하고 있다. 이를 위해 지식재산권 분쟁 발생 시 전략 컨설팅 제공, 국제 IP 분쟁 동향 조사 · 분석 공유, 지식재산 존중 의식을 고양하기 위한 범국민 캠페인, 위조 상품 단속 지원 사업, 변리 서비스 및 소송비용 지원 정책 등 다양한 지식재산 보호 활동을 하고 있다.

후자와 관련된 사례로는 특허권의 강화이다. 특허청은 최근 특허 손해배상과 관련된 법을 개정해서 발명자의 민사상 권리를 증대시켰다. 이렇게 특허권을 강화한 이유는 과거 특허법에 따라 손해배상을 산정할 경우 특허권자의 생산 능력만큼만 보상하게 되어 있어 실질적으로는 피해에 대한 구제에 큰 한계가 존재했다. 예를 들면 특허권자가 100개를 생산할 수 있는데 침해자가 1,000개를 판매할 경우 100개에 대한 부분만 손해배상을 해주고 나머지 900개는 침해자에게 돌아가는 구조였다. 상황이 이렇다 보니 특허권을 보유하고 있어도 현실적으로 특허 침해를 막기가 매우 어려웠다.

이러한 불합리한 구조를 바꾸기 위해 특허청에서는 특허권자의 생산 능력 밖의 침해 부분도 손해배상액으로 산정할 수 있게 법을 개정했고, 고의로 특허권을 침해하는 경우 피해 금액의 최대 3배까지도 손해배상이 가능하게 하는 징벌적손해배상 제도를 강화해서 특허권을 적극적으로 보호하고 있다.

뿐만 아니라 과거에는 특허분쟁이 발생했을 경우 특허권자가 침해자에게 받은 구체적인 피해를 입증하기 위해 노력해야 했다. 이 과정이 매우 힘들고 어려워 특허 침해 소송 절차가 제대로 진행되지 못하는 문제가 있었다. 그러나 침해자의 침해행위가 특허 침해가 아니라는 것을 의무적으로 적극 제시하도록 해서 특허권자의 부담을 강화하는 한편 특허권 또한 강화했다.

이처럼 특허권 강화는 지식재산권 보호를 위해 가장 효과적인 방법이기 때문에 많은 선진국에서도 이와 같은 제도를 도입하고 있다.

② 지식재산 분쟁과 사례

기술력이 기업 경쟁력의 핵심 요인으로 대두됨에 따라 범세계적으로 특허 전쟁이 심화되고 있다. 즉, 특허 자체가 사업의 핵심 무기로 대두되고 있어 특허 침해 발생 시 사업을 포기해야 하는 등 막대한 대가를 치러야만 한다. 가장 대표적인 예가 코닥과 폴라로이드 간에 벌어진 특허 소송이다. 1976년 4월부터 시작된 코닥-폴라로이드 간 특허 소송은 1990년 폴라로이드의 승리로 막을 내렸다. 코닥은 폴라로이드의 즉석 카메라에 대한 원천 특허를 침해했다는 판결이 내려지면서 막대한 손실(29.25억 달러)을 입었으며, 이로 인해 기업 운영에 큰 타격을 받았다. 하지만 국내 기업의 특허 관리 실태를 살펴보면 대부분 특허 출원 및 등록을 단순 관리하는 수준이어서 국제적인 특허 분쟁을 사전에 예방하고 대처하는 능력이 매우 부족한 실정이다.

조사 활동

다음 질문을 읽고 모둠별로 자신의 생각을 발표하고 문제를 해결할 수 있는 방안을 도출해 보자.

생각을 여는 질문

1. MP3 플레이어가 만들어졌을 당시 발명품으로서 가치가 있었는가?

2. MP3 플레이어가 현재 사라진 이유는 무엇인가?

3. MP3 플레이어를 더 가치 있게 개선한다면 어떻게 해야 할까?

4. MP3 플레이어에는 특허권이 존재했을까?

Test

05장 내용 확인 문제

정답 p.348

01 ______에는 지식재산, 신지식재산, 지식재산권을 정의하고 있다.

02 인간의 창작 활동에 의한 지적 창작물에 부여하는 권리를 지식재산권으로 볼 수 있으며, 저작권, ______, 신지식재산권으로 3가지로 구분할 수 있다. ______은/는 특허권, 실용실안권, 디자인권, 상표권으로 분류할 수 있다.

03 ______(이)란 법령 또는 조약 등에 따라 인정되거나 보호되는 지식재산에 관한 권리를 말한다.

04 ______은/는 문학, 학술, 또는 예술의 범위에 속하는 창작물에 대하여 그 창작자에게 일정 기간 동안 자신의 창작물을 독점으로 사용하게 하는 것이다.

05 발명의 종류에는 기구, 기계, 장치 등에 해당하는 ______ 발명과 물건의 사용방법, 물건의 제조방법, 통신방법 등에 해당하는 ______ 발명이 있다.

06 특허 등록 요건은 크게 3가지로 분류할 수 있다.

- ______: 새로운 발명에만 특허를 부여한다는 요건
- 진보성: 종래 발명에 비해 진보된 발명에 대해서만 특허를 부여한다는 요건
- 산업상 이용 가능성: 산업 발전에 이바지하는 데 있음에 비추어 당연한 요건

07 한국을 비롯한 대다수가 시행하고 있는 것으로 동일한 발명(고안)을 출원했을 때 누구에게 특허(실용실안)를 줄 것인가를 판단하는 기준이 ______이다.

08 특허 정보 검색은 특허청에서 운영하는 ______을/를 이용한다.

09 ______은/는 디자인 유행이 빠르게 바뀌는 일부 물품에 한해서 디자인의 성립요건, 등록요건의 일부만 심사하여 신속하게 권리를 확보할 수 있게 해주는 제도이다.

10 ______(이)란 특허 출원에 대한 특허청 심사관의 심사 결과를 놓고 다툼이 벌어지는 사건이다. 시시각각 새로운 기술이 개발될 때마다 원천 특허 확보를 위한 소리 없는 전쟁이 전개되고 있다.

토론과 성찰

아래 기사는 국내 기업 간에 벌어지고 있는 특허 분쟁 사례이다. 두 집단으로 나누어 한 집단은 특허권을 침해받은 입장에서, 또 한 집단은 다른 입장에서 토론을 해 보자.

≪매경 이코노미≫(제1756호)의 보도에 따르면, '정수기 업계의 1, 2위 기업인 코웨이와 청호나이스의 얼음정수기 특허 소송이 화제'가 되고 있다. 청호나이스 측은 물을 냉각시키는 기기인 증발기 하나로 얼음과 냉수를 동시에 만드는 자사의 특허 기술을 코웨이가 침해했다며, 100억대 피해 보상을 요구하고 나선 것이 발단이 되었다.

〈주요 요지〉
청호나이스는 2014년 4월 14일 국내 1위 정수기 업체인 코웨이를 상대로 "우리 회사의 얼음정수기 특허 기술을 베꼈다."며 서울중앙지법에 100억 원의 특허권 침해 소송을 냈다. 코웨이가 2012년 출시한 '스스로 살균 얼음정수기'는 청호나이스에서 지난 2006년에 나온 '이과수 얼음정수기'의 냉온 정수 시스템을 가져다 썼다.

이 기술은 하나의 증발기로 물을 차갑게 만들면서 동시에 얼음까지 제조할 수 있는 방법인데, 증발기 2개를 사용하는 기존 기술보다 부피를 덜 차지하고 생산 원가와 관리 측면에서 유리해 지난 2007년 세계 최초로 특허를 인정받았다는 것이다. 청호나이스는 그동안 코웨이의 '스스로 살균' 판매량과 평균 이익을 곱한 금액을 약 660억 원으로 추정, 그만큼의 손해가 발생한 것으로 보고 추정 손해액의 일부인 100억 원을 우선 보상하라고 청구했다. 660억 원은 코웨이의 지난 1분기 영업이익(898억 원)의 70%가 넘는 액수다.

출처 ▶ ≪매경 이코노미≫ 제1756호(2014. 05. 07~13일자)

문제 제기

이 단원에서는 특허 활용의 개념과 특징을 탐구하고 지식재산을 이용한 창업과 전략에 대해 이해하며, 지식재산을 창업에 성공적으로 적용한 사례와 그렇지 못한 사례를 분석하여 지식재산권을 활용할 수 있는 역량을 기르고자 한다.

❶ 특허 활용의 개념은 무엇이며 어떤 특징을 지니고 있는가?
❷ 지식재산권을 활용한 창업을 하기 위해서는 어떤 전략을 준비해야 하는가?
❸ 지식재산 창업의 성공 및 실패 사례에는 어떤 것들이 있는가?

Chapter

06

지식재산권의 활용

01절 특허의 활용

① 특허 활용의 개념

'특허 활용'의 개념은 특허 기술이 산업적으로 활용되는 것을 의미하는 것으로, 가장 대표적인 특허 활용은 3가지로 구분할 수 있다. 특허는 활용되어야 지식 '재산'이 된다.

(1) 특허받은 기술을 가지고 창업을 하고 사업화

(2) 특허권을 다른 사람에게 판매하여 수익화

(3) 특허 기술을 다른 사람에게 사용할 수 있게 하고 로열티로 수익화

자신이 현재 특허 기술을 실시하지는 않고 있지만, 타인이 그 기술을 실시하지 못하도록 하기 위한 방어적인 목적의 특허 보유도 특허 활용의 범주에 포함시킬 수 있다.

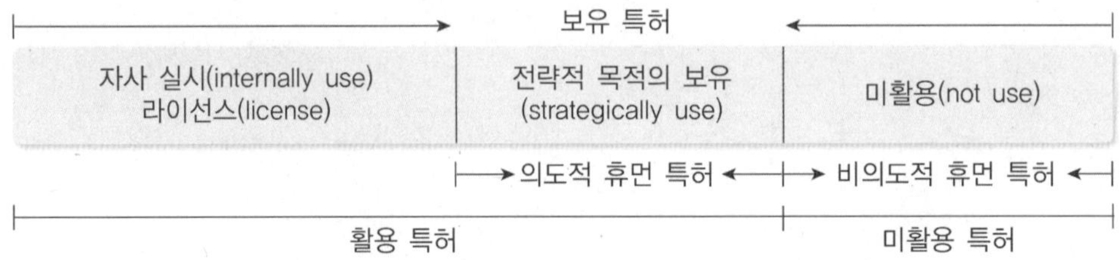

ㅇ그림 6-1 특허의 활용과 미활용(한국지식재산연구원, 2011)

② 특허권의 속성과 활용

'특허권'이 가지는 속성과 활용은 무엇일까? 고민해 볼 필요가 있다. '특허권'의 속성에 대하여 여러 가지 논의는 있지만, '타인의 모방을 금지하는 배타적인 재산권'이라는 것이다. 여기서, '배타성(Exclusiveness)'에 기반하여, 특허 기술을 직접 사업화하여 제품(또는 서비스)에 특허 기술을 적용하여 생산 또는 판매하고, 이러한 제품을 타인이 모방하여 생산

또는 판매하지 못하도록 방어[40]적으로 활용하는 것이 특허권의 본질적 속성이라고 볼 수 있다.

또한 매각이 가능한 '재산권(Property Right)'이라는 측면에서, 특허권이라는 재산권을 매각(양도)하거나 빌려 주어서(라이선스) 이에 대한 금전적인 대가를 얻는 것 역시 특허권의 속성에 따른 활용이라고 할 것이다. 특허의 활용은 여기에 한정되지 않으며, 배타적 재산권이라는 본질을 기반으로 하여 아주 다양한 활용 방법이 존재한다.

특허권을 가지고 있으면서도 이를 활용하지 않는다면 그 특허권은 아무런 의미를 가지지 않으며 특허권 취득과 유지에 따른 비용만 낭비하는 셈이 된다.

Tip / 기술금융

기술금융은 지식재산금융의 일종으로 창업, R&D, 기술경영 등의 과정에서 중요한 자금을 지원 받는 금융서비스이다. 기업은 기술평가를 통해 투자금 유치, 대출 등을 받을 수 있으며 대표적인 지원기관은 기술보증기금이 있다.

40) 여기서 '방어'란, 자신이 생산하는 제품 등에 특허 제품임을 표시 및 광고하여 모방이 이루어지지 않도록 하고, 타인에 의한 모방품이 생기는 경우 민형사상의 적극적인 권리 행사를 하는 것을 의미한다.

02절 지식재산 창업

① 특허와 창업과의 관계

예전과 달리 '창업'이라는 용어가 일상화가 되고 각종 제도가 마련되면서, '창업하기'가 그렇게 멀게만 느껴지는 것이 아니다. 하지만, 성공적인 창업을 위해서는 준비 단계가 필요하다. 우선, 창업을 위해서 선행되는 몇 가지를 기술하여 보자.

표 6-1 특허를 활용한 창업, 5W1H 분석

나의 특허권	
What	창업 아이템이 무엇인가?
Why	창업을 못하는 이유가 어떤 것이 있을까?
Who	창업에 도움을 받을 수 있는 기관(사람)은 누구인가?
Where	어디서 창업을 할 것인가?
When	언제 창업할 것인가?
How	어떻게 창업할 것인가?

국립국어원의 표준국어대사전에서 창업(Start-up)은 "나라나 왕조 따위를 처음으로 세우다.", "사업 따위를 처음으로 이루어 시작하다."로 정의하고 있다. 통상적 · 유사적으로 창업 대신에 사용하는 용어에는 '개업'이 있다. 이는 영리를 목적으로 하는 사업(영업)과 유사한 의미를 지니고 있다. 하지만 개업은 창업과 달리 어떤 일을 처음으로 시작한다는 의미를 포함하고 있지 않다는 용어의 차이점이 있다. 따라서 처음이 아니라면, 창업보다는 개업이 올바른 표현이며, 창업은 '처음'이기 때문에 위험 부담이 클 수밖에 없음을 이해하여야 한다.

창업은 처음이라는 의미를 지니고 있기 때문에 '아이디어의 권리화(특허)'가 필요하다. 동시에 권리화(특허)를 많다 했다 하더라도 아이디어를 활용할 기회가 있지 않으면 창업할 수가 없다. 이러한 점에서 신규 사업을 위해 적절한 기회를 확인하고 아이디어를 선택하는 것은 창업을 성공시키는 데 있어 매우 중요하다.

Tip 기업가 정신(Entrepreneurship)

기업가 고유의 가치관 내지는 기업가적 태도, 즉 기업 활동에서 계속적으로 혁신하여 나가려고 하며 사업 기회를 실현시키기 위하여 조직하고, 실행하며, 위험을 감수하려고 하는 태도이다. 조직과 시간 관리 능력, 인내력, 풍부한 창의성, 도덕성, 목표 설정 능력, 적절한 모험심, 유머감각, 정보를 다루는 능력, 문제해결을 위한 대안 구상 능력, 새로운 아이디어를 내는 창조성, 의사 결정 능력, 도전 정신 등이 요구 된다.

이러한 창업의 정의를 슘페터(1984)는 "점진적인 부를 창조하는 과정이다. 이러한 부는 재산, 시간 그리고 자신의 장래를 담보하고 위험을 감수하려는 사람들에 의해서 창조된다. 또한 창업자들이 제공하는 제품이나 서비스는 새롭거나 독특하지 않을 수도 있지만 필요한 기술이나 자원을 활용하여 가치를 불어넣어 주어야만 한다."라고 말하였다.

피터 드러커(1985)는 "새로운 부를 창출하는 능력을 바탕으로 기존의 모든 자원을 투입하는 혁신적인 행위"라고 하였다.

Hisrich와 Brush(1985)는 "재정적 · 심리적 · 사회적인 위험을 감수하고 필요한 시간과 노력을 투자하여 가치 있는 새로운 무엇인가를 창조함으로써 금전적인 보상과 개인적인 만족 그리고 독립감을 누리려는 과정"이라고 하였다.

'창업 기회'는 넓은 의미에서 아직 사용되지 않은 자원 또는 역량을 창의적으로 결합하여 더 나은 가치를 전달함으로써 시장의 필요(Needs)를 충족시키는 것이다.(Schumpeter, 1934; Kirzner, 1973; Casson, 1982). 아직 사용되지 않은 자원 또는 역량이란 시장(고객)이 미처 깨닫지 못한 기술, 발명 또는 제품이나 서비스의 아이디어를 말하는 것이다.

또한, 잠재된 시장의 필요(Needs)를 통해 찾은 '창업 기회'는 가치 추구, 새로운 역량, 기술 등을 포함하여 아직 사용되지 않은 자원의 활용을 통해 새로운 가치를 창조해 내서 전달하는 것이고, 이를 '가치창조 역량(Value Creation Capability)'이라고 한다. 이는 창업가에게 필요한 필수 역량이다.

이러한 창업에는 다양한 종류가 존재한다. 서비스 창업, 프랜차이즈 창업, 유통 창업, 기술 창업 등이 존재하는데 특허와 가장 관련이 높은 창업은 기술 창업이라고 할 수 있다. 기술 창업을 성공적으로 이끌기 위해서는 새로운 기술에 대한 독점권을 인정해 주는 특허권의 확보는 매우 필수적이다. 특허 기반의 창업이 갖는 이점은 특허를 보유하지 못한 기술과 달리 특허청으로부터 기술의 진보성과 새로운 효과를 인정받았기 때문에 초기 성장 기반인 혁신성, 자금 조달력 등에 있어 유리한 위치를 선점할 수 있다는 것이다. 실제로 특허 기술을 보유한 기업과 보유하지 못한 기업은 외부기관으로부터 3.8배 많은 금액을 확보할 수 있었고 횟수도 약 1.5배 이상 많은 것으로 나타났다(정두희, 이경표, 신재호, 2019).

또한, 창업 이후 기업을 경영하는 데 있어서 특허 기술의 보유는 지속적인 신기술 개발율을 높이고 이를 통한 새로운 제품을 지속적으로 출시할 수 있게 해주며, 신기술 개발 기간을 단축시켜 준다. 이러한 효과는 기술성과로 이루어지게 되고 기술성과는 결국 소비자와 기업을 연결시켜 주는 제품 판매율을 높여 최종적으로 경영성과를 높여 주는 효과를 창출한다(이형모, 김명숙, 김응규, 2012).

이외에도 특허는 기술 시장에서 발생하는 경쟁에 있어서 타사로부터의 진입장벽을 높여 차별화된 전략을 펼칠 수 있게 해준다. 워런 버핏의 스승인 필립 피셔는 위대한 기업으로 성장하기 위해서 제품의 차별성을 강조했고 이러한 차별성을 만들어 주는 것이 바로 특허이다. 특허는 다른 기업들이 생산할 수 없는 제품을 소비자들에게 제공할 수 있게 해줌으로써 독자적인 기업 브랜드를 만들어 나갈 수 있게 해준다. 뿐만 아니라 특허를 보유하고 있으면 특허를 보유하고 있는 다른 기업과의 협상을 통해 서로의 독점 기술에 대해 크로스 라이센스 맺어 기업 경쟁력을 키워나갈 수 있게 해준다.

이처럼 특허는 창업에 있어서 단순히 기술을 독점하는 것 이상의 가치를 지닌다. 내부적으로는 새로운 기술 발전을 이끌고 외부적으로는 기술이 담긴 제품을 통해 소비자들과의 관계를 개선해서 성공적인 창업으로 이어질 수 있게 해주는 중요한 관계에 있다고 할 수 있다.

② 지식재산권을 활용한 창업 전략

어떤 제품을 새롭게 개발하고 이를 이용해서 창업을 할 때는 일반적으로 특허권의 확보를 가장 먼저 생각하게 된다. 과거에는 기술제품의 디자인보다 고유의 기능에 소비자들의 관심이 높았다. 이러한 현상과 맞물려 대부분의 기업들은 자연스럽게 기능을 보호하는 특허권의 확보에 몰입하게 되었다. 그러나 최근에는 많은 기업들의 기술이 상향 평준화가 되면서 소비자들은 기능보다는 차별화되는 물품의 외형인 디자인에 중심을 두고 제품을 구매하는 현상이 높아지고 있다.

그리고 예전과 달리 상표의 가치가 날로 높아지면서 대기업들이 상표 관리에 지출하는 비용이 매우 높아지고 있다. 과거에는 상표의 가치를 인식하지 못해 '초코파이, 호빵, 불닭'과 같이 자사의 상표를 보호하지 못해 제품의 가치를 높이지 못한 사례가 빈번했지만 최근에는 상표의 중요성을 많은 기업들이 인식하고 이를 보호하기 위한 노력을 아끼지 않고 있다.

따라서 지식재산권을 이용한 창업을 준비할 때는 특허, 디자인, 상표를 모두 준비해서 경쟁업체가 쉽게 모방 제품을 출시하지 못하게 해야 한다.

지식재산권 전략을 잘 수립한 대표적인 사례로 2018년에 통돌이 오븐을 개발한 Henz사가 있다. Henz사는 제품의 기능을 보호하기 위해 자동으로 회전하며 요리되는 통돌이

오븐 방식의 가스오븐 조리기 특허(제10-1880865호)와 통돌이 오븐의 외형을 보호할 수 있는 회전식 가스오븐(제30-0998433호)으로 디자인권을 등록 받았다. 뿐만 아니라 후발 주자의 동일·유사 상표의 사용을 막기 위해 통돌이(제40-1463629호)라는 명칭의 상표권을 등록해 자사의 지식재산권 보호 장벽을 튼튼하게 했다. 그 결과 출시 6개월 만에 시장의 독점적인 지위를 바탕으로 600억이라는 매출을 달성하며 세계로 뻗어 나가고 있다.

이처럼 창업을 준비할 때는 특허권 외에도 디자인권과 상표권도 함께 준비해서 제품을 시장에 출시했을 때 높은 경쟁력을 갖출 수 있도록 지식재산권 전략을 수립하고 진입하는 것이 바람직하다.

③ 나의 창업지수 알아보기

창업은 항상 실패라는 부담이 있는 데다가 자칫 시간 낭비로 이어질 수 있기 때문에 준비할 사항이 많다. 특히 1인 기업이라고 해서 나 혼자 기업을 운영한다는 생각부터 버리고, 협업이나 아웃소싱을 통해 부족한 부분을 채워야 한다. 사업자로서의 주체적인 인식 전환이 중요하며 이것이 기업가 정신 함양의 첫걸음이다. 내가 예비 창업자가 되기에 앞서 아래와 같은 생각을 어느 정도하고 있는지 점검해 보자.

NO	문항	그렇다 ← 낮다				→ 높다
1	돈 또는 아이디어만 있으면 창업하면 성공할 것 같다.					
2	창업하여 기대했던 수입이 안 나올 경우 언제든 업종 전환을 하면 된다.					
3	새로운 아이디어만 있다면 경영은 전문경영인을 채용하여 창업한다.					
4	투자금액 또는 시기에 상관없이 창업만 하면 바로 수익을 낼 수 있다.					
5	창업하여도 직장생활처럼 규칙적인 생활습관을 가질 것이다.					
6	나는 기술 전문가이고, 영업이나 홍보는 직원들이 담당할 업무이다.					
7	사장이 되면 시간이 많고 여가 활동을 많이 할 수 있다.					
8	나 자신과 내 기술을 믿고 그대로 할 것이다.					
9	기술이나 특허만 있으면 정부가 모든 것을 지원해 준다.					
10	내 아이템으로 창업하여 성공할 자신감이 생기지 않는다.					

9-10 : 훌륭해요. 당신은 예비 창업자입니다.
7-8 : 자만은 금물, 창업 멘토를 추천합니다.
5-6 : 노력하세요! 창업 책 독서를 추천합니다.
3-4 : 갈 길이 머네요. 창업 교육을 추천합니다.

성공적인 창업이 되기 위하여 함양해야 할 기업가 정신에는 어떤 것이 있는지 스스로 점검하고 반드시 미리 준비해야 한다.

03절 지식재산 창업 사례

① 지식재산 창업의 성공 사례

지식재산권의 확보는 창업에 있어서 다른 무엇보다도 선행되어야 한다. 지식재산권을 확보하지 않고 창업을 하는 것은 총이 없는 상태로 적군과의 전쟁에 참여하는 것과 같다. 과거에는 지식재산권에 대한 인식이 낮아서 타인의 지식재산권을 무단으로 이용한 미투 상품을 전략적으로 활용해서 창업을 했지만, 지식재산권에 대한 중요성이 매우 커진 오늘 날에는 반드시 자신만의 지식재산권을 활용해야 창업하여 기업을 영속적으로 경영할 수 있다. 다음에서는 이처럼 중요한 지식재산권을 활용해서 창업에 성공한 사례를 살펴보도록 한다.

(1) 특허 성공 사례

로엔텍은 가정용 전기기기를 제조 및 판매하는 중소기업이다. 2013년에 설립되어 지금까지 꾸준히 성장하고 있는 기업으로, 대표적인 제품은 자연기화식 가습기 인꼬모이다. 이러한 인꼬모는 젖은 빨래를 이용해 습도를 조절하는 것과 유사한 원리로 작동해서 가습기 내부의 세균증식과 초과가습의 위험이 다른 가습기 방식에 비해 적은 장점이 있다.

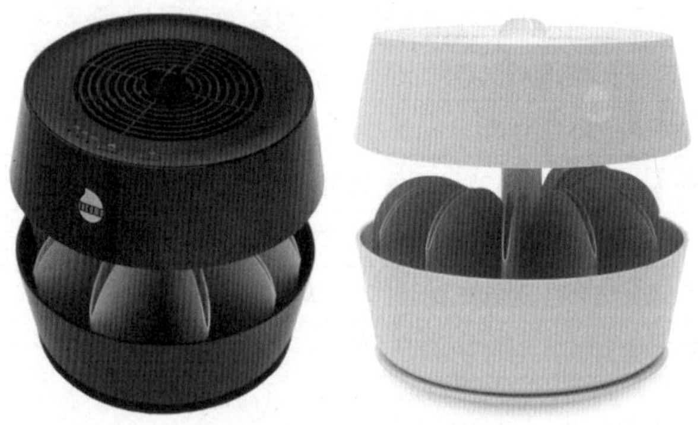

그림 6-2 로엔텍 인꼬모[41)]

41) 출처 : 로엔텍 홈페이지

인꼬모는 2014년 스위스 국제발명 전시회에서 금상을 수상했고 국내에서도 다양한 대회에서 좋은 실적을 내며 중소기업진흥공단의 청년창업사관학교 프로그램을 통해 출시되었다. 인꼬모를 발명한 로엔텍은 특허권(제10-1348120호)을 2013년에 확보했고 독창적인 형상에 대한 디자인권(제30-0743663호)을 2014년에 취득했다. 이후 로엔텍은 인꼬모를 통해 출시 첫해에 약 2억 원의 매출을 올렸고 2020년에는 16억 원의 매출을 올리며 자사만의 독자적인 상품으로 레드오션인 가습기 시장에서 블루오션을 창출하고 있다.

또 다른 사례로는 국내 강소기업인 씨젠이 있다. 씨젠은 질병의 원인을 정확히 찾아낼 수 있는 유전자 진단 전문 바이오 기업이다. 씨젠은 코로나 19가 확산하면서 많은 사람에게 알려졌다. 씨젠은 다른 진단 기업과 차별화 되는 '동시 다중 분자진단 기술'을 발명했고 이에 대한 특허를 등록했다. 이 기술을 이용하면 한 번에 다양한 바이러스를 정확히 진단할 수 있어서 다른 나라의 분자진단 기술보다 월등한 것으로 나타났다. 그 결과 이탈리아, 스페인, 프랑스 등 유럽 시장에서 높은 점유율을 달성했고 최근에는 미국과 캐나다 시장에도 진출해서 시장에서의 영향력을 확대하고 있다.

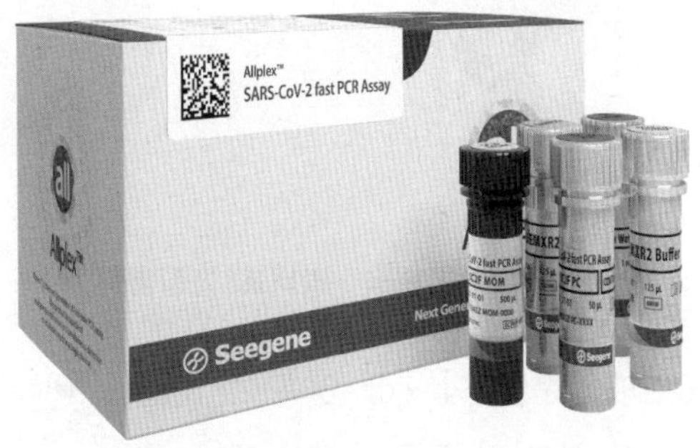

○ 그림 6-3 씨젠의 다중 진단 시약[42)]

씨젠은 독보적인 분자진단 기술을 개발하기 위해 2000년부터 연구를 지속했고 그 결과 시장에서 우수한 기술력을 인정받아 창업과 동시에 서울지방중소기업청으로부터 우수벤처기업으로 지정되었다. 세계적인 바이오 진단 기업들에 비해 후발주자임에도 불구하고 2015년에는 세계 최대 바이오 기업들이 씨젠 제품을 사용하며 세계에서 기술력을 다시 한 번 인정받기도 했다. 씨젠은 이러한 동시 다중 분자진단 기술을 바탕으로 60여 개국에 천만 테스트를 수출하며 2020년에는 1조가 넘는 매출을 기록했다. 씨젠이 이렇게까지 성장할 수 있었던 이유는 다른 기업과 차별화되는 원천 기술을 특허로 독점할 수 있었기 때문이다. 이는 특허가 기업의 성장에 있어서 매우 중요하다는 것을 알 수 있는 사례이다.

42) 출처 : 씨젠 홈페이지

(2) 디자인 성공 사례

전화와 문자 중심의 휴대폰에서 다양한 기능을 담은 스마트폰으로 기술이 진화하면서 스마트폰 케이스라는 새로운 시장이 만들어졌다. 스마트폰 케이스는 스마트폰의 액정을 보호해 떨어트려도 쉽게 파손되는 것을 막아 주기 때문에 많은 사람들이 애용하는 상품 중 하나이다. 이러한 스마트폰 케이스 시장에서 국내의 한 스타트업 기업인 라비또는 토끼 형상의 스마트폰 케이스인 '블링블링'을 출품해서 선풍적인 인기를 끌었다.

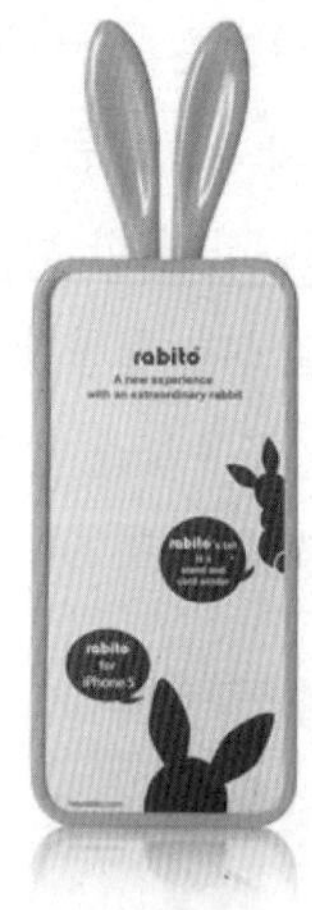

○ 그림 6-4 라비또 블링블링[43)]

블링블링은 유명 연예인뿐만 아니라 많은 사람들에게 사랑을 받으며 출시 석 달만에 국내에서 10만 개를 판매하면서 미국, 일본, 이탈리아 등 해외로 수출할 수 있는 발판을 마련했다. 현재는 대부분의 매출이 해외에서 발생하고 있는 강소기업으로 자리잡아 가고 있다. 그런데 블링블링이 급성장 하면서 시장에는 다양한 모방 상품과 판매 사이트가 빠르게 등장하기 시작했다. 심지어 회사명까지도 동일한 모조품으로 인해 매출에 상당히 큰 타격을 받을 수 있는 상황까지 벌어지게 됐다.

> **Tip / 디자인권 특유제도 부분디자인**
>
> 원칙적으로 디자인을 등록받기 위해서는 물품의 전체적인 외관을 이용해서 출원해야 한다. 그러나 2001년에 「디자인보호법」을 개정하면서 물품의 일부분에 대해서도 디자인 등록을 받을 수 있게 했다. 라비또의 블링블링은 토끼 귀와 꼬리 부분에만 부분디자인을 적용해서 디자인권을 확보했다.

43) 출처 : 라비또 네이버 쇼핑몰

○ 그림 6-5 등록디자인 제30-0721123호

하지만 라비또를 창업한 곽미나 대표는 사업을 시작하면서 디자인권 제30-0600219호, 제30-0721123호를 등록받아 시장에서 판매되고 있는 모방 상품에 적극 대응하여 안정적으로 기업을 경영할 수 있게 되었다. 또한, 토끼를 응용한 다양한 디자인 상품을 개발하며 디자인권을 통한 경제적 가치를 지속적으로 창출하고 있다.

(3) 상표 성공 사례

빼빼로는 어린이부터 성인까지 모두가 사랑하는 제품이다. 빼빼로는 롯데제과에서 1983년에 처음 출시되면서 현재 다양한 종류의 빼빼로가 판매되고 있다. 롯데제과에 따르면 빼빼로는 1년 동안 평균적으로 1인당 2.1개를 소비하며 단일 품목으로 1000억이 넘는 매출을 달성하고 있다고 한다. 빼빼로는 2021년을 기준으로 37년 동안 누적 매출이 1.7조 원을 넘는 롯데제과의 메가브랜드이다. 이는 국내 과자 시장에서 유일하게 빼빼로만 달성한 기록으로 누적 판매 개수가 약 1억 1000만 개가 넘는다. 빼빼로는 매년 11월 11일이 되면 빼빼로 데이를 통해 서로에게 선물을 주는 마케팅을 진행하고 있는데, 1년 중 절반의 매출이 이날 하루에 발생한다고 한다.

그런데 빼빼로는 누구나 사용할 수 있는 보통명사가 아니고 롯데제과에서 등록한 문자 상표에 해당한다. 따라서 다른 업체에서 함부로 '빼빼로'라는 단어를 사용해서 물품을 판매하거나 홍보해서는 안 된다. 실제로 국내 온라인 소셜커머스 업체들이 빼빼로가 상표인 줄 모르고 빼빼로를 이용해서 물건 판매 홍보 행사를 진행했다가 상표 침해로 상품 판매가 중단된 일이 있다.

빼빼로

상세정보 등록사항 통합행정정보

서지정보 인명정보 도형분류(비엔나)코드 행정처리 상표설명/지정상품

(511) 상품분류	8판 30
(220) 출원번호(일자)	5019920001982(1992.12.23)
(731) 출원인	롯데지주 주식회사
(111) 등록번호(일자)	4000966670000(1993.06.22)
(260) 출원공고번호(일자)	
(112) 등록공고번호(일자)	
(641) 원출원번호(일자)	4019830001299(1983.02.01)
(300) 우선권주장번호(일자)	
관련출원번호	4019830001299 5020030012410 5620030014018
공통상태지표	등록
법적상태	등록
심사진행상태(일자)	등록결정(일반)(1993.05.31)
소급구분(일자)	(1992.12.23)
심판사항	
구분	국내상표, 복합문자, 일반
기술이전 희망	
이의신청 일자	
이의신청 상태	
이의신청 대상	

다운로드 크게보기

DOI DOI 복사

QR QR 다운로드

○ 그림 6-6 등록상표 제40-0096667호

롯데제과는 이처럼 '빼빼로'라는 단어에 대해 상표권을 획득함으로써 다른 경쟁업체들이 '빼빼로'라는 단어를 사용할 수 없게 해서 시장 내에서 롯데제과만의 고유 브랜드를 키워나가고 있고, 이를 통해 막대 과자 시장에서 빼빼로를 독점하고 있다. 이러한 상표 전략은 초기 스타트업에게 있어서 반드시 고려하고 사전에 준비해야 할 중요한 지식재산권 중 하나이다.

② 지식재산 창업의 실패 사례

지식재산은 종류가 다양하고 권리별로 목적과 성격이 상이해서 정확히 이해하고 다양한 방면으로 준비해야 한다. 그렇지 않을 경우 경쟁 업체의 모방 상품에 대처하기 어려워지고 결국 큰 손실로 이어질 수 있다. 따라서 지식재산 창업 실패 사례를 통해 창업을 준비할 때 고려해야 할 지식재산권에 대해 정확히 인지할 필요가 있다. 다음에서는 지식재산권을 제대로 준비하지 못해 큰 피해를 입은 사례를 살펴보도록 한다.

(1) 특허 실패 사례

> **Tip 무형자산의 크기**
> 질레트는 1903년에 세계 최초로 일회용 면도날을 개발했다. 이후 꾸준한 연구 개발을 통해 면도기와 관련해서 독보적인 특허망을 구축했다. 2005년 회계상 기업가치가 28억 달러였던 질레트는 이러한 특허망의 가치를 인정받아 미국 최대 제조회사인 P&G사로부터 570억 달러에 인수되었다.

평택에서 장난감 매장을 운영하는 개인 발명가 권용태 대표는 아이들을 위해 에어펌프를 결합해 토끼의 귀가 움직이는 토끼 모자를 발명했다. 발명 초기에는 아무도 사지 않아 창고에 제품이 가득 쌓여있었다고 한다. 그러던 어느 날 TV 예능 방송 프로그램에서 유명 연예인들이 토끼 모자를 쓰고 나오면서 토끼 모자가 엄청나게 유행을 하게 되었다. SNS에도 토끼 모자를 검색하면 수만 건이 넘는 게시물이 나올 정도이다.

○ 그림 6-7 토끼 모자[44)]

이처럼 토끼 모자가 유명해짐과 동시에 똑같은 유사 제품이 시중에 쏟아져 나오기 시작했다. 하지만 권용태 대표는 자신이 발명한 토끼 모자에 대한 특허를 출원하지 않은 상태에서 토끼 모자를 판매했고 그 결과 유사품에 대해 제지를 가할 수 있는 방법이 없게 되었다. 뉴스 보도에 따르면 토끼 모자를 발명한 권용태 대표보다 모방 제품을 만든 업체가 10배 더 판매를 했다고 한다. 정작 토끼 모자를 발명한 발명가는 경제적으로 큰 수익을 낼 수 있는 상황이었음에도 불구하고 그러지 못해 주변 사람들에게 안타까움을 샀다.

현재 이 토끼 모자는 새롭게 특허를 출원하고 싶어도 출원할 수 없는 상황이다. 특허의 등록 요건 중에는 신규성이 있다. 신규성은 불특정 다수가 모르는 새로운 발명일 경우에 인정되는 등록 요건이다. 토끼 모자의 경우는 특허를 출원하기 전에 이미 불특정 다수에게 공개하고 판매한 상황으로 신규성을 상실한 상태이다. 이런 경우에는 다시 특허를 출원해도 신규성 상실로 특허 등록을 받을 수 없다.

만약 권용태 대표가 토끼 모자를 판매하기 전에 특허 출원을 하고 등록 받았다면 자신의 장난감 매장을 운영하면서 토끼 모자를 독점할 수 있었고 이를 통해 큰 수익을 창출할 수 있었을 것이다.

---

44) 출처 : 한국발명진흥회 발명특허 웹진 474호

(2) 디자인 실패 사례

랩노쉬는 2014년 이그니스에서 만들어진 식사 대용 음료이다. 이그니스는 대기업을 다니다 사표를 낸 박찬호 대표가 창업한 회사이다. 박찬호 대표는 '마시는 간편식'이 아시아에만 없다는 사실을 분석하고 발 빠르게 '랩노쉬'를 발명해서 출시했다. 랩노쉬는 시장의 수요와 맞물려 2년 만에 약 50억 원의 매출을 올리며 '마시는 간편식'이라는 블루오션 시장을 선점하며 높은 인지도를 쌓아가고 있었다. 이러한 랩노쉬의 성장은 곧바로 모방 경쟁 상품이 출시되게 하는 도화선이 되었고 엄마사랑이라는 회사에서 '랩노쉬'의 모방품 '식사에 반하다'를 출시하게 됐다.

• 랩노쉬 •

• 식사에 반하다 •

ㅇ그림 6-8 랩노쉬와 모방품[45]

이그니스는 랩노쉬를 출시할 때 물품의 형상에 대한 디자인권을 출원하지 않고 곧바로 제품을 생산하고 판매했다. 디자인권은 특허청에 출원 후 등록이 되어야만 독점할 수 있게 되어있다. 따라서 경쟁업체의 모방에 대해 이그니스에서는 권리를 주장할 수 없는 상황이 되었다. 모방품으로 큰 피해를 입을 위기에 처한 박찬호 대표는 「부정경쟁방지 및 영업비밀보호에 관한 법률」의 '3년 이내에 타인의 상품을 모방할 경우 그 행위를 중지시킬 수 있다'는 조항을 통해 경쟁 상품의 판매를 어렵게 중지시켰다. 하지만 이 법을 통한 물품의 보호는 상품의 형태가 갖추어진 후 3년이 지나면 더 이상 해당이 되지 않기 때문에 창업 제품의 형상에 대한 디자인 권리를 완벽하게 보호할 수 없다. 따라서 새로운 제품을 출시할 때는 반드시 디자인권을 조기에 확보해서 경쟁업체가 제품을 모방할 수 없게 디자인 전략을 충분히 수립하고 시장에 진입해야 한다.

(3) 상표 실패 사례

파세코는 국내에서 다양한 생활 가전을 생산하는 업체이다. 최근에는 캠핑이 유행하면서 캠핑용 석유 난로로 소비자에게 더욱 친숙해진 기업이다. 파세코의 난로 '케로나'는 국내보다 해외에서 더 큰 매출을 올리는 효자 상품이다. 파세코는 해외 수출을 위해 미국,

45) 출처: 특허청 보도자료(2017)

일본, 유럽 등 여러 나라에서 안전 인증을 획득했다. 파세코 제품의 특징은 일산화탄소, 이산화탄소 등 유해가스 배출을 획기적으로 줄여 안전성을 크게 높인 것이다.

그림 6-9 파세코 석유 난로[46)]

파세코의 케로나가 해외에서 인지도가 높아지게 된 계기는 2003년에 이라크 전 대통령 사담 후세인이 굴에서 도피 생활을 할 때 케로나를 사용하면서 중동에 알려지게 되었다. 이 일을 계기로 케로나는 사담 후세인의 난로라는 별명을 타고 중동 시장에서 시장 점유율 70%를 차지하며 시장을 독점해 나가고 있었다. 중동의 경우 동절기가 되면 사막의 일교차가 매우 커서 밤에는 난로가 없으면 생활을 할 수 없는 환경이다 보니 파세코의 케로나는 중동 국가에 있어 필수 생활 가전으로 자리잡을 수밖에 없었다.

그러나 파세코의 성장과 동시에 케로나를 모방한 중국의 모방 제품이 우후죽순으로 출시되기 시작했다. 파세코의 난로는 특허를 보유한 우수한 제품이었음에도 불구하고 이를 회피한 중국의 가짜 난로에 대응하기에 역부족이었다. 더 큰 문제는 파세코가 케로나에 대한 상표권을 확보하지 않아서 많은 중국 제품이 안전성도 검증되지 않은 채로 케로나라는 이름을 달고 판매가 된 것이다. 많은 중동 사람들은 케로나라는 이름에 익숙해져 있다 보니 자연스럽게 가짜 난로에 붙은 케로나라는 상표만 보고 저렴한 가격에 가짜 제품을 구매해서 사용하게 되었다. 이러한 현상은 파세코의 석유 난로 시장 점유율을 크게 떨어트리는 계기가 되었고 더 나아가서는 기업의 이미지까지 타격을 받게 되었다. 만약 파세코에서 케로나에 대한 상표권을 획득했다면 모방 제품들은 케로나라는 이름으로 가짜 난로를 판매를 할 수 없었고 이를 통해 독자 브랜드인 케로나를 지켜낼 수 있었을 것이다. 파세코의 사례는 창업을 할 때 제품을 보호하는 전략 수립에 있어서 특허뿐만 아니라 상표까지도 중요하게 신경써야 한다는 것을 시사한다.

> **Tip / 상표와 지정상품**
>
> 한국은 1998년 3월 1일부터 니스협정에 의한 국제상품분류를 채택해서 이용하고 있다. 상표를 출원하기 위해서는 상표를 사용할 상품 1개 이상을 니스체계에 맞게 지정해야 한다. 니스체계는 제1류부터 제34류까지 34개의 상품구분과 제35류부터 제45류까지 11개류의 서비스업류로 구분되어 있다.

46) 출처 : 파세코 홈페이지

읽을 거리

포스트코로나 디지털전환의 시대와 지식재산금융

코로나 19 상황 속에 디지털 전환의 급속한 변화는 차세대를 준비하는 우리나라 경제와 산업에 있어서 보다 기민한 대응을 요구하고 있다. 산업의 디지털화와 소비자의 디지털 제품・서비스에 대한 적극적 수용도 변화가 급격히 진행되면서 점진적인 변화가 아닌 기존과 다른 방식의 제조, 경영, 비즈니스모델, 전략적 협력, 고객관계망 형성 등 전 분야에서 대대적인 디지털 전환의 필요성이 대두되고 있다. 2015년 포레스터 리서치(Forrester Research)는 디지털 영역에서의 경쟁력 확보가 사활적인 이슈임을 강조하면서 모든 기업은 디지털 약탈자(Digital Predator) 또는 디지털 희생양(Digital Prey) 중 하나의 운명을 맞게 될 것이라고 예측한 바 있다. 글로벌 플랫폼 비즈니스 모델에 기반한 페이스북, 넷플릭스, 아마존 등과 같은 기업의 사업영역을 보면 디지털 영역에서 국경의 의미가 더욱 퇴색되고 있으며 글로벌 시장 주도권 확보를 위한 기업 간의 혁신경쟁이 더욱 심화되고 있다. 이러한 상황에서 무형자산의 가치에 대한 인식과 그 활용방안에 대한 관심이 고조되고 있으며, 선진 경제권의 각국 정부와 기업, 금융기관들은 무형자산의 대표적 형태인 지식재산 보유 기업의 성장을 촉진하기 위해 어떻게 금융자원을 효과적으로 공급할 것인지 방안을 모색하고 있다.

전환기적 시대에 혁신적 금융의 도입은 하나의 기업, 산업뿐만 아니라 국가의 운명과 세계경제의 전개에 심대한 영향을 미쳤음을 역사적 사례를 통해 발견할 수 있다. 영국의 역사학자 니얼 퍼거슨(Niall Ferguson)은 인류의 역사에 있어서 화폐의 부상(Ascent of Money)이라는 현상을 설명하면서 금융의 역할을 강조하였다. 특히 신용(Credit)경제의 형성과 투자・융자구조와 연계된 다양한 금융형태의 개발・도입은 고대 바빌론으로부터 근세에 이르기까지 기술적 진보에 못지않게 중요한 의미를 갖고 있음을 역설하고 있다. 스페인의 지배하에서 벗어난 네덜란드 공화국이 합스부르크 제국보다 우세한 지위에서 세계무역에 나설 수 있었던 것은 세계 최초의 근대적 금융시장을 형성하고 주식・채권발행 등을 통하여 낮은 비용으로 금융자원을 동원함으로써 대규모 상선과 함대를 건설할 수 있었기 때문이었다. 영국이 대영제국으로 성장하기 위한 기초를 다지게 된 계기도 17세기 명예혁명 과정에서 네덜란드의 오렌지공(Willem van Oranje)이 잉글랜드의 국왕(윌리엄 3세)으로 즉위하면서 당시 최첨단의 네덜란드 금융제도와 인력을 영국에 도입할 수 있었기 때문이다.

읽을거리

IP자산이 현대경제의 핵심적 자산으로서 부상하고 있고 이러한 자산에 내재된 가치를 금융시장에서 활용하는 금융기법의 개발은 IP자산 보유자에게 새로운 차원의 자금 공급원을 제공함으로써 디지털전환의 시대에 혁신생태계의 변화를 가져올 수 있다. 이러한 혁신생태계의 형성은 국가경쟁력의 원천을 확보하는 기본적 인프라를 형성하게 된다. 포스트코로나 디지털전환의 시대에 나타나는 디지털 온라인과 전통적 오프라인의 비대칭적 세계화는 새로운 차원에서 글로벌 시장에 대한 접근가능성에 대한 경쟁력 격차를 형성하면서 디지털 약자와 디지털 강자 사이의 간극을 더욱 확대시킬 것이다. 대표적 무형자산인 지식재산의 가치를 활용할 수 있는 혁신적 금융시스템의 개발과 도입은 우리나라의 기업과 산업이 글로벌 디지털 강자로 도약할 수 있을지를 결정하는 중요한 조건이 될 것이다. 지식재산의 경제적 가치에 기반을 둔 금융기법의 활용은 이제 선택이 아닌 필수의 시대로 가고 있다.

“Just as physical assets were used to finance the creation of more physical assets during the industrial age, intangible assets should be used to finance the creation of more intangible assets in the information age”

(Source: Intangible Asset Monetization, Athena Alliance, 2008)

출처 ▶ 최철(2021, pp.120~127)

Test

06장 내용 확인 문제

정답 p.348

01 [   ]은/는 ① 특허받은 기술을 가지고 창업을 하고 사업화, ② 특허권을 다른 사람에게 판매하여 수익화, ③ 특허 기술을 다른 사람에게 사용할 수 있게 하고 로열티로 수익화 등으로 크게 3가지로 구분할 수 있다.

02 특허권의 속성은 일반적으로 '타인의 모방을 금지하는 [   ]'(으)로 말할 수 있다.

03 매각이 가능한 '[   ]'(이)라는 측면에서, 특허권을 매각(양도)하거나 빌려 주어서(라이선스) 이에 대한 금전적인 대가를 얻는 것 역시 특허권의 속성에 따른 활용이라고 할 것이다.

04 [   ]의 보유는 지속적인 신기술 개발율을 높이고 이를 통한 새로운 제품을 지속적으로 출시할 수 있게 해준다. 그리고 신기술 개발 기간을 단축시켜 기술성과로 이어지게 해준다.

05 [   ]은/는 '나라나 왕조 따위를 처음으로 세우다.', '사업 따위를 처음으로 이루어 시작하다.'로 정의되고 있다. 통상적으로 유사하게 사용되는 용어가 개업(開業)인데, 이는 영리를 목적으로 하는 사업(영업, 營業)을 의미하는 것으로 창업에서 말하는 '처음으로'라는 의미를 포함하고 있지 않다.

06 디자인권은 물품의 전체적인 외관을 이용해서 출원을 하는데, [   ] 제도는 물품의 일부분에 대해서도 디자인권을 등록받을 수 있게 해준다.

07 기업가 고유의 가치관 내지는 기업가적 태도, 즉 기업 활동에서 계속적으로 혁신하여 나가려고 하며 사업 기회를 실현시키기 위하여 조직 · 실행하고, 위험을 감수하려는 태도를 [   ](이)라고 한다.

토론과 성찰

다음 사례를 읽어 보고 팀별 토의를 통하여 실패 요인과 이를 극복하기 위한 전략을 탐색하여 발표해 보자. 기술사업화를 실패로 이끈 요인, 즉 기술 이해력, 기술 인력, 경영자 전공/경력, 소요 자금(기술 개발, 제품화, 대량생산), 관리 역량 등의 이유 분석과 이에 대한 극복 전략은 어떤 것들이 있는지를 토의해 보자.

사례

A 기업의 신기술사업화 평가에 대한 내용을 요약하여 정리하면 다음과 같으며, 이러한 평가 후에 사업화 실행 과정을 사례로 제시하였다.

기업 배경	2000년 설립(성숙기 진입 단계)
사업화 기술	화학산업용 필름(2007년 평가 실시)
사업화 목표	• 2010년 기술 개발 완료 • 2013년 대량생산
신기술사업화 평가 요약	1차 목표는 전자산업 분야에서 사용되는 수입 제품을 대체하는 것으로, 기존 제품을 국내 기술로 대체할 경우 가격 경쟁력을 통한 시장 확보가 가능하며, 넓은 분야로 응용될 수 있다고 판단되어 수익성도 높게 평가됨. 최초 평가 시점에서는 소재를 개발하고 있는 단계지만 특허를 출원한 상태에서 성형가공기술의 확보라는 과제가 남아 있었음. 또한 정부의 부품 소재 전문 기업 육성사업에 해당되어 기술 개발과 관련 다양한 지원을 받을 수 있음

A 기업의 경영자는 30대 초반으로 화학공학 전공자이며, 화학 분야 필름생산기업에 재직한 바 있다. 또한, 대기업의 수분생산 방식에 의한 다양한 제품 생산으로 생산 경험이 있었고, 자체 연구 인력을 보유하고 있었으며, 몇몇 신소재 필름을 개발하는 등의 기술력으로 2011년 특허를 확보했다. 사업타당성 평가 당시 기존 매출로 인해 자금 부담은 없었고, 기술사업화 자금은 내부에서 조달하는 것으로 계획되었다.

하지만 문제는 대량생산기술 부족과 이를 위한 자금 부족에서 발생되었다. 사업 계획 당시 약 14억 원으로 추정되었던 추진 자금이 대량생산 설비를 보완하기 위해 약 3배 규모로 증가된 것이다. 기술 개발 단계에서 확인되지 않았던 자금 소요가 제품화 단계에서 확인된 것이다. 이로 인해 동일업종의 다른 기업에 특허를 이전하기 위한 협상을 시도하였으나, 가격 이견으로 결렬되었다. 또한, 제품의 대량생산에 필요한 경험도 부족한 것으로 확인되었다. 특히 사업타당성 평가에서는 고객의 요구사항을 제조공정에 반영하는 스펙-인(Spec-in) 역량을 지닌 전문 인력이 반드시 필요한 것으로 제시되었으나 지나친 자신감으로 이 지적을 등한시하였다.

사례 분석 양식

<table>
<tr><th colspan="2">구분</th><th>사례</th></tr>
<tr><td colspan="2">기술 이해력</td><td></td></tr>
<tr><td colspan="2">기술 인력</td><td></td></tr>
<tr><td rowspan="3">소요 자금</td><td>기술 개발</td><td></td></tr>
<tr><td>제품화</td><td></td></tr>
<tr><td>대량생산</td><td></td></tr>
<tr><td colspan="2">경영자 특성</td><td></td></tr>
<tr><td colspan="2">관리 역량</td><td></td></tr>
<tr><td colspan="2">기타</td><td></td></tr>
<tr><td colspan="2">극복 전략</td><td></td></tr>
</table>

발명
교육학

문제 제기

이 단원에서는 발명교육의 개념, 특성 및 중요성을 이해하고, 그 가치를 내면화하여 발명교육학의 기초를 다지고자 한다. 더불어 미래 사회에서 요구되는 인재의 역량과 발명교육에서 필요한 역량에 대한 이해를 돕고자 한다.

❶ 발명교육이 무엇이며, 대표적인 특성은 무엇인가?
❷ 발명교육이 왜 중요하며, 교육적인 가치는 무엇인가?
❸ 발명교육에서 강조해야 할 미래 인재의 역량은 어떠한 것이 있는가?

Understanding and Practice of
Invention Education

Chapter

07

발명교육의 개념과 가치

제1절 발명교육의 개념

제2절 발명교육의 가치

제3절 발명교육과 미래 인재 역량

01 절 발명교육의 개념

① 발명교육의 개념화

발명교육에 대한 정의는 연구자마다 다양하다. 발명교육은 일반, 기술, 공학, 특허, 창의성 등의 다양한 관점에서 논의되고 있으며, 대부분 목적, 자원/내용, 방법 등을 포함하여 정의한다. 일반적으로 연구자들의 정의에서 발명교육의 목적은 인류를 이롭게 하는 활동, 지식을 새롭게 창출하는 활동 등으로 제시되고, 범주는 발명과 관련된 역사, 사회, 사고, 과학, 기술, 지식재산권 등의 내용으로 구분된다. 또한 방법론은 탐구, 문제해결, 체험, 창조의 교육을 주장하고 있다.

발명교육의 개념화*는 그 목적과 관점에 따라 다양하게 분류할 수 있는데, 그중 교육의 목적에 따라 발명교육을 유형화하면 발명체험교육, 발명영재교육 및 발명직업교육으로 구분되며, 유형별 개념은 [표 7-1]과 같다(최유현, 2014).

> * 개념화
> 추상적이거나 모호한 개념이나 용어를 정확하고 간결하게 제시하는 과정

○ 표 7-1 발명교육의 유형별 개념 비교

유형	목적	대상	주요 내용	방법론	사례
발명체험교육	창의와 발명 문제해결의 체험을 통하여 발명과 지식재산의 소양, 사고 기능, 태도를 배양	초·중·고등학교 희망 학생	• 발명 소양 • 창의력 • 문제해결 • 발명 문제해결 • 지식재산 소양	• 체험 • 탐구 • 실험 • 조사 • 창의적 사고 • 발명 문제해결 과정 • 팀 문제해결	• 발명교육센터 • 교과발명교육 • 발명캠프
발명영재교육	창의와 발명 및 융합 문제해결의 체험을 통하여 발명과 지식재산의 소양, 사고 기능, 태도와 발명영재성의 잠재력을 계발하고 기업가 정신과 리더십을 배양	발명영재아 혹은 차세대 영재기업인으로 판별된 초·중·고등학교 학생	• 창의력 • 문제해결 • 발명 문제해결 • 융합 문제해결 • 리더십 • 기업가 정신 • 지식재산 소양	• 체험 • 탐구 • 실험 • 조사 • 창의적 사고 • 발명 문제해결 과정 • 창업 기획 • 리더십 • 팀 문제해결	• 발명영재교육원 • 발명영재교실 • 발명영재캠프 • 차세대영재기업인 교육

발명 직업 교육	창의, 발명 문제해결, 지식재산 등의 직무 기반의 교육을 통하여 발명과 지식재산과 관련된 직무 및 창업 능력을 배양	발명특성화고 또는 특성화고, 마이스터 고등학생	• 발명 소양 • 발명 문제해결 • 발명직무 능력 • 특허실무 능력 • 창업과 경영 • 기업가 정신	• 탐구 • 실습 • 특허 정보 조사 • 창의적 사고 • 발명 문제해결 과정 • 창업 기획 • 리더십 • 팀 문제해결	• 발명특성화고 • 특성화고 발명 교과

출처 ▶ 최유현(2014)

② 발명교육의 개념적 모형

이상의 논의를 배경으로 발명교육의 개념적 모형을 유형, 내용 및 과정의 차원에서 제시하면 다음과 같다.

○ 표 7-2 발명교육의 개념적 모형

차원	하위 요소	배경
발명교육의 유형	• 발명체험교육 • 발명영재교육 • 발명직업교육	교육 목적과 대상
발명교육의 내용	• 발명의 기초 • 발명의 역사 • 문제와 관찰 • 문제 찾기 • 발명과 창의성 • 발명과 사고 기법 • 발명 문제해결 • 발명과 생활 • 발명과 디자인 • 발명과 문화예술 • 발명과 수학/과학 • 발명과 공학 • 발명과 융합지식 • 지식재산 • 발명과 경영 • 발명과 윤리	• 발명교육 내용 표준 – 5개 대영역 · 발명 이해 · 문제 발견 · 문제해결 · 발명 실제 · 발명과 지식재산 – 16개 내용 표준
발명교육의 과정	• 발명 문제 확인 • 대안 탐색 • 대안 평가 • 실행 • 정보 수집 • 특허 정보 조사 • 구체적 계획 및 설계 • 평가	발명 문제해결 과정

출처 ▶ 최유현(2014)

발명교육의 개념화와 개념적 모형을 종합하여 발명교육을 다음의 2가지로 정의할 수 있다(최유현, 2014).

(1) 목적, 내용, 방법, 유형으로 정의한 발명교육

창조, 협력, 융합적 사고력 계발과 발명, 특허, 지식재산의 소양을 길러 주기 위하여(목적) 발명의 역사적, 사회적, 환경적 기초 이해와 창의력 및 문제해결 체험, 그리고 발명과 관련된 융합적 지식 이해와 활용, 지식재산 및 기업가 정신 등의 발명교육 내용을(내용) 문제해결의 사고 과정을 통하여(방법) 발명체험교육, 발명영재교육, 발명직업교육의 유형에 따라(유형) 이루어지는 교육이다.

(2) 목적, 내용, 방법으로 정의한 발명교육

창조, 협력, 융합적 사고력 계발과 발명, 특허, 지식재산의 소양을 길러 주기 위하여(목적) 발명의 기초, 창의적 문제해결, 발명과 관련된 융합적 지식, 지식재산 및 기업가 정신 등의 내용을(내용) 발명 문제해결의 사고 과정을 통하여(방법) 이루어지는 체험 활동이다.

③ 발명교육의 확장 모형

발명교육은 그 유형과 범위가 매우 넓다. 이러한 다차원적인 발명교육의 접근은 바람직한 측면이 많으므로 이를 지속시키고 발전적으로 모형화할 필요가 있다. 즉, 넓게는 발명교육의 체제 모형과, 좁게는 발명교육의 과정 모형으로 대별하고 각각의 준거를 다음과 같이 설정하였다(최유현, 2005을 재구성).

(1) 발명교육의 체제 모형

발명교육의 체제는 크게 발명교육 유형, 발명교육 주체 및 발명교육 대상으로 나눌 수 있으며, 그 내용은 다음과 같다.

더 알아보기 공작교육과 창의성 이론교육도 발명교육인가?

발명하려면 공작을 잘해야 하지만, 단순 조립이나 결합, 분리나 조합 등의 공작은 창조와 도전을 요구하는 발명교육이라 볼 수 없고, 도전하는 실험교육이 없는 창의성의 이론교육도 발명교육이라고 할 수 없음(강충인, 2006)

ㅇ표 7-3 발명교육의 체제적 모형

발명교육의 체제	내용	
발명교육 유형	• 교과 외 활동을 통한 교육 활동 – 창의적 체험 활동 – 발명교육센터 – 융합인재교육 – 자유학기제 – 다빈치 프로젝트	• 교과교육을 통한 교육 활동 – 실과(5~6학년) – 기술 · 가정(중) – 기술 · 가정(고) – 지식재산일반(고) – 공학기술(고) – 기타 교과
발명교육 주체	• 학교 • 시 · 도 교육청 • 발명 관련 기관 또는 단체	• 운영 주체 협력 • 기타
발명교육 대상	• 발명체험교육(초 · 중 · 고 · 대) • 발명직업교육(초 · 중 · 고 · 대) • 발명영재교육(초 · 중 · 고)	• 발명교사교육 • 성인발명교육

(2) 발명교육 과정의 모형

발명교육 과정의 모형은 크게 교육 내용, 교육 방법, 교육 수준에 따라 다음과 같이 모형화할 수 있다.

ㅇ표 7-4 발명교육의 과정적 모형

발명교육의 과정	내용			
빌명교육 내용	• 발명과 역사 • 발명과 사고 • 발명과 문제해결 • 발명과 과학, 기술, 공학, 예술, 수학(STEAM)		• 발명과 디자인 • 발명과 경영 • 발명과 지적재산권 • 발명과 특허	
발명교육 방법	• 학습 절차 – 강의	– 시범	– 토론	– 문제해결
	• 학습 경험 – 조사 – 발표	– 탐구 – 체험	– 실험 – 발명	– 실습 – 프로젝트
	• 학습 구조 – 개별학습	– 짝학습	– 협동학습	
발명교육 수준	• 인식 수준 • 활용 수준		• 탐색 수준 • 평가와 통제 수준	

07

④ 발명교육의 특성

발명교육의 일반적인 특성을 나열하면 다음과 같다(김용익 외, 2005; 최유현 외 2005a).

(1) 생활 중심의 실세계 교육이다. 발명이 생활 주변의 불편함을 극복하려는 욕구에서 출발하였으므로 발명교육은 생활 중심적이며, 발명활동은 문제 확인, 계획, 실행, 평가라는 일련의 과정에서 학습자의 참여를 유도한다.

(2) 활동과 체험 중심의 학습자 중심 교육이다. 발명교육은 머리로만 아는 지식이 아니라 삶에서 직접적인 행동으로 실천되고 표현되는 활동이다.

(3) 과학적 또는 기술적 지식을 바탕으로 한다. 발명 문제를 해결하기 위하여 과학적 지식뿐만 아니라 기술적 지식을 필요로 한다.

(4) 학습자의 창의적 문제해결 사고를 조장한다. 발명은 기존에 없던 새로운 것을 만들어 내는 문제해결 과정이므로 학습자는 다양한 관점에서 사고 활동을 하게 된다.

⑤ 발명교육과 다른 교과와의 관계

학교 교육에서의 발명교육은 교과 외 활동에서 시작하여 교과 교육과정으로 확대되었다. 발명교육을 내용으로 하는 단원이 2007 개정 교육과정 시기에 중학교의 기술・가정에 도입된 이후 2009 개정 및 2015 개정 교육과정을 거치면서 발명교육은 여러 교과로 교육의 저변을 넓혔다. 초등학교의 실과, 중학교의 기술・가정, 고등학교의 기술・가정, 공학기술, 공학일반 및 지식재산일반에서 발명 관련 내용을 중・소단원이나 내용 요소로 구성하고 있다. 발명교육과 가장 밀접한 교과는 앞에서 열거한 교과라고 할 수 있지만, 발명은 한 교과에 국한되어 있는 것이 아니고 여러 교과에 걸쳐 있다고 볼 수 있다. 즉, 발명은 기술, 공학, 사회, 수학, 과학 등의 교과와 연관되어 있으며 특히, 기술과 과학 교과와의 관련성이 높다고 볼 수 있다.

학문을 인간의 총체적인 지식 체계라고 하면 지식 체계의 영역은 흔히 자연과학, 사회과학으로 대별된다(정연경, 1999). 일반적으로 '과학'이라고도 하는 자연과학은 인간에 의하지 않은 모든 자연현상을 연구 대상으로 하는 과학이다. 자연과학의 고유한 분야로는 크게 물리학, 화학, 생물학, 천문학, 해양학이 있다.

사회과학은 인간과 인간 간의 관계에서 일어나는 사회현상을 과학적인 연구 방법을 동원해 연구하는 학문 분야를 말한다. 사회과학은 사회현상, 즉 인간 공동체 내의 현상들 중에서 사회생활의 경제적 · 정치적 · 행정적 · 법적 · 사회적 측면 등을 다룬다. 사회과학이라는 용어가 등장하기 전까지는 사회학, 정신과학, 문화과학, 인문과학, 인간과학 등의 용어가 다양하게 사용되었다. 사회과학이라는 용어는 1883년에 멩거(Carl Menger)가, 1895년에는 뒤르켐(Émile Durkheim)이, 그리고 1904년에 베버(Max Weber)가 인간 공동체에 관한 과학을 사회과학으로 부르면서 널리 사용되기 시작하였다(두산백과사전, 2012).

학문은 교육기관과 밀접하게 연계되어 있기 때문에 교육기관을 통해 각 학문의 발전을 볼 수 있고 학회의 구성도 학문의 역사성 연구에 도움을 준다(정연경, 1999). 그러나 대학교의 전공이나 학과로 나누어진 학문 세계는 여러 개별 분야가 일종의 밀림을 연상시킬 만큼 복잡한 군집 형태를 이루고 있지만, 그 가운데에도 일종의 질서가 존재하고 있다. 이처럼 학문 세계 전체의 모습을 조감하고자 하는 사람들에게는 학문 분류 체계[47]가 하나의 화두가 될 수 있다.

과학, 공학, 기술을 구별하여 이해하기는 쉽지 않지만 이를 간단히 정의하는 것은 더욱 어렵다. 그 이유는 과학, 공학, 기술은 역사 속에서 형성되고 사회 문화적 상황에 따라 영향을 받으므로 모든 상황에 대하여 항상 성립하는 정의를 찾는 것이 불가능하기 때문이다(이병기 · 이기준, 1996). 과학, 공학, 기술은 인류의 역사와 함께 점차 세분화되었으며, 사회 문화적 상황에 영향을 받으며 성장해 왔고 이들에 대한 정의와 특성, 관계와 차이에 대하여 수많은 논의가 있었다(이장규 · 홍석욱, 2005). 따라서 모든 경우에 성립하는 정의를 직접 내리는 대신에 우리의 시대라는 역사적 · 문화적 배경 아래서 과학과 공학과 기술을 서로 구분 지을 수 있는 특징들을 중심으로 비교하여 제시하고자 한다.

47) 일정한 원리에 따라 체계적으로 통일된 집합체로서 지식의 구성 요소들을 유사성과 상이성에 대한 다양한 분석을 통해 최고의 유개념으로부터 최저의 종개념까지 완전하게 분리하여 체계화한 것

○ 표 7-5 과학, 공학, 기술, 발명의 비교

구분	과학	공학	기술	발명
정의	자연 세계의 특성과 원리를 발견하고 탐구하는 학문	자연 세계의 산물을 인간에게 유용하게 변환시키기 위하여 과학적 원리와 기술적 방법을 응용하여 제품과 공정을 설계하고 개선 또는 개발하는 학문	자연 세계의 산물을 인간에게 유용하게 변환하여 만드는 데 필요한 수단과 방법 및 시스템과 과정을 다루는 학문	창의적인 아이디어와 기술적인 방법으로 지금까지 없던 새로운 물건이나 방법을 만들거나 생각해 내는 것
어원	라틴어 scientia (지식, knowledge)	라틴어 ingeniatorem (무엇을 만드는 데 재주가 있음)	희랍어 'techne'(기능, 솜씨)+'logos'(지식의 체계화, 학문의 탐구)	라틴어 'inventio' (생각이 떠오르다)
가치	추상화, 이론화	설계, 최적화	제작, 구현화	창조, 개발
임무	과학자의 임무는 아는 것	공학자의 임무는 하는 것	기술자의 임무는 만드는 것	발명가의 임무는 창조하는 것
목표	과학적 지식 추구와 그 원인의 이해, 즉 앎을 지향	주로 인공물의 법칙을 탐구하여 현실 사회의 적용을 지향	실질적 유용성 지향	새로운 생각 또는 제품의 신규성 지향
탐구 방법	기초 탐구(관찰, 분류, 측정, 예상, 추리), 통합 탐구(문제 인식, 가설 설정, 변인 통제, 자료 해석, 결론 도출, 일반화)	요구 조사, 설계(design), 모델링(modeling), 시작품(prototype) 제작, 테스트와 피드백	원리와 과정의 탐구, 시스템의 개선, 방법과 수단의 개선, 기술적 문제해결, 제작과 평가	문제 인식, 새로운 해결책 모색, 해법의 발견, 구현, 검증
지식의 구조와 영역	물리학, 화학, 생물학, 천문학	기계/자동차/조선/항공우주 공학, 금속/재료 공학, 전기/전자/정보통신 공학, 컴퓨터 공학, 건축/토목 공학, 화학/고분자/섬유 공학, 환경/자원/에너지 공학, 농·수산·해양·생물공학, 산업공학	제조기술, 건설기술, 수송기술, 정보통신 기술, 생물기술	발명의 역사 및 이해, 발명과 사고, 발명과 문제해결, 발명과 지식재산
학술연구 분류코드	대분류 '자연과학'	대분류 '공학'	중분류 '복합학-과학기술학'	대분류 '복합학' 또는 중분류 '복합학-과학기술학'

Think

발명, 공학 및 기술의 관계를 벤 다이어그램으로 표현하면?

02절 발명교육의 가치

① 발명교육의 중요성

발명은 인류의 역사와 함께 존재하여 왔고, 인류의 발전에 중요한 영향을 미쳐 왔다. 최근 지식재산의 중요성이 더욱 부각되면서 발명교육에 대한 관심이 증가되고 있다. 김용익 외(2005)는 "독창적인 신기술을 창조하여 무한 경쟁시대에 대응해 나가기 위하여 새로운 발명과 혁신의 교육적 노력은 우리의 미래를 보다 밝게 해 줄 수 있는 유일한 대안"이라고 주장하면서 발명교육의 필요성을 언급하였으며, 그중 일부를 소개하면 다음과 같다.

(1) 창의적 문제해결력을 기르는 데 효과적이다. 창의적 문제해결력은 선진 각국에서 제시하고 있는 직업 기초 능력에 공통적으로 포함되어 있으며, 이는 발명교육을 통하여 길러질 수 있다.

(2) 발명교육은 전인교육을 가능하게 한다. 발명은 머리와 가슴, 손의 유기적 활동에 기초하며, 개인적 활동보다는 모둠별로 협력하는 활동이 많으므로 지적, 정서적, 신체적으로 조화롭고 균형을 이루는 교육이 가능하다.

(3) 국가경쟁력의 향상에 기여한다. 지식 기반 사회에서는 부가가치가 높은 특허와 핵심기술의 보유 및 개발 능력이 곧 국가의 경쟁력이므로 창의적 인재 육성에 대한 필요성이 증대되고 있다. 체계적인 발명교육은 창의적 인재 육성에 기여할 수 있다.

② 발명교육의 가치 [48)]

(1) 발명교육의 개인적 가치

발명교육의 개인적 가치는 미래 인재로서 필요한 사고력에 기반한 핵심 역량의 가치, 개인의 자존감, 자신감 및 행복을 위한 정서적 가치, 개인 지식의 차원에서 요구되는 발명과 지식재산 소양의 가치로 나누어 볼 수 있을 것이다.

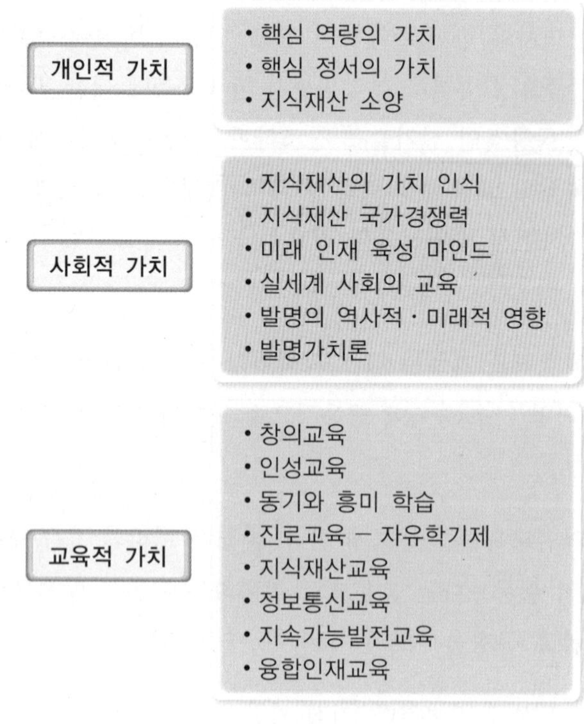

개인적 가치
• 핵심 역량의 가치
• 핵심 정서의 가치
• 지식재산 소양
사회적 가치
• 지식재산의 가치 인식
• 지식재산 국가경쟁력
• 미래 인재 육성 마인드
• 실세계 사회의 교육
• 발명의 역사적·미래적 영향
• 발명가치론
교육적 가치
• 창의교육
• 인성교육
• 동기와 흥미 학습
• 진로교육 – 자유학기제
• 지식재산교육
• 정보통신교육
• 지속가능발전교육
• 융합인재교육

그림 7-1 발명교육의 가치 모델

① **핵심 사고 역량**: 발명교육은 문제 분석부터 대안 탐색, 아이디어 수집 및 분석, 대안 선정, 실행, 평가의 문제해결 과정으로 정보 수집 능력, 창의력, 문제해결 능력, 의사결정 능력, 의사소통 능력, 평가 능력의 핵심 사고 역량을 발현시키고 계발할 수 있다. 또한, 발명에 필요한 융합적 사고와 기업가 정신도 함께 다루어질 수 있다.

② **핵심 정서 역량**: 발명은 자기주도적, 문제해결력, 팀 협력에 기반을 두고 교육이 진행되며, 자신에 대한 성취감, 자신감, 자기 효능감, 그리고 타인과의 배려와 협력의 정서적 마인드를 기를 수 있다.

48) 출처: 이 부분은 최유현(2014)의 내용을 발췌하여 구성함

③ **지식재산 소양**: 지식재산은 국가경쟁력이며, 지식재산의 가치는 더욱 증대될 것이다. 따라서 지식재산에 대한 기초적 소양은 사소한 발명이라도 보다 쉽게 권리를 인정받고 사업화될 수 있는 가능성이 있다. 아울러 최근 저작권, 특허 분쟁, 특허괴물* 등의 지식재산 관련 용어의 이해에도 도움을 줄 것으로 기대된다.

> *** 특허괴물(NPE, Non-Practicing Entity)**
> 개인이나 기업으로부터 특허 기술을 사들여 로열티 수입으로 이익을 창출하는 비실시기업 또는 비제조 특허전문기업(NPE)을 의미한다. 발명가의 권리 보호, 신기술 라이센싱의 촉진 등의 긍정적 측면도 있지만 무차별 소송으로 인해 부정적 측면을 강조하여 특허괴물(Patent Troll)이라고 불린다.

(2) 발명교육의 사회적 가치

발명교육의 사회적 가치는 크게 지식재산 기반의 사회경제적 가치 실현, 발명의 역사적·미래적 영향, 그리고 실세계의 존재(발명품)를 교육의 장으로 실현시킨다는 점에서 그 가치를 지닐 수 있다.

① **지식재산 기반의 사회경제적 가치 실현**: 21세기 지식정보화 사회에서는 유형자산보다 무형자산의 경제적 가치가 높아지고 있다. 그중 지식재산은 산업계의 경쟁에서 우위점 확보를 위한 중요한 요소이다. 미국의 S&P 500 기업의 시가총액 중 무형자산의 비율을 살펴보면, 1975년에는 17%로 유형자산 대비 현저히 낮았지만 2005년에는 무형자산이 80%로 상승하였으며, 2015년에도 84%로 지속적인 상승을 보이다 2020년 말에는 90%까지 높아졌다(박성필, 2021). 즉, 무형의 창의적인 아이디어가 유형의 재산으로 전환되므로 각국은 지식재산권의 보호를 강화하고 적극적인 활용을 위한 다양한 정책을 펼치고 있다. 4차 산업혁명 시대에는 상상력과 창의성을 과학기술과 결합하여 발명, 디자인, 콘텐츠 등과 같은 가치 있는 지식재산을 창출한다. 따라서 선진국은 창의적인 아이디어를 지식재산권으로 확보하여 비교우위를 유지하고, 새로운 경제적 가치를 창출한다고 볼 수 있다.

무한한 잠재력을 지닌 인간의 발명 능력은 한 개인과 그가 속한 국가에 엄청난 부를 가져다준다. 예를 들면 빌 게이츠는 개인용 컴퓨터 운영 프로그램을 발명하고 전 세계에 보급하였기 때문에, 그 프로그램을 사용하는 전 세계의 모든 사람들이 빌 게이츠에게 일정량의 돈을 지불하고 있다.

이와 같이 새로운 발명 아이디어 하나가 인류 문명의 발전에 크게 기여할 수도 있고, 개인과 국가의 부를 가져와 경쟁력을 갖게 해줄 수도 있는 것이다. 이처럼 지식 기반 사회에서는 창의적인 발명의 중요성이 더욱 커지고 있다.

② **발명의 역사적·미래적 영향**: 발명은 과거 우리의 역사와 문화를 만들어 왔고 역사와 문화를 발전시켜 온 원동력으로 인식되어 왔으며, 다가오는 미래 사회를 만들어갈 것

이다. 토플러는 '현대 사회는 새로운 아이디어를 창출하는 능력과 문제를 발견하고 해결하는 능력이 생산품이나 산출물 자체보다 훨씬 더 가치를 인정받는 사회'라고 언급함으로써 발명을 강조하고 있다. 따라서 자라나는 세대는 앞으로 다가올 미래 사회에 영향을 미칠 발명을 이해하고 발명과 관련된 사회적 의사 결정에 참여하며 나아가 발명을 함으로써 보다 바람직한 사회로 발전시키는 데 기여할 수 있어야 할 것이다.

③ **실세계의 존재를 교육의 장으로**: 생활과 발명

우리는 생활을 하면서 수많은 발명품들을 사용하고 있다. 학교에서 공부를 할 때 사용하는 학용품, 가정에서 어머니가 사용하시는 주방용품, 집안 청소를 할 때 사용하는 청소용품, 우리 생활을 보다 편리하게 해주는 것들, 우리 생활을 보다 즐겁게 해주는 것들 모두 누군가의 머릿속에서 맴돌던 발명 아이디어가 성공적인 발명품으로 만들어진 것들이다. 이러한 발명품들을 사용하면서 어떤 점이 불편하고, 이것을 어떻게 개선할 수 있는가에 대해 생각하면서 새로운 발명품을 생각해 내는 습관은 매우 중요하다.

일상생활에서 사용되는 많은 발명품들은 매우 사소한 아이디어에서 출발한 것이 많다. 또한, 너무나 당연한 것으로 여겨지는 '자연의 법칙'에서 아이디어를 찾은 것도 많다. 따라서 생활 주변의 아주 작은 것들을 세심하게 관찰하는 습관은 좋은 발명 아이디어를 얻는 출발점이 될 수 있다. 또한 이렇게 생각해 낸 아이디어는 끈기를 가지고 탐구하면서 새롭게 발전시키는 과정을 통하여 아무도 생각해 내지 못한 창의적인 생각을 할 수 있게 된다.

(3) 발명교육의 교육적 가치

발명교육의 교육적 가치는 현재의 교육 문제를 극복하거나 교육의 지향을 반영하는 측면에서 발명교육이 갖는 가치이다. 이것은 전 교과에서 공통적으로 추구하는 교육의 국가, 사회적 책무와도 관련이 된다.

① **창의 · 인성교육**: 발명은 이전에 없었던 새로운 창조에 기반을 두고 있다. 따라서 발명교육의 활동은 가장 복잡하고 높은 수준의 창조적 활동이라고 보여진다. 창의교육은 여러 다른 교육의 지향으로 나타나고 오래전부터 그 중요성을 주장해 왔지만, 4차 산업혁명 시대에도 필수적인 학습자의 미래적 역량으로 모든 교과, 특히 발명교육에서 실천적이고 중핵적인 활동으로 그 실천 효율을 높일 가능성이 크다고 보여진다.

특히 개인적 창의성을 넘어선 팀의 창의성이 미래 사회에서 더욱 중요해진다. 팀 기반의 협력하고 배려하는 창조 발명교육은 더 큰 효용을 가져다 줄 것이다. 이러한 팀 기반의 활동은 관계와 배려의 리더십을 길러 주고 나아가서는 자존감과 효능감으로

연결될 수 있는 인성교육적 측면에도 좋은 영향을 줄 수 있다. 즉, 모두 함께 이루어 내는 창의성, 어떤 새로운 창의적 결과물을 내는 것 자체보다 함께 상호작용함으로써 학생 개개인의 인지적 활동이 새로워지며 발전할 수 있다는 깨달음을 줄 수 있는 메타인지적이고 창의적인 체험이 교육 목표이어야 한다(이정모, 2011).

② **동기와 흥미학습**: 발명품은 우리가 늘상 이용하는 제품이나 구조물 중에 있으므로 발명은 현존하는 대상물(Authentic Tasks)이다. 이것은 만져지는 것이며 그것이 주제가 될 때 관심과 흥미가 유발된다. 결국 삶의 개선을 위한 교육이 발명교육이 될 수 있을 것이다. 따라서 발명은 인류의 문명 개선과 혁신을 위한 본능적·생존적 욕구로 볼 수 있으며, 이러한 측면에서 발명을 주제로 한 학습은 흥미와 재미를 가진 충분한 동기 유발이 잠재된 학습 활동으로서의 교육적 가치를 지닌다고 본다.

③ **진로교육 – 자유학기제**: 학생들이 학습하는 궁극적인 이유는 자신이 갖고 있는 꿈과 재능을 발견하고 미래에 가질 직업을 통하여 자아실현을 하기 위한 준비 기간이라고 볼 수 있다. 따라서 무한하고 지극히 개별적인 잠재 능력을 탐색하고 확인하는 일의 진로교육은 매우 중요한 의미를 가진다. 또한 발명교육을 통해서도 다양한 진로와 소질을 발견하고 계발할 수 있는 가능성이 높다고 판단된다. 특히 자유학기제 프로그램으로 발명활동이 중요한 대안활동 중 하나로 운영될 수 있을 것이다.

④ **지식재산교육**: 발명, 특허, 지식재산에 대한 기본적 소양은 현대인이 가져야 할 리터러시(Literacy)이다. 따라서 국가 교육과정에서도 전 교과를 통하여 지식재산교육을 반영할 것을 요구하고 있는 것은 같은 맥락이다. 결국 지식재산 소양은 국가적으로 지식재산의 경쟁력을 올리는 데 큰 기여를 할 것이다. 이는 이른바 기술적 교양의 피라미드 이론으로 설명할 수 있는데, 즉 한 나라의 전문가 수준에서의 지식재산 수준은 보통 국민의 지식재산 소양과 무관하지 않으며, 피라미드를 높이(전문적 지식재산 수준) 쌓으려면 기반 층(국민의 지식재산 소양)이 넓고 두터워야 한다는 것이다.

⑤ **정보통신교육**: 정보통신교육은 정보화 시대부터 핵심적인 기술로서 교육적으로도 이에 대한 교육이 필요하다. 특히 발명교육을 통해서도 발명 정보의 검색, 선행 기술 분석, 발명 홍보, 발명 일지, 발명 포트폴리오 등을 활용할 때 정보와 미디어의 활용은 반드시 필요한 활동이다. 특히 IT의 융합적 기술 활용은 발명의 고안 단계에서 IT의 융합적 기술 접목에도 도움을 줄 것으로 기대된다.

⑥ **지속 가능한 발전교육**: 전 지구적 자원의 한계, 지구의 수명을 단축하는 심각한 오염원, 지구의 생태계가 교란되고 기술 만능의 인류 재앙을 경계할 필요가 증대되면서 지속 가능한 발전이 관심을 받고 있다.

지속 가능한 발전 또는 지속 가능한 개발(SD: Sustainable Development)은 환경을 보호하고 빈곤을 구제하며, 장기적으로는 성장을 이유로 단기적인 자연 자원을 파괴하지 않는 경제적인 성장을 창출하기 위한 방법들의 집합을 의미한다.

처음 용어가 등장한 것은 1987년 유엔이 발표한 브룬트란트 보고서(Brundtland Report)라 불리는 <우리 공동의 미래(Our Common Future)>였으며, 여기에서 "미래 세대가 그들의 필요를 충족시킬 능력을 저해하지 않으면서 현재 세대의 필요를 충족시키는 발전"으로 정의되었다(위키백과, 2013).

지속 가능한 발전은 환경에만 집중하는 것이 아니며, 일반적인 정책의 영역인 경제, 환경, 사회를 포함한다. 이를 지지하기 위해, 여러 UN 문서, 2005년 세계 정상회의 결과문서(World Summit Outcome Document)에서는 "상호의존적이고 상호 증진적인 지속 가능한 발전의 기둥으로서의 경제적 발전, 사회적 발전, 환경 보호"를 언급하였다.

유네스코 세계문화 다양성 선언(The Universal Declaration on Cultural Diversity, 2001)에서는 추가적인 개념으로서 "자연에게 있어서 생물 다양성이 중요하듯이, 인간에게 있어서 문화 다양성이 필요하다."라고 언급하였다. 문화 다양성은 단순한 경제적인 성장이 아닌, 보다 만족스러운 지적・감정적・윤리적・정신적인 삶을 달성하기 위한 하나의 방법으로서의 근원이 된다는 것이다. 이러한 견해에 따르면, '문화 다양성'이 지속 가능한 발전의 네 번째 정책 영역이 된다[49]. 이러한 지속 가능한 발전의 교육적 지향은 발명교육에서도 가능하다. 특히 발명 아이디어 발상의 문제해결 조건에서 지속 가능한 발전의 준거를 활용한다면 매우 진취적인 지속 가능한 발전의 교육적 가치가 기대된다.

⑦ **융합인재교육**: 통합과 융합의 교육은 오래전부터 MST, STS, STEM, STEAM 등으로 불려 왔으며 우리 교육에 변화를 주장해 왔다. 특히 홀리스틱 교육의 이념적 실천으로 볼 수 있는 융합인재교육의 실천 가능성의 하나로서 발명교육은 매우 적절한 전략이 될 수 있을 것이다. 즉, 발명품 속의 과학, 수학, 예술, 공학, 기술의 원리를 확인하는 활동을 하거나 또 다른 측면에서 각 학문과 지식을 활용한 발명품의 아이디어 창출의 접근도 가능할 것이다. 발명품은 융합의 지식과 아이디어의 산물이기 때문이다.

이러한 발명교육의 가치는 발명교육의 가능성이자 지향이다. 아무리 좋은 발명교육의 가능성과 가치가 있다고 하더라도 이것은 학습자의 발명학습 활동에서 반영되고 실천되어야 할 것이다. 따라서 발명교육의 가치는 한편으로는 발명교육의 지향점이기도 할 것이다.

49) 출처: wikipedia(http://ko.wikipedia.org)

03절 발명교육과 미래 인재 역량

① 미래인재역량의 이해

전통적인 교과 중심의 지식 교육이 실세계에서 유용성이 떨어지면서 교육계는 직업교육에서 직무수행능력과 연계하여 강조하였던 '역량(Competency)'에 주목하게 되었다. 학교 교육을 통해 무엇을 아느냐보다는 무엇을 할 수 있는지에 중점을 두게 된 것이다. OECD는 1997년부터 수행된 DeSeCo(Definition and Selection of Competencies) 프로젝트[50]에서 모든 사람이 갖추어야 할 핵심역량을 제시하였으며, 이는 전 세계의 교육계에 역량의 중요성을 강조하고 변화를 유도하는 계기가 되었다. 이에 따라 우리나라도 2009 개정 교육과정 시기에 역량에 관한 논의를 시작하였으며, 2015 개정 교육과정에 이르러 '역량'이라는 용어를 명시적으로 규정하면서 전 교과에서 공통으로 길러야 할 핵심역량을 제시하였다.

OECD는 2015년부터 2030년대의 미래 사회에 요구되는 핵심역량을 파악하고 이를 개발하기 위한 교육 시스템을 탐색하기 위해 'Future of Education and Skills : The OECD Education 2030(이하 OECD Education 2030)' 프로젝트를 실시하였다(최수진 외, 2017).

미래인재역량은 미래인재가 준비해야 할 또는 갖추어야 할 역량을 의미한다. 미래인재에게 요구되는 역량은 시대에 따라 변화하므로 이에 따른 교육의 방향 실정이 중요하다. 역량 함양 교육은 전 교과 또는 개별 교과 교육을 통해 이루어질 수 있겠으나, 전 교과를 통한 일반적인 역량이 무엇인지를 파악하는 것이 우선되어야 할 것이다. 앞서 언급한 역량들이 미래인재역량의 사례로 적절할 것이므로 여기서는 이를 중심으로 구체적인 내용을 살펴본다.

50) 1997년에 시작하여 2003년까지 진행됨

(1) OECD DeSeCo 프로젝트의 역량

OECD의 DeSeCo 프로젝트에서는 현대 사회에서 모든 사람이 갖추어야 할 핵심역량을 [표 7-6]과 같이 3개의 범주로 구분하여 제시하였다(OECD, 2005).

○ 표 7-6 OECD DeSeCo 사업에서 제안한 핵심역량

핵심역량	구성요소
상호작용하며 도구 활용하기 (Using tools interactively)	• 상호작용하며 언어, 기호, 텍스트를 활용하는 능력 • 상호작용하며 지식과 정보를 활용하는 능력 • 상호작용하며 기술을 활용하는 능력
이질 집단에서 상호작용하기 (Interacting in heterogeneous groups)	• 타인과 원만한 관계를 맺는 능력 • 협력하는 능력 • 갈등을 관리하고 해결하는 능력
자율적으로 행동하기 (Acting autonomously)	• 전체적인 상황 내에서 행동하는 능력 • 생애 계획과 개인적 프로젝트를 수립하고 실천하는 능력 • 권리, 이익, 한계와 요구를 주장하는 능력

출처 ▶ OECD(2005, pp.10~15)의 내용을 재구성함

(2) OECD 교육 2030 프로젝트의 역량

OECD 교육 2030 프로젝트는 2단계로 구분하여 수행되었는데, 1단계[51]에서 역량 함양을 위한 학습프레임워크(Learning Framework) 개발과 국제 수준에서의 교육과정 분석이 이루어졌다. OECD 교육 2030에서 제안하는 핵심역량은 변혁적 역량(Transformative Competencies)으로 학생들이 사회를 변화시키고 더 나은 삶을 위해 미래를 만들어나가는 데 필요한 지식, 기능, 태도 및 가치를 의미한다(OECD, 2019, p.62). 변혁적 역량은 새로운 가치 창출하기, 긴장과 딜레마 조정하기, 책임감 갖기의 세 범주로 구분되며, 각 범주의 의미는 [표 7-7]과 같다.

○ 표 7-7 OECD 교육 2030의 변혁적 역량과 구성 요소

변혁적 역량	의미
새로운 가치 창출하기 (creating new value)	• 교양 있고 책임감 있게 실천함으로써 혁신하고 행동하는 능력을 의미함 – 목적성 – 호기심 – 열린 마음 – 비판적 사고 – 창의성 – 협력 – 민첩성 – 위기 대처 능력 – 적응력

51) 2015년에 시작하여 2019년까지 진행됨

긴장과 딜레마 조정하기 (reconciling tension and dilemmas)	• 경쟁, 모순, 양립하지 않는 요구를 조화롭게 하는 것을 의미함 – 인지적 유연성 – 관점 수용 능력 – 공감 – 다른 견해를 가진 타인에 대한 존중 – 창의성 – 문제해결능력 – 갈등 해결 능력 – 회복력 – 복합성과 모호성에 대한 포용력 – 책임감
책임감 갖기 (taking responsibility)	• 자신의 경험과 개인적·사회적 목표, 배워온 것, 옳고 그름의 관점에서 자신의 행동을 성찰하고 평가할 수 있는 것을 의미함 – 내적 통제력 – 청렴 – 연민 – 존중 – 비판적 사고 – 자기인식 – 자기관리 – 반성적 사고 – 신뢰성

출처 ▶ OECD(2019, pp.63~65), 이수정 외(2021, pp.43~44)

더 알아보기 2022 개정 교육과정과 미래 역량

미래사회 변화에 대응할 수 있는 역량을 함양하고 학습자 맞춤형 교육을 강화하기 위해 2022 개정 교육과정이 개발되고 있다. 최근(2021년 11월 24일) 발표된 총론의 주요사항(시안)에 따르면, 새로운 교육과정은 '포용성과 창의성을 갖춘 주도적인 사람'을 비전으로 하며, 개정의 중점 중 하나로 '미래사회가 요구하는 역량 함양이 가능한 교육과정'을 제시하고 있다. 이를 위해 기초소양과 미래 변화 대응 역량, 지속가능한 발전 과제에 대한 대응 능력, 공동체적 가치 등을 반영하려고 한다. 기초소양은 언어, 수리 및 디지털 소양으로 구분되고, 이들 중 미래 세대 핵심 역량으로 강조되고 있는 디지털 소양은 AI·소프트웨어 등을 포함하며, "디지털 지식과 기술에 대한 이해와 윤리의식을 바탕으로, 정보를 수집·분석하고 비판적으로 이해·평가하여 새로운 정보와 지식을 생산·활용하는 능력"(p.13)으로 정의하고 있다. 학교의 전 교육 활동을 통해 길러야 할 핵심역량은 2015 개정 교육과정과 유사하게 자기관리, 지식정보처리, 창의적 사고, 심미적 감성, 협력적 소통, 공동체 역량을 개선안으로 제안하고 있다. (교육부 교육과정 정책과, 2021)

② 발명교육과 미래 인재 역량

학교교육을 통해 길러야 할 역량은 일반 역량과 교과 역량으로 구분된다. 일반 역량은 학교 교육을 통해 기르고자 하는 미래 사회에서 요구되는 능력으로 모든 교과 교육과정을 아우르며, 교과 역량은 교과 교육을 통해 길러질 수 있는 능력을 의미한다(교육부, 2015). 2015 개정 교육과정에서는 자기관리 역량, 지식정보처리 역량, 창의적 사고 역량, 심미적 감성 역량, 의사소통 역량, 공동체 역량의 6개 핵심 역량을 제시하고 있으며, 교과별로도 교과 역량을 두고 있다.

역량에 대한 관심은 학교 교과뿐만 아니라 다양한 교육이나 훈련 분야에서도 높아 해당 분야에 요구되는 미래 역량을 탐색하고 있다. 이는 역량이 교육의 방향성과 관련이 높기 때문일 것이다. 발명교육에서 직접적으로 미래인재역량 요소를 규명한 연구는 찾기 어렵지만, 여기서는 가장 근접한 연구로 미래지향적 발명영재상 정립 연구(이재호 외,

2012), 발명역량 구인 타당화(이경표, 2017), 발명인재 미래역량 모델 개발 연구(손영은 외, 2020)를 살펴본다.

이재호 외(2012)는 Gardner가 제시한 5가지 미래마인드를 중심으로 발명영재상을 분류한 후 전문가 협의회, 영역 통합 등의 과정을 거쳐 발명영재의 핵심역량을 발명가적 지식기술 역량, 발명가적 통합창의 역량, 발명가적 인성 역량으로 정리하였다. 각 역량별 특성 요인과 특성 요소는 [표 7-8]과 같다.

○ 표 7-8 발명영재의 핵심역량, 특성요인 및 특성요소

핵심역량	특성요인	특성요소
발명가적 지식기술 역량	다양한 분야의 지식 추구	다방면에 걸친 풍부한 지식, 과학·기술에 대한 흥미와 호기심, 과학·기술 개념의 빠른 이해, 수리적 사고능력, 공간적 사고능력
	설계능력	정확성, 실용성, 심미성
	제작능력	정밀성, 자원 활용능력, 조작능력(손재주)
	과학기술 활용능력	H/W 활용능력, S/W 활용능력, 정보 활용능력
발명가적 통합창의 역량	융합적 사고능력	지식 통합능력, 사고의 유연성, 관련성 파악능력
	창의성	민감성, 유창/융통성, 독창성, 정교성
	문제해결능력	논리/분석적 사고능력, 평가능력, 완벽성 추구, 과제관리능력
	기업가적 정신	혁신성, 결단성
발명가적 인성역량	자기주도성	독립심, 계획성, 목표지향성
	과제집착력	집중력, 인내심
	리더십	책임감, 긍정적 마인드, 조직관리, 사회적 기술
	의사소통능력	언어 전달능력, 비언어적 전달능력, 설득 능력, 유머감각

출처 ▶ 이재호 외(2012, p.446)를 재구성함

이경표(2017)는 발명역량을 "융합적 사고와 창의성을 기반으로 특정분야의 전문성과 지식재산에 관한 지식을 활용하여 문제를 해결하는 한편, 이를 통하여 경제적으로 유의미한 가치를 창출하여 사회적 기여를 할 수 있는 능력"으로 정의하고(p.116), 문헌고찰, 전문가 협의회 및 설문조사를 통해 발명역량의 구인을 타당화하는 연구를 수행하였다. 연구에서 도출된 구인은 지식재산, 발명융합창의, 발명인성의 3개 영역으로 구분되며, 영역별 구성요인과 하위 구성요인은 [표 7-9]와 같다.

표 7-9 발명역량의 구인의 영역과 구성요인

영역	구성요인	하위요인
지식재산 영역	지식재산 관련 일반 지식	지식재산 관련 일반 지식
	지식재산 정보 활용 및 연계 능력	지식재산 정보 활용능력, 지식재산 연계 능력
	다양한 영역(과학, 기술, 인문, 예술 등)의 지식과 정보 관리	(다양한 영역에 관한) 일반지식, 이해, 지식의 적용 및 활용 능력, 정보 수집 능력, 정보 분석 능력, 정보 관리 능력
발명융합 창의영역	융합적 사고력	고차원적 사고, 연관성 파악능력, 논리적/분석적 사고력, 문제의 인식 및 관리, 기획설계능력
	창의성	창의적 능력(유창성, 정교성, 상상력, 융통성, 독창력), 창의적 성격(호기심, 민감성, 과제집착력, 모험심)
	디자인 능력	디자인 감각
발명인성 영역	자기주도성	자발적 의지, 목표지향성, 초(meta) 동기
	리더십	창의적 리더십
	공동체 의식 및 사회적 책임	공동체 문제인식, 배려, 가치 지향
	기업가 정신	문제해결, 도전정신

출처 ▶ 이경표(2017, pp.117~120)를 재구성함

손영은 외(2020)는 미래사회 일자리 변화와 요구역량 변화를 반영하여 발명 인재들이 갖춰야 할 미래역량을 탐색하여 발명인재 미래역량 모델을 개발했다. 이 모델에서는 역량 내용을 인지, 정의 및 수행으로 구분하고, 발명교육에서 길러야 할 핵심역량을 발명 과정에 따라 도출하여 총 21가지를 제시하고 있다. 발명 과정에 따른 역량 내용별 핵심역량과 구성 내용은 [표 7-10]과 같다.

○ 표 7-10 발명인재 미래역량 모델 기반 핵심역량

역량 내용 \ 과정	분석적 문제 발견/수립		창의적 산출물 제작			실용적 가치창출		
	가치·문제발견	문제이해	아이디어	디자인	시제품 설계/제작	상품화 평가	인적자원 관리	사업화
인지적 역량	1. 기초소양 인문적 소양, 과학적 소양, 예술적 소양 2. 논리적 사고 분석적 사고, 핵심 파악력, 수학적 유추 및 가설연역적 사고 3. 문제발견력 요구분석, 공감, 차이 관찰 및 문제 재정의		4. 혁신적 사고 창의적 사고, 융합적 사고, 창의·융합 적용력, 공감각적 사고 및 심미적 감각 5. 기술적 사고 기술적 계획 및 분석, 기술적 문제파악 및 해결 6. 체계적 문제해결 컴퓨팅적 사고, 시스템적 사고			7. 실용적 전문지식 지적재산 창출·보호, 회사 경영지식, 기술 활용·경영지식 8. 평가적 사고 발명메타인지, 비판적 상황판단, 기술적 타당성 평가		
정의적 역량	9. 일반 동기 자아정체감, 자아효능감, 자기성찰, 목표 지향성 및 자기주도성 10. 창의 성향 민감성, 열정, 몰입, 과제집착력		11. 창의 동기 창의적 효능감, 창의적 정체감, 창의적 마인드셋 12. 발명 성향 발명 흥미, 발명 동기, 과학기술 호기심			13. 사업적 가치 사회적 책임, 정의, 공정, 관용, 참여, 연대, 협력, 호혜성 14. 기업가 정신 가치지향, 미래통찰, 혁신성, 결단력, 추진력		
수행적 역량	15. ICT 리터러시 디지털 문해력, 정보 및 미디어 리터러시		16. 신기술 조작 첨단기술 조작력, 감성 컴퓨팅 조작력, 휴먼-컴퓨터 조합력, H/W 활용능력 17. 지능정보기술 빅데이터 분석 및 편집, 클라우드 컴퓨팅, 디지털 정보 활용력, 인공지능 18. 메이킹 역량 설계 및 구현능력, S/W 프로그래밍 역량			19. 디지털 네트워킹 휴먼 클라우드 활용력, 유인형 협력, 공유 능력 20. 사업화 역량 경영관리력(상황대처능력, 조직관리 및 재무관리) 21. 미래예측·기획 역량 전체조망력에 따른 미래대응 역량, 창무 및 창직역량		

출처 ▶ 손영은 외(2020, pp.16~28)를 재구성함

조사 활동

발명교육의 교육적 가치로 논의되는 다음의 주제 중 팀별로 한 가지를 선정하여 각 주제의 발명교육의 가치를 실제 사례를 들어 제시해 보자.

창의교육	
인성교육	
진로교육	
융합인재교육	
지속가능발전교육	
핵심 역량교육	
지식재산교육	

Test

07장 내용 확인 문제

정답 p.349

01 발명교육의 정의는 ______, 내용, 방법, 대상 등의 검토를 통해 규정할 수 있다.

02 발명교육은 목적과 대상에 따라 발명체험교육, ______, 발명직업교육의 유형으로 구분할 수 있다.

03 발명교육은 창조, 협력, 융합적 사고력 계발과 발명, 특허, ______의 소양을 길러 주기 위하여(목적) 발명의 기초, 발명과 관련된 융합적 지식, 지식재산 및 기업가 정신 등의 내용을 (내용) 발명 ______의 사고 과정을 통하여(방법) 이루어지는 체험 활동이다.

04 발명교육은 생활 중심의 실세계 교육, 활동과 체험 중심의 학습자 중심 교육, 과학기술적 지식 바탕 교육, 학습자의 ______ 사고 중심 교육의 특성을 갖는다.

05 과학은 추상화·이론화, 공학은 ______·최적화, 기술은 ______·구현화, 발명은 ______, 개발의 가치를 추구한다.

06 발명교육은 ______, 사회적 가치, 교육적 가치로 나누어 볼 수 있다.

07 발명교육의 개인적 가치는 ______, ______, 지식재산 소양으로 생각할 수 있다.

08 발명교육이 창의인성교육, 진로교육, 융합인재교육, 지속발전가능교육에 기여하는 것은 ______(으)로 볼 수 있다.

09 OECD 교육 2030의 핵심역량인 변혁적 역량의 3가지 범주는 ______, ______, 책임감 갖기이다.

10 발명인재 미래역량 모델에서 혁신적 사고, 체계적 문제해결, 창의 동기, 메이킹 역량 등은 발명 과정 중 ______ 과정에 필요한 역량이다.

토론과 성찰

다음은 리브스(R. H. Reeves) 박사의 '동물학교 이야기'이다. 이 동물학교가 교육에 주는 시사점과 그 하나의 대안으로서의 발명교육의 지향점을 논의해 보자.

옛날에 동물 나라 동물들이 모여서 회의를 하였다. 회의 주제는 다가올 미래 사회를 준비하기 위한 회의였다. 회의 결과 그들은 학교를 세워 미래 사회 적응에 필요한 내용을 동물들에게 교육하기로 하고 교육과정을 편성・운영하였다. 교과목은 달리기, 헤엄치기, 나무 오르기, 날기 등 다양한 교육과정을 편성하고, 전 교과목에서 평균점 이상을 획득해야 졸업이 가능하다.

오리는 수영 과목에서 성적이 뛰어났다. 그러나 오리는 날기 과목에서 겨우 낙제점을 면했다. 달리기 과목은 더욱 형편없었다. 오리는 달리기 과목의 성적이 낙제점이라서 방과 후에 남아 특별지도를 받아 수영 과목은 포기해야 했다. 결국 오리는 달리기 연습을 너무해서 물갈퀴가 손상되어 수영 과목에서조차 평균점을 얻을 수 없었다.

달리기의 천재 토끼는 달리기 과목에서 단연 선두다. 토끼는 당당하게 학교 공부를 시작하였다. 그러나 수영 과목의 기초를 배우느라 너무나 많이 물속에 들어간 나머지 신경쇠약증에 걸려 병원 치료를 받는 신세가 되었다.

다람쥐는 나무 오르기 과목에선 단연 선두다. 그러나 날기 과목에서 교사가 땅바닥에서부터 시작하지 않고 나무 꼭대기에서부터 날기를 시키는 바람에 다람쥐는 좌절감만 커갔다. 또한 무리한 날기 연습으로 근육에 쥐가 나, 나무 오르기 과목에선 '미', 날기 과목에선 '양'을 받았다.

독수리는 문제아였다. 나무 오르기 과목에서는 큰 날개를 퍼덕여 다른 학생들을 방해하는 바람에 자주 지적 받고 혼났다. 그래서 독수리는 교사에게 자기 나름의 방식으로 나무 꼭대기까지 올라가게 해 달라고 부탁했으나, 그 주장은 받아들여지지 않았다.

문제 제기

이 단원에서는 발명학습의 지향점과 수업 설계를 이해하고 이에 기초하여 문제해결 수업전략, 문제중심학습(PBL), 협동학습, 융합인재교육의 활용을 탐색하여 발명교육의 실천에 대한 폭넓은 이해를 돕고자 한다.

❶ 발명학습의 지향점과 교수설계는 무엇인가?
❷ 발명수업을 실천하기 위한 수업전략에는 무엇이 있는가?
❸ 발명교육의 실천에서 협동학습과 융합인재교육은 어떻게 적용될 수 있는가?
❹ 발명교수학습을 위한 컴퓨터 활용 방법에는 어떤 것이 있는가?

Understanding and Practice of Invention Education

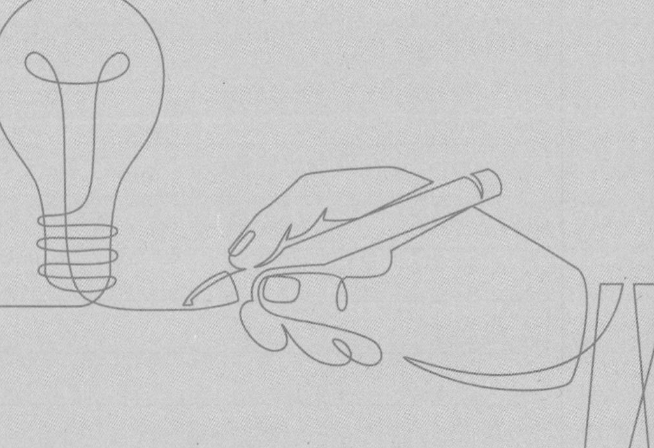

Chapter

08

발명교수 ·학습

01 절 발명교육 학습의 지향

① 발명교육 : 학습학의 복원

가르치는 행위를 '교수'라 하고, 배우는 행위를 '학습'이라고 한다면, 실제로 교실에서의 활동은 교수보다 학습의 의미가 더욱 중요하다고 판단된다. 그러나 교사의 입장에서 교육 혹은 교수라는 용어가 주도적으로 사용되면서 중요한 학습의 의미는 소홀하게 다루어져 온 것이 사실이다. 그러나 발명교육의 특성이나 최근의 여러 학습 철학과 이론에서 교육보다도 학습의 의미를 새롭게 부각할 것을 요구하고 있다. 최근의 학습법도 문제해결학습, 문제중심학습, 협동학습, 토론학습, 학습평가 등에서도 알 수 있듯이 학습이란 용어를 많이 사용하고 있다.

더욱이 발명교육 방법론에서는 학습법, 학습심리, 학습환경을 중요하게 다루어야 한다. 아직은 교육학이 일반화되어 사용되지만 이제는 '학습학'이 논의의 중심에 서야 한다.

한준상(2001)은 학습학을 살려야 교육과 학습의 본질을 이해할 수 있다고 보고, 실천적이고도 이론적인 단서를 '안드라고지'에 두고 있다. 그야말로 지금의 교육학적 풍토로 조감하면 마치 빛바랜 한 조각의 보물섬 지도와 비슷하다. 원래 안드라고지는 인간 스스로 그들의 문화를 만들어 가는 인간 본연의 배움에 관한 이론들로 가득 차 있던 학습의 실천꺼리였었다. 안드라고지의 생성과 억눌림, 그리고 재발견에 대한 이야기는 자연(自然)이 우리에게 전해주는 배움에 대한 이해의 폭과 내용에 있어서 사뭇 다르다고 전제한다.[52)]

진정으로 인간이 인간에게 가르친다면, 그것은 인간이 자연처럼 인간에게 삶과 죽음 중 그 어느 한편의 법칙을 강요하는 것이라고 보아야 한다. 가르친다고 고집하면 고집할수록, 그 사람은 자연의 절대적인 모습으로 위장하면서 폭군처럼 다른 사람이 누리고 있는 인간적인 위엄을 억제할 뿐이다.

52) 학습학의 개념들과 사상들은 이미 기존 교사학(教事學)의 테두리 속에서, 혹은 보육학(保育學)의 모습으로 교육학의 이곳저곳에 여러 개의 파편들로 흩어져 있다. 그래서 학습학의 흔적이나 파편들을 찾아내는 방법이 단 한 가지일 수가 없다. 엄청난 지적인 상상력과 노력으로 학습학의 흔적 찾기에 집착해야 할 것이기에, 그런 학습학의 사상과 원형, 혹은 그것들의 흔적을 찾아내는 데에는 "그 어떤 탐구방법(론)도 무방하다."(한준상, 2001)

인간이 그 무엇이든 배운다는 것 그 자체는 여러 의미를 갖고 있다. 그중 하나는 인간이 자연(自然)의 몫을 둘러싸고 생기게 되는 정신적이거나 물질적인 여백들을 서로 나누어 갖고 그로부터 의미를 만들어 가는 과정에 익숙하게 된다는 말이다. 인간은 원래 다른 인간에게 본성에 있어서 아무것도 가르칠 수 없고, 단지 그가 배울 수 있도록 유인할 뿐이다. 인류문명 발전의 역사를 되돌아보기 시작하면, 배움이라는 활동 그 자체가 아주 인간적이며 그것이 바로 인간의 몫임을 알게 된다. 배움이라는 말은 인류 최초의 예지활동(叡智活動)과 그 맥과 궤를 같이 한다.

지금의 학교에서 드러나고 있는 것 같은 교사 중심의 반강제적인 학습(Oppressive Learning)이나 배우는 학생 스스로 왜 배우는지도 모른 채 익히는 소외조장의 학습(Alienating Learning)이 바로 의미 없는 학습들이다. 이에 반해, 학습자의 삶을 존중하는 경험학습(Experiential Learning) 같은 것은 의미 있는 학습(Meaningful Learning)에 속한다. 로저스는 인간화된, 인간의 모습을 갖춘, 학습소비자를 존중하는 학습이 바로 의미 있는 학습이라고 간주하면서 교육기관들은 이런 학습방법을 활용해야 한다고 주장했다. 로저스가 주장하는 "의미 있는 학습"은 글래서(Glaser)가 주장하는 "실패 없는 학교, 실패 없는 학습"의 개념과 일맥상통한다. 당연히 교육기관에서의 학습은 학습자의 학습욕구와 동기를 존중하는 방법이나 활동의 모습을 취해야 한다(한준상, 2001).

교육학을 교사(教師) 중심의 페다고지(Pedagogy)나 혹은 가르치는 일 중심의 교사학(教事學, Activities of Teaching)이나 기르는 것 중심의 보육학(保育學)과 동일시하던 페다고지 패러다임의 절대성과 그 효용성이 상실되어 가고 있는 상황 속에서, 가르치는 사람이나 가르치는 일 중심의 교사학이나 기르는 일 그 자체가 인간학습의 원형이라고 역설하는 것은 마치 디지털시대에 주산(珠算)과 부기(簿記)의 중요성을 내세우는 것처럼 시대의 조류와 맞지 않는다는 점을 교육학자들 스스로 잘 알고 있다. 그것의 대안은 '학습학(學習學)'이다. 교사학에서 중요시 하던 그 모든 활동들은 학습학의 패러다임 속에서 다시 정리해야 한다. 가르치는 활동은 그 나름대로 중요하지만, 새로운 학습 패러다임 속에서 작동하게 될 교사학은 학습현장에서 그 응용성을 확장해나가야 한다. 인류의 문명발달사를 면밀히 관찰하면, 교사학이 학습학으로 바뀌었다거나 바뀌어야 한다는 주장 역시 인간의 학습본능에 대한 이해부족 탓일 수도 있다.

말하자면, 생물학적 본능으로서의 학습이 인간으로 하여금 환경에 성공적으로 적응하기 위해 일차적으로 그가 접한 환경으로부터 새로운 정보를 획득하게 하고, 그 다음으로는 그것으로부터 얻은 새로운 정보나 지식을 과제해결을 위해 새롭게 조작하거나 새로운 정보 상태로 전환(Transformation)하여 개조(Reformatting)시키고, 마지막으로 조작/변형/개조된 정보의 쓰임새에 대한 타당성과 유효도를 확인하는 일련의 여러 과정들을 거치게 한다. 이런 일련의 환경과 정보의 조작행위를 거쳐 생물학적인 인간의 학습본능은 문화적 변형과 연계되는데, 이런 연계로부터 길러지는 학습자들의 문제해결능력을 인간의 학습력, 혹은 학습역량이라고 부른다. 이런 학습역량은 인간 스스로 그가 접하는 환경이나 정보로부터 자기 삶을 위한 의미를 찾거나 의미를 새롭게 만들어낼 수 있을 때 보다 더 강력한 예지일탈에로의 힘을 갖게 된다(한준상, 2001).

학습학으로서의 메이커 교육의 학습 담론을 해석하고, 학습의 의미를 의미 있는 학습과 더불어 의미를 새롭게 만들어 내는 문제해결 능력으로 본다면 교육학의 패러다임은 학습학의 패러다임에서 메이커 교육의 학습 본질을 탐구해야 할 것이다.

그러나 그 학습학의 맥락에서 교수와 교육학을 결코 망각해서는 안 될 일이다. 다만 교수학 일변도의 폭거와 같은 교실 학습 문화를 메이커 교육에서 살려놓자는 의미이다.

② 발명교육의 기본 학습 지향 : 구성주의 학습 환경[53)]

전통적으로 학습은 새롭게 제시된 정보를 보고서, 퀴즈, 검사 등을 통한 학습자의 반복, 암기를 포함하는 과정인 '흉내를 모방하는(Mimetic)' 활동으로 생각되어져 왔다. 그러나 구성주의 교수학습의 실제는 학습자가 새로운 정보를 내면화 · 정교화 · 변형화를 하는 데 돕는다. 여기서 변형(Transformation)은 새로운 인지구조의 형성결과로서 나타나는 새로운 이해의 창조를 통하여 일어난다(Jackson, 1986, in Brooks & Brooks, 1993). 구성주의 교수의 실제에서 세 가지 지침이 되는 세 가지 질문은 ① 학습자가 정보의 기억이 아닌, 개념의 이해를 나타낼 수 있는가? ② 학습자가 순서화된 절차를 수행하는 것이 아닌, 상상력을 동원하여 문제를 해결할 수 있는가? ③ 학습자가 복잡한 쟁점을 탐구할 수 있는가?에 초점을 둔다. 전통적인 교실(Traditional Classrooms)과 구성주의 교실(Constructivist Classrooms)의 차이점을 [표 8-1]과 같이 정리할 수 있을 것이다(Brooks & Brooks, 1993). [표 8-1]에서와 같이 전통적인 교실과 다른 특징을 보이고 있는 구성주의 교실의 교수 · 학습 환경은 구체적인 상황, 협동적인 학습환경, 문제해결력, 창조와 구성, 학습과 통합된 다양한 과정지향적 평가 등으로 요약될 수 있다.

강인애(1998)는 여러 학자들의 견해를 인용하여 구성주의의 교수 · 학습 원칙을 학습자의 학습에 대한 주인의식(Self-regulated Learning, Rogoff, 1990), 자아성찰적 실천(Reflective Practice, Schon, 1987), 협동학습 환경의 활용, 학습자의 학습을 돕는 조언자(Scaffolder)와 배움을 같이하는 동료학습자로서 교사의 역할, 구체적 상황을 배경으로 한 실제적 성격의 과제(Authentic Task, Duffy & Jonassen, 1991) 등으로 정리하였다.

53) 출처 : 이 부분은 최유현(2017, pp.44~61)에서 재구성함

표 8-1 전통적인 교수 · 학습 환경과 구성주의 교수 · 학습 환경의 비교

전통적인 교수 · 학습 환경	구성주의적 교수 · 학습 환경
• 개별적 학습환경 : 개인과제, 개인활동, 개인 성취의 중요성 강조 • 지식의 암기와 축적 • 발견 • 초역사적 · 우주적 · 초공간적 • 학습자 학습평가는 교수행위와 분리된 것이며 거의 검사를 통하여 수행된다. • 객관식 평가, 결과 평가	• 협동학습환경 : 다양한 견해에 대한 인식과 견해를 습득 • 문제 해결력, 사고력, 인지적 전략(how to learn)의 습득, 지식의 전이성 강조 • 창조와 구성 • 상황적 · 사회적 · 문화적 · 역사적 • 학습자 학습평가는 교수활동과 통합되어 이루어진다. • 다양한 형태(객관식, 주관식, 관찰, 포트폴리오, 프로젝트, 저널 등), 과정 중 지속적 평가

신옥순(1998)은 구성주의의 교육원리를 학습자의 적극적인 참여, 실생활과 관련된 개인의 흥미와 관련성, 직접경험을 허용, 학습자의 인지갈등을 적절하게 조장, 학습자에게 자기성찰의 기회제공, 다양한 사회적 경험이 가능하도록 여건 마련, 독창적이고 참신한 아이디어를 격려하고 지지한다 등으로 제시하였고, 김신곤 · 권기(1998, pp.76~80)는 구성주의 수업체제에서의 교수방법을 자기주도적 학습유도, 탐구학습의 조장, 창의적 사고력의 자극, 수업공학에 기초한 매체의 활용, 협동학습 환경의 기회제공 등으로 정리하여 제시하고 있다.

교수 · 학습에 있어서 구성주의적 입장은 실제로 인지적 도제(Cognitive Apprenticeship) 이론과 인지적 융통성(Cognitive Flexibility) 이론과 밀접한 관련을 맺고 있다.

학교 학습과 실세계 간의 간격을 좁히기 위해서는 진정한 활동(Authentic Activity)의 기회를 제공해야 한다. 진정한 활동이란 실세계와의 관련성(Relevance)과 유용성(Utility)을 지닌 활동(Jonassen, 1991)으로 어떤 사례나 상황에 대하여 각 개인이 어떻게 생각하고 활동하는가에 대한 경험적 지식을 의미한다. 이런 맥락에서 현대에서 요구되는 교수방법의 형태로 변화시킨 것이 인지적 도제이다(류지헌, 1995, p.564). 인지적 도제방법은 전통적 도제와 달리 과제 관련 지식의 습득과 함께 사고력, 문제해결력과 같은 고차적 인지기능의 신장을 도모할 수 있는 교수방법이다(조미헌, 이용학, 1994).

구성주의에서는 지식영역의 현실성을 감안하여 복잡성과 비구조성을 강조하며, 인지적 융통성 이론에서는 특히, 구조성과 비구조성 정도에 따라 구조적 지식과 비구조적 지식으로 구분한다. 학습자들이 이처럼 단순화 · 구조화된 지식만을 학습하게 된다면 현실에서 직면하게 되는 많은 복잡하고 비구조적인 상황에서 적용능력을 발휘할 수 없을 것이다. 이 장애를 극복하기 위한 방안으로 새로운 상황의 필요에 따라 융통적으로 재구성할 수 있는 대안적인 구성주의가 요구되는 것이다. 특히 인지적 융통성 이론은 비구조적인 영역에서 고차적 지식획득에 상당한 도움을 주고 있다. 이 이론의 중심적인 주장은 다양한 개념적 관점에서 다양한 목적에 대해 같은 과제를 다차원적으로 해석할 수 있는 능력의 신장에 있다. 이것은 고차적 지식획득의 목적을 달성하는 데 필수적이라는 것이다. 학습내용은 완전한 이해를 위해 광범위해야 한다. 결국 인지적 융통성 이론에서는 부여된 과제와 관련하여 다양한 적용능력을 함양할 수 있도록 교수설계가 이루어져야 한다고 주장한다(류지헌, 1995, pp.566~567).

한편, Henderson(1996, pp.52~56)은 구성주의적 관점에서의 고등사고력의 학습문제 해결의 과정을 ① 문제의 구체화(Framing the Problem) ② 해결방안을 찾기 위한 브레인스토밍(Brainstorming) ③ 해결 방안을 실행하기(Trying Out Solutions) ④ 해결상황의 검토(Reviewing the Situation)로 제시하였다. 결국 구성주의적 관점에서의 학습의 과정은 자기주도적인 문제해결 과정이 중요한 역할을 하게 된다.

따라서 발명교육은 기본적으로 학습학의 관점에서 학생은 능동적 문제해결자로서 학습의 주도권을 가지고 문제를 해결하는 학습활동을 지향한다. 이 과정에서 발명교사는 구성주의적 학습환경의 구성촉진자로서의 역할이 매우 중요하다.

02절 발명학습을 위한 수업설계

① 교수설계

교수(Instruction)란 수업에 비해 포괄적인 것으로서 구체적으로는 설계, 개발, 적용, 관리 평가를 포함하는 것(Reigeluth, 1983)이다. 따라서 교수행위가 잘 이루어지기 위해서는 교수설계가 반드시 이루어져야 한다.

교수설계(Instructional Design)란 학습자의 유연성을 유지하면서 높은 학습 효과를 내는 것을 목적으로 교수학습 계획을 세우는 것을 말한다. 교수설계의 단계는 ADDIE 모형을 기본으로 한다. ADDIE 모형은 분석(Analysis), 설계(Design), 개발(Development), 실행(Implementation), 평가(Evaluation)의 첫 글자를 딴 것으로 각각의 내용은 아래의 [그림 8-1]과 같다.

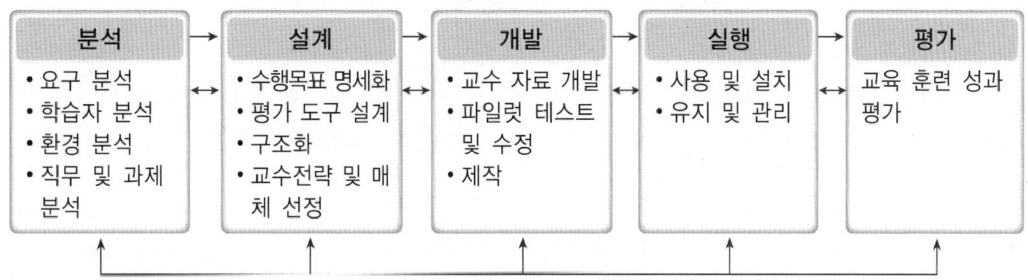

○ 그림 8-1 ADDIE 모형

교수설계는 교수전략을 바탕으로 계획된다. 교수전략은 거시적 수준과 미시적 수준으로 나누어 살펴볼 수 있다. Gagne는 거시적 수준의 교수설계이론을 제시하였으며, Merrill은 미시적 수준의 교수설계이론을 제시하였다.

거시적 수준이란 교육과정이 결정된 후 가르쳐야 할 여러 개의 주체들에 의해 내리는 결정으로 계열화, 종합화, 요약화 전략을 포함한다. 미시적 수준이란 교과 내용이 선정된 후 하나하나의 단위 수업 시간에서 가르치는 데 필요한 아이디어들을 모아 놓은 것을 말한다. 이는 동기 전략, 제시 전략, 강화 전략 등을 포함한다.

Gagne는 학습자의 내적 인지 과정을 촉진할 수 있는 9가지 외적 조건 제시 방법(교수사태)을 [그림 8-2]와 같이 제시하였으며, 학습의 범주와 선수 학습 능력에 따라 제시되는 정도는 달라질 수 있다고 하였다.

ㅇ그림 8-2 Gagne의 학습 단계와 교수 사태

Reigeluth는 교수설계를 거시적으로 바라보았으며, 교수설계를 위해서는 학습 촉진을 위한 교수 방법과 교수 방법이 사용되는 상황을 고려해야 한다고 하였다.

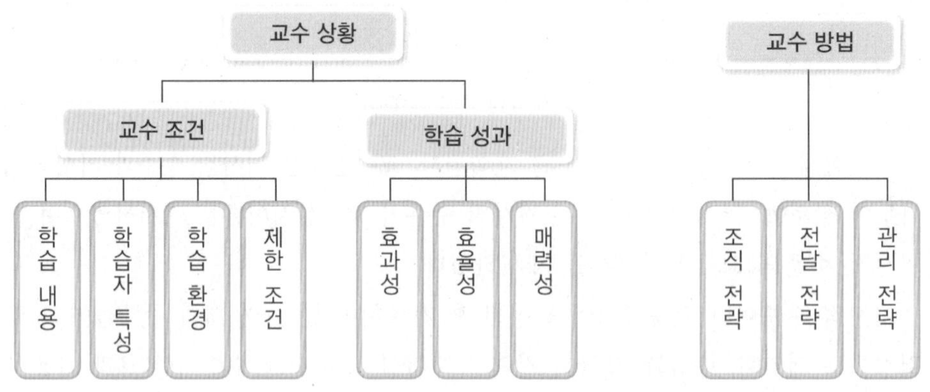

ㅇ그림 8-3 Reigeluth의 교수설계 고려 사항

Keller는 학습 성취도가 동기와 밀접한 관련이 있으며, 주의(Attention), 관련성(Relevance), 자신감(Confidence), 만족감(Satisfaction)의 4가지 동기 요소를 교수전략으로 사용하도록 하였다.

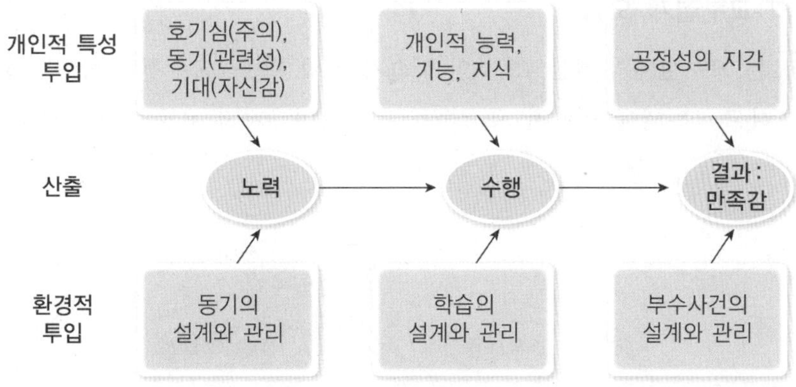

ㅇ그림 8-4 Keller의 학습 동기요소와 교수전략 도식

② 교수설계 모형

교수설계는 앞서 설명한 바와 같이 교수의 체제적 과정을 묘사하는 것으로 보통 체제적 교수설계 모형이라 한다. 그중 가장 기본이 되는 교수설계 모형은 앞서 제시된 ADDIE 모형이며, 그 외에 Dick & Carey의 모형과 Kemp의 모형을 제시하고자 한다.

(1) Dick & Carey의 체계적 교수설계 모형

Dick & Carey 모형은 요구 사정, 학습과제 분석, 학습자 및 상황 분석, 학습목표 진술, 평가 도구 설계, 교수전략 개발, 수업 자료 개발 및 선정, 형성 평가, 수업 프로그램 수정, 총괄 평가의 10단계로 구성된다.

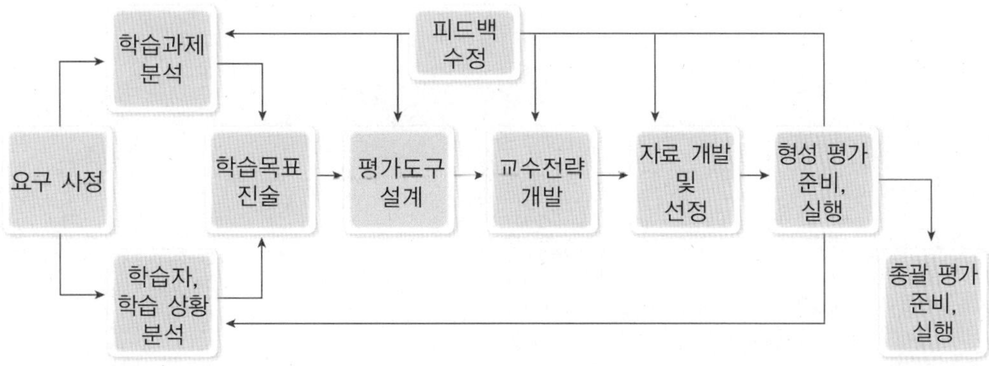

ㅇ그림 8-5 Dick & Carey의 체계적 모형

(2) Kemp의 교수설계 모형

Kemp는 교수설계의 기본 4요소인 학습자 특성, 목표, 교수전략(방법), 평가 절차를 기본으로 하고, 그 외에 맥락적 요소들을 추가하여 9가지 요소들을 나열하였다.

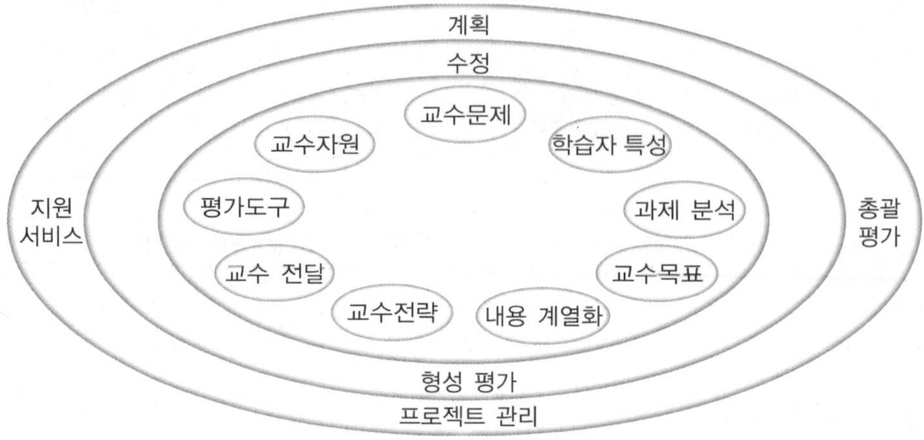

ㅇ그림 8-6 Kemp의 교수설계 모형

03절 문제해결 수업전략의 탐색

① 문제와 문제해결의 의미

문제란 앞으로 내던진 것이라는 의미의 그리스어 'problema'에서 유래하였다. Jackson, P.(1983)은 문제의 의미를 목적과 장애라는 관계로 도식화하였다.

문제	목적(Objective) + 장애(Obstacle)

James(1990)는 문제해결을 '곤란을 확인하고 해결 방법을 모색하고, 추측하고, 가설을 형성하고, 개선점을 찾고, 다시 검토하고, 최종적으로 결과를 평가함으로써 문제에 민감해지는 과정'이라고 하였다.

문제와 문제해결의 의미를 도식화하면 다음과 같다.

문제(Problem)	문제해결	해결책(Solution)
• 질문 • 망설임 • 과제나 원하는 목표	장애나 벽을 극복하거나 정보와 사고를 이용하여 이 사이에 다리를 놓는 것	• 대답 • 결정 • 완수된 과제나 목표

∘ 그림 8-7 문제와 문제해결의 의미 도식

문제해결 학습에서 문제를 정의하는 한 가지 사례로서 'How Might We 기법'을 소개한다. 이 기법은 문제를 문제해결의 대상, 문제해결의 주제, 문제해결의 방향성의 세 가지로 구체화한다.

How Might We Statement 기본형

- 대상 : 주된 사용자
- 주제 : 기존의 상품, 경험, 서비스, 공간, 시설, 제도, 인터페이스, 시스템, 교육, 학습 등
- 방향성 : 매우 큰 방향성

> 우리가 어떻게 하면 (누구)를 위한 기존의 (주제)를 보다 (방향성) 할 것인가?
>
> 예 우리가 어떻게 하면 (신체적으로 힘이 약한 노인)을 위한 기존의 (주방 제품)보다 (편리하고 안전한) 제품을 발명할 것인가?

② 듀이의 반성적 사고 절차

듀이(J. Dewey)는 일상생활의 문제 사태에 부딪혔을 때 그 문제를 해결하기 위해 여러 수단을 강구해 보고 실험해 보는 끊임없는 과정에서 반성적 사고가 생긴다고 가정하였다. 반성적 사고는 ① 곤란의 인식 ② 곤란의 검토 ③ 가능한 해결 방안의 제시 ④ 제언(암시)의 추리에 의한 검토 ⑤ 사안의 수용, 거부에 대한 새로운 관찰과 시험의 과정을 거친다고 하였다.

③ 문제해결 수업전략의 중요성과 특징 비교

문제해결 수업전략은 사고의 복잡성에서 기인한 교육적 효과를 기대할 수 있으며, 이에 관하여 Watts(1991)는 문제해결 전략의 중요성을 다음과 같이 제시하였다.

문제해결은

- 학생들이 과제를 자신의 것으로 여긴다.
- 의사 결정 능력과 다양한 사회적 기술을 장려한다.
- 역동적인 학습이며, 발견 학습이다.
- 교과의 내용 측면 성취와 교과에서 요구하는 능력을 가르치는 도구이다.
- 교과 통합적 활동이 가능하다.
- 관계와 실생활적인 맥락을 강조한다.
- 창의적 사고는 인간 활동에 있어서 가장 복합적이고 수준 높은 인간 활동이다.
- 의사소통 능력을 강화시킨다.

문제해결 과정을 프로젝트법 및 과학적 탐구 방법과 비교하여 그 특징을 살펴보면 다음과 같다.

○ 표 8-2 문제해결과 프로젝트, 과학적 탐구 방법의 비교

구분	프로젝트법	문제해결법
문제의 구조	고도로 구조화된 문제 (해결이 쉬운 단순한 문제)	구조화가 잘 안 된 문제 (해결이 어려운 복잡한 문제)
강조점	과정보다 결과를 중시 (결과물 지향적)	결과보다 과정을 중요시 (과정 지향적)
교육과정	산업과 관련된 공작 능력	기술적 문제해결

단계	과학적 방법	문제해결 방법
1	문제의 관찰과 인식	학습자의 나이, 동기, 신체 능력 등을 고려하여 목표 설정
2	문제의 정의	학습자가 새로운 행위를 구체화하고, 결정을 내리고, 새로운 아이디어를 고려하기 위해 과제를 정의
3	가설 설정	다양한 해결 행위와 대안을 찾고, 대안의 일차적·이차적 효과를 고려하여 구조화
4	방법 개발 및 가설 검증	여러 가지 대안 중 상황에 맞는 최선의 방법을 선택하여 결정을 계획하고 수행
5	결론	활동을 평가하고 아이디어의 성공 여부, 개선점 등을 결정

이를 정리하면 문제해결은 프로젝트와는 달리 복잡한 문제를 해결하며, 과정을 중시하고, 가설 검증의 과학적 절차가 아닌 대안의 탐색과 결정을 바탕으로 하는 문제해결 과정을 거친다. 이는 창의적인 사고를 바탕으로 다양한 문제를 해결하는 발명의 본질에 가장 유사한 전략이라 볼 수 있다.

④ 문제해결 수업 모형

교과교육적 차원에서 설계 과정과 문제해결은 '발명교육의 방법적 철학(Technological Process)'을 제공하고, 발명의 본질적 활동인 인간의 잠재능력을 확대하기 위한 발명적·혁신적 전략(Invention and Innovation)의 구체적인 사례로 강조되고 있다(ITEA, 2000). 특히 기술이 새로운 창조와 혁신적 과정이라는 사실을 감안할 때, 설계 과정과 문제해결은 구체적인 증거이고 전략이다(최유현, 2004).

최유현(2017)은 설계 과정과 문제해결의 기본 원리들을 고려하여 기술적 문제해결 모형(TPSM: Technological Problem Solving Model)을 구안하였다. 이 모형의 특징은 다음과 같다.

첫째, 기본적으로 '기본 절차, 기술적 요소, 사고 활동, 순환 과정 네 가지 구조의 다차원적 모형이라는 점이다. 이는 지금까지의 문제해결 모형이 기본절차에 강조를 둔 나머지 그 구체성에 한계를 보여 온 점에 비하면 발전된 모형으로 평가된다. 특히 기술적 요소의 강조는 설계 과정에서 제시되었던 방식으로 기술과 교육의 특징적인 관점을 반영한 것이고, 사고 활동의 반영은 구체적으로 문제해결 과정에서 확산적 사고(창의력), 수렴적 사고(의사결정력), 비판적 사고(평가능력)가 어떻게, 어느 단계에서 반영되거나 조작되는지 확인하기 위해서이다. 또한 순환 과정은 기본절차의 순환적 과정, 문제해결의 재시도 관점에서 실제적인 문제해결 과정에서 일어날 수 있는 순환 과정을 모형에서 반영하였다. 이는 많은 문제해결 모형에서 순환적 모형(Circular Model)이라고 제시한 것과 같은 논리이다.

둘째, 기술적 문제해결 모형에서 가장 핵심적인 내용이라고 할 수 있는 기본절차는 8단계로 제시하였다. 즉, '문제의 확인', '문제의 구체화', '해결방안의 탐색과 창안', '해결방안의 선정', '해결방안의 구체화', '실행', '평가', '적용과 성찰'의 단계이다. 문제해결의 단계가 복잡해서도 단순해서도 안 된다. 복잡할 때 나타날 수 있는 절차의 번거로움과 단조로운 데에서 오는 구체성의 결여와 문제해결의 사고과정의 오해 등이 나타나기 때문이다. 특히 계획과정의 상세화는 문제해결 모형이 갖는 장점 중의 하나인 문제해결을 위한 구상, 즉 확산적 사고와 수렴적 사고활동을 유도하기 위한 전략의 방편이 된다.

셋째, 이 모형은 기술적 요소를 반영하였다. 이 모형은 특별히 기술교과 교육을 위하여 구안된 모형이므로, 기술적 요소를 모형에서 구체적으로 반영하였다. 이는 설계 과정(Design Process)의 많은 모형에서 반영한 설계요소, 해결방안의 제한점, 상세 설계(Detail Design) 요소로 볼 수 있는 구체적 계획을 고려할 수 있도록 배려한 것이다. 이는 기술적 문제해결 모형에서 '기술적(Technological)'의 수식어가 있는 이유이며, 이 모형이 기술과 교육의 학습과정이라는 정체성의 의미이다.

넷째, 이 모형은 인지적 사고 활동을 반영하였다. 이 모형은 문제해결 과정에서 대안을 탐색하는 확산적 사고와 그 대안을 선정하는 수렴적 사고, 그리고 평가 단계에서의 비평적 사고를 고려한 인지적 사고활동을 기본 절차에서 관련지었다. 이는 모형의 구체적인 수행 과정에서 각 사고활동을 반영한 사고기법의 활용을 기대할 수 있을 것이다. 지금까지 기술의 역사는 창조이며, 발명이고 혁신이다. 수많은 확산적 사고와 수렴적 사고의 반복 속에서 기술적 행위가 있어 왔다. 이는 미래에도 변화되지 않으며 오히려 더욱 강조되어야 할 지식과 사고이다. 여기에 문제해결 모형이 과정적 지식을 가능케 하는 단초가 되는 셈이다.

다섯째, 이 모형은 순환적인 피드백을 통하여 수정・개선을 가능하게 하였다. 최근의 문제해결과 설계 과정 모형의 특징 중 하나는 기술적 활동의 특성상 상호작용적(Interactive)이고 순환적인(Circular) 과정을 강조한 모형들이 제시되었다는 점이다. 따라서 이 개발된 모형에서도 실행과 평가 단계에서 그 필요를 판단하여 재실행하거나 문제의 재확인 또는 재설계를 가능하도록 순환적인 과정을 반영하였다.

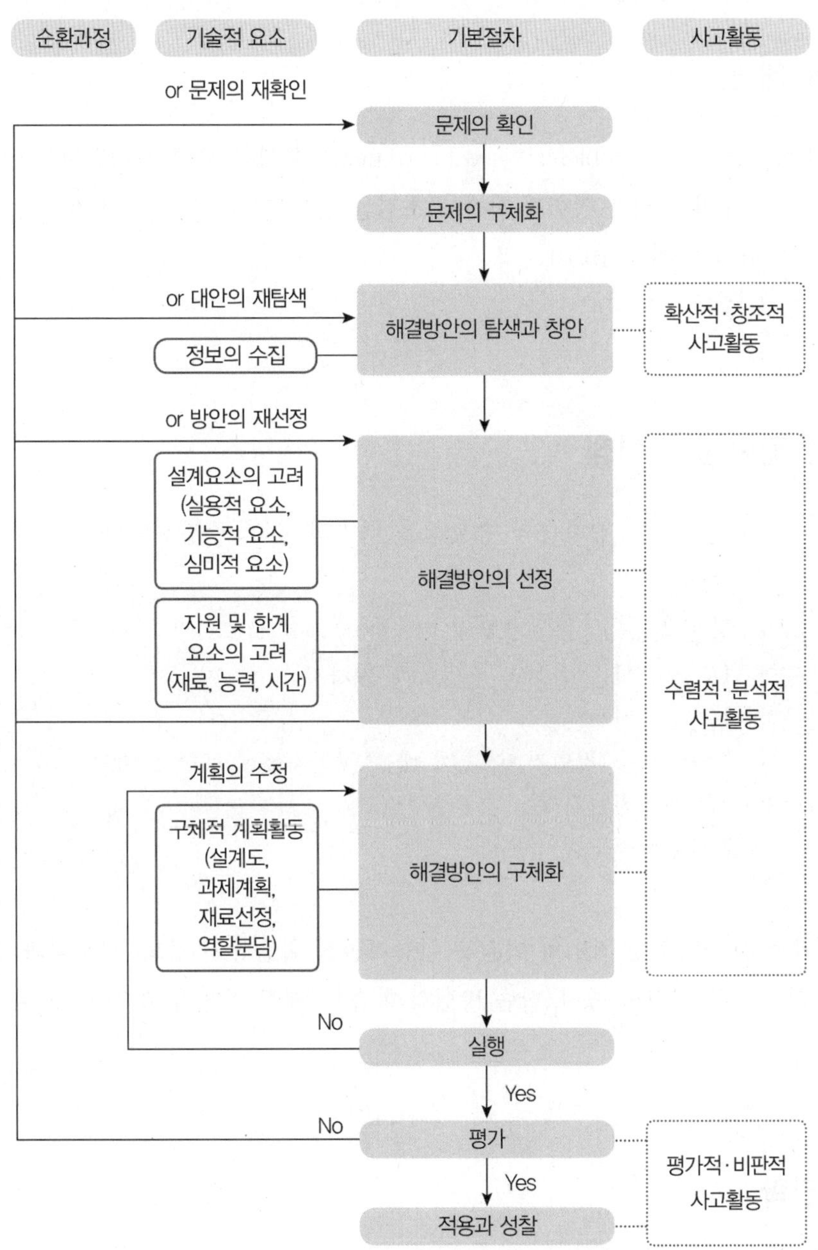

ㅇ그림 8-8 문제와 문제해결의 의미 도식. 최유현(2004)의 '기술적 문제해결 모형(TPSM : Technological Problem Solving Model)'

04절 문제중심학습(PBL)의 탐색

① PBL의 개념

문제중심학습(PBL : Problem Based Learning)은 실생활 문제와 복잡하고 혼란스러운 문제해결을 탐구하기 위한 경험적 학습에 초점을 두며, 교육과정 재조직자인 동시에 수업 전략이다(Torp & Sage, 1998).

② PBL의 필요성과 이점

Delisle(1997)은 문제중심학습의 중요성을 다음과 같이 주장하였다.

- 가능한 한 실생활(Real Life) 상황에 밀접한 문제를 다룬다.
- 학생들의 역동적인 학습 참여와 몰입을 증진시킨다.
- 간학문적 접근을 촉진한다.
- 학습자가 무엇을 배울 것인지, 어떻게 배울 것인지를 선택하게 한다.
- 협력적인 학습을 촉진시킨다.
- 교육의 질을 증대시키도록 돕는다.

Torp & Sage(1998)는 PBL의 이점을 학습자들의 학습동기 강화, 실생활과 관련 있는 학습의 추구, 고등 사고력 증진, 학습 방법의 학습, 실제적 과제의 학습이라고 주장하였다.

③ PBL 전략

문제중심학습 전략은 Delisle(1997)과 Torp & Sage(1998)의 전략으로 나누어 볼 수 있다. Delisle(1997)은 PBL 모형을 PBL 교육과정 설계과정과 PBL 학습과정으로 구분하였으며, Torp & Sage(1998)는 문제 설계와 문제 실행의 과정으로 구분하였다.

○ 표 8-3 Delisle(1997)의 PBL 모형

PBL 교육과정 설계과정	PBL 학습과정
• 내용과 기능의 선택 • 활용 가능한 자료의 선택 • 문제 진술하기 • 동기부여 활동의 선택 • 핵심질문의 개발 • 평가전략의 결정	• 문제와 연결하기 • 문제 구조화하기 • 문제로의 초대 • 문제의 재정의 • 제품 제작 또는 수행하기 • 문제 수행의 평가

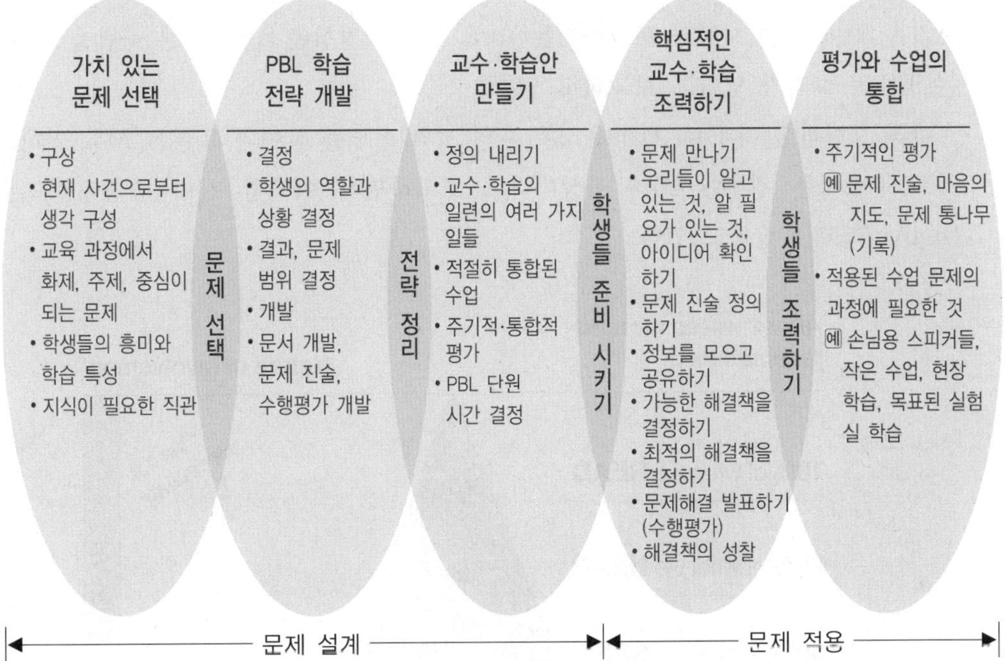

○ 그림 8-9 Torp & Sage(1998)의 PBL 모형

④ PBL 수업에서 교사의 역할

교사는 학습자를 반영한 수업을 진행해야 하며 학생들의 창의적 사고를 이끌어 내기 위해서는 교사의 역할이 중요하다. 수업 초기에 교사는 문제를 제시하고 개방적인 문제 해결 조건을 마련해 주는 적극적인 개입이 요구된다. 수업의 중반부에는 학습자의 사고를 확장시켜 주기 위한 구성 촉진자로서의 역할이 필요하며 후반부에는 학습 내용에 대한 정리와 다음 학습의 발전으로 이어질 수 있는 조언이 요구된다.

05절 액션러닝(Action Learning)[54)]

① 액션러닝의 배경

Glasser(1986)은 기억과 관련하여 단지 읽기는 10%, 듣기는 20%, 보기는 30%, 듣고 보기는 50%, 다른 사람과 토론하기는 70%, 개인적 경험은 80%, 다른 사람을 가르치기는 95%의 효과가 있다고 보고하고 있다.

아래 그림과 같이 Edar Dale은 2주 후의 기억 정도를 참여와 토론은 70%, 말하고 실제로 수행하는 경우는 90% 이상이라고 보고하면서 이러한 참여의 형태를 실천적(Active)라고 주장하고 있다.

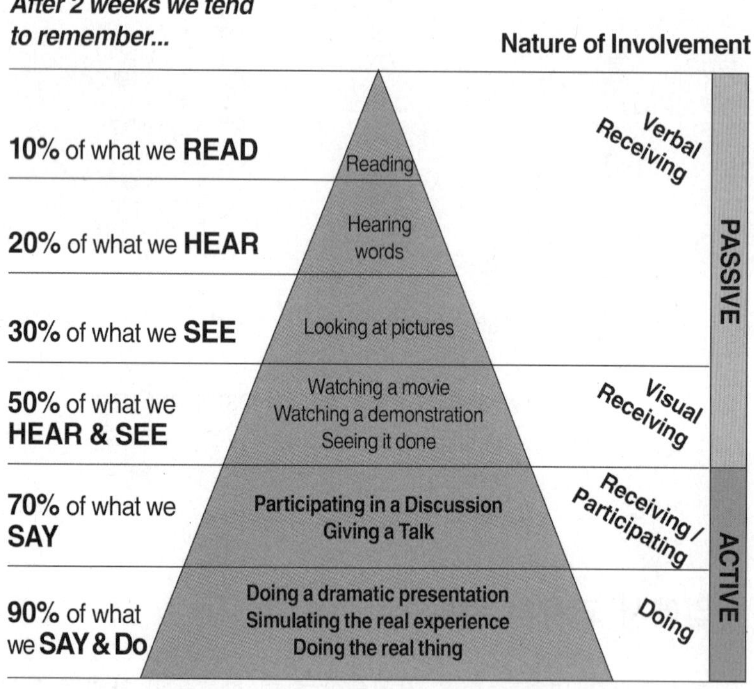

▶ Source: Edgar Dale, Audio-Visual Methods in Technology, Holt, Rinehart, and Winston

○ 그림 8-10 실천적 학습의 효과

54) 출처 : 최유현(2017)에서 재구성

실천적인 학습(Active Leaning)은 팀을 기반으로 실제적 문제(Authentic Task)를 해결하는 학습이므로 학습의 과정에서 즐거움과 결과로 인한 자신감이나 성취감을 주는 데 학습효과가 높은 것으로 예상이 된다. 특히 팀기반의 실천적 문제해결력의 학습 과정은 팀리더십, 문제해결력을 증진하는 데 기여할 수 있어 교육적으로 의미 있는 학습전략으로 관심을 받는다.

Marquardt(2000)은 ≪Action Learning and Leadership≫이란 책에서 21세기의 리더의 7가지 속성을 다음과 같이 제시하였다.

- 시스템 사고자
- 변화 촉진자
- 혁신자와 위기 관리자
- 섬기고 봉사하는 자
- 다재다능한 코디네이터
- 교사, 멘토, 코치 및 학습자
- 비전 창출자

이와 같은 리더의 속성을 기르기 위해서 액션러닝이 적합하다고 주장한다.

학습을 이른바 'Knowing - GOOD', 'Understanding - BETTER', 'Doing - BEST'라고 하는데 실천적 학습 경험이야 말로 가장 좋은 전략이다. 학습은 다음과 같은 상황에서 극대화 된다고 볼 수 있다.

- 질문을 받을 때, 스스로 질문할 때
- 행동과 경험의 과정과 결과를 성찰할 때
- 자신의 행동에 대해 피드백을 받을 때
- 실패의 위험을 부담하는 것이 허용될 때
- 문제해결이 절박하고 시간적 제약이 있을 때
- 문제해결에 대한 책임을 질 때

액션러닝이 사용되는 경우는 다음과 같이 정리된다.

- 중요하고 핵심적인 실제적 문제가 존재하는 경우
  (There is a real problem that is important, critical)
- 복잡한 문제의 해결책을 찾아야 할 때
  (Solutions for a complex problem should be found)
- 개인적 발달(사고기능, 리더십)이 중요할 때
  (Personal development(skills, leadership) is important)
- 협력과 집단 학습이 적절할 때
  (Collaboration and learning in a group is suitable)
- 다양한 문제 해결 팀
  (A diverse problem-solving team)

WIAL(세계 액션러닝 협회)에서는 액션러닝의 필요성을 동료 상호작용, 토의, 실제 세계 경험을 통하여 고도의 수행 능력을 학습한다고 주장한다.

② 액션러닝의 개념과 구성요소

위키피디아(Wikipedia)에서는 액션러닝[55]을 다음과 같이 정의하고 있다.

> 액션러닝은 해결책을 위한 실천적 수행과 성찰을 포함하는 실제적 문제 해결 접근으로 팀에 의하여 문제해결을 할 뿐 아니라 문제해결 과정의 증진을 돕기 위한 전략이다.

액션러닝은 다음 학습 과정을 포함한다.

- 해결해야 할 중요하고 핵심적인 실제적 문제, 흔히 복잡한 문제
- 다양한 문제해결 팀이나 조직
- 호기심, 탐구심, 성찰을 촉진하는 과정
- 대화가 실제 수행으로 전환되어 해결책이 요구될 때
- 학습의 몰입

55) Action learning is an approach to solving real problems that involves taking action and reflecting upon the results, which helps improve the problem-solving process, as well as the solutions developed by the team. The action learning process includes:
a real problem that is important, critical, and usually complex,
a diverse problem-solving team or "set",
a process that promotes curiosity, inquiry, and reflection,
a requirement that talk be converted into action and, ultimately, a solution, and
a commitment to learning.

액션러닝은 프로그램화된 지식의 토대 위에 현장에서의 실행과 이에 대한 질의과정, 그리고 성찰과정을 통해 진정한 학습이 이루어진다는 가정에 기반(Marsick & O'neil, 1999)하고, 다음과 같은 특징을 지닌다.

- 프로그램화된 지식(Programmed Knowledge)
- 질문(Questioning)
- 적용(Implementing)
- 성찰(Reflection)

Revans(1996)는 액션러닝을 설명하기 위하여 학습의 개념을 다음 공식으로 설명하였다.

Learning = Programmed Knowledge + Questioning Insight
[똑똑함, clever] [현명함, wise]

아울러 액션러닝의 5가지 구성요소를 제시하였다.

- 팀 구성원로서의 개인
- 4~8명의 팀
- 쟁전과 과제
- 쟁점의 제시, 도전, 지원, 동의한 행동, 보고 등의 일련의 과정
- 촉진자 : 팀이나 개인을 돕는 집단이나 조직

한편 Revans의 공식에 Marquardt(2000)는 성찰의 요소를 더하여 제시하였다. 즉 액션러닝에서 성찰이 중요한 요소로 포함되어야 한다고 하였다.

Learning = Programmed Knowledge + Questioning + Reflection

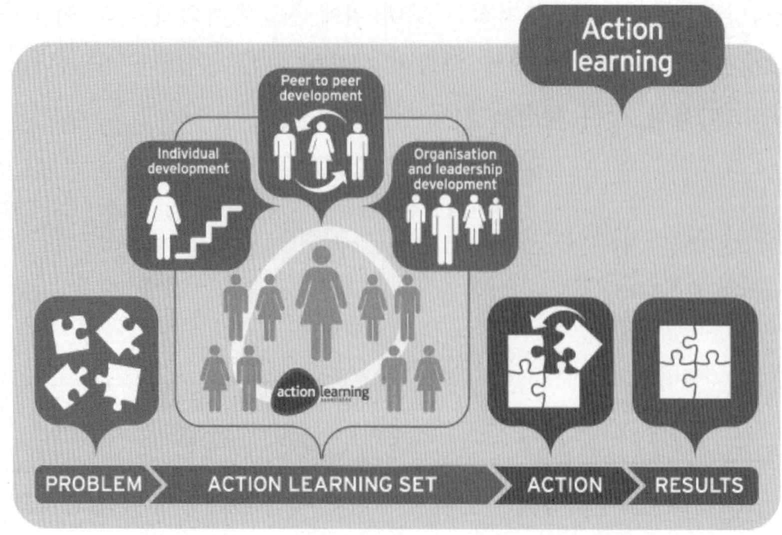

ㅇ그림 8-11 액션러닝의 개념 도식[56)]

[그림 8-11]의 도식을 통해 액션러닝은 문제로 시작하여 개인 발달, 동료 관계 발달, 질문과 리더십 개발의 과정을 통하여 실제 문제를 해결하는 과정임을 알 수 있다.

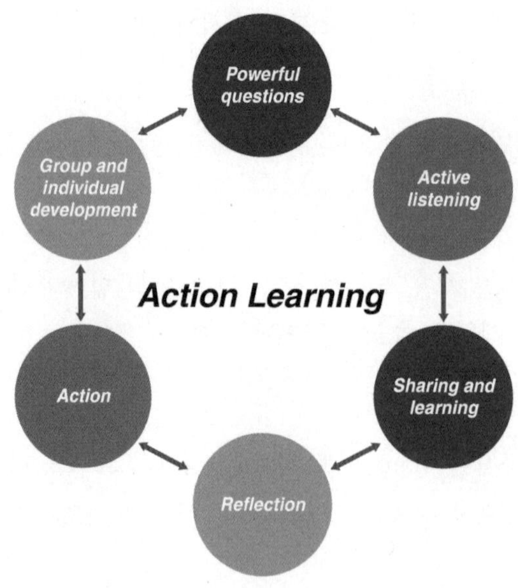

ㅇ그림 8-12 액션러닝의 구성요소

[그림 8-12]와 같이 강력한 질문, 능동적 청취, 공유와 학습, 성찰, 실천, 집단과 개인 발달 등이 액션러닝의 6가지 구성요소로 제시되기도 한다.

56) 출처 : www.actionlearningassociates.co.uk

한편 Raelin은 액션러닝을 이론의 재구조화 과정으로 보고, '이론 – 실험 – 경험 – 성찰'의 학습과정으로 보기도 한다.

WIAL에서는 액션러닝을 개인적 발달과 리더십 개발, 문제해결, 조직의 변화, 팀 발달 등의 4가지 결과를 낳는다고 한다.

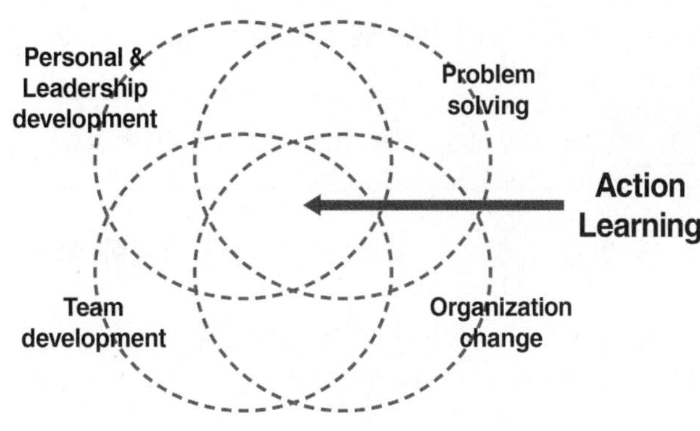

○ 그림 8-13 액션러닝의 4가지 결과

이러한 액션러닝의 특징을 이해하다 보면, 액션러닝은 문제해결학습, 문제중심학습과 유사한 특징을 지닌다고 볼 수 있다. 그러나 장경원, 고수일(2019)은 문제중심학습과의 차이점을 다음과 같이 설명한다.

○ 표 8-4 액션러닝과 문제중심학습의 차이점

구분	액션러닝	문제중심학습(PBL)
기원	기업에서 조직 내 문제를 해결하기	의과대학에서 전문가 개발을 목적으로 제안됨
과제(문제)	실제 과제	실제적 문제(교수자가 학습 목표를 달성할 수 있도록 구성한 실제 혹은 가상의 상황 문제)
과제(문제)해결 프로세스	• 액션 리서치에 기반 • 과제에 접근하는 프로세스를 한 가지로 한정하지 않음	의사들의 임상 추론 과정에 기반한 문제에 접근하는 프로세스를 제시함
강조점	학습보다는 과제해결에 초점(그러나 인력개발을 목적으로 할 경우에는 학습에 더 초점을 둘 때도 있음)	문제해결보다는 학습에 초점

[표 8-4]에서 보면, 액션러닝은 기원이 기업의 조직 문제에서 출발하고, 액션 리서치에 기반을 두고 인력개발을 초점으로 과제 해결을 강조한다고 볼 수 있다. 그러나 팀기반의 문제해결 과정이 유사하여 그 학습과정에서 경험하는 학습이나 리더십을 구분하여 설명하기는 어렵다.

③ 액션러닝의 절차

액션러닝의 프로세스를 정리하면 다음과 같이 세 과정으로 요약된다.

Input 프로세스	학습자 역량 파악, 오리엔테이션, 외부 전문가 활용 여부, 매체 활용 여부, 교수자의 문제 설계, 팀 구축 및 빌딩, 사전 워크숍
Transformation 프로세스	문제 해결의 과정(문제명료화, 대안 창출, 대안 선정, 액션 플랜 작성, 현장 적용하기, 성찰하기)
Output 프로세스	우수 사례 발굴, 전체 학습 과정 평가, 성과 공유, 성공·실패 스토리, 사후학습

액션러닝을 팀 빌딩 과정으로 보고 보다 쉽게 단계화 하면 다음과 같다.

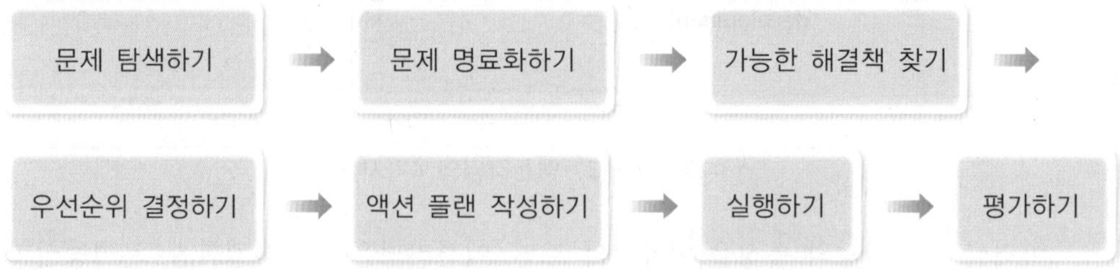

④ 액션러닝의 촉진자(Facilitator)

액션러닝에서의 촉진자(Facilitator) 역할은 중요하다.

- 촉진자는 그들의 문제를 해결하는 것이 아니라 팀의 원활한 수행을 증진시키는 성찰로써 참여자를 돕는다.
  (Assists participants in reflecting not on their problem-solving but on the elevation of their group functioning.)
- 그들의 리더십 기술의 모범으로서 참여자에게 집중한다.
  (Focusses participants on examples of their leadership skills.)
- 실제적 쟁점에 관한 학습을 돕고 실천적 문제해결 지속적 수행을 유지한다.
  (Keeps the process going - i.e. ensures that the focus remains on learning about the real issues.)
- 팀의 좌절을 막기 위한 적절한 행동을 취하고 개방적 태도로 질문에 대응한다.
  (Should act when appropriate to prevent digression, to ensure that questions are formulated in an "open" way.)
- 직접적 간섭보다는 질문이나 언급을 통하여 돕는다.
  (May intervene through questions or statements.)

06절 문제해결 과정과 사고

① 문제해결 과정과 사고

문제해결의 과정은 문제해결의 일반적인 과정 네 가지인 '문제를 발견하고, 이해하며, 평가하고 해결하는 단계'를 거치게 된다. 또한 문제해결 과정은 지적 활동 또는 사고 활동의 세 가지 요소(지적 조작, 성향, 지식의 역동적 작용)가 상호 결합하여 이루어진다. 이를 그림으로 나타내면 다음과 같다.

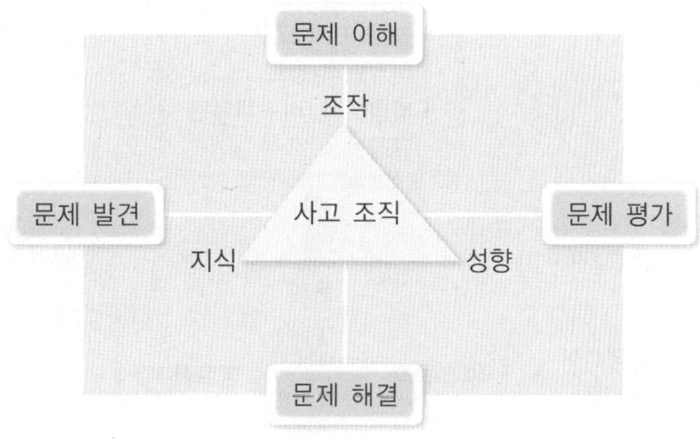

ㅇ그림 8-14 문제해결 과정과 사고의 관계

따라서 문제해결 과정에서 지식은 사고의 결과로서 획득되며, 획득된 지식은 다음 문제해결을 위한 도구로 사용된다. 이때 사고 활동이 활발하게 이루어지려면 지적 열정, 지적 성실감, 지적 인내, 지적 정직, 지적 겸손, 긍정적 자아개념, 호기심 등의 사고 성향이 요구된다.

이상의 사고 과정은 지적 조작이라 부르는 사고 기능을 활용하게 되는데, 이를 논리적 · 비판적 · 창조적 사고로 분류할 수도 있고, 기억 · 이해 · 적용 · 분석 · 종합 · 평가 등으로 분류할 수도 있다.

② 문제의 4 유형과 문제해결 사고 과정

Custer(1995)는 문제를 '목표(goal)'를 기준으로 다음 네 가지로 분류하였다.

○ 표 8-5 Custer(1995)의 문제 유형

구분	개념
발명	발명은 추상적인 생각이 물리적 대상이나 과정에 반영되었을 때 발생한다.
설계	의도하는 목표를 성취하기 위해서 특정 제한상황 내에서 제반 원리를 실제 적용하는 것이다.
고장 해결	어떤 제품에 고장이 발생할 때 일어나는 기술적 문제해결의 유형이다.
절차	계획하고 계획에 따른 지침을 수행하는 것과 관련된다.

Custer는 다시 목적의 상세화와 문제의 복잡성에 따른 문제해결 사고 과정을 바탕으로 네 가지 유형으로 문제를 구분하였다.

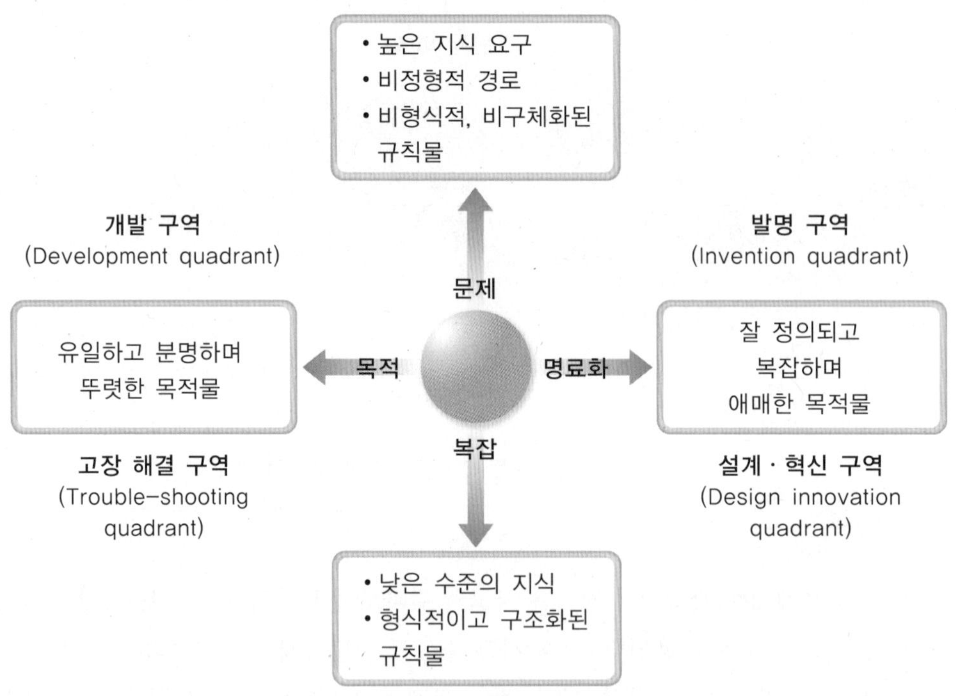

○ 그림 8-15 목적의 상세화와 문제의 복잡성에 따른 문제해결 사고 과정

이 중 발명 구역은 복잡한 설계 상황과 실험 절차를 거치는 것으로, 창의적 사고와 확산적 사고가 특성으로 나타난다고 하였다.

07절 발명교육과 협동학습

① 협동학습의 개념

협동학습에 대한 다양한 정의를 살펴보면 다음과 같다.

ㅇ 표 8-6 협동학습에 대한 개념적 정의

연구자	정의
Slavin(1990)	공통의 과제를 학생들이 함께 공부하고, 서로 격려하는 일련의 수업방법으로 동료 교수법과 비슷하나, 고정된 강사와 학생이 따로 없고 취급할 정보가 학생보다는 교사에 의하여 제시된다는 점에서 구별된다.
Davidson & Worsham (1992)	소집단에서 그 구성원인 또래끼리 탐구와 토론을 통한 학습 과정에서 학생들이 능동적으로 깊이 참여하도록 설계된 수업 기술
Cole & Chan (1987)	학생들이 자기 팀의 학업 수행에 근거하여 보상이나 인정을 받는 협동적 유인 구조와 공동 목표를 향해 소집단에서 함께 공부하는 협동적 과제 구조를 활용하는 일련의 학습 방법
박성익 (1985)	집단 구성원 개개인이 소속된 집단 성원 모두에게 유익한 결과를 가져오고자 서로 협동하여 학습을 전개하는 방법
문용린 (1988)	학습의 목표 구조에 따라 그 학습의 집단역동성이 달라짐에 착안하여 수업 운영을 협동적으로 이끌어 가려는 전략
이동원 (1995)	학생 자신과 동료의 학습 효과를 최대로 하기 위한 학습 상황에서 서로의 협동을 위한 소집단 학습 방법으로 "학생들이 학습 집단 속에서 학습 활동을 하고 그 집단의 성적에 기초한 보상과 인정을 받는 교실 상황에서의 학습방법"

② 협동학습의 특징

협동학습에 대한 공통적인 특징을 정리하면 다음과 같다(Slavin, 1990).

① **집단 목표**: 협동학습에서는 개인의 목표 달성이 각 집단의 공동 목표 달성 여부에 달려 있으므로 집단의 목표 달성을 위해 동료들을 도와주고 도움을 받는 등 구성원들 간에 활발하고 긍정적인 상호작용이 이루어진다.

② **개별적 책무성**: 협동학습에서 집단 구성원 개개인은 다른 구성원에 대해 개인적인 의무와 책임을 가지고 있다. 개별적 책무성은 개인이 얻은 점수를 집단 점수에 반영하는 방식과 집단이 수행해야 할 학습과제를 분업화하는 두 가지 방식이 주로 사용된다.

③ **성공 기회의 균등**: 집단 구성원 개개인의 기본적 능력에 관계없이 구성원 누구나 집단의 성공에 기여할 수 있는 기회가 주어져 있다.

④ **팀 경쟁**: 소집단 간에 경쟁을 도입함으로써 구성원들의 결속을 다지고 소집단 구성원들의 학습동기를 촉진시키는 것이다.

⑤ **과제의 세분화**: 소집단 내의 각 구성원들에게 과제를 분담하게 함으로써 모든 학습자들이 협동학습에 참여하게 하는 효과가 있다.

협동학습은 긍정적 상호의존성, 직접 대면을 통한 상호작용, 개별적 역할 분배, 구성원 간의 인관관계와 리더십을 필수 구성 요소로 한다. 특히 구성원 간의 긍정적인 상호작용이 협동학습에 있어 가장 중요한 요소이다.

③ 주제 기반 협동학습의 소개

주제 기반 협동학습은 과제 기반 협동학습과 동일한 표현이다. 주제 기반 협동학습은 학습과제의 분담 구조를 통해 집단 구성원 간의 상호의존성과 협동을 하게 되는 협동학습을 말한다. 주제 기반 협동학습에는 지그소, 짝 전문가 집단 과제분담학습, 이중 전문가 집단 과제분담학습, 집단 탐구, 자율적 협동학습 등으로 나누어진다. 그 특징과 절차를 간단히 제시하면 다음과 같다.

○ 표 8-7 주제 기반 협동학습 비교

모형	특징	절차	적용
지그소(Jigsaw) Aronson 등	• 전문가 집단 • 개별 책무성	• 모집단 활동 – 주제 할당 • 전문가 활동 • 모집단 활동 – 동료 교수	세분된 여러 소주제의 탐구 단원
짝 전문가 집단 과제분담학습 (Partner Expert Group Jigsaw)	• 지그소 보완 • 전문가 활동 강화 • 과제 전문화 • 개별적 책무성 • 같은 주제를 담당하는 짝 활동의 강화	• 팀 구성 • 개인별 과제 부과 • 짝끼리 내용 학습 • 짝들이 전문가 집단을 형성 • 발표를 위한 연습 • 소집단 파견	• 세분된 여러 소주제의 탐구 단원 • 짝 활동

이중 전문가 집단 과제분담학습 (Double Expert Group Jigsaw)	• 전문가 집단 동일 • 전문가 집단 간 협의	• 주제 배정 • 이중 전문가 모둠 모임 • 전문가 협의 – 동일 주제에 대한 각 전문가 집단의 대표가 동일 주제의 다른 집단과 교환하여 협의 • 전문가 교수계획 및 발표 준비 • 모집단 교수 활동 • 모둠 학습지 해결	• 보다 많은 참여와 협의를 유도하기 위하여 최대 5명을 한 집단으로 형성 • 성적이 다양한 학생을 같은 조에 배치하여 학습 효율 극대화
집단 탐구 (Group Investigation) 이스라엘 Sharan 등	• 학생 주제 제안 • 주제 선택 자유 • 학급에 발표	• 하위 주제와 소집단 조직 • 탐구 계획 및 역할 분담 • 소집단별 탐구 • 발표 – 편집 위원회에서 보고서 • 활동 평가 – 개인 평가	• 문제해결/프로젝트 과제 • 교육과정 범위 내의 자유로운 주제 설정 가능한 단원
자율적 협동학습 (Co-op Co-op) Kagan(1985, 1992)	• 학생 주제 토론 (Brainstorming) • 주제 선정 • 소주제 선정 • 학습 발표 • 주제 발표	• 학생 중심 학급 토론 • 하위 주제 선택 • 하위 주제 정교화 • 소주제 선택과 분업 • 개별학습 및 발표 준비 • 소주제 발표 • 소집단별 발표 준비 • 소집단별 학급 발표 • 평가와 반성 (학생 40%, 교사 60%)	

④ 팀 보고 기반 협동학습 소개

팀 보고 기반 협동학습이란, 협동학습 중의 한 형태로 다양한 학습 활동 및 전문가 활동을 통해 수집된 자료를 전문가 혹은 모집단 전체에 보고하는 활동을 포함하는 협동학습이다. 팀 보고 기반 협동학습의 종류로는 Co-op Jigsaw Ⅰ, Co-op Jigsaw Ⅱ가 있다.

Co-op Jigsaw 협동학습은 Chris Harrison에 의해 개발된 팀 보고 기반의 통합 중심 협동학습 모형으로 여기에서 통합의 의미는 모형 통합을 의미한다. 이는 서로 상호의존하면서 자율적 하위 주제를 선택적으로 탐구 활동하는 Co-op Co-op 협동학습의 특징과 개별적 책무가 필요한 Jigsaw 협동학습의 특징을 통합한 모형이라고 할 수 있다. 즉, Jigsaw 협동학습의 개별 책무에 따른 정보획득적인 면과 Co-op Co-op 협동학습의 자율적 협동을 통한 자율성과 융통성을 최대한 발휘하는 자율적 과제분담 협동학습이며 팀 보고를 위한 모형이라고 정의할 수 있다.

○ 표 8-8 팀 보고 기반 협동학습 모형 비교

모형	특징	절차	적용
자율적 과제 분담 학습 Ⅰ (Co-op Jigsaw Ⅰ) Chris Harrison	• 전문가 보고 • 전문가 모둠의 전체 발표	• 개인 – 소주제 보고서 작성 • 각각의 전문가 모둠 • 전문가 모둠 학급 전체에 발표 • 각 모둠 • 결과	정보 획득, 창의적 접근이 가능한 단원
자율적 과제 분담 학습 Ⅱ (Co-op Jigsaw Ⅱ)	• 모둠 보고서 • 모둠의 전체 발표	• 전문가 모둠 주제 활동 [전문가 주제 예] – 봄, 여름, 가을, 겨울 • 모집단 모둠 활동 – 모둠 내에서 발표 [모둠 주제 예] – 날씨, 음식, 휴일, 여가, 의복, 방학 • 학급 전체 발표	• 개념 이해, 지식 습득·이론과 실제의 연결이 가능한 단원 • 두 주제가 공존할 때

08절 인공지능을 활용한 발명교육

① 인공지능과 교육

(1) 교육에서의 인공지능의 개념

AI란, 'Artificial Intelligence'의 줄임말로, 인간의 학습능력과 추론능력, 지각능력, 자연언어의 이해능력 등을 컴퓨터 프로그램으로 실현한 기술을 말한다. 교육에서 인공지능(AI) 개념에 대하여 문헌 분석의 결과[57]를 보자.

AI 기술이 나날이 발전함에 따라 교육 분야에서도 AI 기술이 활용되는 민간 차원의 사례가 증가하고 있으며, AI에 대한 교육 요구의 증가로 초・중등학교 교육에서부터 고등교육, 직업교육에 이르기까지 AI를 포함한 융합교육과 관련한 교과목과 강좌가 다양하게 개설되고 있는 추세이다. 이와 같은 'AI'와 '교육'의 만남은 크게 두 가지 관점으로 나누어 볼 수 있다.

그 하나는 'AI' 기술을 교육 방법이나 교육 환경에 '적용'하는 경우(도구로서의 AI)이며, 다른 하나는 'AI'가 교육의 '내용'이 되는 경우(목적으로서의 AI)이다. AI와 교육을 키워드로 한 문헌들은 이 두 가지 중 하나에 중점을 두어 개념 정의를 하고 있는데, 교육에서의 AI 활용, AI 교육, AI 기반 교육, AI 소양 교육 등 다양한 용어가 아직까지 정확한 개념 정의가 이루어지지 않은 채 혼재되어 있는 상태로 보인다.

교육에서의 AI(AIED)는 종전까지 첨단 에듀테크 기술을 교육에 도입하는 것에서 더 나아가, AI가 학습의 과정과 방법을 보다 깊이 있고 정교화된 방식으로 이해하는 데 강력한 도구로 활용되는 것을 의미한다(Luckin, Holmes, Griffiths, Forcier, 2016). 이는 'AI와 함께하는 학습(Learning with AI)'과 'AI에 대한 학습(Learning about AI)'으로 분류된다(Holmes et al., 2019).

'AI와 함께하는 학습(Learning with AI)'은 시스템 측면의 AI, 학생 측면에서의 AI, 교사 측면에서의 AI로 분류되며, 교육 환경, 교사, 학생을 지원하는 역할로서의 AI를 의미하는데 이는 AI 및 다양한 테크놀로지를 교육에 활용하는 것으로, AI를 직접적인 학습 도구나 학습 환경으로 활용하거나, 교수(教授)의 도구로 활용하거나, 나아가 학습자 모니터링 도구나 평가 및 채점 도구로 활용하는 접근을 포괄한다.

57) 출처 : 홍선주, 조보경, 최인선, 박경진(2020, pp.10~12)의 일부 내용을 재정리

'AI에 대한 학습(Learning about AI)'은 유·청소년을 대상으로, 기술자를 대상으로, 관리자급 인력을 대상으로 AI를 가르치는 것으로 구분하여 학습 대상자를 달리한 '교육 내용으로서의 AI'를 의미한다. 이는 AI에 대한 이해를 바탕으로 AI 알고리즘을 설계, 개발, 활용하는 능력을 함양하기 위해 AI를 교육의 내용으로 가르치는 접근으로 볼 때, 교육에서의 AI(AIED)는 교수학습의 도구로서 AI와 교육 내용으로서 AI 두 가지 모두를 포괄하는 개념으로 정리할 수 있다.

(2) 인공지능 시대의 교육 비전[58] : '인간다움과 미래다움이 공존하는 교육 패러다임' 실현

교육부는 '인간다움과 미래다움이 공존하는 교육 패러다임 실현'을 교육비전으로 제시했다. 인공지능 시대에 혁신과 함께 인간 소외의 문제가 우려되는 상황에서 인간다움을 강조한 것은 매우 의미가 크다고 할 수 있다.

한편 2022 국가 교육과정 총론 시안(교육부, 2022, p.17)에서는 초중고 학생 디지털·AI 소양교육 함양 교육 강화를 미래 변화에 대응하는 교육과정 혁신 내용으로 제시하고 있다. 즉 AI, SW 등 신 산업기술 혁신에 따른 미래 세대 핵심 역량으로 디지털 기초 소양을 함양하고, 교실 수업 및 평가 혁신과 연계하며, 모든 교과교육을 통해 디지털 기초 소양 함양기반을 마련하고 정보 교육과정과 연계하여 AI 등 신기술분야 기초·심화 학습 내실화를 제시하고 있다.

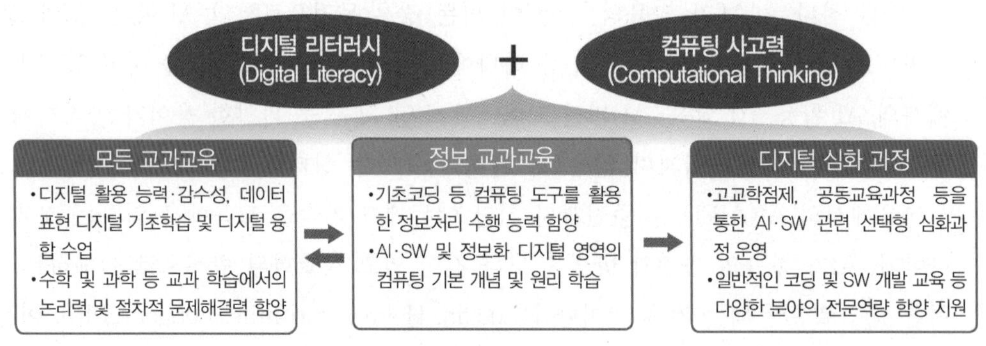

ㅇ그림 8-16 디지털 기초 소양 및 컴퓨팅 사고력 함양을 위한 교육과정 구성 방안

58) 출처 : 정제영(2020)

② AI 가치 윤리 교육

(1) 아실로마 AI 원칙

2017년 1월 인공지능(AI : Artificial Intelligence)에 대한 연구를 지원하는 한 비영리단체가 주최한 콘퍼런스에서 저명한 IT 관계자들이 원칙을 만들었다. 바로 '아실로마 AI 원칙(Asilomar AI Principles)'이다. 아실로마 AI 원칙이란 인공지능(AI) 기술에 대한 23개 준칙으로 미국 캘리포니아 아실로마에서 열린 AI 콘퍼런스(Beneficial AI 2017)에서 채택되었다. 이 원칙은 연구 이슈(5개), 윤리와 가치(13개), 장기 이슈(5개) 등 총 3부분으로 구성되어 있다.

연구이슈	윤리와 가치	장기적 이슈
• 연구 목표 • 연구비 지원 • 과학정책 연계 • 연구 문화 • 경쟁 회피	• 안전 • 실패의 투명성 • 사법적 투명성 • 책임성 • 가치 일치 • 인간의 가치 • 개인정보 보호 • 자유와 프라이버시 • 이익의 공유 • 번영의 공유 • 인간통제 • 사회 전복 방지 • 인공지능 무기 경쟁	• 역량 경고 • 중요성 • 위험성 • 자기 개선 순환 • 공동의 선

○ 그림 8-17 아실로마 인공지능 원칙

(2) 우리나라의 AI 윤리기준

세계 각국과 여러 기관, 단체에서 내놓은 80여 개의 AI 윤리기준이 나왔고, 여전히 새로운 기준이 만들어지고 있다. 그런 가운데 국내에서 마련된 AI 윤리기준은 '인간성'을 최고 가치로 내세워 사람이 중심이 되는 기술에 방점을 둔 것이 특징이다.

2020년 12월에 대통령 직속 4차산업혁명위원회는 과학기술정보통신부와 정보통신정책연구원이 마련한 'AI 윤리기준'을 심의 의결했다.

AI 윤리 기준은 인공지능, 윤리학, 법학 등 산학연과 시민단체 주요 전문가 논의와 자문을 거쳐 초안이 마련된 이후 공청회와 시민 의견수렴을 거쳐 최종안이 마련되었다.

AI 기술의 발전과 함께 기술의 윤리적인 개발과 활용도 세계 각국과 국제기구의 관심 대상이다. 한국이 주도적으로 참여한 '경제협력개발기구(OECD) 인공지능 권고안'을 비롯해 유럽연합 등에서 다양한 윤리 원칙이 발표되고 있다.

국내에서 마련안 윤리 기준은 '사람 중심의 인공지능'이 핵심 키워드이다. 최고가치 인간성(Humanity)을 위한 3대 기본원칙과 10대 핵심요건을 제시하고 있다. 다음은 발표된 AI 윤리기준 서문 가운데 일부이다.

"모든 인공 지능은 '인간성을 위한 인공지능'을 지향하고, 인간에게 유용할 뿐만 아니라 나아가 인간 고유의 성품을 훼손하지 않고 보존하고 함양하도록 개발되고 활용돼야 한다. 인공지능은 인간의 정신과 신체에 해롭지 않도록 개발되고 활용돼야 하며, 개인의 윤택한 삶과 행복에 이바지하며 사회를 긍정적으로 변화하도록 이끄는 방향으로 발전돼야 한다. 인공지능은 사회적 불평등 해소에 기여하고 주어진 목적에 맞게 활용돼야 한다."

① 3대 기본원칙

AI 기술이 생산성과 편의성을 끌어올려 국가경쟁력을 높이고 국민 삶의 질을 높일 수도 있지만 기술 오용과 데이터 편향성을 경계해야 하는 과제가 있다.

인간의 존엄성 | 사회의 공공선 | 합목적성

윤리기준은 이에 따라 인간성을 구현하기 위해 인공지능의 개발과 활용의 모든 과정에서 인간의 존엄성 원칙, 사회의 공공선 원칙, 합목적성 원칙을 지켜야 한다는 3대 원칙을 세웠다. 즉, 안전성을 갖춰 인간에 해가 되지 않고, 공동체로서 사회 인류 복지를 향상시키는 데 쓰여야 한다는 것이다. 또 인류 삶에 필요한 도구라는 목적과 의도에 부합해야 한다는 뜻이 담겼다.

② 10대 핵심요건

AI 윤리기준은 인간성을 위한 3대 기본원칙과 함께 인공지능 전체 생명 주기에 걸쳐 충족돼야 하는 10가지 핵심요건을 제시했다.

1. 인권 보장	2. 프라이버시 보호
3. 다양성 존중	4. 침해금지
5. 공공성	6. 연대성
7. 데이터 관리	8. 책임성
9. 안전성	10. 투명성

㉠ 우선 AI 개발과 활용은 모든 인간에 동등하게 부여된 권리를 존중해야 한다는 뜻을 담았다. 다양한 민주적 가치와 국제 인권법에 명시된 권리를 보장해야 한다. AI 개발과 활용에서 개인정보의 오용은 최소화해야 한다.

㉡ AI는 성별, 연령, 장애, 지역, 인종, 종교, 국가 등 개인 특성에 따른 편향을 최소화해야 하고 특정집단이 아닌 모든 이에게 혜택을 골고루 분배해야 한다.

㉢ AI는 인간에 해를 미치는 목적으로 활용할 수 없고, 부정적 결과에 대한 대응방안을 마련해야 한다.

㉣ 개인 행복 추구 외에 공공성 증진과 인류 공동 이익을 위해 활용돼야 하고 다양한 집단 간 관계 연대성을 유지하고 미래세대도 배려해야 한다.

㉤ AI의 데이터 활용은 목적 외 용도로 활용되지 않아야 한다.

㉥ AI 설계와 개발자, 서비스 제공자, 사용자 간 책임 소재를 명확히 해야 하고 명백한 오류가 발생할 경우 사용자가 작동을 제어할 수 있어야 한다. 끝으로 AI는 스스로 설명 가능하도록 하는 노력을 기울여야 한다.

(3) 우리나라의 인공지능교육 윤리원칙

교육부는 2022년 1월 27일에 인공지능교육 윤리원칙을 발표하였다(장재훈, 2022).

원격교육 실시 이후 인공지능 도입 등 교육의 디지털 전환이 가속화됨에 따라 교육부가 교육분야 인공지능 윤리원칙 제정에 나섰다. 교육부는 인공지능교육 활성화 100인 포럼을 열고 교육분야 인공지능 활용 윤리규범 시안을 제시했다.

인공지능 활용 교육에서 예상치 못한 오류와 역기능, 데이터 편향성 우려를 차단하고 인류에게 이로운 방향으로 인공지능 교육이 이뤄지도록 하는 것이 핵심이다. 교육부는 이를 위해 학습자의 주도성 강화, 교수자의 전문성 강화, 기술의 합목적성 강화라는 3대 대원칙 아래 9개의 세부 원칙 시안을 마련했다.

① 인간성장의 잠재가능성을 이끌어낸다.
② 모든 학습자의 주도성과 다양성을 보장한다.
③ 교육당사자 간의 관계를 공고히 유지한다.
④ 교육의 기회균등 실현을 통해 공정성을 보장한다.
⑤ 교육공동체의 연대와 협력을 강화한다.
⑥ 사회 공공성 증진에 기여한다.
⑦ 모든 교육당사자의 안전을 보장한다.
⑧ 데이터 처리의 투명성을 보장하고 설명가능해야 한다.
⑨ 데이터를 합목적적으로 활용하고 프라이버시를 보호한다.

③ 발명교육에서의 AI 교육

인공지능 교육은 크게 인공지능 이해교육, 인공지능 활용교육, 인공지능 가치교육으로 구분된다. 발명교육에서의 인공지능 교육은 대체로 다음과 같은 범주에서 가능할 것이다.

첫째, 인공지능 분야의 새로운 발명 제품이나 시스템을 찾아서 이해하는 학습 활동이 가능할 것이다. 이러한 활동은 빅데이터, 인공지능 기술, 스마트 기술 등의 복합적인 공학적 이해와 사례들을 조사하고 탐구하는 활동을 포함한다.

둘째, 인공지능을 활용한 발명품을 구상하고 실현하는 활동을 각 학교의 수준에 맞게 전개해볼 만하다. 각 수준에 맞게 인공지능과 관련된 제품이나 기술들을 구상해보는 활동과 그것을 실현시키는 다양한 학습 활동과 아이디어를 발전시켜 지식재산으로 발전시키는 학습을 고민해 볼 수 있다.

셋째, 인공지능의 발명이 가져오는 미래의 기술에 대한 사회적, 인간적 영향을 생각해보고 영향을 평가하고 바람직한 기술 발전의 방향과 윤리 원칙을 만들거나 제시해 보는 활동이 가능할 것이다. 이 부분은 세상을 바꾼 발명, 세상을 바꿀 발명의 역사적 이해와 미래 전망의 관점에서 학습활동을 전개해 볼 필요가 있다.

인공지능은 이미 교육에서 다루어야 할 중요한 이슈가 되고 있다. 특히 발명교육에서도 인공지능의 이해, 활용, 가치 교육의 측면에서 다양한 학습 전략을 연구하고 실천하는 노력이 필요하다.

조사 활동

발명교수·학습에서 고려되는 학습 전략 중 한 가지를 선택하여 구체적 적용의 전략을 제시해 보자.

Keller의 학습 동기요소와 교수전략	
Dick & Carey의 체계적 교수설계 모형	
문제해결 수업전략	
문제중심학습	
팀 보고 기반 협동학습	
액션러닝	
인공지능 교육	

탐구 활동

아래 글을 읽고 학습의 의미를 탐구하여 토의해 보자.

한준상(2001)은 인간이 배운다는 것은 그가 익히는 내용이 그 무엇이든 간에, 그 익힘으로부터 일련의 의미(意味 : Meaning)를 찾아내서 자기의 것으로 만들어 간다는 말과 같다고 하면서, 인간의 학습현상을 물리학에서 흔히 활용하는 하나의 공식처럼 만들 수 있다고 본다.

"$L=MS^2$(L=학습/Learning; M=의미/Meaning; S=의의/Significance)"로 간추려진다. 학습에 관한 이런 공식은 마치 아인슈타인(Einstein)의 공식, 즉 "모든 에너지(E)는 질량(m)에 속도(c)의 2제곱을 한 것이다($E=mc^2$)"와 비슷한 의미구조를 갖는다. 질량불변의 공식에 대한 해석법에 따라 $L=MS^2$의 내용을 서술하면, "학습은 의미 찾기와 만들어내기이다."로 정리된다. 이 공식에서, 이 세상만사의 모든 것들은 의미(M)들이고 그 의미들이 바로 배움(L)을 말하는 것이다. 세상만사의 의미들이 그 나름대로 학습자에게 쓰임새를 높여주는 문제해결력(Solution)과 실천적인 효용성(Significance)을 제공해 주면 줄수록(S^2)", 그 사물은 더욱더 의미심장한 배움 그 자체의 의미로 변화한다. 이렇게 배우고 익혀, 체화된 의미들은 학습자에게 영원한 배움으로 남는다.

Test

08장 내용 확인 문제

정답 p.349

01 발명교육 학습은 창조성 향상, 문제해결 능력 함양, 지식재산 추구, 미래지향적 가치 추구, ＿＿＿＿을/를 추구한다.

02 Custer는 문제의 유형을 ＿＿＿＿, ＿＿＿＿, 고장 해결, 절차로 나누었다.

03 ADDIE 모형은 ＿＿＿＿, ＿＿＿＿, ＿＿＿＿, ＿＿＿＿, ＿＿＿＿을/를 포함한다.

04 Keller의 동기이론에서 4가지 동기는 ＿＿＿＿, ＿＿＿＿, ＿＿＿＿, 만족감을 포함한다.

05 Jackson은 문제의 의미를 ＿＿＿＿와/과 장애라는 관계로 도식화하였다.

06 실생활 문제와 복잡하고 혼란스러운 문제해결을 탐구하기 위한 경험적 학습에 초점을 두는 교수학습 전략은 ＿＿＿＿이다.

07 협동학습에 대한 공통적인 특징을 정리하면 ＿＿＿＿, ＿＿＿＿, ＿＿＿＿, 팀 경쟁, 과제의 세분화 등이 있다.

08 다양한 학습 활동 및 전문가 활동을 통해 수집된 자료를 전문가 혹은 전체에 보고하는 활동을 포함하는 학습을 ＿＿＿＿(이)라 한다.

09 액션러닝의 구성요소는 ＿＿＿＿, ＿＿＿＿, ＿＿＿＿, ＿＿＿＿, ＿＿＿＿, ＿＿＿＿(으)로 제시될 수 있다.

토론과 성찰

다음은 발명교사들의 대화이다. 토론 중인 인공지능 교육을 위한 발명교육의 실천을 위해 가장 올바른 교수학습 방법은 무엇이고 구체적으로 어떤 모습일지 토론해 보자.

발명교육에서 인공지능 교육의 이슈

박 교사: 우리 발명교사들이 우리의 수업에서 새로운 동향을 잘 반영하여 실천하고 있다고 생각합니다. 다만 최근에 이슈가 된 인공지능 교육을 어떻게 발명교육에 적용 가능한지는 고민해 보아야 할 것입니다.

김 교사: 네, 저도 많이 고민이 되는 부분입니다. 한편으로 너무 전문적이라 어렵기도 하지만, 학생들의 풍부한 아이디어를 생각한다면 재미있는 주제라고 생각되어 보다 적극적으로 학습의 기회를 주어야 한다고 생각합니다.

최 교사: 특히 문제해결학습, 문제중심학습과 연계하여 문제상황을 주고 해결한 발명아이디어를 구상하는 활동은 보다 쉽게 접근할 수 있을 것입니다.

홍 교사: 인공지능과 발명교육에서는 인공지능의 윤리적 측면의 가치교육도 중요한 학습거리라고 생각됩니다.

문제 제기

이 단원에서는 발명학습 평가의 개념과 절차 및 동향, 발명학습 평가의 적용 및 피드백에 대한 이해를 바탕으로 수행과정 평가 및 수행결과 평가를 위한 도구와 루브릭을 개발할 수 있는 역량을 기를 수 있도록 한다. 아울러 발명 수업 및 프로그램의 운영에서 발명학습 평가를 실제 적용하고 평가 결과를 활용하기 위한 방안을 살펴보고자 한다.

❶ 발명학습에서 평가란 무엇이며, 그 절차와 동향은 어떠한가?
❷ 발명학습에서 학습자의 수행 과정 및 수행 결과를 어떻게 평가할 수 있는가?
❸ 발명학습 평가를 어떻게 실행하고, 그 결과를 어떻게 활용할 수 있는가?

Understanding and Practice of Invention Education

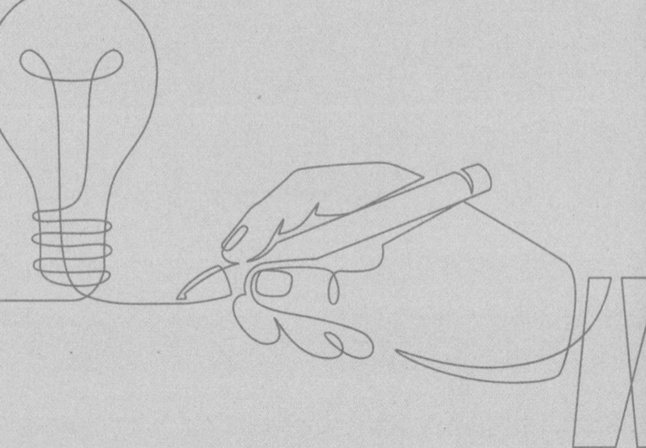

Chapter

09

발명학습 평가

01 절 발명학습 평가의 이해

① 평가의 개념

류창열(2002)은 교육관을 선발적 교육관, 발달적 교육관, 인본주의적 교육관[59]으로 구분하고, 각각의 교육관과 연계되는 측정관(Measurement), 평가관(Evaluation), 총평관(Assessment)을 제시하였다. 발명학습 평가의 기본 방향을 설정하기 위해서는 이러한 교육관과 평가관을 복합적으로 고려하여야 한다. 박도순(2007)은 평가의 의미를 전인의 양성을 목표로 하는 교육 전반에 걸친 자료를 수집하는 일이라고 하였다. 평가는 학생의 학습과 행동 및 여러 교육 조건을 교육 목적에 비추어 측정하고, 이에 대하여 가치를 규명하는 일로 평가하고자 하는 목표와 내용을 제대로 평가하는 신뢰성을 보장할 수 있어야 한다.

발명은 일상생활의 문제에 대해 아이디어를 생성하고 그것을 실현함으로써 문제를 해결해 가는 것으로 스스로가 직접 체험을 해보는 것이다. 인식한 문제를 해결하기 위해서는 많은 아이디어를 쏟아 내어 그것을 수렴하고 조작하는 등의 시행착오를 겪으면 보다 쉽게 창의적인 문제해결로 접근한다.

체험 활동 위주인 발명의 평가도 그에 적합한 다양한 방법이 필요하다. 즉, 발명교육에서의 평가는 발명교육의 목표가 얼마나 달성되었는지를 측정하고, 실시한 발명교육에 어떠한 문제점이 있었는가를 확인하여 보다 효율적인 발명교육이 가능하도록 계획을 수정하고 내용과 방법을 보완해야 한다는 것이다. 따라서 발명의 평가는 수행 중심의 평가인 학생 스스로가 자신의 지식이나 기능을 나타낼 수 있도록 답을 작성하거나, 또는 발표하거나, 산출물을 만드는 등의 방법으로 할 수 있다. 즉, 수행 평가는 자기 스스로 정답을 작성하거나 행동으로 나타내도록 하고, 가능한 한 실제 상황하에서 파악할 수 있도록 해야 한다. 또한 교수·학습의 과정도 평가하되 전체적이면서 지속적으로 이루어져야 하며 개인 및 집단도 평가해야 한다.

59) 인본주의적 교육관 : 교육은 자아실현의 과정이며, 학습자는 환경과 능동적으로 상호작용하는 존재라고 보는 교육관 (류창열, 2002)

② 평가의 기능

발명학습에서의 평가는 교육적 성취의 확인, 분류와 선발, 교육적 개선, 학습자에 대한 이해의 기능을 가진다. 즉, 평가를 통해 발명교수학습에서 이루고자 하는 교육적 성취를 확인할 수 있고, 영재를 선발하거나 분류하는 과정에서도 사용된다. 무엇보다 발명학습에서의 평가는 학습자를 이해하고 발명교육의 과정에서 개선점이나 보완점을 제공하기도 한다.

(1) 교육적 성취의 확인

교육은 인간행동의 계획적인 변화로서 일종의 목적 지향적 활동이라고 할 수 있다. 이러한 경우에 평가는 원래 설정한 교육 목표를 어느 정도 달성했는지 그 성취의 정도를 확인하기 위해서 실시한다. 즉, 평가는 교육적 성과나 최초에 설정한 교육 목표의 달성 정도를 확인하기 위한 기능을 수행한다.

(2) 분류 · 선발의 기능

교수 · 학습이 이루어지고 나면 그것에 대한 성취 정도를 확인한다. 그리고 그 결과에 따라서 학습자에게 일정한 점수를 부과하고 석차나 등급을 매긴다. 이것은 바로 평가가 갖는 분류와 선발 기능이라고 할 수 있다.

(3) 교육적 개선의 기능

평가를 통해서 우리는 사전에 계획한 교육 목표를 어느 정도 달성했는지를 확인하고 그 결과에 비추어서 전체적인 교육과정과 학습지도의 적절성을 파악하여 교육적 문제점을 확인할 수 있다. 그리고 확인된 문제점은 다음의 교육계획이나 정책 수립에 중요한 자료로 활용하여 교육적 개선을 기한다. 이와 같이 평가의 결과는 현재의 교육 목표나 교육과정, 교수 · 학습 방법 등의 적절성을 확인하고, 이것이 갖는 문제점을 지적하여 보다 나은 교육적 계획을 수립하는 데 중요한 자료를 제공하는 역할을 한다.

(4) 학습자 이해의 기능

평가를 통해서 우리는 학습자를 보다 잘 이해할 수 있다. 이는 평가의 결과가 학습자의 능력이나 적성, 소질, 잠재력 등과 같은 다양한 정보를 제공하기 때문에 가능하다. 따라서 평가는 학습자 이해를 위한 기능을 한다고 할 수 있다. 평가의 이러한 기능을 이해하기 위해서 우리는 인간 이해를 위한 철학적 시각에서 평가가 갖는 의미를 생각해 보아야 하고, 이는 종합적인 시각에서 이루어져야 한다. 그리고 평가가 지속적으로 이루어지고 그 결과를 판단해야 한다는 것은 평가가 일회적으로 끝나는 것이 아니라 변화와 성장의 과정을 지켜보기 위해서 두 번 이상 지속적으로 실시되어야 한다는 것을 의미한다.

③ 평가의 유형

(1) 평가 형식에 따른 분류

① **형식적 평가**: 일정한 틀에 맞추어 정해진 시기에 실시되는 평가이다. 이는 정해진 항목을 중심으로 학습자가 일상적으로 받는 자극이나 환경 또는 자극자의 행동이다.

② **비형식적 평가**: 비정기적으로 정해진 틀 없이 실시되는 평가이다. 평가자의 내적 인지도에 따라 교육과정을 수시로 검토하거나 매일의 환경 구성이나 교육계획안 및 활동을 중심으로 관찰·기록한 후 분석한다. 이 평가는 평가자의 주관성이 개입될 여지가 크다는 한계를 갖는다.

(2) 평가 방식에 따른 분류

① **양적 평가**: 사전에 의도된 교육 목표가 어느 정도 달성되었는지를 수량화하여 평가하는 방법

㉠ 절대 평가: 학습경험이 학습자의 행동 변화에 얼마만큼 영향이 있었는지 알아보는 평가 방식으로 교수 목표를 준거로 하여 평가 결과를 점수화하고 해석한다.

㉡ 상대 평가: 표준화 검사[60](지능검사, 운동능력 검사, 사회성 검사 등)를 통해 개인의 위치를 전체 집단의 평균치와 관련지어 점수화하고 해석한다.

② **질적 평가**: 교육 목표의 달성 여부보다는 교수와 학습의 과정이나 학습자의 문제 파악에 초점을 맞춘 평가로 관찰, 학습자의 작품 및 포트폴리오, 심층 면접 등을 통해 이루어진다.

④ 평가의 절차

교육 평가가 이루어지는 절차는 대체로 평가 목적의 설정, 평가 장면의 선정, 평가 도구의 제작 및 선정, 평가의 실시 및 처리, 평가 결과의 해석 및 활용 등의 단계를 거친다.

60) 표준화 검사: 어떤 사람이 사용해도 검사의 실시, 채점, 해석이 동일하도록 모든 형식과 절차를 엄격하게 통제한 검사 (서울대학교 교육연구소 교육학용어사전)

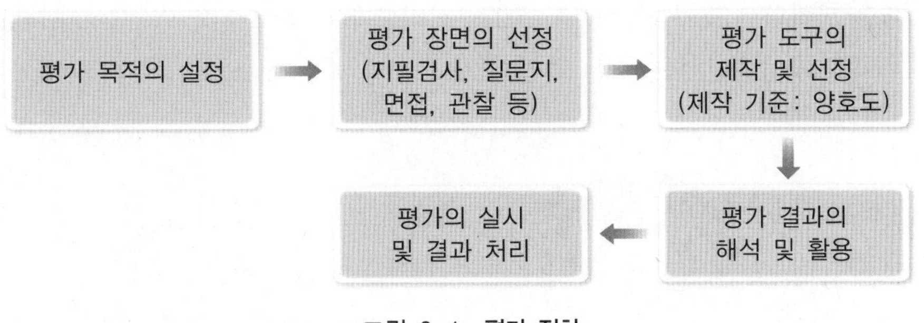

ㅇ그림 9-1 평가 절차

(1) 평가 목적의 설정

평가에서는 먼저 '무엇'을 평가할 것인가를 분명히 하지 않으면 안 된다. 이것은 평가의 목표와 대상으로 표현되기도 한다. 평가 목표를 분석하고 그 개념을 정확히 규정하는 것이 평가의 첫 단계라 할 수 있으며 교육평가에 있어서 무엇을 평가할 것인가라는 기준은 교육 목적에서 도출된다.

(2) 평가 장면의 선정

교육 평가 목표가 결정되면 이를 평가하기에 알맞은 자료나 증거를 어디에서 언제 구할 것인가를 결정해야 한다. 즉, 학생들의 학습 결과가 구체적으로 제시되고 행동의 증거로서 나타날 수 있는 장면이나 조건 및 기회를 찾아야 한다. 이를 평가 상태라 한다. 평가 목표에 따라 선택할 수 있는 평가 상태로서는 필답고사(지필검사), 질문지, 행동 관찰, 면접, 기록물 분석, 작품 분석, 현장실습 측정, 사례연구, 투사법, 게스-후-테스트(Guess-Who-Test)[61] 등을 들 수 있다.

(3) 평가 도구의 제작

평가 상태가 선정되면 이를 측정하기 위한 평가 도구를 제작하여야 한다. 평가 도구의 제작 단계에서 중요한 일은 평가 도구의 내용 하나하나가 교육 목적을 제대로 측정할 수 있느냐는 합목적성의 문제이다. 평가 도구는 다음과 같은 요소를 갖추어야 한다.

① **타당도**: 타당도란 연구자가 측정하고자 하는 것을 측정 도구가 실제로 정확하게 또는 적합하게 측정하는지에 관한 정도로 이해할 수 있다.

② **신뢰도**: 신뢰도란 측정 도구 역시 시간의 경과에 관계없이 반복 가능하며(Replicable), 일관성 있는(Consistent) 측정 결과를 도출할 수 있다면, 이 측정 도구는 높은 신뢰도를 갖고 있다고 평가할 수 있다. 즉, 누가 어느 때 측정해도 일관된 결과가 나온다면 그 결과는

61) 게스-후-테스트: 구성원 상호간의 인물평가를 통해 집단구성원의 행동이나 태도, 성격 등을 연구하는 검사(두산백과)

믿을 만하다는 것이다(박도순, 2007). 신뢰도가 측정의 수적 오류(Numerical Error)를 평가한 것이라면, 타당도는 측정의 개념적 오류(Conceptual Error)를 평가한 것이다.

그림 9-2 평가의 신뢰도와 타당도

[그림 9-2]에서 과녁에 꽂힌 화살은 관찰값을 나타내며, 양궁 과녁의 가장 가운데 원은 선수가 맞추기를 원하는 지점으로 연구자가 측정하고자 하는 구성의 속성이다. 따라서 화살이 과녁 가운데를 맞힐수록 측정 도구의 타당도는 높아질 것이다. 반면, 그 반대의 경우에는, 타당도가 낮아질 것이다. 오른쪽 맨 아래 과녁은 화살들이 과녁 중앙에 집중해 있으므로 타당도가 높은 경우를 나타낸다. 반면에, 왼쪽 맨 아래 과녁은 화살들이 과녁 중앙에서 멀리 떨어져 있으므로, 타당도가 낮음을 나타낸다.

한편, 신뢰도는 구성이나 개념을 반복적으로 측정하더라도 동일한 결과를 생산하는 정도이기 때문에 화살의 집중도로 이해할 수 있다. 따라서 위 2개의 과녁은 화살들이 모두 과녁에서 흩어져 있으므로 신뢰도가 낮은 반면, 아래의 과녁들은 화살이 모두 과녁에서 특정 지점에 집중돼 있으므로 신뢰도가 높다고 볼 수 있다.

⑤ 평가의 동향

최근의 평가 방향은 전통적인 검사인 전체 학생들에게 일괄적으로 제공되는 전형적인 선다형 지필시험 방식에서 벗어나 개별 학생이 경험하는 학습 과정의 평가를 중시하여 직접 평가(Direct Assessment), 참 평가(Authentic Assessment), 수행 평가(Performance Assessment), 대안 평가(Alternative Assessment), 과정중심 평가(Process Oriented Assessment), 포트폴리오*(Portfolio) 평가 등이 사용된다. 이와 같은 평가 용어에 담겨진 새로운 평가의 특징들은 기존 평가의 반성에 기초한다고 볼 수 있다. 강조점이 약간 다르지만 전통적인 표준화된 성취검사의 대안이라는 점과 일상생활과 관련된 의미 있는 과제에 대하여 학생의 수행을 직접 검사한다는 공통점이 있다(최유현, 2005).

*** 포트폴리오**

포트폴리오는 서류가방, 자료수집철, 자료 묶음 등을 뜻한다. 자신의 이력이나 경력 또는 실력 등을 알아볼 수 있도록 자신이 만든 작품이나 관련 내용 등을 모아 놓은 자료철 또는 자료 묶음, 작품집으로, 실기와 관련된 경력을 증명할 수 있는 기능을 한다. (두산백과)

09

(1) 수행중심 평가의 특징

① 체크리스트나 일화 기록 등을 사용하여 학생 스스로가 무엇을 할 수 있는지에 초점을 두면서 학생들 스스로 창조하고, 산출하며, 행동하게 하는 자기 주도성을 강조한다.

② 자기 평가, 동료 평가, 관찰 등을 이용하여 교육에 관계되는 모든 사람이 공감할 수 있는 다양한 환경에서의 의사소통이다.

③ 실생활과 관련된 수업 활동으로 스스로 문제를 해결해 나가는 다양한 환경에서의 자료를 수집한다.

④ 포트폴리오 등을 이용하여 과정 중심적이면서도 역동성을 고려한 개인별 성장곡선을 알 수 있도록 한다.

(2) 수행중심 평가의 장점과 한계

수행중심 평가의 장점과 한계를 McMillan(1997)은 [그림 9-3]과 같이 제시하였다. 수행중심 평가의 장점은 실제적인 과제를 제시하고, 학습과 통합되어 있다는 점, 학습자의 수행과제의 몰입을 유도하고, 다양한 정답을 통하여 풍부한 사고를 가지는 점을 들 수 있다.

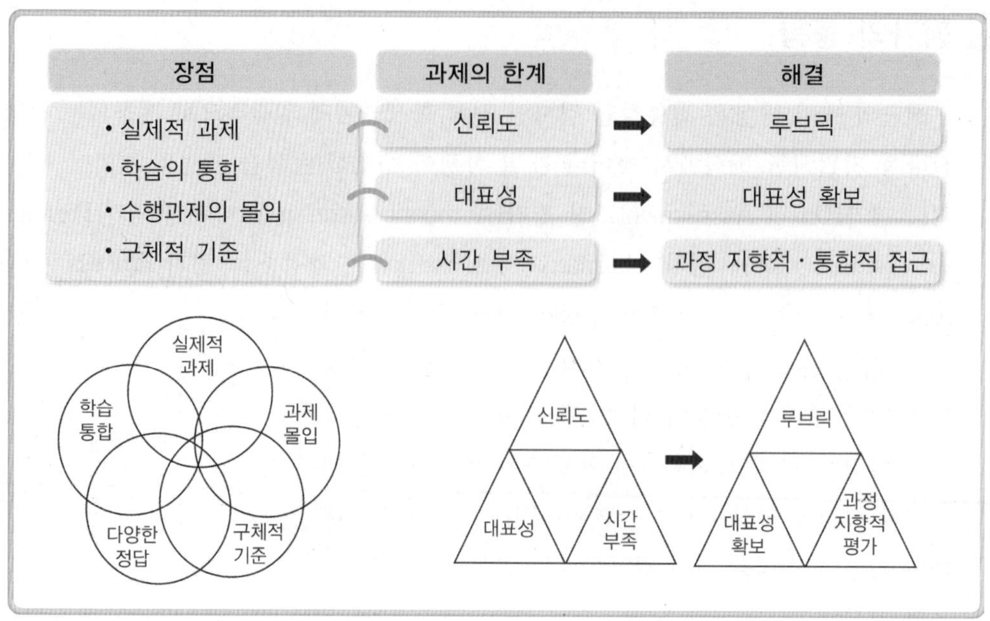

○ 그림 9-3 수행중심 평가의 장점과 한계, McMilan(1997)

즉, 수행중심 평가의 장점을 고려하면서도 과제의 한계를 극복하기 위해서는 명확한 채점 기준이 있는 루브릭*을 사용하여 신뢰도를 확보해야 하며 명확한 채점 기준을 근거로 과정과 결과를 동시에 평가할 수 있어야 한다.

*** 루브릭**
루브릭(Rubric)은 채점기준표라고도 하며, 수행평가와 포트폴리오 평가 등에서 채점을 하는 데 활용하는 것으로서 준거항목과 더불어 성취기준과 수준의 관련성을 도표화한 것이 주로 활용된다. 이들 평가에서 채점기준표는 다양한 수준의 능력을 채점하는 기준과 방법을 제공하게 된다. (한국교육평가학회, 교육평가용어사전)

발명교육 역시 평가의 동향에 적합하도록 명확한 평가 준거를 개발하는 것은 물론이고 이를 현실화시킬 수 있는 방안을 탐색해야 할 것이다. 교육 내용 및 산출물에 대해서도 충실한 평가에 접근한다면 구체적으로 무엇을 기획, 디자인, 제작하도록 안내할 것인가에 대한 교육적 기대치를 분명히 할 수 있을 것이다. 이에 대한 발명 수행중심 평가 방식에 적합한 증거 수집 방법은 관찰, 학생 평가, 산출물 평가, 포트폴리오 등이 있다.

02절 수행과정 평가

① 수행과정 평가의 유형

수행과정의 증거를 수집하는 방법으로 학생의 연구 결과, 제안한 아이디어, 발명 과정에 대한 정리노트, 학생이 작성한 보고서 등에 대한 체계적이고 조직화된 수집물인 포트폴리오가 있다. 일반적으로 포트폴리오란 자신이 만든 사진이나 그림 등의 작품을 모아 놓은 작품집이나 여러 가지 서류를 모아 놓은 서류철을 말한다. 포트폴리오를 이용한 평가 방법은 단편적인 영역에 대해 한 차례의 평가로 그치지 않고, 학생 개개인의 변화와 발달 과정을 종합적이고 지속적으로 평가하는 것을 강조하는 수행 평가의 대표적인 방법 중의 하나이다. 이러한 포트폴리오의 구성물은 아이디어, 스케치와 제도, 재료와 과정의 시험, 토의 내용의 기록, 느낌이나 소감, 자기 평가 등 다양하다. 평가에서 이러한 다양한 증거자료를 이용하면 오판의 소지를 줄여 줄 뿐만 아니라 귀중한 자료를 제공해 준다(백순근, 1998). 포트폴리오를 가지고 학생들은 노트, 그림, 보조 연구, 사진 등을 통해서 새로운 지식을 얻는다. 본질적으로 포트폴리오는 설계 문제를 해결하는 데 필요한 연구의 일부분이 되고, 설계 기록과 함께 새로운 전문 정보가 적용된 문제를 해결하는 데 포함이 된다. 그러므로 포트폴리오는 학생 차원에서 그동안 변화되어 온 내용을 압축적으로 보여 주는 자료이자 학교에서 배운 것을 실생활에 어떻게 응용하였는지를 평가할 수 있는 증거 자료가 된다. 교사 입장에서도 포트폴리오의 검토는 그동안 교수 활동이 학생들에게 어떠한 영향을 미쳤는지 알아볼 수 있고, 학생에게는 자기반성의 기회도 제공한다. 이러한 평가 도구로는 일화, 체크리스트, 면접, 질문지, 목록, 루브릭(평가 기준) 등을 들 수 있다.

(1) 일화

학생들의 활동이 주가 되는 수업 상황에서 교사가 날짜를 기재하여 학생들을 관찰하며 개개인의 강·약점, 진보, 학습 스타일 등에 관한 정보를 간단하게 기록하는 것이다.

(2) 체크리스트

직접 관찰하면서 학습자의 정보를 기록한다는 점은 일화와 비슷하지만 평가에 적절하다고 판단되는 질문 목록을 사전에 준비해 놓고 이 목록에 단순히 가부를 표시하게 하는 방법으로 간편하게 기록할 수 있는 특징이 있다. 교사뿐만 아니라 학습자 스스로 또는 학습자의 동료에 대해 짧은 시간에 효율적으로 평가할 수 있다.

(3) 면담

지필식 평가나 보고서 형식의 평가로는 알 수 없는 사항들을 교사와 학생이 면접으로써 다양한 질문을 통해 얻고자 하는 정보나 자료를 수집하여 평가하는 방법이다. 학생을 직접 보고 대화할 수 있어 보다 상세한 자료를 수집할 수는 있지만 시간이 많이 든다는 특징이 있다. 발명에서 주로 쓰이는 면담의 종류로는 미리 설정해 놓은 일련의 질문 항목에 따라 교사가 질문을 하면 학생이 응답하는 방식으로 진행되는 '구조화된 방법'과 특정의 질문 항목을 설정해 놓지 않고 학생에게 자유로이 말하도록 하는 방식인 '비구조화된 방법'이 있다.

(4) 질문지

교사가 어떤 문제에 관하여 작성한 일련의 질문 사항에 대하여 학생이 대답을 기술하도록 한 조사 방법으로 구두질문에서 발전한 방법이다. 이 방법은 많은 대상을 단시간에 일제히 조사할 수 있고, 결과도 비교적 신속하게 기계적으로 처리할 수 있어 짧은 시간에 자료를 얻을 수 있다.

(5) 루브릭(Rubric)

학습자의 학습 결과물이나 성취 정도를 평가하기 위하여 사용하는 상세화되고 사전에 공유된 기준 또는 가이드라인으로 학습자가 과제를 수행할 때 나타내는 반응을 평가하는 기준이 된다. 보통 항목별 · 수준별 표로 구성되며, 표의 각 칸에는 어떤 경우에 그 수준에 해당되는지가 상세히 기술되어 있어 학습자들은 학습 결과로 무엇이 요구되는지 구체적으로 파악할 수 있다. 학습자들은 스스로 평가 과정에 참여할 수 있게 되어 학습의 초점이 무엇인지 분명히 알고 자기 주도적으로 학습할 수 있다. 또한 피드백을 제공하여 향후 수행 능력을 위하여 무엇이 필요한지에 대하여 분명하게 알 수 있게 해 주며 학습 효율을 향상시킬 수 있다.

② 수행과정 평가도구의 개발

수행과정 평가는 학습의 성취 및 평가 기준에 따른 과정 지향적인 평가이므로 다양한 시기, 주체, 대상, 방법을 통해 학습자에 대해 보다 객관적인 많은 정보를 수집할 뿐만 아니라 결과를 활용할 방안 및 피드백 방법도 제시한다. 또한 학습자에게도 설계 문제를 해결하는 데 필요한 정보가 제공되고, 문제해결이 수월해진다. 이러한 평가도구 설계안 제시는 다음과 같다.

표 9-1 수행과정 평가도구 설계안 예시

<table>
<tr><td rowspan="2">수행 과제</td><td colspan="2" rowspan="2"></td><td>학년</td><td></td></tr>
<tr><td>단원</td><td></td></tr>
<tr><td>성취 기준</td><td colspan="4">1.
2.</td></tr>
<tr><td>평가 기준</td><td colspan="4">1.
2.</td></tr>
<tr><td>평가 시기</td><td>☐ 수업 전 평가
☐ 수업 중 평가
☐ 수업 후 평가</td><td>평가 주체</td><td colspan="2">☐ 학습자 ☐ 동료
☐ 교사 ☐ 기타</td></tr>
<tr><td>평가 방법</td><td colspan="4">☐ 학습자 결과물: ______
☐ 학습자 수행 행동: ______
☐ 학습자 대면과정: ______
☐ 기타: ______</td></tr>
<tr><td>평가 결과의 활용 방안</td><td colspan="4">☐ 학습자 학습 목표 도달 수준 측정
☐ 학습자 기술과 행동 특성 이해
☐ 학생들에게 피드백
☐ 교사의 수업 정보와 반성
☐ 교육과정 효과 측정</td></tr>
<tr><td>평가 양식과 피드백 방안</td><td colspan="4">■ 평정 양식 ☐ 체크리스트 ☐ 평정법 ☐ 자유 기술
■ 평가 기록 ☐ 서술 ☐ 점수
■ 피드백 ☐ 개별 상담 ☐ 전시나 개시 ☐ 통지표</td></tr>
<tr><td>평가 자료</td><td colspan="4"></td></tr>
<tr><td>유의점</td><td colspan="4"></td></tr>
</table>

출처 ▶ 최유현(2014)

③ 수행과정 평가의 기준 및 루브릭 개발

기준 및 루브릭의 제시는 채점의 객관적 판단 기준뿐만 아니라 학습자의 활동 방향과 수준, 목표의 방향을 지킬 수 있는 역할을 하므로 교사의 주관적인 판단보다 증거 자료를 객관적으로 판단할 수 있는 평가 준거, 평가 기준, 채점 기준 등이 명세하게 기록되고 미리 공개될 수 있도록 하여야 한다.

○ 표 9-2 포트폴리오 구성 설계안

수업명		학습 일시		수업 구분	
학습 주제					
학습 목표					
주요 개념 (Key Words)					
수행 과제					
포트폴리오 자료 목록					

출처 ▶ 최유현(2014)

○ 표 9-3 학생용 포트폴리오 자기반성 및 대화록

	수업에 대한 자기 평가					
	평가 항목	매우 그렇다	그렇다	보통이다	그렇지 않다	전혀 그렇지 않다
수업의 내용에 대한 자기 평가	나는 수업에 대한 준비가 잘 되었다.					
	나는 수업 내용과 활동에 잘 참여하였다.					
	나는 오늘 수업이 흥미 있었다.					
	나는 오늘 수업이 교육적으로 유용하였다.					
	나는 수업에 적절한 포트폴리오를 구성하였다.					
	나는 의미 있는 수업의 성찰을 하였다.					
동료와의 대화						
교사와의 대화						
종합 성찰						
앞으로의 도전 과제						

출처 ▶ 최유현(2014)

○ 표 9-4 평가 기준 및 채점 기준 명세화(교사용)

평가 기준	채점 기준 명세화		체크리스트	의견
	등급	채점 기준		
변화 과정	A(Strong)	포트폴리오를 제작하는 과정에서의 반성 및 수정의 증거가 3개 이상에서 명백히 발견된다.		
	B(Developing)	포트폴리오를 제작하는 과정에서의 반성 및 수정의 증거 자료가 한두 개 발견된다.		
	C(Not yet)	포트폴리오를 제작하는 과정에서의 반성 및 수정의 증거 자료가 나타나지 않는다.		
다양성	A(Strong)	학생들의 포트폴리오 자료가 다양하고 포트폴리오 목적에 비추어 매우 적절하다.		
	B(Developing)	학생들의 포트폴리오 자료가 다양하지만 자료의 성격이 불분명하다.		
	C(Not yet)	자료가 3개 이내 정도로 빈약하다.		
문제해결의 증거	A(Strong)	포트폴리오 자료에 대한 문제를 잘 확인하고 계획을 잘하며 그 실행이 계획과 일치하고, 자기반성의 평가가 포함되었고 충실하다.		
	B(Developing)	포트폴리오 자료에 대한 문제해결 과정의 증거는 보이지만 그 과정이 충실하지 못하다.		
	C(Not yet)	포트폴리오 자료에 대한 문제해결 과정의 증거가 나타나지 않는다.		
포트폴리오 조직·구조화	A(Strong)	포트폴리오 조직이 체계적이고 잘 구조화되었으며 자료 간의 관련성이 뛰어나다.		
	B(Developing)	포트폴리오 조직과 구조화 노력이 있지만 자료의 결과가 덜 구조화되었다.		
	C(Not yet)	포트폴리오 조직이 비체계적이고 잘 구조화되지 못하였다.		
자기반성	A(Strong)	포트폴리오 제작 수행 과정의 성취와 반성을 잘 이해하고 있으며, 수업 전략의 개선점이 발견된다.		
	B(Developing)	포트폴리오 제작 과정에 대한 반성의 노력은 보이지만 그 증거가 불충분하다.		
	C(Not yet)	포트폴리오 제작 과정에 대한 반성이 발견되지 않는다.		
계	A(Strong)			총점
	B(Developing)			
	C(Not yet)			
총평				

출처 ▶ 최유현(2014)

09

03절 수행결과 평가

① 수행결과 평가의 유형

학습자들의 창의적 산출물은 학습의 결과로서 발명교육의 평가에 있어 중요한 요소이다. 산출물은 학습자들이 일상생활에서 문제를 찾아내고 문제 상황에서 창의적으로 해결 방법을 탐색하고 해석하는 과정을 경험하는 것이다. 이러한 창의적 산출물 평가는 학습자들이 창의적 산출물을 구안하는 과정에서의 지적 능력과 창의성을 관찰할 수 있으며, 학습자가 창의적 산출물을 모둠원들과 함께 만들어 가는 과정을 통해 학생들의 리더십과 자기 주도성을 관찰할 수 있다.

② 수행결과 평가도구의 개발

창의적 산출물의 평가 요소를 구명하는 데 가장 오랜 기간 천착한 학자 중 하나는 베세머(S. P. Besemer)라고 여겨진다. 그녀는 창의성 및 창의적 산출물과 관련된 문헌 분석을 통해 창의적 산출물 분석 매트릭스(CPAM : The Creative Products Analysis Matrix)를 제안한 공동 연구(Besemer & Treffinger, 1981)를 수행한 이후, 실증 분석을 통해 꾸준히 창의적 산출물 분석 매트릭스를 수정, 보완하며 창의적 산출물 평가 요소를 구명하는 연구(Besemer & O'Quin, 1986; Besemer, 1998)를 수행하였다. 20여 년에 걸쳐 연구된 그녀의 창의적 산출물 평가 요소는 발명교육 맥락에서 받아들여 질 수 있을 것이라 판단된다(문대영, 2017).

더 알아보기

Henderson(2004)은 발명 분야의 창의적 산출물을 다른 분야의 창의적 산출물과 구분하는 요인을 다음과 같이 다섯 가지로 제시하였다.

1. 새로움(novelty)
2. 유용함(utility)
3. 비용-효율(cost-effectiveness)
4. 시장에 대한 영향(impact on the marketplace)
5. 특허 취득의 기회(opportunity for patent acquisition)

Besemer(1998)는 창의적 산출물 평가를 위해 새로움(Novelty), 문제해결(Resolution), 정교함과 통합(Elaboration & Synthesis)과 같은 3개 범주와 독창적인(Original), 놀라운(Surprising), 논리적인(Logical), 유용한(Useful), 가치 있는(Valuable), 이해 가능한(Understandable), 세련된(Elegant), 유기적인(Organic), 잘 만들어진(Well-crafted)과 같은 9개 평가 요소를 제안하였다.

ㅇ 표 9-5 Besemer(1998)의 창의적 산출물 평가 범주와 요소

범주	• 새로움(novelty) : 산출물의 새로운 정도 – 새로운 절차, 기법, 재료, 개념의 개수와 정도의 측면에서 – 산출물 전반의 새로움 측면에서 – 후속 창의적 산출물에 미칠 영향의 측면에서	• 문제 해결(resolution) : 문제 상황에서 요구한 바에 부합하는 정도	• 정교함과 통합(elaboration and synthesis) : 서로 다른 요소들을 정제하여 발전시키고, 전체적으로 일관된 상태 또는 단위로 조합하는 정도
요소	• 독창적인(original) 산출물은 유사 경험과 훈련을 받은 사람들이 만든 일반적인 결과물과 달리 특이하거나 드물게 발견됨 • 놀라운(surprising) – 산출물은 사용자, 청중, 관찰자들이 지각한 현실에 변화를 강요할 정도로 혁신적임 – 산출물은 사용자, 청중, 관찰자들의 주목을 이끌어냄	• 논리적인(logical) – 산출물이나 해결 방안이 해당 분야에서 받아들여지거나 타당한 규칙에 따름 – 산출물이 문제 상황의 요구들을 충족하고 있음 – 해결 방안이 문제 상황에 알맞거나 적용됨 • 유용한(useful) – 산출물은 명확하게, 실제적으로 활용됨 • 가치 있는(valuable) – 산출물은 사용자, 청중, 관찰자들의 재정적, 물리적, 사회적, 심리적 요구를 충족하기 때문에 쓸모 있다고 판정됨 • 이해 가능한(understandable) 산출물은 이해하기 쉽게 정보를 전달하는 방식으로 제시되어 있음	• 세련된(elegant) 해결 방안은 정선되고 축약된 방식으로 표현되어 있음 • 유기적인(organic) 산출물은 총체성 또는 완전성을 가짐 • 잘 만들어진(well-crafted) 산출물은 현 시점에서 가능한 최고 수준으로 발전시키기 위해 신중히 만들어지고 재차 만들어짐

Besemer & Treffinger(1981, p.164), Besemer & O'Quin(1986, p.116), & Besemer(1998, p.334) 재구성.

출처 ▶ 문대영(2021)

Besemer(1998)는 창의적 산출물 평가를 위한 3개 범주와 9개 요소를 바탕으로 창의적 산물을 평가하기 위해 양극 형용사 체크리스트인 창의적 산출물 의미 척도(CPSS: Creative Product Semantic Scale)를 개발하였다.

ㅇ 표 9-6 Besemer(1998)의 창의적 산출물 의미 척도

범주	요소	긍정적인	7	6	5	4	3	2	1	부정적인
새로움 Novelty	surprising 놀라운	surprising–놀랄 만한가								customary–보수적인가
		astounding–대단한가								common–흔한 것인가
		shocking–충격적인가								uninspired–감흥이 없는가
	original 독창적인	original–독창적인가								commonplace–평범한가
		innovative–혁신적인가								conventional–전통적인가
		new–새로운가								old–옛것인가
		novel–신기한가								predictable–예견되는 것인가
		unique–독특한가								ordinary–평범한가
문제 해결 Resolution	useful 유용한	valuable–가치 있는가								worthless–가치가 없는가
		significant–의미 있는가								insignificant–중요하지 않는가
		necessary–필요한가								unnecessary–불필요한가
	logical 논리적인	logical–논리적인가								illogical–비논리적인가
		make sense–이치에 맞는가								senseless–이치에 맞지 않는가
		relevant–타당한가								irrelevant–타당하지 않는가
		appropriate–적절한가								inappropriate–부적절한가
	valuable 가치 있는	useful–쓸모 있는가								useless–쓸모 없는가
		functional–기능이 좋은가								non-functional–기능이 안 좋은가
		feasible–실현할 수 있는가								unfeasible–실현 불가능한가
		usable–사용가능한가								unusable–사용할 수 없는가
	understandable 이해가능한	understandable–이해되는가								mysterious–이해할 수 없는가
		convincing–수긍이 가는가								unconvincing–수긍 안 가는가
		intelligible–명료한가								unintelligible–불명료한가
		clear–명확한가								ambiguous–애매모호한가
정교함과 통합 Elaboration & synthesis	organic 유기적인	organic–조직적인가								unorganic–비조직적인가
		orderly–순서적인가								disorderly–무질서한가
		organized–정리되었는가								disorganized–정리되지 않았는가
		whole–전체적인가								partial–부분적인가
	elegant 세련된	attractive–매력이 있는가								unattractive–매력이 없는가
		harmonious–조화로운가								jarring–조화롭지 못한가
		graceful–품위가 있는가								awkward–어색한가
		elegant–세련되었는가								coarse–조잡한가
	well-crafted 잘 만들어진	well-crafted–솜씨가 좋은가								crude–솜씨가 없는가
		well-made–잘만들어졌는가								botched–실패작인가
		meticulous–섬세한가								sloppy–엉성한가
		expert–전문적인가								inept–초보적인가

③ 수행결과 평가 기준의 적용

수행결과 평가는 학습자의 강점, 약점 및 잠재적 가능성을 설명하는 데 유용하게 활용될 수 있다. 수행결과 평가 기준을 발명의 맥락에 적용한 사례로서 미국 코네티컷 주의 발명대회 심사 기준을 살펴보면 다음과 같다.

○ 표 9-7 미국 코네티컷 주의 발명대회 심사 기준

항목	평가 내용	점수				
		5	4	3	2	1
독창성	발명품에 창의성이 얼마나 적용되었는가?					
	얼마나 어렵고 힘든 문제가 해결되었는가?					
	발명자가 문제에 대해서 참신하고 독특한 문제해결을 하였는가?					
효과성	발명품이 처음에 선택한 문제를 해결하고 있는가?					
	예상했던 것보다 더 잘 작동되는가?					
	발명품이 다른 문제도 해결하고 있는가?					
실용성	기존의 다른 제품과 비교해서 발명품이 갖고 있는 장단점을 잘 아는가?					
	발명자가 다른 해결 방법에 대해 잘 알고 있는가?					
	안전과 사용의 용이성, 재료 선택에 대해 고려를 하였는가?					
필요성	발명자에 의해 중요한 문제가 해결되었는가?					
	발명품은 장애인, 고령자, 동물을 편리하게 하는가?					
	발명품이 친환경적인가?					

04절 발명학습 평가의 실제

① 발명학습 평가의 적용

발명학습 평가에 있어 수행과정 평가와 수행결과 평가는 통합적으로 적용된다고 할 수 있다. 문대영(2018)은 디자인씽킹 기반의 발명 문제 해결 과정 및 결과를 평가하기 위한 평가 준거와 루브릭을 개발하였다. 이러한 발명학습 평가의 접근은 학습자의 수행결과가 어떠한 수준에 있는가를 구체적으로 판단하는 준거로 활용되고(김영천 외, 2001), 학습자가 자신의 평가 결과를 이해하도록 하여 이후의 과제 수행에 있어 피드백을 제공하는(Arter, 2000) 기능을 한다.

> **더 알아보기**
>
> 스탠포드 대학교 d.school은 디자인씽킹 절차를 공감하기(Empathize), 문제 정의하기(Define), 아이디어 도출하기(Ideate), 시제품 만들기(Prototype), 평가하기(Test)의 5단계로 제시하였다.
> https://dschool.stanford.edu

○ 표 9-8 발명 문제 해결 활동 평가 준거(문대영, 2018)

평가 영역	평가 준거
공감하기	[기본] 다른 사람이 처한 상황과 그들의 경험 및 생각에 공감한다. [심화] 공감한 점을 2가지 이상의 관점에서 성찰한다.
문제 정의하기	[기본] 공감한 내용을 종합하여 하나의 문제를 선정한다. [심화] 선정한 문제를 명확하게 진술한다.
아이디어 도출하기	[기본] 문제 해결을 위한 아이디어를 생각해낸다. [심화] 아이디어를 구체화하며 발전시킨다.
	[기본] 2가지 이상의 기준으로 아이디어를 평가한다. [심화] 실현가능한 최선의 아이디어를 선정한다.
시제품 만들기	[기본] 아이디어를 시각적/물리적으로 표현할 수 있도록 만든다. [심화] 시제품을 변형하며 발전시킨다.
평가하기	[기본] 시제품 시연을 통해 피드백을 얻는다. [심화] 피드백을 통해 향후 개선할 점을 찾아 반영한다.

○ 표 9-9 발명 문제 해결 활동 평가 루브릭(문대영, 2018)

평가척도 평가 영역	A(우수)	B(보통)	C(미흡)
공감하기	다른 사람이 처한 상황과 그들의 경험 및 생각에 공감하고, 2가지 이상의 관점에서 성찰한다.	다른 사람이 처한 상황과 그들의 경험 및 생각에 공감할 수 있으나, 2가지 이상의 관점에서 성찰하는 데 어려움을 느낀다.	다른 사람이 처한 상황과 그들의 경험 및 생각에 공감하지 못하고, 2가지 이상의 관점에서 성찰하지 못한다.
문제 정의하기	공감한 내용을 종합하여 하나의 문제를 선정하고, 문제를 명확하게 진술한다.	공감한 내용을 종합하여 하나의 문제를 선정할 수 있으나, 문제를 명확하게 진술하는 데 어려움을 느낀다.	공감한 내용을 종합하여 하나의 문제를 선정하지 못하고, 문제를 명확하게 진술하지 못한다.
아이디어 도출하기	문제 해결을 위한 아이디어를 생각해내고, 아이디어를 구체화하며 발전시킨다.	문제 해결을 위한 아이디어를 생각해낼 수 있으나, 아이디어를 구체화하며 발전시키는 데 어려움을 느낀다.	문제 해결을 위한 아이디어를 생각해내지 못하고, 아이디어를 구체화하며 발전시키지 못한다.
	2가지 이상의 기준으로 아이디어를 평가하고, 실현가능한 최선의 아이디어를 선정한다.	2가지 이상의 기준으로 아이디어를 평가할 수 있으나, 실현가능한 최선의 아이디어를 선정하는 데 어려움을 느낀다.	2가지 이상의 기준으로 아이디어를 평가하지 못하고, 실현가능한 최선의 아이디어를 선정하지 못한다.
시제품 만들기	아이디어를 시각적/물리적으로 표현할 수 있도록 만들고, 시제품을 변형하며 발전시킨다.	아이디어를 시각적/물리적으로 표현할 수 있도록 만들 수 있으나, 시제품을 변형하며 발전시키는 데 어려움을 느낀다.	아이디어를 시각적/물리적으로 표현할 수 있도록 만들지 못하고, 시제품을 변형하며 발전시키지 못한다.
평가하기	시제품 시연을 통해 피드백을 얻고, 향후 개선할 점을 찾아 반영한다.	시제품 시연을 통해 피드백을 얻을 수 있으나, 향후 개선할 점을 찾아 반영하는 데 어려움을 느낀다.	시제품 시연을 통해 피드백을 얻지 못하고, 향후 개선할 점을 찾아 반영하지 못한다.

② 발명학습 평가와 피드백

피드백이란 평가와 재투입의 과정이며, 개방된 학습의 흐름이나 시스템으로 하여금 환경과의 끊임없는 상호작용을 유지 발전시킬 수 있게 하는 필수적인 과정이다. 평가는 교육의 긍정적인 목적인 피드백의 한 형태이며 이런 피드백이 종결의 의미가 아닌 과정의 의미임을 이해하여 새로운 도약의 계기로 삼을 수 있도록 해야 할 것이다.

표 9-10 피드백 방법과 평가 활용 예시

피드백 방법	평가의 활용
□ 게시 □ 전시 □ 통지표 □ 기타	□ 학습자 행동 특성 이해 □ 학습자 생애 지도 □ 학습자 잠재 능력 계발 □ 학습자의 정도와 수준 결정 □ 교사의 수업 정보와 반성 □ 학생의 관심, 노력, 동기 유발 자료 □ 지식과 기능 적용 연습 □ 프로그램 효과 측정 □ 기타

조사 활동

발명학습 평가와 관련된 다음 내용을 조사해 보자.

평가의 유형	
평가의 절차	
루브릭	
포트폴리오	
수행결과 평가도구	

Test

09장 내용 확인 문제

정답 p.349

01 발명학습에서의 평가는 교육적 성취의 확인, 분류와 ______, 교육적 개선, ______에 대한 이해의 기능을 가진다.

02 교육 평가가 이루어지는 절차는 대체로 평가 ______의 설정, 평가 ______의 선정, 평가도구의 제작 및 선정, 평가의 실시 및 결과 처리, 평가결과의 ______ 및 ______의 단계를 거친다.

03 평가도구가 갖추어야 할 대표적인 요소들 중 ______은/는 측정하고자 하는 것을 측정도구가 실제로 정확하게 또는 적합하게 측정하는지에 관한 정도이며, ______은/는 시간의 경과에 관계없이 반복가능하며 일관성 있는 결과를 가져오는지에 관한 정도이다.

04 수행중심 평가의 장점으로는 실제적 과제, 학습의 통합, 수행과제의 몰입, ______, ______이/가 있으며, 한계점으로는 ______, ______, 시간 부족의 문제가 있다.

05 수행중심 평가의 한계를 극복하기 위한 방안으로는 ______, ______, ______이/가 있다.

06 수행과정 평가의 유형에는 일화, ______, ______, 질문지, ______ 등이 있다.

07 Besemer(1998)는 창의적 산출물 평가를 위해 ______, 문제해결(resolution), 정교함과 통합(elaboration & synthesis)과 같은 3개 범주를 제안하였다.

08 피드백의 방법으로는 ______, ______, ______ 등이 있다.

토론과 성찰

발명품을 평가 받기 위한 다양한 방법 중 각종 경진대회 및 특허 출원을 통한 방법이 있다. 평가를 위한 기준 또는 서술이 합리적인지 수행과정 평가와 수행결과 평가의 관점에서 토론해 보자.

발명품경진대회를 통한 평가

각종 발명품경진대회에서 출품하여 평가를 받아 보는 방법이다. 특히, 각 대회마다 중시하는 부분이 다소 다를 수 있으므로 대회별 특징에 적합하게 발명품을 제작하는 것이 중요하다. 다음은 우리나라의 대표적인 발명대회이다.

• 우리나라의 발명품경진대회 심사 기준 비교 •

구분	심사 기준
대한민국 청소년발명 아이디어 경진대회	• 아이디어 　– 아이디어 출품자의 수준에서 아이디어 창출 • 기술성 　– 기존의 기술과의 차별성 • 실용화 가능성 　– 유용한 상품으로서 활용 가능성
선국학생 과학발명품경진대회	• 창의성 · 탐구성 　– 작품 아이디어의 독창성 정도 　– 작품 제작 과정에서 도출된 문제해결 노력 및 능력 정도 　– 작품의 학력(초 · 중 · 고) 수준에서의 창의성 · 탐구성 반영 • 실용성 　– 일상생활에서 작품의 실제직 응용 징도 　– 기존 작품 또는 제품과 비교하여 개선 · 발전시킨 정도 　– 작품이 일상생활에 기여할 것으로 기대되는 정도 • 노력도 　– 작품의 제작과 출품 과정에 학생의 노력 및 직접 참여 정도 • 경제성 　– 작품 제작의 경비 절감 및 경제적 파급 효과

특허 출원을 통한 평가

학생무료변리 등의 제도를 이용해 특허 출원을 할 수 있다. 이때 기존의 발명품이 존재하는지, 신규성과 진보성이 있는지를 다양한 관점에서 전문 심사관이 판단하여 특허를 부여하기 때문에 특허 출원을 받는 방법이 발명품으로서의 가치를 인정받는 하나의 중요한 수단이 될 수 있다.

문제 제기

이 단원에서는 STEAM 교육, 메이커 교육, 디자인씽킹을 발명교육에 적용하기 위한 가이드라인을 제공하고자 한다. 이를 통하여 학생들에게 삶의 문제를 경험했을 때 문제를 새롭게 해결할 수 있는 방법을 지도할 수 있을 것이다.

❶ STEAM 교육은 발명교육에 어떻게 적용될 수 있는가?
❷ 메이커 교육은 발명교육에 어떻게 적용될 수 있는가?
❸ 디자인씽킹은 발명교육에 어떻게 적용될 수 있는가?

Understanding and Practice of Invention Education

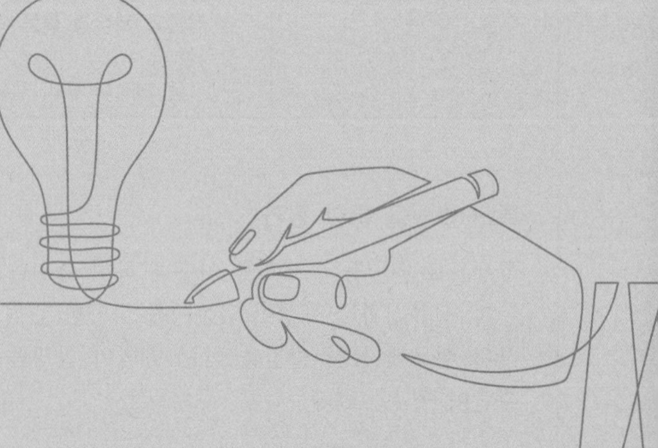

Chapter

10

교육의 트렌드와 발명

01절 STEAM 교육과 발명

① STEAM 교육의 개념 [62)]

STEAM 교육은 과학(Science), 기술(Technology), 공학(Engineering), 예술(Arts), 수학(Mathematics)의 약자로, 미국이나 영국 등 선진국에서 연구되어 온 STEM 교육에 예술(Arts)을 통합한 교육을 의미한다. Yakman과 김진수(2007)는 STEM 교육에 예술(Arts)을 포함한 STEAM 교육을 함으로써 실생활과의 관련성을 더욱 높일 수 있고 흥미도 높아지는 수업을 할 수 있다고 하였다. STEAM 교육은 2006년에 Yakman이 처음 제안하였는데, Yakman(2010)은 [그림 10-1]과 같은 피라미드 모형을 제시하여 STEAM 교육의 유형을 제시하였다.

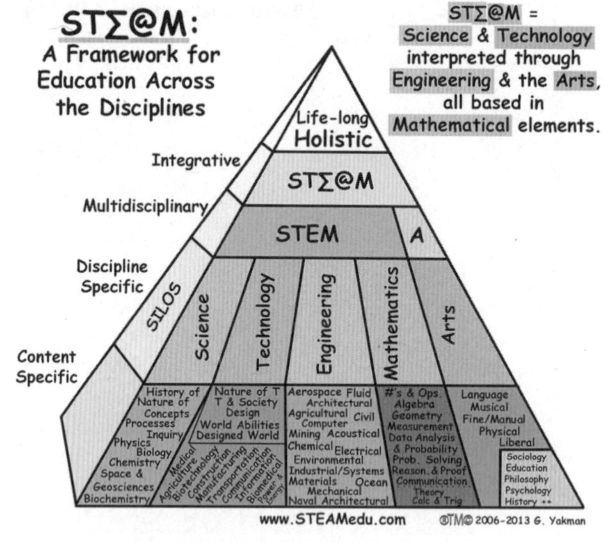

○ 그림 10-1 STEAM 피라미드 [63)]

STEAM 피라미드는 내용 특화 교육 단계, 학문 특화 교육 단계, 학제 간 교육 단계, 통합교육 단계, 평생 교육 단계 등 다섯 단계로 이루어져 있으며, STEAM 교육의 최종 목표를 전인교육에 두고 평생교육에서부터 세부적 학문의 내용 분류까지 그 수준을 정하고 있다.

62) 출처: 김민정(2016)
63) 출처: www.STEAMedu.com

학문의 영역을 보면 과학, 기술, 공학, 수학, 예술이며 세부적인 내용 영역은 각 교과의 내용이 모두 포함되어 있는 형태이다. 과학의 내용영역은 물리, 화학, 생물, 지구과학, 생화학으로 보았으며, 기술 내용 영역은 전자・기계・기술, 생산기술, 농업, 통신기술, 수송기술, 산업공예, 동력 및 에너지, 정보기술로 보고 있다. 공학 내용 영역은 전기, 컴퓨터, 화공, 항공, 기계, 산업, 재료, 해양, 환경, 유체, 토목으로 보았으며, 수학 내용 영역은 대수학, 기하학, 삼각법, 미적분학 이론으로 보고 있고, 예술 내용 영역은 물리적 미술・언어・교양・철학・심리학・역사에 이르기까지 그 영역을 크게 확대하고 있다(Yakman G. & Jinsoo Kim, 2007).

김진수(2012)는 과학은 탐구, 실험, 원리 개념 중심이므로, 기술과 공학에서 강조하는 설계와 만들기 중심의 창의적 문제해결이 결합되어야 진정한 STEAM 교육이라고 하였고 이들을 융합하는 과정에서 예술적 감성과 디자인은 필수적인 것이며, 최종적으로는 산출물을 도출해야 한다고 하였다. 그럼으로써 학습자들이 과학, 수학에 대하여 흥미와 이해도를 높일 수 있고, 관련 내용인 기술, 공학, 예술적 요소까지도 배울 수 있으며, 최종적으로 정부에서 요구하는 STEAM 교육이 가능하게 될 것이라고 하였다. 백윤수 외(2012)는 우리나라에 적합한 STEAM 교육으로 4C-STEAM 교육을 제안하고 정의하고 있는데, 4C의 내용은 배려(Caring), 창의(Creativity), 소통(Communication), 융합(Convergence)이며 이것이 STEAM 교육의 핵심역량 4가지라고 하였다. 또한 4C-STEAM 교육은 창의적 설계와 감성적 체험을 통해 과학기술과 관련된 다양한 분야의 융합적 지식, 과정, 본성에 대한 흥미와 이해를 높여 창의적이고 종합적으로 문제를 해결할 수 있는 융합적 소양을 갖춘 인재를 양성하는 교육이라고 하였다.

② STEAM 교육의 특징

STEAM 교육은 과학기술에 대한 흥미와 이해를 높이고 과학기술 기반의 융합적인 사고와 문제해결력을 배양하는 교육이다. 즉, 학생 스스로 주어진 문제를 재정의하고 해결하는 과정에서 여러 학문 분야의 내용을 통합적으로 사고하면서 스스로 지식을 깨우치게 하는 교육으로, 한국과학창의재단에서는 다음과 같이 STEAM 교육의 특징을 제시하고 있다[64].

첫째, STEAM 교육의 주요 목적 중 하나는 과학기술에 대한 흥미와 이해를 높이는 것이다. STEAM 교육을 통해 학생들이 과학기술에 대한 흥미와 이해를 높임으로써

64) 한국과학창의재단 홈페이지 〉 STEAM소개 〉 융합인재교육이란?(http://steam.kofac.re.kr/?page_id=30)

과학기술 분야에 대한 역량을 가진 학생들을 양성하는 데 이바지하고, 이로써 미래의 국가경쟁력을 높일 수 있다.

둘째, STEAM 교육은 과학, 수학의 이론 및 개념과 더불어 실생활과의 연계를 강조한다. 기존의 학교교육이 교과에서 정립된 학문의 개념을 전달하는 데 중점을 두었다면 STEAM 교육은 배우는 내용과 학생 스스로의 관련성을 강조하고 어디에 쓰이는지, 왜 배우는지 체험하고 스스로 설계하여 탐구, 실험하는 과정을 강조하여 실생활의 문제해결력을 배양하는 데 초점을 두고 있다.

셋째, STEAM 교육과 기존 교육과의 주요한 차이는 바로 '융합'이다. 지금까지 학교교육은 단일 교과인 교과 내에서 학생들의 학문에 대한 이해와 관심을 높이는 것이 목적이었다. 반면에, STEAM 교육은 지식정보화사회에서 이 지식을 어떻게 융합하여 활용하는가에 초점을 두고 다양한 지식을 활용하여 복합적인 문제를 해결하기 위해 자연스럽게 여러 교과의 지식과 기능을 활용하도록 한다.

마지막으로 STEAM 교육은 예술을 포함한다는 점이 큰 특징이다. 미래의 과학 기술 분야 인재에게는 지식뿐만 아니라 상상력, 인간의 감성까지 아우를 수 있는 균형 감각이 필요하므로 STEAM 교육은 예술적 감성까지 포용할 수 있게 한다.

③ STEAM 교육의 학습준거(틀)

교육과학기술부와 한국과학창의재단에서는 STEAM 교육이 추구하는 교육의 이론적 근거를 정립하기 위하여 2012년 'STEAM 교육 실행방향 정립을 위한 기초연구'를 추진하면서 STEAM 교육 학습준거틀을 제시하였다(백윤수 외, 2012).

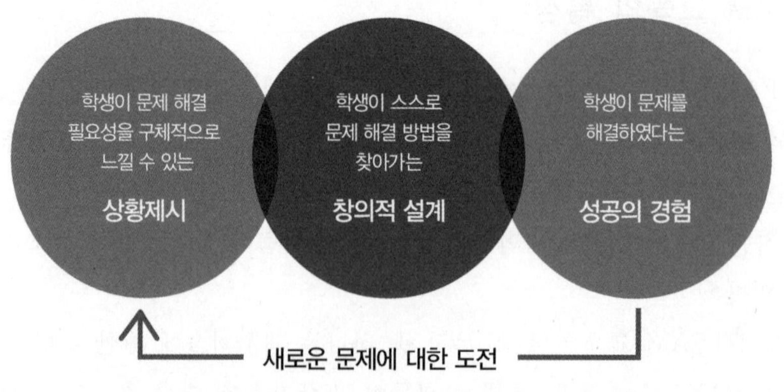

그림 10-2 STEAM 교육 학습 준거

(1) 상황 제시

전체를 아우르는 상황을 제시함으로써 STEAM 교육은 시작된다. 여기서 상황이란 학생들이 직접 문제 해결이 필요한 일상생활과 관련된 문제들로 학생들의 호기심과 관심을 불러일으키고 학생 자신과의 관련성을 높여 문제해결 의지를 높이기 위함이다.

(2) 창의적 설계

상황을 제시한 후에는 창의적 설계 단계로 나아간다. 일방적인 강의식 수업과 가장 큰 차이를 보이는 부분이다. 기존의 수업에서는 강의를 통해 기본 개념을 전달하고 실험과 활동 위주로 구성했어도 미리 짜인 순서에 따라 실습하거나 이미 배운 내용을 다시 확인하는 차원을 벗어나지 못했다. 그러나 창의적 설계는 학생 스스로가 창의적으로 생각해낸 아이디어를 수업과 활동에 반영한다. 학교 수업에서는 거의 모든 학생들이 동일한 결과물을 얻게 되고, 과학적 지식의 대부분은 완성된 이론이기 때문에 실생활에서 마주치는 문제들과는 다르다. 문제해결력을 기르기 위해서는 단순히 지식을 아는 것에서 그치지 않고 활용까지 나아가야 하는데, 문제를 스스로 정의하고 해결하는 경험을 도와주는 창의적 설계는 창의적으로 사고하는 습관을 길러 준다. 실생활에서 주어지는 문제는 이론적인 지식만으로 해결하기가 쉽지 않다. 학생들이 앞으로 사회생활을 시작할 시기가 되면 지금과는 다른 차원의 문제를 맞닥뜨릴 가능성이 높다. STEAM 수업에서 창의적 설계를 반복할수록 문제해결 능력이 높아진다. 그 방식을 살펴보면 '과학'보다 '공학'에 가깝다고 할 수 있다. 과학은 '왜?'라는 질문에 답을 제시하는 학문인 반면에 공학은 '어떻게?'라는 질문에 답을 주고 문제를 해결하는 방법을 고민하기 때문이다. 교과서에서 제시하는 실험은 대부분 명확한 답이 존재한다. 주어진 문제를 스스로 해결하기보다는 이미 배운 것을 다시 확인해 보는 데 목적이 있다. 교과서는 세부적인 실험과정까지도 친절하게 안내하므로 학생들이 창의적으로 문제해결 과정을 설계해 볼 기회가 부족하다. 여러 제약 조건하에서 어떻게 실험을 진행할 것인지 스스로 생각해볼 수 있어야 한다. 창의적 설계의 출발점은 자신에게 주어진 문제를 학생 스스로 정확하게 인식하는 순간부터이고 문제를 정확히 파악한다는 것은 제약 조건이 무엇인지를 파악한다는 뜻이다. 불가피한 한계를 극복하면서 문제를 해결해 나가는 과정은 실제 과학기술 분야의 연구개발이나 산업현장에서 하고 있는 방식이다. 창의적 설계를 하다보면 한두 개 과목의 제한된 지식만으로 불가능하기 때문에 여러 학문의 지식들이 자연스럽게 융합되어진다. 따라서 창의적 설계 단계는 학생들이 주어진 상황에서 문제를 해결하기 위해 최적의 방안을 찾도록 도와주는 창의적이고 종합적인 과정이다.

(3) 감성적 체험

창의적 설계 이후에 학생들이 감성적 체험을 통해 새로운 도전의식을 갖게 하는 단계이다. 상황제시를 통해 문제를 자신의 것으로 인식하고 창의적 설계과정을 통해 문제를 해결하면 학생들이 성공의 기쁨을 느끼게 되어 새로운 문제에 열정적으로 도전하도록 격려하는 단계이다. 감성적 체험의 효과를 높이려면 학생들이 학습활동에 대한 필요성을 느끼는 데서 그치지 않고 생각을 이어가도록 도와주어야 한다. 제시된 문제가 실생활과 어떻게 연결되는지, 이와 비슷한 상황이 생기면 어떻게 해결되는지, 관련된 다른 내용은 없는지, 유사한 활동을 계속하려면 어떻게 해야 하는지 등 호기심과 흥미를 유지시키는 것이다. 수업 도입부의 동기유발 장치 그리고 문제 해결 이후에 주어지는 보상 체계도 감성적 체험의 일종으로 볼 수 있다. 감성적 체험 요소만 제대로 작동한다면 하나의 문제를 해결한 이후에 다른 문제를 다시 도전하게 되는 선순환 구조가 완성된다. 이를 통해 과학기술에 대한 관심과 흥미를 높이고 과학기술계 진학을 유도하는 STEAM의 두 가지 목표를 이룰 수 있다. 선순환 구조 속에서 학생 스스로 자기주도 학습을 진행하는 모든 활동과 경험이 곧 감성적 체험과 연결된다. 감성적 체험은 학생 스스로 경험하고 체험하면서 마음을 움직이는 '감동학습'을 강조하고, 학습자가 어떠한 경험을 하는지, 학생이 배우는 것이 무엇인지에 대해 중요하게 다룬다.

④ STEAM 교육과 발명교육

STEAM 교육은 "과학기술 분야의 흥미와 이해를 높이고, 과학기술 기반의 융합적 사고(STEAM-Literacy)와 문제해결력을 배양하는 교육"을 일컫는다(2012 STEAM-총론). 더욱 구체적으로 살펴보면 과학과 수학의 이론 및 개념적 접근과 공학과 기술을 통한 실생활 연계 활용 적용 접근, 그리고 예술을 통한 감성적 접근의 융합을 통해 창의적인 미래인재를 양성하기 위한 방안이라고 볼 수 있다.

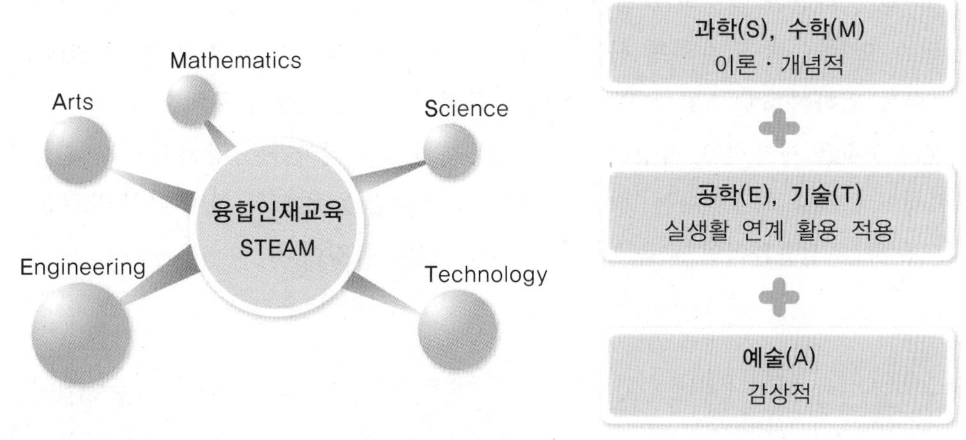

ㅇ그림 10-3 STEAM 교육의 개념

여기서, 과학, 기술학, 공학, 수학의 개념은 어떻게 다를까?

문대영(2008)이 정리한 개념에 따르면, 과학은 '자연 세계의 특성과 원리를 발견하고 탐구하는 학문'이고, 기술학은 '자연 세계의 산물을 인간에게 유용하게 변환하여 만드는 데 필요한 수단과 방법 및 시스템과 과정을 다루는 학문'이다. 그리고 공학은 '자연 세계의 산물을 인간에게 유용하게 변화시키기 위하여 과학적 원리와 기술적 방법을 응용하여 제품과 공정을 설계하고 개발하는 학문'이며, 수학은 '숫자와 기호를 사용하여 수량, 도형과 구조, 공간, 변화 및 그것들의 관계를 다루는 학문'이다.

이들 학문은 각각 탐구 방법이 다른데 구체적으로 제시하면 다음과 같다.

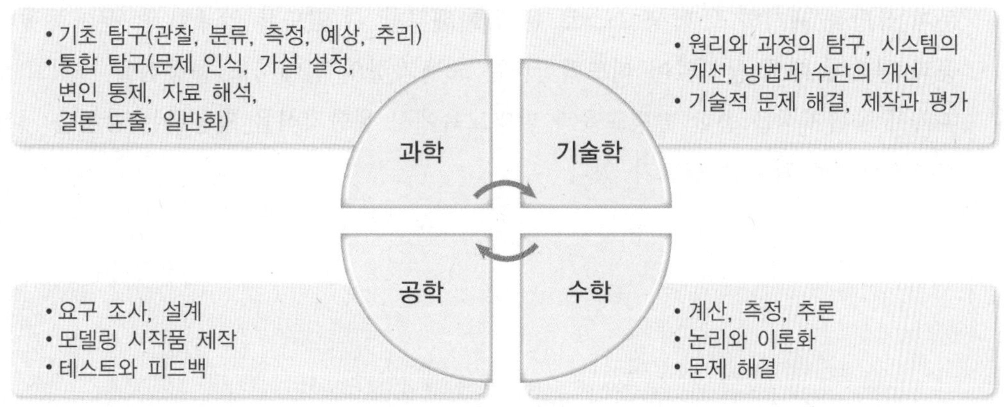

ㅇ그림 10-4 과학, 기술학, 공학, 수학의 탐구 방법

이렇듯 다양한 학문적 개념과 탐구 방법을 서로 융합하여 창의적인 결과물을 산출해 낼 수 있는 능력을 갖추게 하는 것이 STEAM 교육의 핵심이라고 할 수 있다.

이를 위하여 STEAM 교육은 학생이 문제해결의 필요성을 구체적으로 느낄 수 있는 '문제 상황을 제시'하고, 학생 스스로 문제해결 방법을 찾아가는 '창의적 설계' 활동을 통해 학생이 문제를 해결했다는 '성공의 경험, 즉 성취감'을 갖도록 하여 다시 새로운 문제에 '도전'하는 선순환적인 교육 방법을 취하는 것이 특징이다.

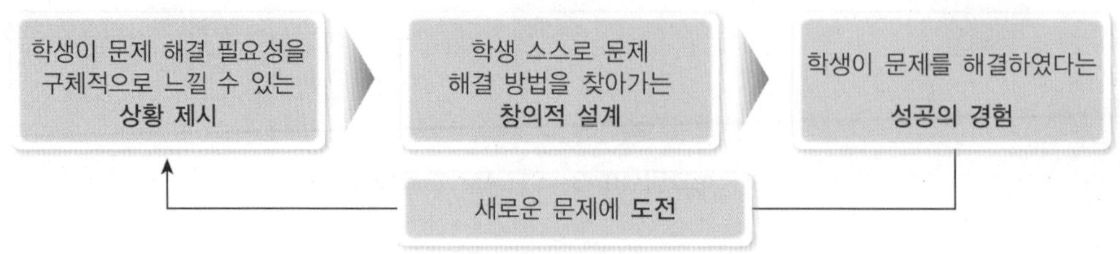

그림 10-5 융합학문의 교육과정

발명교육은 '학생들에게 발명에 필요한 지식과 기능 및 태도를 가르치고 그것을 바탕으로 생활에 편리한 것을 창출하는 것'(특허청, 1998)이라 정의된다. 발명에 필요한 지식은 과학과 수학을 통해 설명이 가능하고, 생활에 편리한 것을 창출하는 것은 공학과 기술적인 방법을 통해서 이루어진다.

발명교육과 융합교육 모두 지식을 왜 배우는지, 어디에 이용되는지를 이해하고 실생활에서 문제해결력의 배양을 목표로 한다는 공통점을 가지고 있다. 또, 생활 주변에서의 문제 상황을 제시하고, 학생 스스로 문제를 해결할 수 있도록 안내한 후 문제해결의 성공과 실패에 대해 끊임없이 피드백한다는 교육과정의 면에서도 공통점을 가지고 있다. 따라서 융합지식을 통한 발명교육과 발명교육에서 융합지식을 활용하는 방법을 서로 상호보완적으로 활용할 필요가 있다.

⑤ 융합을 통한 발명

(1) 수학과 종이접기를 로봇과 우주선 개발에 활용

종이라는 평면적 소재를 접어 입체를 만들 수 있다. 이러한 원리를 활용하여 미국 하버드 대학의 연구팀이 변신 로봇을 개발하였다. 이 로봇은 평면 패널이 거미처럼 변한 뒤 시속 160m로 기어 다닐 수 있다고 한다.

이 로봇에 적용된 융합기술은 '어디를 어떻게 접을지 설계도를 레이저로 잘라낸 뒤 접히는 경계선에 열선을 깔고, 열을 받으면 수축되는 플라스틱 소재를 덧입히면 정해진 전기 신호대로 각 부위가 접히는 원리'를 이용한 것이다.

이와 같이 종이접기를 활용하여 로봇을 만들거나 인공위성의 태양전지판, 작은 세포를 특정한 조직으로 만드는 의학 분야, 그리고 빛이나 물에 반응해 알아서 접히게 하는 소재공학 분야 등에 이르기까지 다양한 융합기술 사례가 첨단 과학기술 발명품에 활용되고 있다.

(2) 영화 콘텐츠를 통해 새롭게 창조된 3D기술

영화 <아바타>를 통해 새롭게 접한 융합기술은 '3D'이다. 본래 3D는 1838년 영국의 찰스 휘스톤(Charles Wheatstone)경이 개발한 입체경(Stereoscope)에서 시작된 것으로 국내에는 한국전자통신연구원(ETRI)에서 2002년 한일 월드컵 경기를 3D로 중계함으로써 대중에게 많이 소개되었으며, 2009년 영화 <아바타>를 통해 그 가치가 새롭게 자리 잡게 되었다.

3D 입체 영상은 영상 자체가 입체가 아니라 보는 사람이 입체적으로 느끼도록 하는 기술이다. 이는 왼쪽 눈과 오른쪽 눈의 시각적 영상에 차이를 두게 하여 뇌에서 2개의 다른 영상을 하나의 입체 영상으로 만들도록 하는 것이다. 그러나 본래 인간의 눈은 양쪽에 서로 다른 영상을 받아들일 수 없기 때문에 반드시 3D 안경을 써야 하나의 영상으로 보이게 된다. 따라서 3D 영화를 제작하기 위해서 두 대 이상의 카메라가 필요했다. 이를 위해 제임스 카메론 감독은 Sony사와 합작하여 듀얼 렌즈 유닛을 개발하여 <아바타>를 촬영하였다.

이처럼 새로운 융합기술은 콘텐츠를 더욱 실감나게 재현할 수 있도록 도울 뿐만 아니라 새로운 산업을 개척하는 기회로 활용되기도 한다.

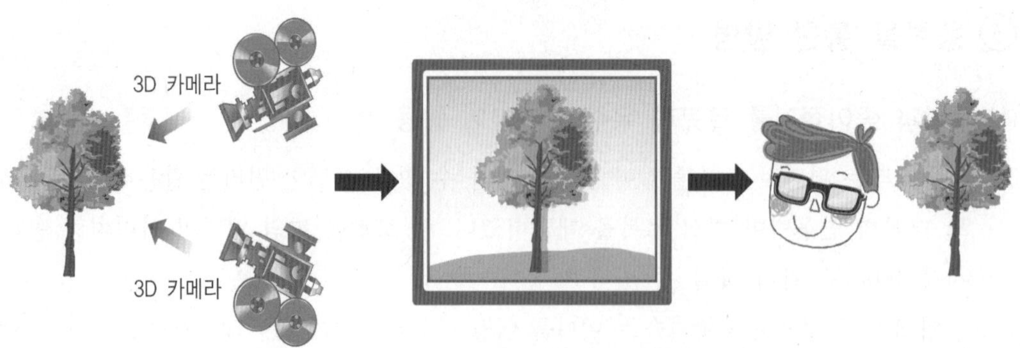

○ 그림 10-6 3D 입체 영상의 원리

(3) 융합을 통한 퍼포먼스의 가치

디지털 미디어 기술의 발달은 공연 산업에도 영향을 미치고 있다. 장면 전환은 무대 자체를 일일이 바꾸지 않고 컴퓨터 그래픽(CG)으로 처리하며, 다양한 음향은 디지털 기술을 이용하여 작곡 및 변조가 가능해졌다. 이와 같은 간단한 기술 적용을 넘어 최근에는 각 무대 장치와 공연 기술을 통합적으로 제어하고 유기적으로 관리하는 융합적 무대 제어 기술이 결합된 공연이 주목을 받고 있다.

○ 그림 10-7 〈태양의 서커스〉 장면 예시[65)]

<태양의 서커스(Cirque du Soleil)>는 서커스의 화려한 오락적 요소에 예술적 가치를 적극 부여하여 대중성과 예술성을 고루 갖춘 현대 공연 산업의 대표적인 성공 사례이다. 이는 신기한 곡예만 보여 주던 기존 서커스의 틀에서 벗어나, 작품 속에 드라마 요소를 도입하기 위한 연극, 뮤지컬, 음악, 무용 등 다양한 공연 요소가 융합된 것으로 사양산업이었던 서커스에 예술적 가치를 부여하고, 동시에 다른 공연에서는 찾아보기 힘든 파격적인 무대 장치를 구축하기 위해 최첨단 기술력을 적극 도입하였다. 특히 라스베이거스 상설 무대에 설치한 대표 공연 'KA'와 'O'는 각각 1,850억 원, 1,200억 원 규모의 제작비가 소요되었다(문화기술 심층 리포트, 2011).

65) 출처 : http://en.wikipedia.org/wiki/File:Cirque7.jpg

<태양의 서커스: 제드(Zed)> 상설 무대는 반지름 20피트의 대형 무대를 비롯한 각종 대형 무대 장치와 공중 와이어 장치 등을 움직이기 위한 모터와 강화 와이어가 다수 사용되었고, 이들 모터 장치들은 통합 모터 컨트롤러와 내비게이터 소프트웨어로 제어된다. 또한, 전체 무대 장치 상황을 한번에 파악할 수 있는 통합 제어 시스템 '모멘텀(Momentum)' 콘솔을 도입해, 내비게이터 소프트웨어로 무대 장치의 위치, 작동 현황, 고장 여부 등을 실시간으로 체크할 수 있도록 되어 있다. 제어실이 아닌 공연 현장에서 무대 장치를 제어할 수 있도록 원격 컨트롤 콘솔도 갖춰, 와이어 액션을 연기하는 공연자의 움직임에 맞춰 장치 제어가 가능하도록 하였다.

〈태양의 서커스〉 연도별 매출 추이(단위=억 달러)

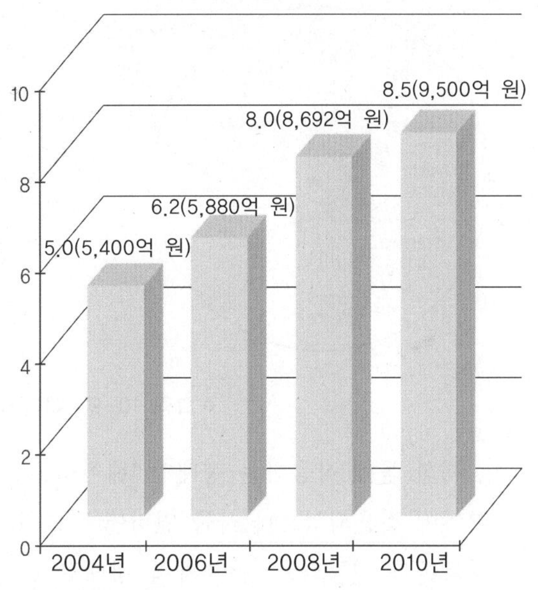

창립	1984년 캐나다 퀘벡(창립자 기 랄리베르테)
매출	8억 5,000만 달러(약 9,500억 원)
규모	직원 5,020명(예술가 1,200명)
공연 티켓 판매량	연 700만 장(누적 판매량 1억 장 이상)
공연 형태	상설공연 및 순회공연(라이선스 공연 없음)

〈2010년 기준〉

○ 그림 10-8 〈태양의 서커스〉의 매출 변화

이러한 기술을 적용한 <태양의 서커스>는 기존의 전통적인 서커스로는 상상할 수 없었던 부가가치를 창출한 것으로 평가되는데, 창설 이래 세계 100여 개 도시에서 누적 티켓 판매량 1억 장 이상을 달성하였다. 또한 2010년 한 해 동안의 매출액은 8억 5,000만 달러(약 9,500억 원)에 이르는 것으로 나타났다.

(4) 융합기술을 적용한 건강관리 장치 : 웨어러블 디바이스

최근 모바일 기기를 비롯한 정보통신(IT)과 스마트 기술이 발달, 확산되면서 보건산업에도 큰 영향을 주고 있다. 대표적으로 모바일 헬스케어라는 새로운 산업 시장은 형성을 넘어 진화를 거듭하고 있다.

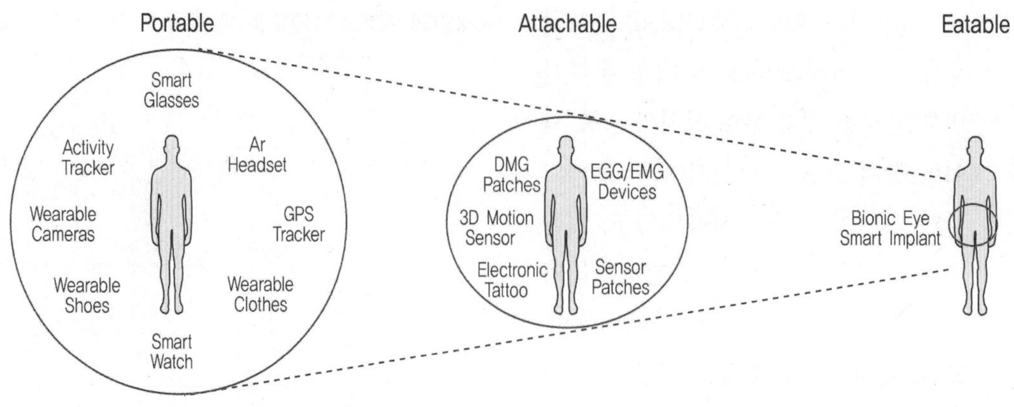

○그림 10-9 웨어러블 기기의 유형과 진화

특히 몸에 작용하는 형태인 '웨어러블 디바이스(Wearable Device)'는 본래 군사기술 분야에 적용되었으나 사물 인터넷(IoT: Internet of Things) 서비스가 가능해지면서 스마트폰과 연동되는 동반 제품 형태로 발전하게 되었다.

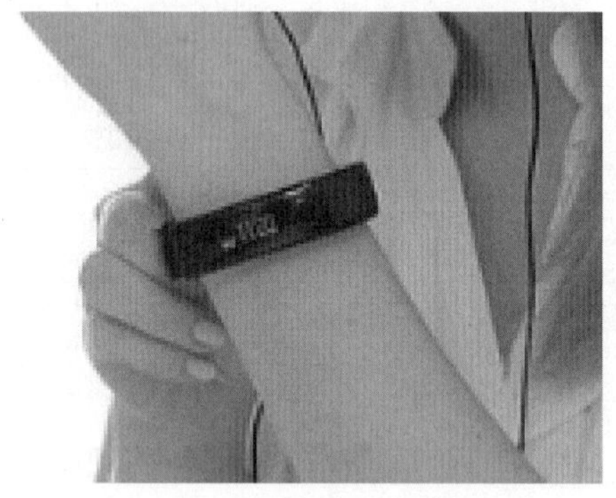

• 밴드형 웨어러블 디바이스 • [66]

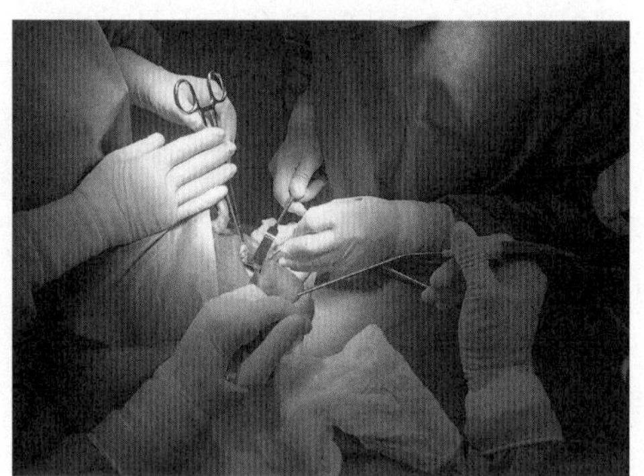

• 구글 글라스를 활용한 집도 • [67]

○그림 10-10 웨어러블 기기 개발 사례

특히 스마트 기기와 센서 기술을 통해 일상에서 생성되는 자신의 모든 데이터(예컨대 식사량, 혈압, 운동량, 기분 변화 등)들을 정량적으로 수치화하여 건강을 관리하려는 스마트한 소비자들을 중심으로 트렌드의 확산이 주목받고 있다. 또한, 개인의 생체 정보를 수집하고 활용하여 적시에 효과적인 예방과 치료 서비스를 제공하는 '맞춤 의료' 역시 헬스케어 분야의 웨어러블 디바이스 활용을 촉진하는 메가트렌드 중 하나이다(보건 산업 브리프, 2014).

이렇듯 융합기술을 통해 건강관리와 관련된 발명품뿐만 아니라 다양한 분야의 발명품들이 지속적으로 개발되고 융합기술을 통한 발명활동이 장려되어야 할 것이다.

66) 출처: https://www.flickr.com/photos/lge/14177702251(전체 그림에서 손목 부분만 확대 사용)
67) 출처: http://es.wikipedia.org/wiki/Archivo:Cirug%C3%ADa_con_google_glass.jpg(Trabajo propio, Antoniomarino)

02절 메이커 교육과 발명

① 메이커 교육의 철학적 기초

(1) 패퍼트 구성주의(Hands-On 구성주의)[68](최유현, 2017)

피아제(Piaget)의 구성주의는 잘 정립된 학습 이론 중의 하나로 이 이론에 의하면 사람들은 새로운 경험을 자신들이 이미 알고 있는 것과 연결함으로써 새로운 지식을 능동적으로 구성한다. 피아제는 지식을 학습자에게 전달하는 것이 아니라, 학습자의 두뇌 안에서 구성되는 것으로 보고 있다. 즉, 새로운 지식은 새로운 경험이나 정보를 학습자가 이미 알고 있는 것 혹은 이미 경험해 본 것들과 연계함으로써 새로운 상황을 이해하는 과정에서 생길 수 있으며, 이 프로세스는 모든 학습의 기저를 이루고 있다.

사람들은 종종 피아제의 구성주의를 오해하기도 하는데, 그 대표적인 것이 '학습은 개인에 의해 발생한다'라는 것이다. 하지만 학습은 다른 사람들과 말하기나 함께 일하기와 같은 활동을 통해서 개인뿐만 아니라 사회적으로 구성되기도 한다.

피아제의 구성주의와 함께 패퍼트(Papert)의 구성주의는 메이커 운동에서 가장 강하게 반향되는 이론으로 교실에서 메이킹 학습 활동을 하고자 하는 모든 이들이 심도 있게 고민해 봐야 할 학습 이론이다.

패퍼트는 피아제의 구성주의 이론으로부터 학습을 지식의 전달이 아니라 재구성으로 바라보았으며, 이 관점을 확대하여 학습은 학습자가 의미 있는 물건들을 만들어 직접 경험하는 과정을 통해 가장 효과적으로 이루어낼 수 있다고 보았다(Papert, 1986). 즉, 패퍼트의 구성주의는 피아제의 구성주의보다 좀 더 실제 활동에 한 걸음 다가서 있다. 그는 학습은 학습자의 머리 안에서 이루어지지만, 학습자가 그들의 머리 안이 아닌 개인적으로 의미 있는 활동에 몰입할 때 학습이 가장 효과적으로 이루어질 수 있다고 보았으며, 이때의 학습은 실질적이며 공유 가능한 지식을 구성할 수 있다고 주장했다. 이 공유 가능한 지식은 로봇일 수도 있고, 작곡일 수도 있으며, 종이 반죽으로 만든 화산이 될 수도 있고, 시 혹은 일상 대화, 새로운 가설이 될 수도 있다.

패퍼트의 구성주의에서 의미 있는 부분은 가시적인 표현 방법에만 있는 것이 아니다.

68) 출처 : 이 부분은 Sylvia Libow Martinez and Gary S.(2013)이 집필한 ≪Invent To Learn : Making, Tinkering, and Engineering in the Classroom≫을 번역한 ≪메이커 교육 혁명, 교육을 통합하다≫(홍릉과학출판사, 2015)의 일부(pp.57~59, pp.111~112)를 재구성한 것이다.

패퍼트의 구성주의에서는 만들기의 힘이 학습자의 외부가 아닌 학습자가 제기하는 질문들과 학습자가 가지고 있는 호기심에서 나온다고 보고 있다. "얼마나 더 빨리 내 자동차가 달릴 수 있을까요?" 혹은 "나는 이런 방식이 좋아요. 제가 좀 더 좋게 만들어 봐도 될까요?" 같은 질문들이 가치 있는 것으로 여겨지고, 나아가 교사나 다른 사람들이 만든 기준들보다 잠재적으로 더욱 가치 있고 유용하다고 보고 있다. 따라서 패퍼트의 구성주의 학습에 따르면 학습자들은 새로운 것을 배우기 위해 그들이 알고, 느끼고, 궁금해 하는 모든 것과 연결될 수 있으며, 학습자들이 가르침을 받는 것에 의존하지 않도록 할 필요가 있다.

패퍼트는 구성주의 학습을 위한 8개의 큰 아이디어(Big ideas)를 제시하였는데 다음과 같다.

① **실천에 의한 학습(Learning by doing)**: 학습이 진심으로 흥미 있어 하는 것들의 일부가 될 때, 더 잘 학습할 수 있으며, 자신이 원하는 무엇인가를 만들기 위해 배웠던 것을 이용할 때 가장 큰 학습 효과가 나타난다.

② **만들기 재료로서의 기술(Technology as building materials)**: 만약 무엇인가를 만들기 위한 기술을 사용할 수 있다면, 훨씬 더 흥미로운 것을 만들 수 있으며 그것을 만듦으로써 많은 것을 배울 수 있다. 이것은 특히 디지털 기술을 활용할 때 더욱 두드러지게 나타나는데 예를 들면, 실험실에 있는 컴퓨터 제어 레고와 같은 모든 종류의 컴퓨터들이 그 기술이라고 볼 수 있다.

③ **어려움의 재미(Hard fun)**: 우리는 우리가 하는 일을 즐길 수 있을 때 그 일을 가장 잘 해낼 수 있다고 배운다. 그러나 즐겁고 재미있는 것이 쉽다는 것을 의미하지는 않는다. 가장 재미있는 일은 어려운 것에 도전하는 데 재미를 느끼는 일이다. 스포츠 스타들이 자신의 종목에서 더 좋은 성과를 내기 위해 열심히 연습하는 것, 비즈니스맨이 거래를 성사시키기 위해 열심히 일하는 것, 목공 일을 진심으로 즐기는 목수 등이 그 예이다.

④ **학습하는 것을 배우는 것(Learning to learn)**: 많은 학생들은 무엇인가를 배우기 위한 유일한 방법은 가르침을 받는 것이라고 생각한다. 이것은 학생들이 학교에서 왜 실패하는지 이유를 알려준다. 누구도 필요한 모든 것을 가르쳐 주지는 않으며, 스스로의 학습에 책임을 져야한다.

⑤ **적정한 시간을 가지는 것(Taking time)**: 많은 학생들은 학교에서 단방향으로 지시를 받고 듣고 있는 것에 익숙하다. 만약 어떤 누군가가 학생들에게 무엇을 해야 할지 이야기해 주지 않는다면, 학생들은 쉽게 지루해 할 것이다. 하지만 인생은 학생들의 이런

습관적 태도를 가지고 살아갈 수 있는 형태가 아니기 때문에 어떤 중요한 일을 하기 위해서는 시간 관리하는 법을 배워야 한다. 이것은 많은 학생들이 배워야 하는 것들 중에서 가장 어려운 것이다.

⑥ **실패의 경험 없이는 제대로 이해할 수는 없다**(You can't get it right without getting it wrong): 이것은 여덟 가지 아이디어들 중에서 가장 중요한 아이디어다. 어떤 것도 단 번에 성공하기는 힘들다. 제대로 이해하기 위한 유일한 방법은 실패를 경험했을 때 실패의 이유를 살펴보고 이해하려고 노력해야 한다.

⑦ **학생들에게 하는 것을 자신들에게 한 번 해보는 것**(Do unto ourselves what we do unto our students): 우리는 항상 학습을 하고 있으며, 많은 유사 프로젝트 경험이 있지만, 각각의 프로젝트들이 같다고 할 수는 없다. 우리가 학생들에게 줄 수 있는 가장 큰 교훈은 학생들로 하여금 우리가 학습을 위해 어려움을 겪으면서 노력하고 있는 모습을 보도록 함으로써 가능하다.

⑧ **디지털 기술**(Digital world): 디지털 기술에 대해 아는 것이 읽기와 쓰기만큼 중요한 디지털 세계로 들어가고 있다. 그래서 컴퓨터에 대해 학습하는 것은 학생들이 미래를 위해 필수적이다. 따라서 학습을 위한 모든 장에서 컴퓨터를 지금 당장 이용할 필요가 있다.

⑵ 패퍼트의 구성주의(Constructionism)[69] 기반의 메이커 학습 설계

패퍼트의 구성주의(Constructionism)는 피아제의 구성주의를 패퍼트의 개인적 이해틀 안에서 재구성하고 만들어낸 결과물로 'Bricolage', 'Closeness to Objects'의 아이디어를 바탕으로 구성주의(Constructionism) 이론을 정립하였다.

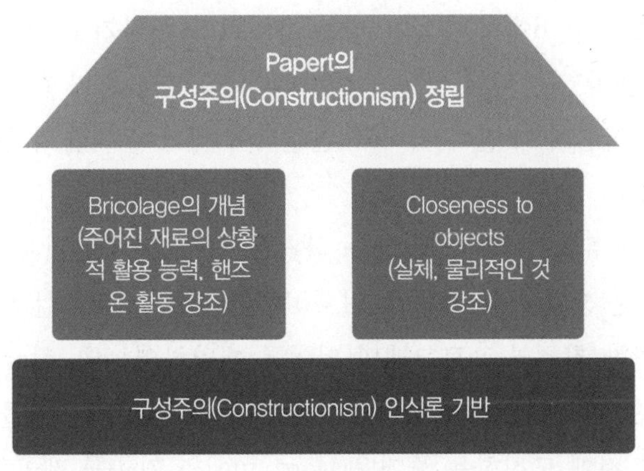

○ 그림 10-11 구성주의(Constructionism)의 정립

69) 출처: 이 부분은 윤혜진(2018, pp.39~43)에서 재인용함

첫 번째 아이디어인 'Bricolage'는 프랑스어로 마을을 떠돌아다니면서 가정 내 부서진 것을 고쳐주는 땜장이를 표현하는 것으로 Levi-Strauss(1996)가 그의 저서인 ≪야생의 사고(The Savage Mind)≫에서 처음 사용하였다(노유미, 2014; 최용호, 2009; Papert, 1993; Papert & Harel, 1991). 야생의 사고는 개발되지 않은 사고가 아니라 땜장이가 부서진 것을 수리할 때 정해진 매뉴얼이나 계획이 아닌 주어진 재료를 활용하여 즉흥적으로 해결하는 것을 의미한다(최용호, 2009; Papert, 1993). 이는 추상적인 사고가 아닌 '구체의 과학(a science of the concrete)'(Levi-Strauss, 1996, p.69)으로 기대하지 않았던 논리, 원리의 발견이 이루어질 수 있는 것이다(최용호, 2009). 땜장이가 자신의 배낭에 들고 다닐 수 있었던 한정적인 도구들로 모든 망가진 것들을 고치는 것을 불가능한 일이다. 하지만 'Bricolage'는 그 도구 혹은 자원보다는 그것들을 다양한 관점에서 바라보고 새롭게 해석하고 상황에 적절하게 활용할 수 있는 땜장이의 능력에 초점을 두고 있다(노유미, 2014). 이는 학습자가 자신의 경험을 유형의 것으로 표현하고자 할 때, 자신이 가지고 있는 재료들과 도구를 어떻게 다양하게 활용하느냐에 따라 다른 의미부여, 해석이 이루어질 수 있으며 정해진 방법을 따르기 보다는 자신에게 맞는 해결안을 찾아 다양하게 시도함으로써 깊은 학습이 발생할 수 있음과 연결된다(Ackermann, 1996). 즉, 핸즈온(Hands-on) 활동을 통한 결과물 생산이 지식 구성에 있어 중요한 열쇠가 된다는 패퍼트의 구성주의는 이 Bricolage의 개념과 일맥상통하는 것을 볼 수 있다.

두 번째 아이디어인 'Closeness to Objects'는 추상적 방법보다 실체적이고 구체적인 방법의 사고방식을 선호하는 사람들이 있음을 의미한다(Papert & Harel, 1991). 패퍼트의 구성주의는 개인의 생각이 다양한 도구를 통해 표현되어지고 개별적 정신이 특정한 맥락 속에서 실체화되었을 때 그것이 어떻게 구성되고 변화되었는지 이해할 수 있게 해준다(Ackermann, 2001). 이런 지식구성의 과정을 'objects-to-think-with'(Papert, 1980; Ackermann, 2001, p.26에서 재인용)라는 용어로 표현하기도 하였는데, 추상적인 지식과 가시적인 결과물이 연결되어 있음을 의미한다. 즉, 학습자가 학습 결과로 만들어내는 유형의 생산물은 학습자 내면의 지식과 연결되어 있으며 학습의 증거라는 현상을 내포한다(Alanazi, 2016).

패퍼트의 구성주의는 3가지의 학습 환경을 강조하는데, 첫째, 기술이 융합된 도구와 컴퓨터적 사고 환경의 사용이다(Harel, 2016; Papert, 1993). 실제로 그는 '로고(Logo)'라는 어린이를 위한 최초의 프로그래밍 언어를 개발하였는데, 컴퓨터를 활용한 학습이 일방적으로 지식을 습득하는 것보다 더 어려울 수 있지만, 어린이들이 즐기면서 학습에 몰입하고, 복잡한 것에 도전하는 즐거움(Hard-fun)의 기회를 제공할 수 있다고 믿었다(최윤필, 2016; Harel, 2016). 두 번째는 실제 삶과 연관된 실제적인 역할을 취하는 학습 환경의 제공이다. 예를 들어, 수학을 '다른 결과를 가져올 수치' 혹은 '돈'이라는 실체와 연관된 엔지니어, 과학자 혹은 은행원 같은 역할을 통해서 실제 삶의 행위로 배울 수 있어야 함을 주장하였는데, 이를 위하여 조력자, 코치가 함께 하는 학습 환경의 조성을 강조하였다(Harel, 2016).

지금까지 논의를 바탕으로 메이커 교육과 공통되는 패퍼트의 구성주의적 설계 원칙을 다음과 같이 정리할 수 있다. Minds-on 영역에서 실제의 삶과 관련된 문제를 해결하기 위하여 개인의 상황을 반영한 다양한 탐구활동이 이루어지며, 성찰적 태도로 자신의 지식을 구체화하는 과정이 이루어진다. Hands-on 영역에서는 가시적인 결과물을 제작하기 위하여 도구를 사용하면서 추상적인 사고를 실체화하게 된다. Hearts-on 영역에서 학습자는 실생활과 같은 프로젝트를 수행하면서 몰입을 경험하게 되며, 컴퓨터와 같은 도구의 활용을 통하여 도전적인 즐거움을 경험하게 된다. Social-on 영역에서는 실체화된 결과물을 통하여 자신의 생각을 공유할 수 있게 되며, 피드백을 통한 학습이, Acts-on 영역에서는 실생활과 연계된 학습 환경의 조성이 중요하며, 이를 통하여 개인의 경험에 따른 유의미한 지식 구성, 학습이 이루어진다.

ㅇ 표 10-1 패퍼트의 구성주의 설계 원칙

영역 구분	패퍼트의 구성주의에 따른 중요 설계원칙	메이커 교육의 특성
Minds-on(인지적)	• 개인의 맥락적 상활에 따른 문제해결안 탐구 • 다양한 해결방안 연구 • 성찰적 태도 • 다양한 관점에서 바라보기	• 다학문적인 탐구 활동 • 문제 해결을 위한 창의적 사고 활동 • 자기주도적인 활동 • 성찰적 사고
Hands-on(체험적)	• 가시적인 결과물 • 구체화, 실체하의 강조 • 도구 사용	• 다양한 도구와 재료 활용 • 결과물 제작
Hearts-on(감성적)	• 몰입 • 도전하는 즐거움(Hard-fun)	• 재미, 흥미, 관심 기반 • 실패를 극복하는 긍정적인 자세 • 자신감, 만족감, 성취감의 고취
Social-on(사회적)	• 지식의 공유 • 피드백을 통한 학습의 가능성	• 학습리소스의 역할 • 공유, 개방, 나눔 활동 • 협력적 활동
Acts-on(실천적)	• 실생활과 연계	• 실제 삶과 연계된 프로젝트 수행

② 메이킹의 교육적 가치

어떤 것을 만드는 것(Making)과 그것을 개선하는 것은 인간 본성의 핵심이다. 개조하기(Tinkering)는 인간을 둘러싼 환경을 제어하는 방법인 동시에 지적 성숙을 위한 동력이다. 또한 직접적 경험을 통한 학습의 효과는 여러 분야에서 발견할 수 있다.

이러한 메이커 교육은 발명교육의 입장에서 보면 핵심적인 학습 활동이다. 즉 만들기 위한 사고와 개선, 창조 활동은 인간의 본성적 활동이며 발명교육에서 학습활동의 기본이다. 따라서 최근에 강조되는 메이커 교육은 발명교육의 당위와 가치를 크게 강화해주는 역할은 물론이고 엑셀러레이터로서의 발명교육의 역할을 기대할 수 있다.

그러나 메이커 교육이 단순히 무언가를 만드는 행위로서의 개념에 머문다면 발명교육에서는 큰 시사를 주지 못한다. 메이커 교육은 단순히 만드는 활동을 넘어선 독창적인 창작 활동을 전제로 하는 것이어야 발명교육에서의 엑셀러레이터로서의 교육적 가능성을 열어놓게 된다.

패퍼트는 아이들이 교실에서 머리로만 수학을 이해하는 것이 아니라, 실제 경험을 통해 학습을 할 수 있도록 해야 한다는 진보주의적 교육을 주창한다. 교사들은 가지고 있는 역량을 향상시킬 능력을 가지고 있으며, 그들이 현재 가지고 있는 지위에 대한 부정적 영향 없이 뛰어난 고급 아이디어들을 새로운 기술을 활용하여 교육에 활용할 수 있을 것이다.

학습자의 역할 변화는 새로운 교육의 핵심적인 요소로 단순히 기존 교육 콘텐츠를 소비하던 역할에서 벗어나 새로운 것을 만들어내는 창조로의 변모와 학습의 주체로서 학습자의 역할이 강조된다(Johnson et al., 2015). 이러한 맥락에서 메이커가 활동의 주체로서 자기 주도적인 제작 활동을 수행하면서 새로운 결과물을 창출해내는 메이킹 활동은 새로운 교육방법으로 주목받고 있다(강인애, 윤혜진, 2017; 황중원 외, 2016; Agency by Design, 2015; Blikstein, 2013; Cohen et al., 2017; Holthouse, 2016; Hlubinka et al., 2013; Martin, 2015; Peppelr & Bender, 2013; Schon, Ebner & Kumar, 2014; Thompson, 2014; 윤혜진, 2018).

Maker Media 외(2014)는 메이킹은 기존 교육에서 등한시 되었던 실험을 하게 함으로써 호기심 유발, 탐구 및 협력 학습에 중점을 두며, 지속적이고 적극적인 학습 문화조성을 가능하게 한다고 보고 있다. 또한, 실제 도구의 사용을 통한 핸즈온 학습의 가치를 강조하며, 기존의 주입식 교육이 아닌 이유와 방법을 생각하는 'why-and-how model'을 통한 창의적 활동 과정을 경험을 언급하였는데, 학습자에게 부여되는 주도성과 권한은 소비자에서 창작자로의 전환을 가능하게 한다고 제시하고 있다.

이와 다르게 Martin(2015)은 메이킹이 지닌 학습활동으로의 가치로 메이킹 활동 가운데 얻을 수 있는 긍정적인 태도 변화 및 성장에 초점을 두고 있다. 특히, 실패를 경험하게 되더라도 실패를 극복하기 위한 지속적인 도전을 통하여 성장적 사고방식을 소유할 수 있게 됨을 설명하고 있다. 또한, 메이킹은 타인과 공유할 수 있는 창조물을 제작하는 실험적 놀이로서 인지적 지식의 습득, 정교한 도구 활용을 통하여, 컴퓨터적 사고와 같은 새로운 형태의 사고가 가능함을 내세운다.

이와 마찬가지로 Hlubinka 외(2013)도 메이킹 활동에서 얻어지는 태도 및 사고에 중점을 두고 메이킹이 학습에 미치는 영향을 설명하고 있다. 그들에 따르면, 메이커들의 내재적인 동기에 기인한 메이킹 활동은 어려운 개념에 대한 깊은 이해와 새로운 문제 해결의 도전 기회를 제공하는데 그 과정 속에서 마주하게 되는 실패를 극복하면서 성장적인 사고, 창의성, 개방적인 태도, 지속성, 사회적 책임감, 팀워크 등의 태도를 기를 수 있게 된다고 하였다.

또한, 다양한 장비의 활용을 통하여 필요한 개념과 지식에 대한 학습과 실제 삶과의 연계, 새로운 해결방안을 위한 확장적인 사고의 가능성도 덧붙이고 있다.

Martin(2015)과 Hlubinka 외(2013) 모두 메이킹 활동을 통한 사회적 네트워크 형성의 가치도 제시하고 있는데, 다양한 배경을 가진 커뮤니티와 멤버들 간의 실천공동체를 형성하며, 더 나아가 개인 혹은 사회의 발전을 위한 '변화 촉진자(Agent of Change)'(Hlubinka et al., 2013, p.4)로 변모를 제시하고 있다.

여기서 분명히 주목해야하는 점은 메이커 운동이 발전된 기술에 의해 활성화되었고, 다양한 장비와 기술을 활용하여 실제적인 결과물을 창작하는 행위를 메이킹의 중요한 특성으로 제시되고 있지만, 기존의 핸즈온 교육과의 차이점을 논할 때, 기술만 강조되고 있지 않다는 점이다. 실제로 Martin(2015)은 메이커 교육이 도구 중심의 접근(Tool-centric Approach)으로 '메이커 정신(Maker Mindset)'을 등한시한다면 교육적인 가치를 상실할 수밖에 없음을 언급하였다(p.37). Dougherty(2012)도 메이커 운동이 교육에 미칠 긍정적인 영향을 제시하면서 메이커 운동에서 강조되고 있는 메이커 정신의 함양이 메이커 교육의 목적이 되어야 함을 드러내고 있다. 다시 말해서, 메이커 정신의 함양은 메이커 교육의 기존 교육과의 가장 큰 차이점이며 메이커 교육이 지향하는 바라고 할 수 있다.

메이킹 활동의 교육적 가치[70]와 관련된 주된 지향을 7Cs와 3Es로 제시하곤 한다.

디지털 시대의 학습자 역량인 비판적 사고력과 문제 해결력(Critical Thinking and Problem-solving), 창의성과 혁신적 사고(Creativity and Innovation), 협업, 팀워크 및 리더십(Collaboration, Teamwork and Leadership), 다문화적 이해(Cross-cultural Understanding), 커뮤니케이션과 능숙한 정보 활용(Communications and Information Fluency), 컴퓨팅과 ICT 기술 활용(Computing and Information & Communication Technology Fluency), 직무와 독립적 학습능력(Career and Learning Self-reliance)의 7Cs와 다문화 시대의 타인에 대한 공감(Empathy), 세계시민으로서 더 나은 세상을 위한 적극적인 참여(Engagement), 인간과 기계, 환경이 공존하는 시대의 윤리성(Ethics)의 3Es를

70) 출처 : 이 부분은 윤혜진(2018, pp.23~26)에서 재인용함

바탕으로 미래 사회를 살아갈 디지털 시민, 즉 사회 공동의 가치를 위해서 적극적으로 행동하는 체인지메이커(Changemaker) 양성이라는 목적으로 귀결된다(윤혜진, 2018, vi).

Schon 외(2014)는 메이킹 활동의 교육적 가치를 탐색하기 위하여 학습자(Maker Students), 교수자(Maker Teachers), 기반 환경(Maker Tools and Content)으로 나누어 각각의 관점에서 설명하고자 했다. 탐구 활동 및 경험과 생각의 공유를 목적으로 하는 학습자는 메이킹 활동을 통하여 혁신적·개방적·창의적·컴퓨터적 사고, 문제 해결력의 개인적인 역량과 협력, 의사소통, 책임감을 포함하는 사회적 역량을 신장할 수 있게 된다. 학습자가 능동적인 메이킹 활동에서 교사는 자연스럽게 보조자, 촉진자, 안내자인 퍼실리테이터로, 동료 학습자로의 역할 변화가 이루어지는데, 기존의 프로젝트 학습에서 교사는 적어도 교실에서는 가장 경험이 많은 전문가일 수 있었지만 메이킹 활동 환경에서는 학습자가 특정 도구나 지식에 관해 더 많은 경험을 소유할 수 있기 때문이다. 마지막으로 메이킹 도구 및 장비와 메이커 활동의 콘텐츠는 단순히 어떤 기술 및 지식 습득의 이론적 원리보다는 학습자로 하여금 실제적인 '행위'를 가능하게 하며, 학습자의 잠재력을 깨우는 역할을 하게 된다. 이러한 기반 환경과 관련해서 Bullock 외(2017)는 메이킹 활동 자체가 가지는 가치의 중요성을 제시하고 있다. 그들은 '기술 기반의 경험(Technology-based Experiences)'이 새로운 학습 환경을 제공하는데, 이 기술을 활용한 메이킹 활동이 새로운 교수방법인 '메이커 페다고지(Maker Pedagogy)'(p.59)임을 주장하면서, 메이커 페다고지의 3가지 원리를 제시하고 있다. 첫째는 기술이 이전에 볼 수 없었던 간학문적인 새로운 문제 해결 방법의 기회를 제공한다는 것이며, 둘째는 학습자는 실수와 실패를 마주하게 되고 그것을 해결하는 과정이 결과물 제작보다 강조되어야 한다는 것이다. 마지막으로 메이킹 활동에서 다양한 학문적 배경을 가지고 있는 학습자들 간의 지식 공유, 포괄하는 정신, 학습 개방에 적극 참여하는 협력의 중요성이다.

앞의 연구들과 다르게 Blikstein(2013)은 학교 내 메이커스페이스의 필요성을 주장하기 위하여 메이커스페이스에서 발견되는 교육적 의미들을 바탕으로 메이커 활동이 교육 안에 통합되어야 하는 이유를 3가지로 제시하고 있다. 첫째, 학습자들이 친숙한 프로젝트를 수행하면서 전문적 기술들을 활용하게 될 때, 컴퓨터적 사고, 문제해결력을 기를 수 있다. 둘째, 학습자는 개인의 아이디어를 직접 실제 결과물로 빠르게 제작하면서 수정, 보완의 과정이 용이해졌으며, 전문적인 장비의 활용으로 진짜처럼 보이는 결과물이 아닌 실제적인 것(Real Thing)을 만들 수 있게 되었다는 것이다. 마지막으로 학습자는 시간에 쫓기지 않고, 실패의 원인을 발견하고 해결하기까지의 과정을 충분히 경험하게 되고, 이 과정 속에서 타인과의 깊은 협력이 이루어짐을 제시하였다.

학습자가 도구를 활용하여 결과물을 제작하는 자기 주도적인 활동을 통하여 다양한 사고 활동이 가능하며, 실패를 극복하는 과정을 통한 긍정적 태도 함양과 타인과 협력적 관계 형성과 사회적 책임감 함양의 교육적 의미를 발견할 수 있다. 이를 근거로 메이킹 활동 기반의 교육을 실천하고자 하는 움직임은 '메이커 교육'이라는 새로운 교육패러다임의 등장으로 귀결되고 있다(강인애, 김양수, 윤혜진, 2017; Dougherty, 2013; Malpica, 2016; Peppler & Bender, 2013).

하지만 메이커 교육이 핸즈온 활동, 결과물 제작을 강조하는 측면에서 기존의 노작 교육과의 차이를 구분하기 어려운 경향이 있다. 이에 대하여 몇몇 학자들은 실제적인 프로젝트 과정의 경험, 메이커의 개인적 관심 및 자율성 기반의 활동, 지속적인 탐구적 활동의 과정 중요, 그리고 타인과의 공유 및 협력적 관계 형성을 노작 교육과의 차이점으로 제시하고 있다(Chu et al., 2015; Coehn et al., 2016; Tan et al., 2016).

특히, Cohen 외(2016)는 메이커 교육을 '메이커피케이션(Makification)'으로 정의하고, 개인적 혹은 사회적 과정을 x축, 흥미기반 혹은 의도적인 학습 목표를 y축으로 하여 메이커 교육과 기존 핸즈온 활동의 차이점을 제시하고 있는데, 메이커 교육은 의도적인 학습 목표를 설정하고 공유 및 협력적 관계 속에서 진행되는 것으로 나타내고 있다. 즉, 메이커 교육은 메이킹 활동 과정 중 나타나는 태도, 가치에서 기존 교육과의 차이점을 드러낸다고 할 수 있다.

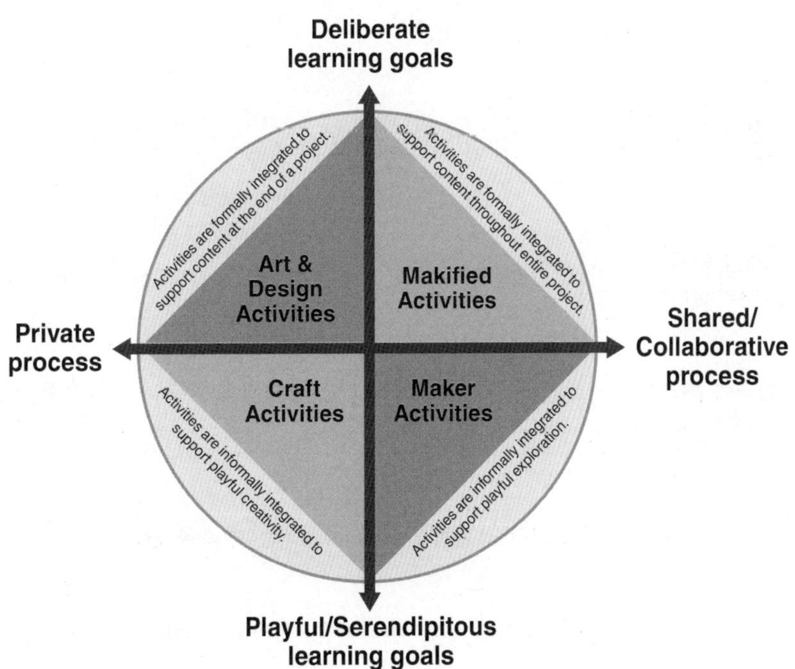

○그림 10-12 메이커 교육과 메이킹 기반 활동의 차이점 제시(Cohen et al., 2016, p.131)

③ 메이커 교육의 모델

The uTEC Maker Model은 개인과 집단의 메이킹 발달 단계를 시각화하였다. 즉 uTEC 모형은 Using(사용하기) – Tinkering(팅커링하기) – Experimenting(실험하기) – Creating(창작하기)의 4단계로 구성되어 있다(Loertscher, Preddy, & Derry, 2013).

이용(Using) 단계는 메이커 활동을 처음 접하는 이들이 다른 메이커들의 결과물과 다양한 예시들을 탐색하거나 즐길 수 있는 간단한 활동을 통하여 메이커 활동이 무엇인지 경험하고 친숙해질 수 있도록 한다.

이렇게 메이커 활동에 약간 친숙해진 학습자는 팅커링(Tinkering) 단계에서 기존 제품을 활용한 재창조의 활동을 하면서 연관된 정보, 개념, 원리, 지식을 탐구하는 학습이 이루어진다.

체험(Experimenting) 단계에서는 다른 사람이 제작한 기존의 제품에서 벗어나 개인의 목적에 따라 새로운 것을 만들게 되는데, 이 과정에서 강조되는 것은 반복적인 실험과 수정을 거치면서 실패를 극복하고 끊임없이 도전하는 가운데 학습이 이루어지며, 메이커 정신을 함양하게 된다는 것이다.

마지막 단계인 창조(Creating) 단계에서 학습자는 메이커 활동에 능숙해진 전문가로서의 면모를 보이게 된다. 창의적이고 혁신적인 활동으로 자신만의 새로운 산출물을 제작하게 되며, 이는 더 나아가 실제 시장에서 생산자의 역할을 가능하게 한다(Loertscher, Preddy, & Derry, 2013; 윤혜진, 2018).

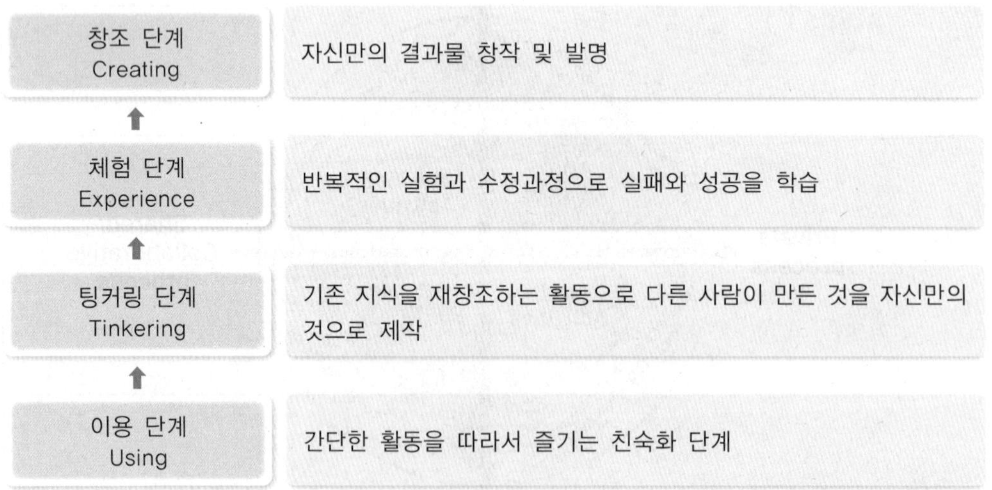

그림 10-13 The uTEC Maker Model

Gerstein(2016)의 모형에서는 메이킹의 수준적 발달을 보여주는 메이킹의 발달 단계(Stages of Making)를 다음과 같이 제시하고 있다.

새로 만드는 창조 단계 Creating	이전의 것과 전혀 다른 새로운 것을 창조하는 단계
↑	
고치는 개조 단계 Modify	다른 사람이 작업한 것을 고치거나 새롭게 개선시키는 단계
↑	
꾸미는 장식 단계 Embellish	색깔이나 장식 등을 스스로 선택하여 꾸미는 단계
↑	
발전시키는 단계 Advance	약간의 지식과 기술을 유사한 프로젝트로 발전시키는 단계
↑	
따라하는 모방 단계 Copy	어떤 것을 정확하게 다른 사람이 한 것을 그대로 모방하는 단계

○ 그림 10-14 Gerstein(2016)의 메이킹 단계

이렇게 uTEC 모형과 메이킹 단계 모형은 메이커로서 어떻게 발전하는지 그 과정을 보여주는데, 아직 메이커 교육의 적용이 확산되지 않은 지금 학습자 대부분이 메이커 활동을 처음 접하며, 또한 학습자 주도적 환경에 익숙하지 않음을 생각해볼 때, 메이커 활동과 그 과정을 어떻게 이해시키고 접근시킬 것인가에 대한 고민의 해결책을 제시해줄 수 있다(강은성, 윤혜진, 2017).

앞의 두 모형들이 메이커의 수준에 중점을 두고 있다면, TMI 모형은 제작 활동의 과정을 강조하고 있다. 메이커 교육의 초석을 다진 Martinez와 Stager(2013)는 학습자의 권위가 극대화되는 메이커 활동의 특성을 반영하여 실행(Doing)을 강조하는 교수학습모형을 제안하였다. Thinking(생각하기) – Making(만들기) – Improving(개선하기)의 3단계로 구성된 이 모형은 간략하게 메이커 활동의 과정을 담아내고 있으며, 탐색과 질문, 팅커링, 실험, 반복, 리소스 탐색, 해킹과 재창조, 결합하기, 복잡하게 만들기, 커스터마이즈의 메이커 활동의 학습적 요소들을 포함하고 있다(Brahms & Crowley, 2016; 윤혜진, 2018, 재인용)

팅커링 융합 모형, uTEC, 메이킹 단계 모형 및 TMI 모형은 제작하는 행위에 중점을 두면서 개인 학습자의 인지적, 체험적, 감성적 영역을 깨우는 활동을 포함하고 있음을 볼 수 있다. 하지만 팅커링 융합 모형 외에는 메이커 활동에서 중요한 사회적 영역과 실천적 영역, 특히 공유와 개방, 나눔의 문화를 드러내지 못하고 있다. 즉, 초보에서 전문가로, 수동적인 참여자에서 적극적인 창작가로의 변모와 개인의 흥미, 재미에 의한 과정의 몰입 등은 드러나지만 제작 과정 속에서 타인과의 상호작용을 기반으로 이루어지는 사회적 스캐폴딩이 간과되고 있는 것이다. 이에 메이커 교육의 교수학습모형에서는 공유와 개방의 정신을 반영할 수 있어야 한다(윤혜진, 2018).

이러한 관점에서 황중원 외(2016)가 공유 활동을 포함하여 Tinkering(팅커링 하기) – Making(제작하기) – Sharing(공유하기) – Improving(개선하기)의 4단계로 구성한 TMSI 모형을 제시하였다. TMSI 모형은 팅커링 활동을 통하여 학습자로 하여금 여러 가지 재료를 탐색할 수 있는 기회를 제공하고, 기존의 제품을 해체 및 재조립 하면서 다양한 아이디어를 간단하게 실험할 수 있게 하며, 본격적인 메이킹 활동을 시작하기 이전 메이킹 활동에 대한 재미를 느끼고 또 다른 제작 활동을 시도해보고자 하는 동기를 가질 수 있게 한다(강인애, 김명기, 2017; 강인애, 김홍순, 2017; 황중원 외, 2016; Loertscher et al., 2013). 이 단계는 이전의 메이킹 단계를 다시 반복하게 함으로써 메이킹 활동의 순환하는 특성을 드러낸다(강인애, 김명기, 2017; Martinez & Stager, 2013).

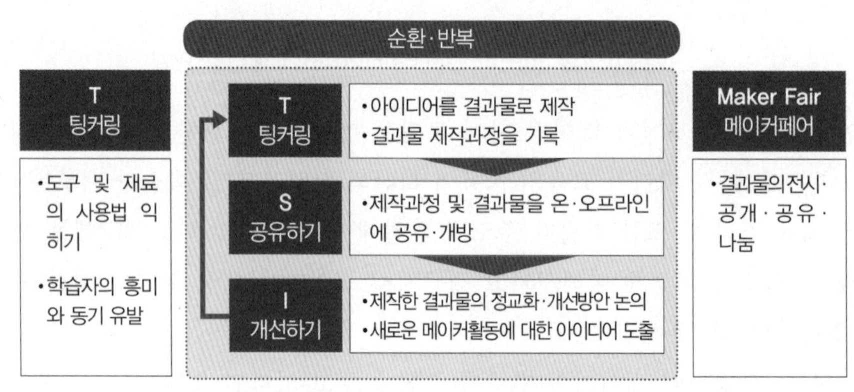

그림 10-15 TMSI 모형[71]

④ 메이커 교육의 개념적 범주와 특징

메이커 교육의 개념적 범주에서 체제적 모형과 프로그램 모형으로 범주화하여 메이커 교육을 개념화하는 모형을 다음과 같이 제시한다. 즉 메이커 교육 체제 모형의 교육 유형, 교육 주체, 교육 대상을 개념화하거나 설계하도록 하였고, 발명 메이커 교육 프로그램 모형은 교육 목적, 교육 수준, 교육 기간, 접근 유형, 교육 내용, 교육 방법 등을 개념화에 도움을 주도록 하였다.

71) 출처: 강인애 · 김명기(2017, p.494)

메이커 교육 체제 모형	메이커 교육 프로그램 모형
1. 메이커 교육 운영 유형 교과 활용형 이벤트형 축제형 캠프형 기타 2. 메이커 교육 주체 학교 학교 외 교육 기관 협력 연계 기타 3. 메이커 교육 대상 초등학생 중등학생 대학생 일반인 기타	1. 메이커 교육 목적 팅커링 과정(to be tinker) 창작 과정(to be creator) 메이커 과정(to be maker) 창업 과정(to be founder) 2. 메이커 교육 수준 이용하는 수준 개선하는 수준 창조하는 수준 3. 교육 기간 이벤트 단기-학기 장기-2개 학기 이상 자유 4. 교육 접근 유형 도구 활용 접근(Tools for Maker) 문제해결 접근(Problem Solving for Maker) 프로젝트 중심 접근(Project for Maker) 기타 5. 메이커 교육 내용 공방형 장비 숙련형 스토리텔링형 업사이클링형 디자인씽킹형 IT 활용형 기타 6. 메이커 교육 방법 팅커링 문제해결 조사/탐구 토의/토론 기타

이 모형은 메이커 교육의 유형화와 범위, 대상, 수준 등을 개념화하는 데 도움을 준다.

한편 Kang and Kim(2017)은 ≪메이커 교육(Maker Education)을 통한 메이커 정신(Maker Mindset)의 가치 탐색≫이란 연구에서 개인적 차원 및 사회적 차원에서의 메이커 정신을 도출하였다.

대부분이 개인적 차원에서의 메이커 정신이 두드러졌다고 하면서, 학습에 대한 자발성, 책임감과 주인의식, 실패에 대한 긍정적 인식(생산적 실패), 다양한 자료, 도구 활용능력 함양으로 정리할 수 있다. 학생들이 메이커 활동에 참여한 결과는 개인적 차원 외에 사회적 차원에서의 효과도 확인할 수 있다. 사회적 차원은 학습 과정 중 이루어진 협력과 소통의 모습, 그 후 결과물에 대한 공유와 개방 활동 모습으로 정리할 수 있다.

다음 표는 개인적 및 사회적 차원에서 도출된 의미 있는 키워드이다.

표 10-2 개인적 및 사회적 차원에서 도출된 의미 있는 키워드

개인적 차원 키워드	사회적 차원에서의 메이커 정신
• 학습에 대한 자발성 • 학습 주도권 이양 • 자기주도성 • 능동적이며 존중받는 환경 • 학습자 의견 반영 • 스스로 참여하는 활동 • 학습 두려움 제거 • "~을 할 것이다"라는 계획성이 반영되는 언어 • 책임감과 주인의식 • 소중함 • 주도적 • 최선을 다함 • 지속적으로 확인 및 참여 • 생산적 실패 • 실패 인식 • 지속적인 질문 • 극복 및 문제해결 • 보완 및 수정 • 도구 활용능력 함양 • 활동 시 사용도구의 종류(각종 공구 및 재료, IT 기기 등 수업 안에서 활용 가능한 모든 도구)	• 학습 과정에서의 협력과 소통 • 도움 • 서로 및 함께 • 공동의 목표를 위하여 • 화합을 통한 만족 • 의견 나눔 • 민주적 • 공유와 개방 • 타인을 위한 • 우리 모두의 것 • 나눔과 배려

결과적으로 메이커 교육의 가치, 단계, 모형 연구를 종합해보면, 메이커 교육이 가진 특징을 다음과 같이 정리할 수 있다(Gerstein, 2016).

1. 지적, 정서적, 사회적, 신체적인 손놀림 체험학습
2. 실제적 과제로 참여와 몰입
3. 예술, 언어를 포함한 STEAM 교육의 통합적 간학문적 교육에 중점
4. 학습 과정으로서의 학습자 선택과 의사결정 존중
5. 학습자의 독특한 흥미와 열정을 기초한 개별화된 학습
6. 구성주의 학습 원리에 기초한 학습자 중심의 의미 형성(Meaning Making)
7. 결과 이상의 과정을 중시하는 과정 중심 학습과 혁신적인 창조를 강조하는 학습
8. 성공, 실패, 위험 감수, 불확실성의 교육 경험
9. 개별적이고 자연적으로 프로젝트의 즉각적인 과정 중심의 피드백

⑤ 디자인씽킹 기반의 메이커 교육 적용 모델의 탐색

최유현(2020)은 기술교과를 위한 디자인씽킹 기반의 메이커 학습 모델을 구안하기 위하여 다음의 기본 가정을 설정하였다.

1. DT 기반 메이커 학습 모델은 일반화의 가능성 측면에서 디자인한다.
2. DT 기반 메이커 학습 모델은 교사의 수업을 위한 설계에 실제적 도움을 주도록 설계한다.
3. 메이킹의 수준을 고려하여 모방(Copy) 단계, 발전(Advance) 단계, 개조(Modify) 단계, 창조(Creation) 단계로 메이킹의 유형을 설정하였다. 이는 문제의 구조화 수준과도 밀접히 관련시켜 설계한다.
4. 모델은 문제의 구조화 정도에 따라 자기 주도적 팅커링 활동(모방, 발전 수준), 팀 주도적 디자인씽킹 문제해결 활동(개조 및 발명 수준)으로 나누어 모형화한다.
5. DT 기반 메이커 학습 모형은 수업 설계에 필요한 A. 학습 과제 분석 모델, B. 팅커링 활동 모델, C. 디자인씽킹 문제해결 활동 모델로 구성된다.
6. DT 기반 메이커 학습 모형은 메이커의 자기주도적 설계, 디자인씽킹의 인간 중심, 협력 중심, 문제해결 중심의 가치와 담론을 반영하고 전략화한다.
7. DT 기반 메이커 학습 모형은 메이커 교육의 지향, 가치, 이론인 팅커링, 메이킹, 나눔 실천의 담론을 반영하고 전략화한다.
8. DT 기반 메이커 학습 모형은 절차와 과정을 중시하며, 성공을 위한 목표에만 집중하는 것이 아니라 실패(Productive Failure)를 통한 학습 경험도 중요시한다.

최유현(2020)의 연구에서 기술교과를 위한 디자인씽킹 기반의 메이커 학습 모델은 이론적 구안, 1차 전문가 FGI, 2차 전문가 검증의 단계를 거쳐서 개발되었다.

최종적으로 개발된 모델은 A. 학습 주제 분석 모델, B. 팅커링 학습 활동 모델, C. 디자인씽킹 문제해결 모델의 3가지로 개발되었다.

이 세 가지 모델은 먼저 학습주제를 분석하고, 분석 결과 학습 주제의 성격, 성취 기준, 내용 요소에 따라 메이킹 수준을 4단계 유형 중에서 선택하게 한다. 여기서 학습 주제 분석의 요소는 주제의 성취기준, 핵심 개념, 내용 요소, 구조화 정도, 학습자 특성과 선행 지식, 기능의 수준, 학습 스페이스 환경 등이다.

학습 주제의 분석 결과, 메이킹의 모방과 발전의 수준은 팅커링 학습 활동 모델을, 개조와 창조의 수준은 디자인씽킹 문제해결 활동 모델을 수업에 적용하도록 하였다.

그리고 팅커링 학습 활동 모델에서는 단순 분해, 조립 활동, 모방 공작 활동, 자기주도적 공작 활동, 고장 문제해결로 다시 세분화하여 적용토록 하였다. 팅커링 학습 활동의 설계요소는 학습 개요, 주요 학습, 기능, 차시 계획, 주요 학습, 활동 개요, 스페이스(기자재), 재료, 도구 활용법, 안전 사항, 수업 고려사항 등을 설계토록 모델화하였다.

그리고 디자인씽킹 문제해결 단계는 기본적으로 순환형으로 모델화하고, 기본 4단계, 세부적으로 10단계 모형으로 개발하였다.

1. 학습 주제의 분석

① 학습할 주제의 성취기준은?
② 학습활 주제의 핵심 개념은?
③ 학습할 주제의 요소들은?
④ 학습 주제의 구조화 정도는?
⑤ 학습자 특성과 선행 지식, 기능의 수준은?
⑥ 학습 스페이스 환경은?

⬇

2. 주제 학습 목표에 따른 학습의 기본 전략 검토

주제 목표 1 : 기본 전략 :
주제 목표 2 : 기본 전략 :
주제 목표 3 : 기본 전략 :

⬇

3. 구조화 정도에 따른 메이킹의 수준 선정

구조화 정도	닫힌 CLOSED ⇦	문제 구조화 수준		⇨ OPENED 열린
메이킹의 수준	□ 모방 Copy	□ 발전 Advance	□ 개조 Modify	□ 창조 Creation
모델적용 활동	B. 팅커링 활동 Tinkering		C. 디자인씽킹 문제해결 활동 Design Thinking	

⬇

4. 학습 문제 상황의 설계

□ 유의미한 개념, □ 실세계 연결, □ 학습자 흥미 □ 인간 중심
학습 문제의 구체화 전략 : 문제 상황 기획, 제시방법(스토리텔링, 미디어 활용 등)

ㅇ그림 10-16 학습 주제 분석 모델

접근 유형	□ 단순 분해, 조립	□ 모방 공작 활동	□ 자기주도적 공작 활동	□ 고장 문제해결
학습 주제				
팅커링 학습 개요				
주요 학습 기능				
차시 계획				
주요 학습 활동 개요				
스페이스 (기자재)				
재료				
도구 활용법				
안전 사항				
수업 고려사항				

○ 그림 10-17 팅커링 학습 활동 설계 모델

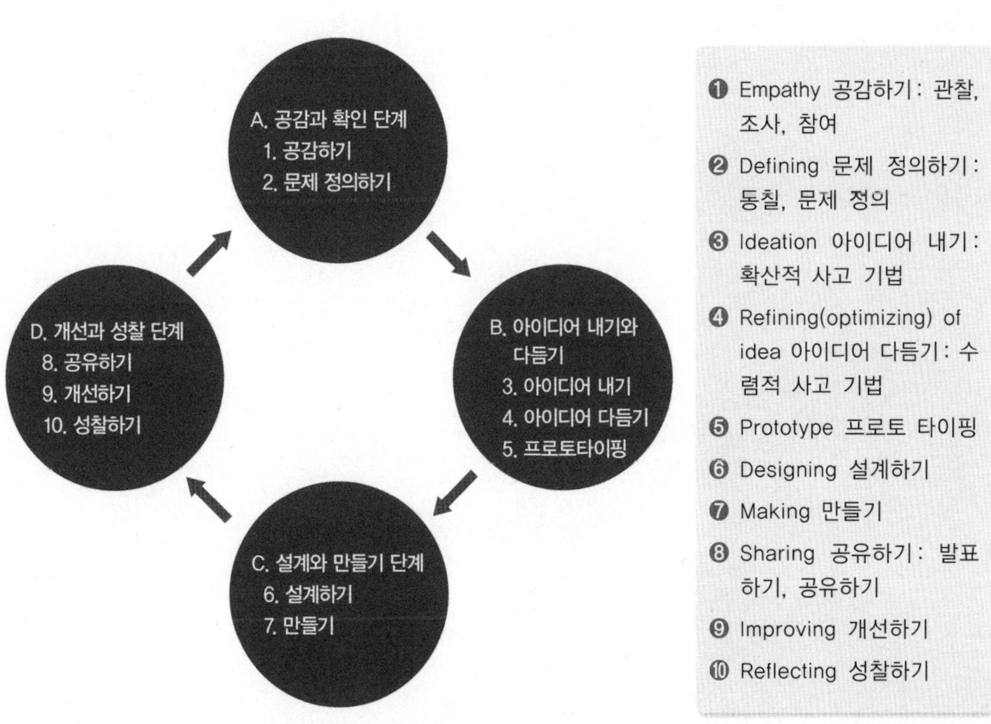

○ 그림 10-18 디자인씽킹 문제해결 활동 모델

최유현(2020) 연구의 결과는 발명교육에서 메이커 교육, 디자인씽킹 교육을 학습 전략적으로 적용하는 데 도움을 줄 것으로 기대한다. 특히 이 모델은 발명교육 학습의 지향과 정체성을 기반으로 이루어졌고, 메이커 교육 및 디자인씽킹의 특징을 추출하여 모델에 반영하였다. 특히 발명교육의 학습 주제를 메이킹의 관점에서 모방, 발전, 개조, 창조의 네 가지 수준으로 유형화하고, 그 유형을 중심으로 팅커링 및 디자인씽킹을 적용하는 전략안의 아이디어는 이 연구의 실천적 아이디어로 평가된다.

이러한 모델을 실제 수업으로 설계하고 적용하는 일은 그리 간단하지는 않을 것이다. 기본적으로 메이커 문화, 디자인씽킹의 마인드셋을 잘 해석하여 적용해야 할 것이다. 이러한 학습에 필요한 물리적 스페이스 환경도 중요하다. 하지만 무엇보다 메이커 운동 문화와 디자인씽킹의 교육 혁신 패러다임을 발명교육을 훼손시키지 않고 수업에 적용할 교사가 충분히 전문적 연구와 정보를 기본적으로 갖추어야 한다.

03절 디자인씽킹과 발명

① 디자인씽킹의 개념

Roth(1973)가 디자인씽킹이라는 용어를 처음으로 사용하지는 않았으나 d.school에서는 그의 강의를 디자인씽킹과 관련된 최초의 강의로 평가하고 있다. 그는 강의에 사용한 그의 저서 ≪Design Process and Creativity≫를 통해 디자인씽킹의 개념을 이해할 수 있는 공학 설계에 대하여 언급하였다. 그는 공학 설계(Engineering Design)를 기술적 패턴의 특성을 가진 문제해결과정의 한 분야로 정의하였다. 그는 공학 설계의 특징을 정답이 정해져 있지 않으며 문제를 해결할 가능성이 가장 큰 해결 방법을 결정하는 것이라고 하였다.

IEDO의 CEO인 Brown(2008)은 디자인씽킹을 창의적 문제해결과정으로 인식하였다. 디자인씽킹의 핵심을 인간 중심의 문제해결 철학에 있다고 인식하였으며, 디자인씽킹이 더 나은 제품과 서비스 및 내부 프로세스를 구성할 수 있도록 사람들을 격려하고 있음을 강조하였다. 또한, 디자인씽킹에서는 사용자의 요구뿐만 아니라 기술적, 경제적 측면을 함께 고려해야 한다고 주장하였다.

홍정순(2020)은 디자인씽킹을 정의함에 있어서 마음가짐이 중요하다는 인식(Brown, 2008; Ling, 2015; Tingyi et al., 2014; 이진우, 최유현, 2019, 재인용)을 반영하였다. 연구자는 디자인씽킹을 통합적인 사고 활동을 통하여 협력적으로 문제를 해결해가는 과정이며, 일종의 마음가짐(Mindset)으로 보았다.

② 디자인씽킹 프로세스

디자인씽킹 프로세스는 일반적인 문제해결과정을 바탕으로 기술적 문제를 해결하기 위한 보다 세부적이고 구체적인 과정이다. 기술적 문제는 일반적으로 정답이 없으며 특히 디자인에 있어서 다양한 가능성을 추구한다. 디자인씽킹 프로세스는 기술적 문제를 해결하는 데 성급한 결정(Prematureclosure)을 하는 것을 피하기 위해 요구된다. 디자인씽킹 프로세스를 통해 보다 나은 해결 방법을 찾게 된다. 디자인씽킹 프로세스는 기관이나 연구자에 의해 그 단계가 세분화되기도 하고 통합되기도 한다.

Stanford d.school은 공감하기, 문제 정의, 아이디어 발상, 프로토타입(Prototype) 제작, 테스트의 단계를 사용하고 있으며, Stanford 교수인 Lewrick et al.(2018)은 디자인씽킹 프로세스를 이해, 관찰, 관점 정의, 아이디어 발상, 프로토타입 제작, 테스트의 단계로 구체화하기도 하였다. IDEO는 디자인씽킹 프로세스를 I3로 간단하게 제시하였다. I3는 영감(Inspiration), 아이디어 발상(Ideation), 실행(Implementation)의 단계로 구성되어 있다. IBM은 디자인씽킹 프로세스를 이해하기, 탐색하기, 프로토타입 제작, 평가하기의 4단계로 구성하였다. Design Council은 디자인씽킹 프로세스를 4D로 제시하였다. 4D는 발견하기(Discover), 정의하기(Define), 개발하기(Develope), 전달하기(Deliver)로 구성되어 있다. 포츠담 대학 연구소는 디자인씽킹 프로세스를 이해하기, 관찰하기, 문제 정의, 아이디어 생성, 프로토타입 제작, 테스트의 6단계로 구성하였다. 가나자와 공업대학의 글로벌 정보기술학과에서는 디자인씽킹 프로세스를 공감, 분석, 프로토타입, 공동 창작의 4단계로 구성하였다. 기관별 디자인씽킹 프로세스는 아래의 표와 같다.

ㅇ 표 10-3 기관별 디자인씽킹 프로세스 비교

Stanford d.school(미국)	IDEO(미국)	IBM(미국)	Design Council(영국)	포츠담 대학 HPI연구소(독일)	가나자와 공업대학(일본)
공감하기 (empathize)	영감 (inspiration)	이해하기 (understand)	발견하기 (discover)	이해하기 (understand)	공감
문제 정의 (define)	아이디어 발상 (ideation)	탐색하기 (explore)	정의하기 (define)	관찰하기 (observe)	분석
아이디어 발상 (ideate)	실행 (implementation)	프로토타입 제작 (prototype)	개발하기 (develop)	문제 정의 (point of view)	프로토타입
프로토타입 제작 (prototype)		평가하기 (evaluate)	전달하기 (deliver)	아이디어 생성 (ideate)	공동 창작
테스트 (test)				프로토타입 제작 (prototype)	
				테스트 (test)	

기관별 디자인씽킹 프로세스 중에서 Stanford d.school이 제시하는 디자인씽킹 프로그램은 [표 10-4]와 같다.

표 10-4 Stanford d.school의 디자인씽킹 프로세스

단계	학습활동	학습내용(예시)
공감하기 (empathize)	인터뷰하기 (interview)	• 짝과 선물을 주고받았던 경험 이야기하기(각 3분) • 인터뷰 중 흥미로운 점과 재미있는 것 기록하기
	보충 질문하기 (dig deeper)	• 추가 인터뷰 내용 구성하기 • 인터뷰 내용 중 흥미로운 점에 대하여 보충 질문하기(각 3분)
문제 정의 (define)	문제 발견하기 (capture findings)	• 니즈(needs)와 인상 깊은 점(insights) 정리하기(3분)
	문제 진술하기 (define problem statement)	• 가장 설득력 있는 니즈와 가장 인상 깊은 점 선택하기 • 수식어를 활용하여 문제 명료화
아이디어 발상 (ideate)	이디어 구상하기 (sketch to Ideate)	• 아이디어 구상하기(5분)
	아이디어 공유하기 (share solutions and capture feedback)	• 아이디어 설명하기(각 4분) • 좋은 점, 싫은 점, 흥미로운 점 기록하기 • 아이디어 질의 응답하기
	아이디어 도출하기 (reflect & generate a new solution)	• 아이디어 공유하고 피드백 받기 • 아이디어 재구성하기
프로토타입 제작 (prototype)	만들기 (build)	• 아이디어를 모형(physical prototype)으로 제작하기 • 아이디어가 서비스나 시스템이라면 시나리오로 작성하기
테스트 (test)	공유하기 · 피드백 하기 (share your solution and get feedback)	• 아이디어 모형에 대한 의견 공유하기 • 아이디어 모형을 사용해보고 피드백 주고받기 • 새로운 관점(insights) 도출하기
	요약하기 / 평가하기 (group gather and debrief)	• 전체 아이디어 모형을 모으고 정리하기 • 디자인씽킹 요소 점검하기

각 단계는 2~3가지 학습활동으로 구성되어 있으며, 각각의 학습활동마다 학습내용과 시간을 구체적으로 제시하고 있다. 공감하기 단계에서는 사용자의 요구를 분석한다. 이를 위해 관찰하기, 시장 조사, 소비 트렌드 분석, 고객 요구 조사 등의 방법이 사용된다. 특히, 경제적인 측면에서 개인, 기업, 사회의 요구를 만족시키기 위해 제품에 대한 시장 조사를 병행한다. 문제 정의하기 단계에서는 문제를 구체적으로 진술하고 문제를 분석하여 보다 본질적인 문제를 해결하도록 하는 것에 초점을 둔다. 구조화되지 않은 문제를 구조화하여 올바른 해결책을 제시하도록 한다. 문제가 이해되지 않을 때는 전체 문제 중 일부 측면을 조금씩 파악하며 해결 요소를 찾는다. 문제가 어느 정도 조사되면 정보를 통합하고 해석하여 공통적인 패턴을 분석한다. 이를 바탕으로 시사점을 도출하며 해결 방안을 성급하게 결정하지 않는다. 아이디어 발상하기 단계에서는 문제를 해결하기 위

한 다양한 아이디어를 떠올린다. 아이디어의 양적 확대를 위해 다양한 창의적 사고 기법들이 활용되며, 아이디어의 질적 성장을 위해 아이디어를 여러 가지 형태로 변형하거나 아이디어를 분할하여 발전시킨다. 아이디어를 발상한 후에는 아이디어를 구조화하고 여러 사람과 공유하기 위해 시각화하는 방법을 모색한다. 프로토타입 제작하기는 제품의 기능을 확인하고 아이디어 해결책에 대한 평가를 통해 제품을 개선할 방법을 찾을 수 있는 단계이다. 프로토타입을 통해 선정한 아이디어의 구체적인 형태와 기능을 이해할 수 있다. 프로토타입은 아이디어의 형태와 기능에 대한 피드백을 받고, 수정된 프로토타입을 제작하여 보다 나은 제품으로 완성하는 것이 목적이다. 프로토타입은 다수의 시행착오 과정을 통해 조금 더 효과적인 문제해결방안을 찾는 것에 목적이 있으므로 단순하고 가공이 쉬우며 비용이 적게 드는 재료를 활용하여 제작한다. 테스트하기 단계는 테스트를 통해 최종 아이디어를 선정하고 제품화하는 과정이다. 따라서 테스트의 목적, 횟수, 방법 등을 명확히 해야 한다. 테스트를 실행한 후에는 테스트의 결과를 기록하여 분석하고 피드백한다.

③ 디자인씽킹의 특징

디자인씽킹에 대한 특징은 기관과 학자에 따라 상이한 측면이 있으나 인간 중심의 문제해결 방법 창안, 어렵고 모호한 문제의 정의, 혁신을 주도한다는 측면에서는 공감대가 형성되고 있다. Micheli etal.(2018)은 디자인씽킹의 특징을 다음과 같이 설명하였다.

첫째, 디자인씽킹은 창의성과 혁신을 촉진한다. 디자인씽킹은 생산과 서비스에 있어서 창의성과 혁신을 촉진하는 생각의 방법이며 비즈니스와 조직구성의 새로운 접근이다(Martin, 2009). 또한, 디자인씽킹의 속성인 프로토타입의 제작, 시행착오(the trial-and-error), 가추법(Abductive Logic)적 논리 구조 등은 새로운 아이디어와 혁신을 이끄는 핵심 요인이다.

둘째, 디자인씽킹에서는 사용자 중심(User Centeredness and Involvement) 또는 인간 중심의 속성이 강조된다(Glen et al., 2014; Carlgren et al., 2016).

셋째, 디자인씽킹은 문제를 해결하기 위해 주로 사용된다. 특히 비구조화된 문제(Ill-formulated, Wicked)를 해결할 때 중요한 역할을 한다. 특히, 일상생활의 문제는 주로 비구조화되어 있어서 기존의 분석적 문제해결 방법만으로 문제를 해결하는 데 한계가 있다. 디자인씽킹을 사용하면 비구조화되어 있는 문제를 쉽게 구조화할 수 있으며 효과적인 문제해결방안을 찾을 수 있다.

넷째, 디자인씽킹은 시행착오의 과정을 두려워하지 않는다. 오히려 이를 통해 학습을 하기 때문에 디자인씽킹은 선형적 모델이 아닌 순환적 모델로 인식된다. 디자인씽킹은 빠르게 프로토타입을 만들고 테스트를 통해 부족한 부분을 개선해나가는 순환적 접근을 가능하게 한다.

다섯째, 디자인씽킹은 간학문적 협력을 가능하도록 한다. 디자인씽킹은 통합적이며 융합적으로 해결해야 하는 문제에 사용되고 있으며, Carlgren et al.(2016)은 다양한 관점의 통합을 디자인씽킹의 핵심 요인으로 보았다.

여섯째, 추상적 사고를 구체적 아이디어로 표현하는 것은 혁신을 위한 디자인씽킹의 핵심개념이다(Boni et al., 2009).

일곱째, 디자인씽킹을 통해 전체는 단순히 부분의 합과 같지 않다는 게슈탈트적 관점을 배양할 수 있다. Holloway(2009)에 따르면 게슈탈트적 관점은 문제를 개념화하는 데 사용되며, 디자인씽킹에서는 문제를 이해하고 사용자의 요구를 수용하는 것이 강조되기 때문에 이러한 관점이 더욱 드러나야 한다고 보았다.

여덟째, 디자인씽킹은 가추법적 성격을 갖는다. 가추법은 연역법과 귀납법의 대안적인 추론방법이다. 분석적인 접근이 무엇에 대한 것을 명확하게 밝히는 것이라면 가추법은 무엇일지도 모른다는 추측에 기반한 논리적 접근으로 보아야 한다(Martin, 2009). 디자인씽킹은 확실하게 존재하는 것에 대한 접근이 아닌 새로운 것과 도전적인 가설과 실천에 의한 접근이기 때문에 가추법의 성격을 가지고 있다(Dorst, 2011).

아홉째, 디자인씽킹에서는 비구조화된 문제의 특징 중 하나인 모호함을 해결하기 위해 다양한 노력을 해야 한다. 실패는 모호함을 해결하기 위한 학습에 있어서 중요한 과정이다. 디자인씽킹에서는 시행착오의 과정을 통해 초반의 실패를 수용하고 불확실성을 지속적으로 해결하기 위한 방법을 찾는 것이 중요하다.

④ 디자인씽킹의 각 단계에서 활용되는 도구와 방법

디자인씽킹에 사용되는 도구는 디자인씽킹만을 위해 고안되거나 사용되는 것은 아니지만 디자인씽킹 프로세스에 적합하게 사용되고 있다. 디자인씽킹 프로세스의 각 단계에서 사용하는 대표적인 디자인씽킹 도구는 [표 10-5]와 같다.

○ 표 10-5 디자인씽킹에 주로 사용되는 도구와 방법

단계	도구와 방법	사용 방법
공감하기	페르소나 (personas)	추상적인 사용자 그룹에 대한 정보를 사용자 프로필 캔버스 등을 활용하여 보다 구체적이고 세부적인 유형으로 기록한다.
	해결과제 프레임워크	해결과제를 분석하기 위해 행동의 변화와 고객의 요구에 집중하여 언제, 하고 싶은 것, 할 수 있는 것으로 구분하여 문제를 기록한다.
문제 정의	9개의 창	9개의 창 도구는 잠재 적용 사례와 고객의 요구를 분석하는 데 사용된다. 세로축을 시스템(상위, 중간, 하위), 가로축을 시간(과거, 현재, 미래)의 차원으로 구분하여 기록한다.
	데이지 지도	데이지 지도는 꽃의 가운데 중요한 요소를 기록하고 5~8개의 꽃잎에 하위 요소를 기록하여 정보를 시각화하여 기록하는 방법이다.
아이디어 발상	브레인스토밍	브레인스토밍이 자유롭게 이루어지기 위해서는 창의력에 대한 자신감, 질보다는 양이 먼저라는 생각, 아이디어 비판 금지가 필수적이다.
	문제 반전 기법	문제 반전 기법은 학생들이 아이디어를 도출할 의욕을 보이지 않을 때 주로 사용된다. 문제를 반전하여 부정적인 문장으로 브레인스토밍을 한다.
프로토타입 제작	모델링	종이, 클레이, 목재, 레고 등 다양한 종류의 재료를 활용하여 시스템의 전반적인 느낌을 보여준다.
	스토리보드	아이디어에 대한 내용을 이야기로 만들어 스톱모션, 연극 등 다양한 방법을 활용하여 제시한다.
	오즈 마법사 프로토타입 (wizard of oz)	사용자가 실제로 존재하지 않는 인터페이스를 작동하면 시스템에 나타나는 반응은 사람들이 실제처럼 보이도록 연기하는 방법이다.
테스트	피드백 캡처 그리드 (feedback capture grid)	피드백 캡처 그리드는 4가지 요인(좋은 점, 바라는 점, 질문, 추가적인 아이디어 또는 해결책)을 통해 발표나 프로토타입에 대한 피드백을 기록한다.
	A/B 테스트	A/B 테스트는 두 가지의 버전을 테스트하는 데 유용하다. 평가자는 A와 B 중에서 선호하는 것을 선택하고, 평가자의 반응이나 결과를 점검한다.

⑤ 디자인씽킹의 발명 수업 적용 사례

1차시 디자인싱킹 준비하기 활동지 : 디자인싱킹 이해하기

디자인싱킹에서 '디자인'의 의미가 무엇일지 생각해서 적어봅시다.

디자인은 현재 상황을 더 나은 방향으로 바꾸는 것이다.
(시각적인 것을 말하는 것은 아니다.)
대상이 겪는 어려움을 발견하고 그들이 문제라고 생각하는 것을 해결해주는 것.

영상 속 주인공들의 어떤 행동이 특별했나요?

유니버설 디자인을 개발한 페트리샤 무어	관절염을 앓거나 손 힘이 약한 노인들을 위한 물건을 만들기 위해 직접 '그런 사람'이 되어 직접 경험하려고 노력했다.
끌림 리어카를 제작한 인액터스	사람들이 신경 쓰지 않는 리어카에 주목하여 리어카 무게를 낮추고 광고 수익도 얻음. 리어카 끄는 파지 수거하는 분들을 새로운 관점으로 바라봄.
어린이를 위한 MRI를 개발한 더그 디츠	어린이를 관찰하고 감정이입하여 어린이의 시선에 적합한 MRI 기계와 절차를 개발함.

디자인싱킹에서 문제를 해결하는 데 가장 핵심적인 역할을 하는 것은?

디자인 싱킹에서 문제를 해결하는 데 가장 중요한 것은
다른 사람의 입장에서 공감하는 것 이다.
왜냐하면 다른 사람의 입장에서 바라보아야 진짜 문제를 찾을 수 있기 때문이다.

1차시 디자인싱킹 준비하기 활동지 : 디자인싱킹 팀 빌딩 활동

우리 팀 친구들은 어떤 사람일까요?

예시	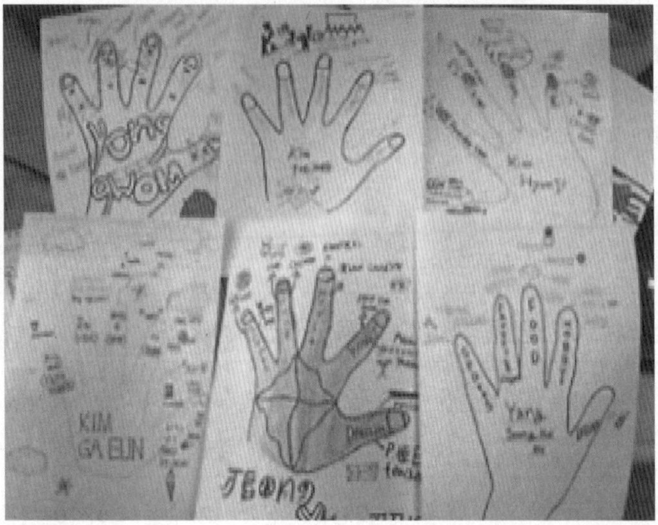
내가 잘 하는 것	운전하기, 축구, 아이들과 놀아주기, 설거지, 정리정돈
나의 관심사	스포츠 관련 소식, 우리 마을 소식, 사회·경제 전반, 우리 가족
나의 성격	평범한 성격 어디서나 열심히 최선을 다하는 성격 정리정돈을 잘하며 주변 사람을 잘 챙김.
MBTI 검사 결과	ISFJ(깔끔하게 본인을 정돈할 줄 아는 사람)

※ 내가 작성한 소개자료를 바탕으로 나를 소개하는 손가락 꾸미기를 해 봅시다.

2차시 공감하기 활동지 : 상황 이해하기

포털사이트와 우리 군청 홈페이지에서 우리 군의 교통에 대해 알아봅시다.
(우리 군청 홈페이지 – 분야별 정보 – 교통에서 정보수집)

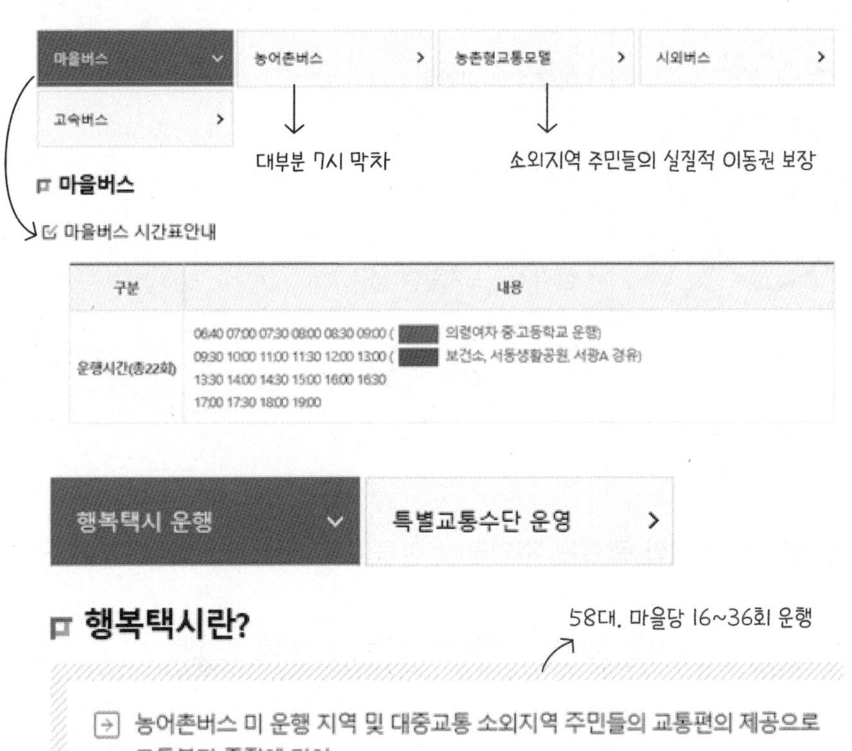

위의 상황 중 내가 직접 겪은 일이 있나요? 어떤 일이었나요?

- 저녁 늦게 귀가를 하려고 했는데 버스가 끊겨서 갈 수가 없는 어려움이 있었다. 그래서 행복택시를 이용해보았다.
- 특별교통수단을 이용하는 사람들을 보았다.

사람들이 가장 변화하기를 원하는 것과 그 이유를 적어봅시다.

- 교통버스 배차 횟수 늘리기(원하는 시간대에 탑승하고 싶어서)

2차시 공감하기 활동지 : 페르소나 만들기

디자인 주인공

- 이름 : 이의령
- 나이 : 50세(여)
- 성격 : 오지랖이 넓음
- 취미 : 산책, 트로트 듣기

나의 푸념 한마디(주제와 관련된 주인공의 마음을 나타내는 한마디)

" 아이고, 내가 원하는 시간에 버스를 탈 수 있으면 좋으련만··· "

Needs(불편함과 필요)	Seeds(희망하고 바라는 점)
• 버스를 타야하는 시간이 정해져 있어 시간을 맞춰야 함. • 버스 시간에 따라 나의 이동 방법이 정해짐. • 버스 타는 곳이 관리가 되지 않아 위험함.	• 내가 원하는 시간에 버스를 타고 싶음 (시간대의 변동이 있음). • 버스 예약 시스템이 있으면 좋겠음. • 안전한 승강장 환경

3차시 문제 정의하기 활동지 : 5WHY

진정한 문제 찾기
– HMW접근법(How Might We?)으로 문제 정의하기

페르소나	이의령(50세 여자)		
희망하고 바라는 점	• 원하는 시간에 탑승할 수 있는 버스 시간대 • 최적의 버스 운행 경로	안전하고 쾌적한 승강장의 모습 (여름에는 시원하고 겨울에는 따뜻한)	
해결해야 할 문제	• 버스 배차 시간 문제 • 버스 대 수 • 버스 운행 경로 등 • 예산	현재 승강장의 모습과 그곳에서 발생할 수 있는 문제들(안전 등)	
HMW접근법(How Might We?)으로 문제 정의하기	우리가 어떻게 하면 ~를 ~할 수 있을까?		
	1	우리가 선정한 문제 우리가 어떻게 하면 버스를 원하는 시간에 탈 수 있을까?	
	2	우리가 어떻게 하면 안전하고 쾌적한 버스 승강장을 만들 수 있을까?	
	3		

4차시 아이디어 내기 활동지 : 아이디어 생성하기(브레인라이팅, Brain writing)

1. 문제를 해결할 아이디어 찾기를 해 봅시다.

[활동 방법]
① 문제를 해결할 아이디어를 3가지 이상 써 봅시다.
② 아이디어를 쓴 종이를 왼쪽 사람에게 돌립니다.
③ 종이에 쓰인 아이디어에 자신의 아이디어를 그리거나 쓰면서 아이디어를 추가합니다.
④ 자신의 종이가 돌아올 때까지 계속합니다.

2. 문제를 해결할 아이디어를 분류하여 봅시다.

[활동 방법]
① 칠판에 모든 아이디어를 붙입니다.
② 아이디어 그룹을 만들어 제목을 정합니다.
③ 관련이 있는 아이디어를 같은 그룹으로 묶어 줍니다.
④ 어떤 방향으로 문제를 해결할지 결정합니다.

주제	우리가 어떻게 하면 농촌 지역에서 버스를 원하는 시간에 탈 수 있을까?		
	아이디어 1	아이디어 2	아이디어 3
A	버스 탑승 시간 예약받기 (어플 등)	버스 운행 대 수 늘리기	버스 배차 시간 줄이기
B	탑승 2시간 전에 버스 탑승 예약 받기	지역의 희망을 받아 버스 대 수 늘리기	현재 배차 시간을 조사하여 문제점 찾기
C	예약 받은 내용을 취합 → 최적의 시간 계산	버스 크기 줄이기	최적의 경로 탐색하기(AI)
D	시간을 계산하고(AI) 최적의 경로 정하기(AI 활용)	연료 전환하기(전기 버스 등) +	유동적 배차시간 버스 + 고정적 배차 시간 버스
E	사용자에게 시간 홍보하기 → 원하는 시간에 탑승하기	+	

4차시 아이디어 내기 활동지: 아이디어 커뮤니케이션 시트

우리가 정의한 문제 (HMW 접근법)	우리가 어떻게 하면 농촌 지역에서 버스를 원하는 시간에 탈 수 있을까?
해결책	고정적으로 배차된 버스 시스템과 함께 사전 예약으로 마을회관끼리 이어주는 AI 분석 유동적 배차 버스 시스템을 운영한다.
이점	① 마을에서 승강장까지 걸어나가는 시간을 절약하고 밤에 안전하게 탑승할 수 있다. ② 원하는 시간에 버스를 탑승할 가능성이 높아진다. → 이동이 쉬워진다.
아이디어 스케치	

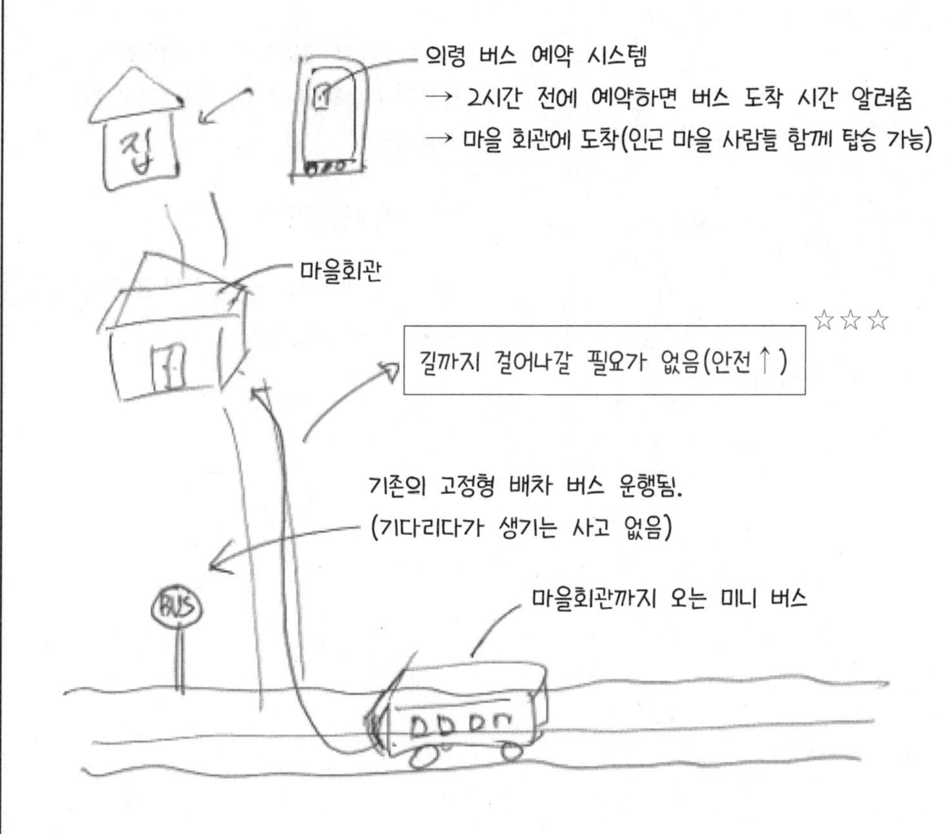
의령 버스 예약 시스템
→ 2시간 전에 예약하면 버스 도착 시간 알려줌
→ 마을 회관에 도착(인근 마을 사람들 함께 탑승 가능)
집
마을회관
☆☆☆
길까지 걸어나갈 필요가 없음(안전↑)
기존의 고정형 배차 버스 운행됨.
(기다리다가 생기는 사고 없음)
BUS
마을회관까지 오는 미니 버스

5차시 프로토타입 만들기 활동지 : 스마트폰 와이어 프레임 템플릿

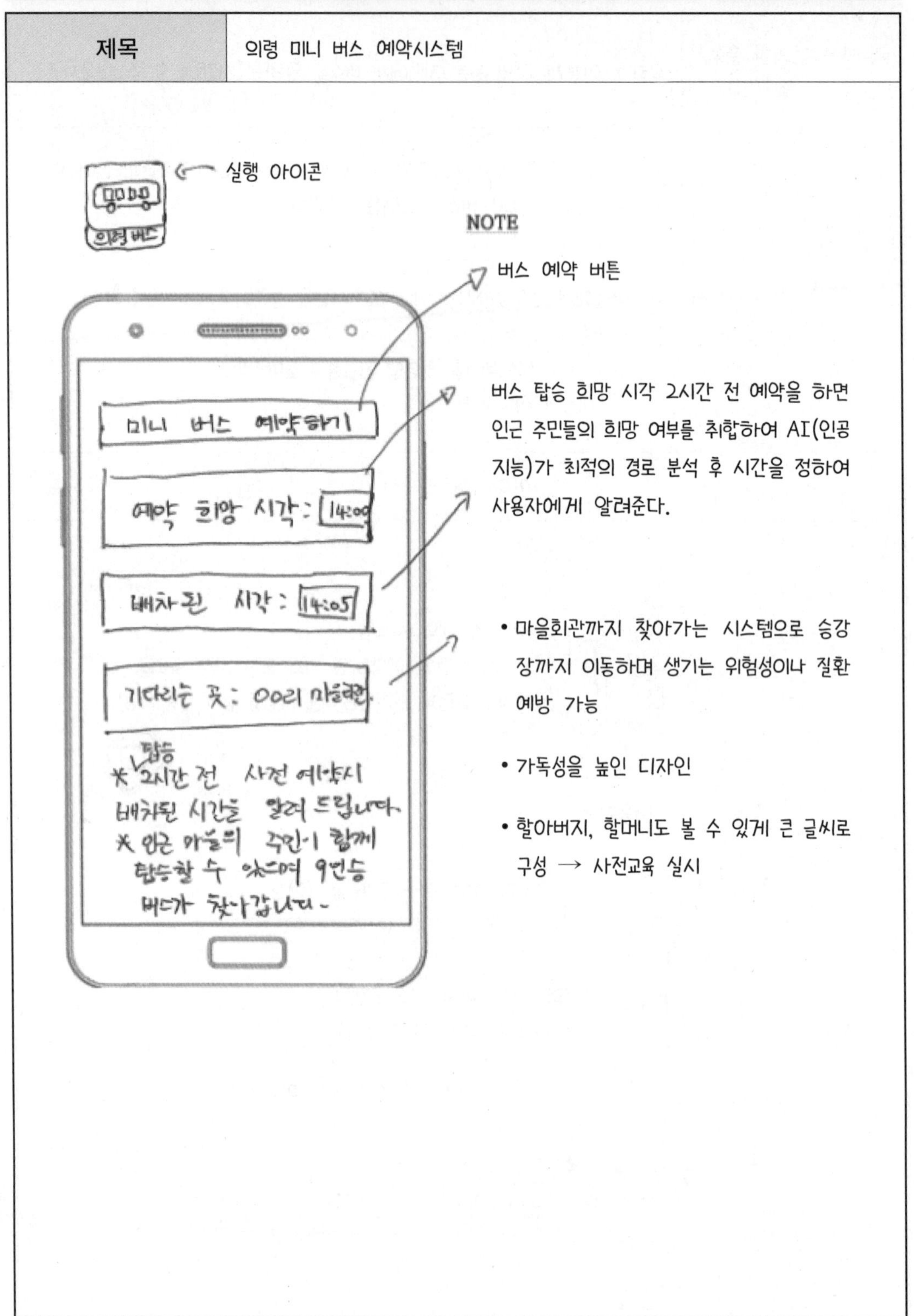

제목
의령 미니 버스 예약시스템
실행 아이콘
의령 버스
NOTE
버스 예약 버튼
미니 버스 예약하기
예약 희망 시각 : 14:00
배차된 시각 : 14:05
기다리는 곳 : OO리 마을회관
* 탑승 2시간 전 사전 예약시 배차된 시간을 알려 드립니다.
* 인근 마을의 주민이 함께 탑승할 수 있으며 9인승 버스가 찾아갑니다.
버스 탑승 희망 시각 2시간 전 예약을 하면 인근 주민들의 희망 여부를 취합하여 AI(인공지능)가 최적의 경로 분석 후 시간을 정하여 사용자에게 알려준다.
• 마을회관까지 찾아가는 시스템으로 승강장까지 이동하며 생기는 위험성이나 질환 예방 가능
• 가독성을 높인 디자인
• 할아버지, 할머니도 볼 수 있게 큰 글씨로 구성 → 사전교육 실시

6차시 테스트하기 활동지 : 프로토타입 평가하기(전체)

프로토타입 피드백

- 프로토타입 제목 : 의령 미니 버스 예약시스템
- 프로토타입 종류 : 스마트폰 와이어프레임 템플릿
- 질문사항 :

1. 이 프로토타입에 대해서 어떻게 생각하는가?
   - 시스템을 명확하게 잘 설명함.
   - 실제로 이 시스템이 생기면 이동이 편리할 것이라 생각함.
2. 이 프로토타입에서 마음에 드는 부분은?
   실제적으로 도움이 될 수 있는 어플, 안전한 이동을 위한 도움
3. 이 프로토타입에서 아쉬운 점은?
   '어른들이 사용할 수 있을까?'라는 생각이 들었고 안전과 조금 더 관련이 있으면 좋겠음.
4. 이 프로토타입을 개선한다면 어떻게 개선하면 좋겠는가?
   안전을 위해 가족에게 버스 탑승 알림 전송 등의 기능 넣기(추가)
5. 기타 피드백
   어르신들을 위한 사용 매뉴얼 보급

프로토타입 피드백에 따른 아이디어 개선

- 프로토타입 제목 : 의령 미니 버스 예약시스템(안전+)
- 프로토타입 종류 : 스마트폰 와이어프레임 템플릿
- 프로토타입 발표 후 받은 피드백을 정리해보자.

  - 안전에 초점을 맞추기
  - 어르신들을 위한 기능 추가
  - 비용 문제 해결 필요

- 피드백에 따른 개선된 아이디어를 정리해보자.

  - 어르신들을 위한 기능 추가(매뉴얼 제작, 음성 읽어주기 기능 등)
  - 안전한 이용을 위해 승하차 알림 전송 기능, 사전 유의사항 안내 기능 추가

⑥ 발명과 디자인씽킹의 유사점과 차이점

(1) 발명과 디자인씽킹의 유사점

발명과 디자인씽킹을 서로 관련지어 논하기 위해서는 먼저 두 사고 과정은 어떤 유사성과 차별성이 있는지 파악할 필요가 있다. 이는 발명과 디자인씽킹의 유사성과 차별성은 발명교육 활성화를 위한 다양한 전략을 수립할 때 중요한 참조 근거가 될 수 있을 것이기 때문이다.

발명과 디자인씽킹의 유사점은 [표 10-6]과 같이 크게 세 가지로 요약해볼 수 있다.

첫째, 두 사고 활동 모두 문제해결을 최종 목표로 하고 있다. 여기서 문제해결이란 문제 상황이 개선된 상태를 의미한 것으로 타당한 절차를 거쳐 이루어지는 특징이 있다.

둘째, 문제해결 활동에서 창의적 사고 과정이 필요하며 이를 통해 혁신적인 성과를 도출한다. 발명은 기술 혁신을 위한 창의적 문제해결 사고 활동이며, 디자인씽킹은 제품 개발뿐만 아니라 사회의 다양한 문제해결까지 포함하는 광범위한 창의적 문제해결 사고 활동이다.

셋째, 문제해결 과정은 서로 차이가 있으나 모두 단계나 절차를 강조하고 있으며, 반성적 사고를 통한 피드백 기회가 가능하다. 문제해결의 단계가 존재한다는 것은 초보자들이라도 학습을 통하여 문제해결 단계를 익히면 효율적이고 효과적인 문제해결이 가능하다는 것을 의미하고, 반성적 사고 과정을 통하여 피드백이 가능하다는 것은 최선의 해결안이 나올 때까지 반복적인 문제해결의 기회를 가질 수 있다는 것을 의미한다.

표 10-6 발명과 디자인씽킹의 유사점

구분	유사점
목표	문제해결
문제해결 활동 유형	문제해결 활동 유형 창의적 문제해결 사고 활동
문제해결과정	단계나 절차를 강조하고 반성적 사고를 통한 피드백이 가능

(2) 발명과 디자인씽킹의 차이점

발명과 디자인씽킹에는 차이점이 존재한다. 이를 정리하면 [표 10-7]과 같다. 첫 번째로 적용 분야에서 차이점이 있다. 발명의 적용 분야는 기술이다. 반면, 디자인씽킹은 적용 분야가 산업이며, 최근에는 그 분야가 경영이나 교육 분야까지 확장되고 있다.

둘째, 대상에서 차이가 있다. 발명은 대상이 물건, 방법, 도안 등으로 주로 산업 재산권이나, 디자인씽킹은 대상이 산업 제품, 사회 제도, 시스템, 환경 등까지 광범위하다.

셋째, 만들기 과정에서 차이가 있다. 발명에서는 만들기 과정이 필수가 아니다. 다만, 발명교육 차원에서 아이디어를 상세화하거나 아동의 흥미도를 높이기 위해서 만들기 과정을 두는 것이 일반적이나 이 또한 필수적인 것은 아니다. 만들기 과정을 두는 경우라고 하더라도 그 수준이 모형, 목업, 프로토타입 등 상황에 따라 다양할 수 있다. 그러나 디자인씽킹에서는 만들기가 필수이며, 프로토타입을 요구하고 있어 그 수준이 높은 편이다.

넷째, 최종 해결 안에 대한 검토 관점이 다르다. 발명은 기술의 혁신이 이루어지면 문제해결이 이루어진 것으로 판정한다. 디자인씽킹은 문제해결 안에 대하여 일반 대중 혹은 이용자의 공감 여부가 중요하다. 예를 들면, 발명에서는 도안(디자인) 분야를 제외하면 사람들의 감성적 공감은 기술 혁신 여부의 판단에 중요하지 않다. 하지만 디자인씽킹에서는 문제의 해결안에 대하여 이용자들이 감성적으로 공감하지 않으면 최종안이 되지 못한다.

표 10-7 발명과 디자인씽킹의 차이점

구분	차이점	
	발명	디자인씽킹
적용 분야	기술	산업, 경영, 교육 등
대상	물건, 방법, 도안(디자인) 등	제품, 사회 제도, 시스템, 환경
만들기 과정	필수 아님	필수
최종 해결안에 대한 검토	문제 최종 해결안에 대한 기술 혁신 결과나 수준을 중요시	문제 최종 해결안에 대한 일반 대중의 공감을 중요시함

융합 발명품 돋보기

기술 융합이 가장 많이 이루어진 제품은 LED TV

스마트폰에 대한 관심과 사용이 증가하면서 스마트폰이 기술 융합이 가장 많이 이루어진 제품이라는 생각이 만연하다. 그러나 2010년 지식경제부가 한국생산기술연구원을 통한 전문 용역 연구 결과에 따르면 주요 제품들 가운데 기술 융합 수준이 가장 높은 제품은 LED TV로 나타났다.

보도 자료를 구체적으로 살펴보면 LED TV가 융합지수 100점 만점에 71.71로 가장 높았고, 2위는 아이폰으로 67.16, 3위 닌텐도 위가 60.76, 4위 로봇청소기가 59.46으로 나타났다.

• 주요 제품 융합지수 결과 •

(단위=점)

순위	제품	총점
1	LED TV	71.71
2	아이폰	67.16
3	닌텐도 Wii	60.76
4	로봇청소기	59.46
5	DNA 칩	57.10
6	복합기(MPF)	56.13
7	세탁기	54.67
8	진공청소기	43.32

※ 기술 발전(20점), 기술 융합(40점), 산업 연계(40점) 등 총점 100점

〈참고자료 : 지식경제부〉

LED TV에는 전기조명, 영상표시, 통신과 방송 서비스, 상거래 등의 다양한 영역과 기술들이 관련성을 맺고 있어 점수가 높게 나타났다. 제품의 융합지수 점수는 기술 발전 20점, 기술 융합 40점, 산업 연계 40점을 합산하여 총 100점 만점을 기준으로 한 것인데 2010년에 세계 최초로 개발하여 적용한 것이다. 융합지수의 점수는 최근 특허 출원 기술 사용의 빈도, 제품 제조 과정의 사용 기술의 수, 서비스 영역과의 기술 연계, 사용 빈도와 영역이 클수록 높아진다.

최근 가장 치열한 가전제품 시장인 스마트폰에 대한 융합지수를 국가별로 살펴보면 미국이 73.48점으로 가장 높았고, 이어 일본(67.84점), 유럽(58.30점)의 순이었으며, 우리나라는 4위를 차지한 것으로 나타났다.

문제해결 활동

1. **문제 상황**

○○식품 개발 팀은 새로운 개념의 음료수 개발 프로젝트를 수행하고 있다. 개발 팀은 지금까지 음료수 시장은 탄산 음료에서 과일 음료로, 과일 음료에서 이온 음료로, 이온 음료에서 건강 음료로 큰 흐름이 변해 왔다는 사실을 확인하고, 지금까지와는 전혀 다른 새로운 개념의 음료수를 개발하려고 한다.

2. **내가 ○○식품 개발 팀원이라면 어떤 음료수를 제안할까?**

음료의 종류 및 특징:

음료의 기능:

제품명:

광고 문구:

제품 설명:

3. **제안한 음료수의 용기를 디자인해 보자.**

준비물: 두꺼운 종이 1장(B4 이상, 흰색), 칼, 가위, 스카치테이프, 사인펜(12색)

- 용기의 용량은?
- 용기의 용량을 고려하여 전개도를 그려 보자.
- 전개도 위에 사인펜을 이용하여 용기에 들어갈 제품명, 상표, 광고 문구, 제품 설명 등을 표현해 보자.
- 전개도를 조립하여 용기를 완성해 보자.
- 멀티미디어를 활용하여 완성된 우리 팀의 음료수를 광고해 보자.

출처 ▶ 중학교, ≪발명과 창의≫

10

탐구 활동

다음은 메이킹의 교육적 가치이다. 아래 세 가지 측면 중 한 가지를 선택하여 메이킹의 교육적 가치를 살릴 수 있는 발명교육의 실천 방안을 탐구하여 발표해 보자.

1. 개인적 가치 : 메이킹 학습 경험이 주는 역량 및 마인드 가치

① 역량 가치 : 창의적 문제해결력, 의사소통, 의사결정, 정보수집, 자기관리, 컴퓨터적 사고, 협력, 디자인씽킹, 융합통섭, 프로젝트 관리, 도구 활용 능력, 재료 활용 능력, 제작 능력

② 마인드 가치 : 가치 공유, 존중, 자신감, 성취감, 협력 마인드, 공감, 진취성, 배려, 심미적 감성, 자기주도성, 생산적 실패, 개방적 태도

2. 사회적 가치 : 메이킹 학습을 통하여 사회적 담론의 실현을 가능하게 하는 가치

① 지속가능발전(SD)
② 지구/사회 공동체
③ 상호작용
④ 사회적 리더십(공유, 개방)
⑤ 사회적 공감과 나눔
⑥ 사회적 네트워크
⑦ 디지털 민주 시민

3. 교육적 가치 : 메이킹 학습을 통하여 교육적 혁신 담론의 실현을 가능하게 하는 가치

① 미래교육 담론
② 교육과정 핵심역량 교육
③ 교육문화 혁신
④ 평생교육적 접목
⑤ 다양성 교육
⑥ 진로탐색 교육
⑦ 자유학기제 대안
⑧ 발명교육
⑨ 융합인재교육

에세이 활동

만들기 활동의 교육적 의미와 가치를 보여줄 수 있는 에세이를 작성해보자.

Test

10장 내용 확인 문제

정답 p.349

01 발명교육과 융합교육은 다양한 학문적 ______ 의 바탕 위에 ______ 을/를 높여 주는 공통점을 가진다.

02 황중원 외(2016)가 공유 활동을 포함하여 메이커 교육을 ______ -Making(제작하기)-Sharing(공유하기)-Improving(개선하기)의 4단계로 구성한 TMSI 모형을 제시하였다.

03 다음은 메이커 교육의 특징을 제시한 것이다. 빈칸에 알맞은 말을 채우시오.

1) 지적, 정서적, 사회적, 신체적인 ______
2) ______ 과제로 참여와 몰입
3) 예술, 언어를 포함한 ______ 의 통합적 간학문적 교육에 중점
4) 학습 과정으로서의 ______ 와/과 의사결정 존중
5) 학습자의 독특한 흥미와 열정을 기초한 ______
6) ______ 에 기초한 학습자 중심의 의미 형성(meaning making)
7) 결과 이상의 과정을 중시하는 과정 중심 학습과 혁신적인 ______ 을/를 강조하는 학습
8) 성공, ______ , 위험 감수, 불확실성의 교육 경험
9) 개별적이고 자연적으로 프로젝트의 즉각적인 ______ 의 피드백

04 융합기술이란 NT, BT, IT 등의 ______ 간 또는 이들과 ______ · ______ 간의 상승적인 결합을 통해 새로운 ______ 을/를 창출함으로써 미래 경제와 사회·문화의 변화를 주도하는 기술이다.

05 STEAM 교육은 학생이 문제해결의 필요성을 구체적으로 느낄 수 있는 '______ 을/를 ______ '하고, 학생 스스로 문제해결 방법을 찾아가는 '______ ' 활동을 통해 학생이 문제를 해결했다는 '______ '을/를 갖도록 하여 다시 새로운 문제에 '______ ' 하는 선순환적인 교육 방법을 취하는 것이 특징이다.

06 Stanford d.school이 제시하는 디자인씽킹 프로그램의 단계는 ______ → ______ → ______ → ______ → ______ 이다.

07 ______ 입체 영상은 영상 자체가 입체가 아니라 보는 사람이 ______ (으)로 ______ 이다.

08 〈태양의 서커스〉는 서커스의 화려한 ______ 에 ______ 을/를 적극 부여하여 대중성과 예술성을 고루 갖춘 현대 공연 산업의 대표적인 성공 사례로서 사양산업이었던 서커스에 ______ 을/를 부여하고, 동시에 다른 공연에서는 찾아보기 힘든 ______ 을/를 구축하기 위해 ______ 을/를 적극 도입했다.

토론과 성찰

메이커 교육은 학습의 장에서 다음과 같은 지향점을 지니고 있다고 볼 수 있다. 발명교육의 관점에서 이 지향점을 구현할 수 있는 사례를 토의해 보자.

- 메이킹의 수준별 활동의 적용
- 체험 및 제작의 학습 경험
- 공감과 지속가능 발전의 사회적 담론 학습 경험
- 문제해결을 통한 확산적 사고 및 수렴적 사고 경험
- 공유와 나눔의 학습 경험
- 자기주도적 독립 연구와 프로젝트 학습의 경험
- 협력과 실천적 학습 경험

Understanding and Practice of
Invention Education

교사를 위한,

발명교육의
이해와 실제

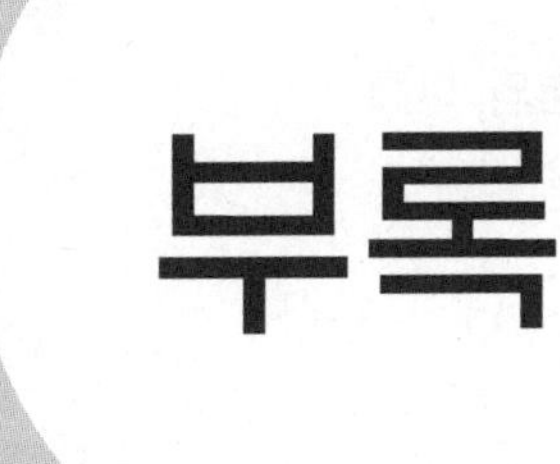
부록

내용 확인 문제 정답

제1장 발명의 이해 (p.38)

1. 발견
2. 발명
3. 신규성 / 진보성
4. 자연법칙
5. 물건 / 방법
6. 개인적
7. 사회 · 국가적
8. 금속활자
9. 증기기관

제2장 발명교육과 창의성 (p.78)

1. 유창성, 독창성
2. 창의적 문제 해결 능력, 사고력
3. 결합과 개선
4. SCAMPER
5. 강제 결합법
6. 쌍비교 분석법
7. 기술적 모순
8. 공간, 시간, 전체와 부분

제3장 발명과 설계 (p.105)

1. 그려서 표현하다
2. 기능 / 형태
3. 기능성 / 독창성
4. 포착
5. 개념도
6. 러프 스케치
7. 투상법
8. 등각투상법
9. 정투상법
10. 우측면도 / 평면도

제4장 발명 문제해결 과정 (p.155)

1. 기술적 문제
2. 발명
3. 특성 요인도 / Why-Why
4. 물고기
5. 발명 문제 확인 / 발명 문제 정보 수집 / 발명 아이디어 창출 / 특허 정보 검색 / 평가 / 실행 / 과정 및 결과
6. www.kipris.or.kr
7. ipacademy
8. 브루넬
9. 재료표 / 공정표
10. 평가행렬법
11. 마름질 / 검사하기
12. 도구 활용 전문가

제5장 발명과 특허 출원 (p.178)

1. 지식재산기본법
2. 산업재산권 / 산업재산권
3. 지식재산권
4. 저작권
5. 물건 / 방법
6. 신규성
7. 선출원주의
8. KIPRIS
9. 디자인일부심사등록
10. 특허 분쟁

제6장 지식재산권의 활용 (p.198)

1. 특허 활용
2. 배타적인 재산권
3. 재산권
4. 특허 기술
5. 창업
6. 부분디자인
7. 기업가 정신

제7장 발명교육의 개념과 가치 (p.224)

1. 목적
2. 발명영재교육
3. 지식재산 / 문제해결
4. 창의적 문제해결
5. 설계 / 제작 / 창조
6. 개인적 가치
7. 핵심 역량 / 핵심 정서
8. 교육적 가치
9. 새로운 가치 창출하기 / 긴장과 딜레마 조정하기
10. 창의적 산출물 제작

제8장 발명교수 · 학습 (p.265)

1. 구성주의적 학습 전략
2. 발명 / 설계
3. 분석 / 설계 / 개발 / 실행 / 평가
4. 주의 / 관련성 / 자신감
5. 목적
6. 문제중심학습(PBL)
7. 집단목표 / 개별적 책무성 / 성공 기회의 균등
8. 팀 보고 기반 협동학습
9. 강력한 질문 / 능동적 청취 / 공유와 학습 / 성찰 / 실천 / 집단과 개인 발달

제9장 발명학습 평가 (p.290)

1. 선발 / 학습자
2. 목적 / 장면 / 해석 / 활용
3. 타당도 / 신뢰도
4. 다양한 정답 / 구체적 기준 / 신뢰도 / 대표성
5. 루브릭 작성 / 대표성 확보 / 과정 지향적 통합적 접근
6. 체크리스트 / 면담 / 루브릭
7. 새로움(novelty)
8. 게시 / 전시 / 통지표

제10장 교육의 트렌드와 발명 (p.344)

1. 지식 / 문제해결력
2. Tinkering(팅커링 하기)
3. 1) 손놀림 체험활동 / 2) 실제적 / 3) STEAM 교육 / 4) 학습자 선택 / 5) 개별화된 학습 / 6) 구성주의 학습 원리 / 7) 창조 / 8) 실패 / 9) 과정 중심
4. 신기술 / 기존 산업 / 학문 / 창조적 가치
5. 상황 / 제시 / 창의적 설계 / 성공의 경험 / 도전
6. 공감하기 / 문제정의 / 아이디어 발상 / 프로토타입 제작 / 테스트
7. 3D / 입체적 / 느끼도록 하는 기술
8. 오락적 요소 / 예술적 가치 / 예술적 가치 / 파격적인 무대 장치 / 최첨단 기술력

참고 사이트

제1장 발명의 이해

구글특허. https://patents.google.com/

국립국어원 표준국어대사전. http://stdweb2.korean.go.kr/

네이버 지식백과(세상을 바꾼 발명과 혁신). https://terms.naver.com/

위키피디아. https://ko.wikipedia.org/

특허청(2018). 특허청, 페친들이 뽑은 세계 10대 발명품 발표. 보도자료 https://www.kipo.go.kr/ko/kpoBultnMgmt.do?menuCd=SCD0200618&sysCd=SCD02&pgmId=BUT0000029

Permobil. https://permobil.ca/explorer-mini-recognized-time-best-invention-2021/

TIMES. https://time.com/6113028/how-we-chose-best-inventions-2021/

제2장 발명교육과 창의성

네이버 지식백과(2021). 검색어=강제결합법, 마인드맵, 육색사고모, https://terms.naver.com

제4장 발명 문제해결 과정

두싱크연구소(2006). 아시트의 발전 역사, http://www.dothink.co.kr

윕스의 아이디어놀이터(2012). 기발한 발명, http://blog.naver.com/wipsmaster

국립국어원 표준국어대사전(2018). 검색어=발명, 과학, 기술, http://www.korean.go.kr

한국트리즈협회(2012). 트리즈 기본 개념, http://www.triz.or.kr/sub02/page2.php

제5장 발명과 특허 출원

특허청. 키프리스, http://www.kipris.or.kr

특허청. 특허로, https://www.patent.go.kr/

제6장 지식재산권의 활용

사이언스타임즈. http://www.sciencetimes.co.kr

씨젠. https://www.seegene.co.kr/

인꼬모. http://incomo.co.kr/

특허로 홈페이지. http://www.patent.go.kr

특허청 특허 정보 검색 서비스. http://www.kipris.or.kr

한국발명진흥회 웹진. http://webzine.kipa.org/web/vol474/index.php?idx=4

헨즈. https://www.henz.co.kr

제7장 발명교육의 개념과 가치

OECD(2005). The definition and selection of key competencies : Execituve summary. https://www.deseco.ch/bfs/deseco/en/index/02.html (검색일 : 2021. 10. 15.)

OECD(2019). OECD Future of Education and Skills 2030 : OECD Learning compass 2030(A Series of Concept Notes). https://www.oecd.org/education/2030-project/contact/OECD_Learning_Compass_2030_Concept_Note_Series.pdf (검색일 : 2021. 10. 15.)

제8장 발명교수 · 학습

광주교육대학교 영재교육원. https://gifted.gnue.ac.kr

교수설계 관련. http://www.heybears.com/2511569

발명교육지원센터. http://www.ip-edu.net

장재훈(2022). AI 교육 성큼, 교육분야 인공지능 윤리원칙 뭘 담았나?. 에듀프레스. http://www.edupress.kr/news/articleView.html?idxno=8537

정제영(2020). 인공지능 시대 교육정책 방향과 핵심과제에 대한 기대. 대한민국 정책브리핑. https://www.korea.kr/news/contributePolicyView.do?newsId=148880369

한국발명진흥회. http://www.kipa.org

제9장 발명학습 평가

두산백과(2021). 검색어=게스-후-테스트, http://www.doopedia.co.kr

두산백과(2021). 검색어=포트폴리오, http://www.doopedia.co.kr

서울대학교교육연구소 교육학용어사전(2021). 검색어=표준화검사, https://terms.naver.com

한국교육평가학회 교육평가용어사전(2021). 검색어=루브릭, https://terms.naver.com

제1장 발명의 이해

김민기, 김도희, 박정우(2018). 발명교육 프로그램의 교육 효과성 메타분석. 현장과학교육, 12(1), 139-150.

김민웅, 이동호, 서송인, 정영석, 김태훈(2016). 초·중등 교육에서 발명교육 효과에 대한 메타분석. 한국기술교육학회지, 16(3), 175-195.

김용익 외(2005). 교과를 통한 발명교육 활성화 방안. 특허청.

김형길(2005). 창업과 경영. 두남출판.

베른트 슈, 이온화 역(2004). 클라시커 50 발명. 해냄.

블레인 매코믹, 남기만 역(2002). 에디슨의 두 개의 책상 발명과 경영. 이지북.

류창열(2000). 에피소드로 보는 발명의 역사. 성안당.

연세대 기술경영학 협동과정 창조경영 연구팀(2007). 퓨전. 위즈덤하우스.

유재복(2004). 번뜩이는 아이디어 발명 특허로 성공하기. 새로운 제안.

이병욱 외(2010). 발명 특허의 기초. 계영디자인북스.

잭 첼로너(2010). 죽기 전에 꼭 알아야 할 세상을 바꾼 발명품 1001가지. 마로니에북스.

제대식 외 2명 역(2000). 지식경영과 특허전략. 세종서적.

최유현 외(2007). 나의 아이디어를 발명으로 초급 교사용 매뉴얼. 국제지식재산연수원.

최유현 외(2010). 기술과 발명. 온라인콘텐츠교재, 한국발명진흥회.

최유현(2014). 발명교육학 연구. 형설출판사.

최유현 외(2014). 지식재산 보호 콘서트(탐구와 실천). 특허청.

최효승(2004). 엘리트 발명(발명으로 1만 원 들여 10억 원 만들기). 교우사.

특허청(2009). 의약분야 심사 기준. 특허청.

특허청(2012). BM 특허 길라잡이. 특허청.

특허청(2020). 특허고객 상담 사례집. 특허청, 한국특허정보원.

특허청(2020). 지식재산권의 손쉬운 이용. 특허청.

허미선, 남선혜, 이정민(2021). 국내 초등 발명교육의 효과에 관한 메타분석. 실과교육연구. 27(1). 99-118.

한스 요아힘 브라운, 김현정 역(2008). 세계를 바꾼 가장 위대한 101가지 발명품. 플래닛미디어.

황규호(2002). BM 특허 사례 분석 및 특성에 관한 연구. 연세대학교 법무대학원, 석사학위논문.

DeVore, P. W.(1980). Technology : An Introduction. Worcester, MA : Davis.

제2장 발명교육과 창의성

강민정(2008). BrainWriting을 기반으로 한 창의성 개발 시스템의 설계 및 구현. 한국교원대학교 교육대학원 석사학위논문.

강익선(2016). 체계적 발명사고와 브레인스토밍의 효과성에 관한 비교 연구. 성균관대학교 일반대학원 박사학위논문.

고은희(2002). 브레인라이팅(Brainwriting)을 이용한 합리적 의사결정모형 개발. 성신여자대학교 대학원 석사학위논문.

권혁수, 이동국(2014). 발명교육이 창의성에 미치는 효과에 대한 메타분석. 실과교육연구, 20(3), 145-163.

김다빈(2016). 자연물을 활용한 동극활동이 유아의 환경 친화적 태도 및 창의성에 미치는 영향. 중앙대학교 대학원 석사학위논문.

김민웅, 이동호, 서송인, 정영석, 김태훈(2016). 초·중등 교육에서 발명교육 효과에 대한 메타분석. 한국기술교육학회지, 16(3), 175-195.

김성경(2015). 초등학교 발명교실에서 창의적 발상기법의 적용과 효과. 광주교육대학교 교육대학원 석사학위논문.

김정현, 김용익(2014). 초등학교 교사의 TRIZ 40가지 발명원리에 대한 교육적 요구 분석. 한국실과교육학회지, 27(2), 111-130.

김현숙(2017). 유아 창의성 교육 연구 동향 분석. 중앙대학교 교육대학원 석사학위논문.

김희필(2007). TRIZ 기법을 적용한 발명교육 절차 모형 구안 및 타당도 검증. 한국실과교육학회지, 20(1), 61-83.

변정은(2015). 스캠퍼(SCAMPER)기법을 적용한 명함디자인 수업이 창의적 표현력에 미치는 영향. 이화여자대학교 교육대학원 석사학위논문.

신민수(2019). 초등 발명영재와 일반학생의 TRIZ 발명원리에 대한 중요도 및 이해도 인식 비교. 부산교육대학교 대학원 석사학위논문.

신은섭(2015). 초등과학영재를 위한 TRIZ활용 발명교육 프로그램 개발. 경인교육대학교 교육전문대학원 석사학위논문.

안영수(2015). 창의성 및 Think Mechanism 분석과 기존 문제 해결 방법론 분석을 통한 효율적 & 창의적 문제해결 프로세스 연구 박사학위논문.

윤주혁(2016). 초등학교 발명교육에 적합한 TRIZ 발명원리 선정 및 교육적 접근방안. 부산교육대학교 교육대학원 석사학위논문.

이근돈(2018). TRIZ 발명교육 프로그램이 초등학생의 창의성에 미치는 영향. 대구교육대학교 교육대학원 석사학위논문.

이영찬(2019). 초등학생이 갖추어야 할 발명 능력의 구성 요인과 학습 적용 모델. 제주대학교 대학원 박사학위논문.

임귀자(2011). 창의성기법을 활용한 유아과학교육 프로그램 개발 및 효과. 전남대학교 대학원 박사학위논문.

임혜진(2016). 초등학교 창의성 교육을 위한 교육과정기준 개발 연구. 고려대학교 대학원 박사학위논문.

전영록(2011). TRIZ를 활용한 창의적 문제해결방법. GS인터비전.

정지은(2012). 국내 창의성 교육 관련 논문 분석을 통한 창의성 교육 연구의 동향 및 의미 탐색. 이화여자대학교 대학원 석사학위논문.

조연순, 성진숙, 이혜주(2008). 창의성 교육. 서울 : 이화여자대학교출판부.

최유현 외(2014). 지식재산 보호 콘서트(탐구와 실천). 특허청.

허미선, 남선혜, 이정민(2021). 국내 초등 발명교육의 효과에 관한 메타분석. 실과교육연구, 27(1), 99-118.

허윤희(2014). 엘리베이터 주제의 초등발명영재교육 프로그램 개발 및 적용. 서울교육대학교 교육대학원 석사학위논문.

Cohen, J. (1988). Statistical power analysis for the behavioral sciences. Hillsdale, N.J. : Lawrence Earlbam Associates.

Kwon, H., Lee, E., & Lee, D. (2016). Meta-analysis on the effectiveness of invention education in South Korea : Creativity, attitude, and tendency for problem solving. Journal of Baltic Science Education, 15(1), 48-57.

제3장 발명과 설계

김태훈 외(2020). 발명과 디자인. 부산광역시교육청.

도미니코 로렌차(2006). 다빈치의 위대한 발명품. 시공사.

라명화 역(1999). 마인드맵 북. 평범사.

서울산업대학교(2007). 고등학교 조형. 교육인적자원부.

서울시립대학교(2007). 고등학교 제품 디자인. 교육인적자원부.

임연욱(1992). 디자인 방법론 연구. 미진사.

우홍룡(1996). 디자인 사고와 방법. 창미.

전기신문. 2014년 11월 19일자.

최길열(2000). 디자인 발상연구. 주간 디자인신문.

홍익대학교 미술디자인 공학 연구소(2004). 고등학교 디자인 일반. 교육인적자원부.

Cross, N.(2000). Engineering Design Methods - Strategies for Product Design. Newyork : Wiley.

제4장 발명 문제해결 과정

가와카미 켄지(2007). 진도구적 발상. 유이미디어.

김도현, 조욱(2012). 세상을 뒤흔든 재료 세상. ㈜알에이치코리아.

김영채(1999). 창의적 문제 해결 : 창의력의 이론, 개발과 수업. 서울 : 교육과학사.

김희필(2007). TRIZ 기법을 적용한 발명교육 절차 모형 구안 및 타당도 검증. 한국실과교육학회지, 20(1), 61-83.

남승권, 최완식(2006). 트리즈 40가지 발명 원리 적용이 학습자의 창의성 신장에 미치는 영향. 대한공업교육학회지, 31(2), 203-232.

박영택, 박수동(1999). 발명 특허의 과학. 서울 : 현실과 미래.

왕연중(1994). 이제 I이론도 만들 때다. 서울 : 한국발명특허협회.

윤주혁(2014). 활동이론에 근거한 초등 실과 만들기 수업 분석. 충남대학교 대학원 박사학위 논문.

윤주혁(2021). 활동이론에 근거한 초등 실과 만들기 수업 분석. 충남대학교 대학원 박사학위논문.

이정균(2010). 초등학생의 기술적 문제해결력 증진을 위한 IDEAL-TRIZ 학습 프로그램 개발 및 적용 효과. 충남대학교 대학원 박사학위논문.

최유현(1997). 실과교육학연구. 서울 : 형설출판사.

최유현(2010). 기술교과 교육의 탐구. 서울 : 형설출판사.

특허법(2009). 일부 개정 2009. 1. 30. 법률 제9381호.

특허청, 학교발명협회(2000). 발명교육 이론과 실제. 서울 : 저자.

특허청(2007). 발명교육이론. 서울 : 저자.

허경조(2003). 창의력 개발 기법들의 종류와 분류. 교육연구논총, 24(1), 19-62.

Altshuller, G(2005) : 그림으로 보는 발명 문제해결 이론 40가지 원리(박성균, 윤기섭 역.). 서울 : 인터비젼. (원저 1997 출판).

Custer, R. L(1995). Examining the dimension of technology. International Journal of Technology and Design Education, 5(3), 219-244.

DeLuca, V. W. (1991). Implementing technology education problem-solving activities. Journal of Technology Education, 2(2), 1-10.

Ernst, G. W., & Newell, A. (1969). GPS : A case study in generality and problem solving. Academic Press.

Hatch, L. (1988). Problem solving approach. In W. H. Kemp & A. E. Schwaller (Eds.). Instruction strategies for technology education, 36th Yearbook. Council on Technology Teacher Education, 87-98.

Johnson, S. D. (1987). Teaching problem solving. The Technology Teacher, 46(5), 15-17.

Lee, J. G., & Choi, Y. H(2009). Educational application and expectation effects of creative problem-solving techniques based on TRIZ in elementary technology education. The Society of Korean Practical Arts Educaton, 15(3), 137-156.

Rantanen, K., & Domb, E(2007). 알기 쉬운 트리즈 창의적 문제해결이론(김병재, 박성균 역.). 서울: 인터비젼. (원저 2002 출판).

Wartjen, W. B. (1989). Technological problem solving : a proposal. Reston, VA : International Technology Education Association. (ERIC Document Reproduction Service No. ED 334 464).

제5장 발명과 특허 출원

김용익 외(2012). 발명영재교육 내용 표준 체계의 재구조화 및 타당성. 한국실과교육학회지, 25(4).

박기문 외(2013). 성인 발명교육 커리큘럼 설계 연구. 특허청 국제지식재산연수원.

박기문 외(2012). Freshman을 위한 공학의 이해. 한티미디어.

박기문(2013). 국민인식조사에 터한 발명교육의 방향 탐색. 한국실과교육학회 학술대회논문집, 2013(1).

조영선(2021). 지적재산권법. 박영사.

윤선희(2018). 디자인보호법의 이해. 박영사.

특허청 국제지식재산연수원(2013). 창업, 지식재산권으로 통하다.

최유현(2014). 아이디어에서 창업까지. 특허청 국제지식재산연수원.

최재식(2012). 실무형 지식재산 인재상 정립 몇 현장형 지식재산 교육 프로그램 실시 방안에 대한 연구. 특허청.

제6장 지식재산권의 활용

김찬호, 고창룡, 설성수(2012). 기술사업화 실패 사례연구. 기술혁신학회지, 15(1), 203-223.

기술보증기금(2011). 2011 기술 창업 가이드북.

삼성경제연구소(2009). 1인 창조기업 성공 요인 및 정책적 함의.

신문희(2012). 1인 창조기업 발전 단계에 따른 지원 방안 연구. 충남대학교 석사학위논문.

신영섭(2016), 창업과 지식재산(IP) 전략, 디투스튜디오 유한회사.

신용보증기금(2011). 창업 성공, 실패 사례집.

이형모, 김명숙, 김응규(2012), 기술창업기업들의 특허활동이 초기기업 성과에 미치는 영향에 대한 연구, 벤처창업연구, 7(3), 45-53.

정두희, 이경표, 신재호(2019). 지식재산기반 창업의 효과 및 시사점 : 주요 창업성과에 대한 특허기반 창업의 영향, 벤처창업연구, 14(3), 1-11.
중소기업청, 창업진흥원(2013). 기술창업아카데미 우수사례집.
최철(2021). 포스트코로나 디지털전환의 시대와 지식재산금융. GLOBAl IP TREND 2021.
특허청, 한국지식재산보호원(2020). 실패로 배우는 지식재산 경영전략.
특허청(2013). 창업, 지식재산권으로 通하다.
특허청, 한국발명진흥회(2009). 2009년 특허기술이전사업화 성공 사례 발표회 우수사례집.
특허청(2020). 기업이 알아야 할 상품형태모방 대응 가이드라인, 특허청.
한국지식재산연구원(2011). 미활용 특허의 산업・시장 관점 분석을 통한 활용 촉진 모델 정립.

제7장 발명교육의 개념과 가치

강충인(2006). 도전과 창조를 키우는 발명교육. 발명과 특허. 90-94.
교육부(2015). 초·중등학교 교육과정 총론. 교육부 고시 제2015-74호.
교육부 교육과정정책과(2021). 2022 개정 교육과정 총론 주요사항(시안). 교육부.
김용익(2005). 교과교육을 통한 발명교육 활성화 방안. 특허청.
김용익 외(2005). 초・중・고등학교 교과교육을 통한 발명교육의 목표 체계 및 내용 기준에 관한 연구. 직업교육연구. 24(3), 123-146.
박성필(2021). 무형자산 가치가 극대화되는 4차 산업혁명 시대. 이코노미조선, 409.
발명진흥협회, 특허청(2012). 창의와 발명 중학교 교사용 지도서. 한국발명진흥회, 특허청.
손영은 외(2020). 2020년 진로연계 발명관련 주요 직종 분석 및 요구역량 체계화 연구. 특허청, 한국발명진흥회.
이경표(2017). 발명역량 구인 타당화. 박사학위논문, 숭실대학교 대학원.
이미경 외(2018). OECD Education 2030 교육과정 내용 맵핑 참여 연구(RRC 2018-12). 한국교육과정평가원.
이병기, 이기준(1996). 공학의 개념적 정의. Ingenium. 2(4), 5-7.
이수정 외(2021). 역량함양을 위한 교과별 주제 중심 교육과정 구성 방안 연구(CRC 2021-9). 한국교육과정평가원.
이장규, 홍성욱(2005). 공학기술과 사회. Ingenium, 12(1), 22-60.
이재호 외(2012). 발명영재상 수립을 위한 발명영재의 특성 이해. 영재교육연구 제22권 3호.
이정모(2011). 한국교육 미래 비전: 창의성 개념의 21세기적 재구성. 학지사.

정연경(1999). 학문분류, 분헌분류, 연구분류에 관한 비교 분석. 사회과학연구논총, 3, 175-196.

최수진 외(2017). OECD 교육 2030 참여연구 : 역량 개념틀 타당성 분석 및 역량 개발을 위한 교육체제 탐색(RR 2017-18). 한국교육개발원.

최유현 외(2005a). 중·고등학생을 위한 발명교육 프로그램 개발. 직업교육연구. 24(3), 271-296.

최유현 외(2005b). 지식재산교육 모형의 이론 탐색 및 실천 전략. 한국실과교육학회지. 18(3), 77-94.

최유현 외(2007). 발명교육이론. 한국발명진흥회.

최유현(2014). 발명교육학 연구. 형설출판사.

제8장 발명교수·학습

교육부(2022). 2022 개정 교육과정 총론 주요사항(시안).

김신곤, 권기(1998). 구성주의 수업체제에서의 교수방법 탐색. 교양논총 제6집.

류지헌(1995). 학교학습에서의 구성주의적 접근에 대한 고찰. 한국군사학논집 제49권.

문용린(1988). 학교학습에서의 경쟁과 협동. 이용걸교수 정년기념논문집. 교육과학사.

박성익(1985). 협동학습 전략과 경쟁학습 전략의 교육 효과 비교. 교육발전논집, 7(1).

신옥순(1998). 구성주의와 교육. 교육논총 15권.

이동원(1995). 인간교육과 협동학습. 성원사.

장경원, 고수일(2019). 액션러닝으로 수업하기 2판. 학지사.

조미헌, 이용학(1994). 인지적 도제 방법을 반영한 교수설계의 기본방향. 교육공학연구 제9권 1호.

최유현(2004). 기술과 교육을 위한 기술적 문제해결 모형의 개발. 교육과정평가연구 제7권 2호.

최유현(2013). 기술교과 학습의 탐구. 형설출판사.

최유현(2014). 발명교육학 연구. 형설출판사.

최유현(2017). 기술교육론 : 학습학적 이론과 실제. 형설출판사.

한준상(2001). 학습학. 학지사.

홍선주, 조보경, 최인선, 박경진(2020). 학교 교육에서 인공지능(AI)의 개념 및 활용. KICE Position Paper, 제12권 제3호(통권 제74호).

Custer, R.(1995). Examining the dimensions of technology. International Journal of Technology and Design Education, 5(3), 219-244.

Cole, P. & Chan, L. K.(1987). Teaching principles and practices. New York : Prentice Hall.

Davidson, N. & Worsham, T.(1992). Enhancing thinking through cooperative learning. Teachers College Press.

Delisle, R.(1997). How to use Problem-Based Learning in the Classroom. Association for Supervision and Curriculum Development.

Jackson, P.(1983). Principles and problems of participant observation. Geografiska Annaler. Series B. Human Geography, 39-46.

James, W. K.(1990). Development of Creative Problem-Solving Skills. The Technology Teacher, 49(2), 29-30.

Reigeluth, C. M.(1983). Instructional-Design Theories and Model : An Overview of their Current Status. Hillsdale, NJ : Erlbaum Associates.

Slavin, R. E.(1990). Cooperative Learning : Thoery, Research and Practice. Center for Research on Elementary and Middle Schools. The Johns Hopkins University.

Torp, L. & Sage, S.(1998). Problems as Possibilities : Problem-Based Learning for K-12 Education. VA : Association for Supervision and Curriculum Development.

Watts, M.(1991). The science of problem solving : A practical guide for science teachers. Cassell.

제9장 발명학습 평가

김영천 · 박경묵 · 고재천 · 강래동(2001). 초등학교 수행평가에 필요한 Rubric (서술식 점수 채점표)의 개발과 적용. 연구보고 RR 2000-VI-4, 한국교원대학교 부설 교과교육공동연구소.

류창열(2002). 기술 교육과정 및 평가. 충남대학교출판부.

문대영(2017). 초등 발명 교육에서 창의적 산출물 평가 요소의 적합도 분석 : Besemer(1998)의 창의적 산출물 평가 요소를 중심으로. 실과교육연구, 23(4), 75 90.

문대영(2018). 디자인 씽킹 기반의 발명 문제 해결 활동 평가를 위한 루브릭 개발. 실과교육연구, 24(4), 39-54.

문대영(2021). 발명영재교육론. 한국문화사.

박도순(2007). 교육평가. 교육과학사.

백순근(1998). 수행 평가의 이론과 실제. 원미사.

최유현(2005). 기술교과교육학. 형설출판사.

최유현(2013). 기술교육 학습의 탐구. 형설출판사.

최유현(2014). 발명교육학 연구. 형설출판사.

Arter, J.(2000). Rubrics, scoring guides, and performance criteria; Classroom Tools for assessing and improving student learning. Paper presented at the Annual Meeting of the American Educational Research Association. ERIC Document Reproduction Service No. ED446100.

Besemer, S. P.(1998). Creative product analysis matrix : testing the model structure and a comparison among products – three novel chairs. Creativity Research Journal, 11(4), 333-346.

Besemer, S. P. & O'Quin, K. (1986). Analyzing creative products : refinement and test of a judging instrument. The Journal of Creative Behavior, 20(2), 115-126.

Besemer, S. P. & Treffinger, D. J. (1981). Analysis of creative products : review and synthesis. The Journal of Creative Behavior, 15(3), 158-178.

Henderson, S. J. (2004). Inventors : The ordinary genius next door. In R. J. Sternberg, E. L. Grigorenko, & J. L. Singer (Eds.). Creativity : From potential to realization. (pp. 103-125). Washington, DC, US : American Psychological Association.

McMilan, J. H.(1997). Classroom Assessment. Allyn and Bacon.

Henderson, S. J. (2004). Inventors : The ordinary genius next door. In R. J. Sternberg, E. L. Grigorenko, & J. L. Singer (Eds.). Creativity : From potential to realization. (pp. 103-125). Washington, DC, US : American Psychological Association.

McMilan, J. H.(1997). Classroom Assessment. Allyn and Bacon.

제10장 교육의 트렌드와 발명

강인애, 김명기(2017). 메이커 활동(Maker Activity)의 초등학교 수업적용 가능성 및 교육적 가치 탐색. 학습자중심교과교육연구 제17권 14호.

강인애, 김홍순(2017). 메이커 교육(Maker education)을 통한 메이커 정신(Maker mindset)의 가치 탐색. 한국콘텐츠학회논문지, 17(10), 250-267.

강인애, 윤혜진(2017). 메이커 교육(Maker Education) 평가틀(Evaluation Framework) 탐색. 한국콘텐츠학회논문지, 17(11), 541-553.

교육과학기술부(2010). 창의인재와 선진과학기술로 여는 미래 대한민국. 2011년 업무보고. 교육과학기술부.

권순범, 남동수, 이태욱(2011). STEAM 기반 교육용 로봇 활용 초등학생 대상 학습 프로그램 개발. 한국컴퓨터정보학회 하계학술대회 논문집, 19(2), 221-224.

김미정(2017). 디자인씽킹을 적용한 사회성 증진 코칭 프로그램이 저학년 아동의 대인문제해결력 사회성에 미치는 영향. 광운대학교 교육대학원 석사학위논문.

김민정(2016). 발명 기반 STEAM 교육 프로그램이 초등학생의 융합인재소양에 미치는 효과. 부산교육대학교 교육대학원 석사학위논문.

김민정, 문대영(2016). 발명 기반 융합인재(STEAM) 교육 프로그램이 초등 발명영재의 STEAM소양에 미치는 효과. 한국실과교육학회지.

김우진(2012). 초등 수학영재의 창의성 신장을 위한 STEAM 프로그램 개발 및 적용. 한국교원대학교 교육대학원 석사학위논문.

김진수(2007). 기술교육의 새로운 통합교육 방법인 STEM 교육의 탐색. 한국기술교육학회지 제7권 3호.

문대영(2008). STEM 통합 접근의 사전 공학 교육 프로그램 모형 개발. 공합교육연구 제11권 4호.

문대영(2018a). 디자인 씽킹 기반의 발명 문제 해결 활동 평가를 위한 루브릭 개발. 실과교육연구, 24(4), 39-54.

문대영(2018b). 초등 예비교사의 발명 문제 해결 활동을 위한 디자인 씽킹 적용 방안 탐색. 한국실과 교육학회지, 31(2), 21-39.

문명수(2020). 디자인씽킹을 활용한 다문화 교육프로그램이 다문화인식 및 교우관계에 미치는 영향에 대한 사례연구. 경인교육대학교 교육대학원 석사학위논문.

문영진(2019). 초등진로교육을 위한 디자인 씽킹 기반의 앙트러프러너십 교육 모형 개발. 부산대학교 대학원 박사학위논문.

백윤수 외(2012). 융합인재교육(STEAM) 실행방향 정립을 위한 기초연구 최종보고서. 한국과학창의재단.

오동수(2019). 디자인 씽킹을 활용한 안전 소재 발명교육 프로그램이 안전의식에 미치는 영향. 서울교육대학교 교육전문대학원 석사학위논문.

우영진, 이재호(2018). 디자인 씽킹 기반 메이커 교육 프로그램 개발과 적용. 창의정보문화연구, 4(1), 35-43.

윤혜진(2018). 디자인 사고 기반의 메이커 교육 모형 개발. 박사학위논문. 경희대학교.

이시예(2013). 융합인재 교육(STEAM)을 적용한 과학수업이 초등학생의 창의성과 과학 관련 태도에 미치는 영향. 부산교육대학교 교육대학원 석사학위논문.

이은혜(2016). 디자인 씽킹 기반 STEAM 프로그램이 초등학생의 융합적 문제해결력과 수학·과학 흥미도에 미치는 효과. 숭실대학교 교육대학원 석사학위논문.

이정모(2010). 체화된 인지 접근과 학문간 융합-인지과학 새 패러다임 철학의 연결이 주는 시사, 철학 사상, 김영정 선생님 추모 특집. 28-62. 서울대학교 철학연구소이지은(2019). 디자인 씽킹 프로세스 적용 수업이 초등학생의 정의적 영역 발달에 미치는 영향. 건국대학교대학원 석사학위논문.

정진현(2008). 초등의 디자인 중심 발명교육에 관한 탐색. 한국실과교육학회지, 21(4), 161-180.

최유현(2014). 발명교육학 연구. 형설출판사.

최유현(2017). 기술교육론 : 학습학적 이론과 실제. 형설출판사.

최유현 외(2009). 공학교수자를 위한 공학 교수 학습 이론과 실제. 인터비전.

최유현 외(2016). 창으로 여는 팀 문제해결. 충남대학교 출판문화원.

최유현(2020). 기술교과 교육을 위한 디자인 사고에 기반한 메이커 교육의 다학제적 학습 모델의 개발. 한국과학예술융합학회, 38(2). 323-335.

Beckman, S. L., & Barry, M. (2007). Innovation as a learning process : Embedding design thinking. California Management Review, 50(1), 25-35.

Beghetto, R. A. (2006). Creative self-efficacy : Correlates in middle and secondary students. Creativity Research Journal, 18(4), 447-457.

Brown, T. (2008). Design thinking. Harvard Business Review, 86(6), 84-95.

Cassim, F. (2013). Hands On, Hearts On, Minds On : Design Thinking within an Education Context. International Journal of Art & Design Education, 32(2), 190-202.

Choi. Y. (2018). IAn Analysis of Observers' Reflections on the Design-Thinking Based Team Problem-Solving Process of Pre-Service Technology Teachers. KOREAN JOURNAL OF TECHNOLOGY EDUCATION, 18(1). 22-43.

Gerstein, J. (2016). Becoming a Maker Educator. Techniques : Connecting Education & Careers.

Henriksen, D., Richardson, C., & Mehta, R. (2017). Design thinking : A creative approach to educational problems of practice. Thinking Skills and Creativity, 26, 140-153.

Hsu, Y.-C., Baldwin, S., & Ching, Y.-H. (2017). Learning through making and maker education. TechTrends, 61(6), 589-594.

Ideo, Bill, & Melinda Gates, F. (2011). Human centered design. [Palo Alto, Calif.?] : IDEO.

Ideo, International Development, Heifer, I., International Center for Research on, Bill, W. & Melinda, G. F. (2009). Human centered design. [Palo Alto?] : IDEO.

IDEO. (2003). METHOD CARD. from IDEO https://www.ideo.com/post/method-cards

IDEO. (2012). Design thinking for Educators.

Jobst, B., Köppen, E., Lindberg, T., Moritz, J., Rhinow, H., & Meinel, C. (2012). The Faith-Factor in Design Thinking : Creative Confidence Through Education at the Design Thinking Schools Potsdam and Stanford? In Design Thinking Research. 35-46.

Lockwood, T. (2009). Design Thinking : Integrating Innovation, Customer Experience, and Brand Value.

Loertscher, D. V., Preddy, L., & Derry, B. (2013). Makerspaces in the school library learning commons and the uTEC maker model. Teacher Librarian, 41(2), 48.

Kang, I., & Kim, H. (2017). 메이커 교육(Maker education)을 통한 메이커 정신(Maker mindset)의 가치 탐색. 한국콘텐츠학회논문지, 17(10), 250-267. https://doi.org/10.5392/JKCA.2017.17.10.250

Maker, C., & Schiever, S. W. (2005). Teaching models in education of the gifted : ERIC.

Martin, L. (2015). The promise of the maker movement for education. Journal of Pre-College Engineering Education Research(J-PEER), 5(1), 4.

Ordóñez, A. S., Lema, C. G., & Puga, M. F. M. (2017). Design Thinking as a methodology for solving problems : contributions from academia to society.

Razzouk, R., & Shute, V. (2012). What is design thinking and why is it important?. Review of Educational Research, 82(3), 330-348.

Sung, Eui Suk. (2018). Theoretical Foundation of the Maker Movement for Education : Learning Theories and Pedagogy of the Maker Movement. Journal of Engineering Education Research, 21(2). 51-59.

Sylvia Libow Martinez and Gary S.(2013). Invent To Learn : Making, Tinkering, and Engineering in the Classroom. Constructing Modern Knowledge Press.

Taylor, B. (2016). Evaluating the benefit of the maker movement in K-12 STEM education. Electronic International Journal of Education, Arts, and Science (EIJEAS), 2.

Yakman G. & Jinsoo Kim(2007). Using BADUK to Teach Purposefully Integrated STEM/STEAM Education. 37th Annual Conference International Society for Exploring Teaching and Learning, Atlanta, USA, (Oct. 11-13, 2007).

Zeichner, K. M. & Liston, D. P. (1996). Reflective Teaching : An Introduction. Mahwah, N. J. : Lawrence Erlbaum Associates.

교사를
위한,

발명교육의 이해와 실제

2급

초판인쇄 2022년 3월 10일
초판발행 2022년 3월 15일
저 자 특허청·한국발명진흥회
발 행 인 박 용
발 행 처 (주)박문각출판
등 록 2015년 4월 29일 제2015-000104호
주 소 06654 서울시 서초구 효령로 283 서경빌딩
교재주문 (02) 6466-7202

정가 18,000원
ISBN 979-11-6704-652-9 / ISBN 979-11-6704-650-5(세트)